21 世纪高等院校规划教材

信息存储与检索技术

（第 2 版）

陈次白　丁晟春　颜端武
李晓鹏　王　瑛　刘广海　编著

国防工業出版社
·北京·

图书在版编目(CIP)数据

信息存储与检索技术/陈次白等编著. —2 版. —北京:
国防工业出版社,2016.6 重印
21 世纪高等院校规划教材
ISBN 978 - 7 - 118 - 05862 - 8

Ⅰ.信... Ⅱ.陈... Ⅲ.① 信息存贮 - 高等学校 - 教材
② 情报检索 - 高等学校 - 教材 Ⅳ. TP333 G252.7

中国版本图书馆 CIP 数据核字(2008)第 104550 号

※

国防工业出版社出版发行
(北京市海淀区紫竹院南路 23 号 邮政编码 100048)
北京京华虎彩印刷有限公司印刷
新华书店经售

*

开本 787 × 1092 1/16 印张 17½ 字数 398 千字
2016 年 6 月第 2 版第 3 次印刷 印数 4521—5120 册 定价 30.00 元

国防书店:(010)88540777 发行邮购:(010)88540776
发行传真:(010)88540755 发行业务:(010)88540717

前 言

江河行地，日月经天；生命轮回，万物争辉；时空变幻，气象万千。我们生活在一个事物千差万别的世界，我们生活在一个充满矛盾的宇宙，这就是信息的世界，这就是“赛伯”空间。随着事物在时间和空间中运动，信息在产生和扩散。古往今来，人们采用各种可能的手段保存信息，使人类历史得以不断传承。有时，我们觉得信息实实在在，俯拾皆是，触手可得；有时，又感到虚无缥缈，无所适从，遥不可及。有时发现信息十分稀缺，有时又变得应接不暇。信息的数量是如此巨大，信息的形式（格式）是如此纷繁复杂，信息的重要程度又如此之高，必须要存储保护好；信息如此杂乱，应当进行序化优化。

有人说过，知识的一半就是知道如何去获取它。面对信息的世界、知识的宝库，我们应如何去找寻、如何去发掘、如何去利用，这就是我们面临的课题和任务。在数字化的空间，在网络化的环境下，信息如何存储、如何设计和构建检索系统以便顺利地获取，这就是本书要讨论的问题。

人类社会在经历了四次信息革命之后，现在正经历着第五次信息革命。纵观 IT 发展史，数字技术是一项划时代的成就。而数字技术的发展在经历以处理器为核心的 CPU 时代和以信息传输技术为中心的网络时代之后庄严地宣告：以存储技术为重心的数字技术又掀起了第三次浪潮，我们已进入了信息存储为标志的新时代。

电子计算机的出现，特别是计算机网络和通信技术的发展，使人们处理信息的能力大大提高。人们发现：网络，特别是互联网络（因特网），实际上就是一个信息的海洋，一个知识的宝库。互联网的发展，特别是在因特网的应用中，一个核心的问题就是如何组织、处理、存储信息，特别是如何快速、有效地检索到人们所需要的信息。不论采用何种手段，目标就是一个：让信息共享，使信息增值；让信息使我们获得财富，让信息推动社会的发展和时代的进步。

本书是在 2006 年出版的《计算机信息存储与检索》一书的基础上，经过进一步精简、更新，加强技术性，充实新内容而成。它既可以看做是原书的再版，又可以认为是重新编著。目前，关于信息存储和信息检索方面的书已有多种。其中大多侧重于检索系统的操作使用；有些虽然以技术为主，但又不够全面。本书以技术，特别是计算机技术为主，兼顾传统的技术（如印刷、缩微、条码等技术），从存储设备、存储原理、数据模型、检索算法、检索原理到文件构造等多方面的技术问题均有论述。

本书注重内容的新颖性，同时又考虑到系统性和继承性，并尽量反映最新的相关技术。全书共分为 9 章，分别就信息获取技术、信息存储技术、信息编码技术、文本信息处理的自动化技术、文件组织与文件格式、信息检索模型、信息检索技术和信息检索系统及其应用等进行了讨论。但在阅读本书时应时刻关注当时信息技术的最新发展，讲授本书时更应补充最新实例，以便与时俱进、常讲常新，使读者对信息存储和检索的问题有一个较为全面、更为深刻的了解和认识，以跟上信息技术发展的步伐。

全书由陈次白主编、统稿和审定。其中丁晟春参与编写了第4章、第6章，颜端武和李晓鹏参与编写了第5章、第7章，王瑛参与编写了第9章，刘广海参与编写了第8章，陈次白编写了第1章、第2章、第3章、第9章并参与编写了其它各章。

本书的编写实际上历经数年的研究和积累，也是多年教学工作的结晶，更是集体努力的成果。在本书撰写中，研究生刘亚清、李毅博、刘丽娟也参与了很多工作，在此一并表示诚挚的谢意。本书撰写过程中参考了大量的书籍、杂志、网页信息等各种资料。由于历时较长，且几易书稿，有些参考文献来源已无法一一录于书后，对此我们除十分歉疚并向他们表示感谢外，还希望得到谅解。

尽管我们已有许多准备和积累，但临到提笔仍觉力不从心。加之篇幅所限，特别是信息技术日新月异发展迅猛，书中对很多问题，特别是一些新课题和理论性较强较深的问题没有展开讨论。此外，还有许多论及不到和欠妥之处，诚望读者诸君多多赐教，提出宝贵意见。

作　者

2008 年 7 月

目　录

第1章　信息检索概论

物质、能量和信息是人类可以利用的三项战略资源。物质可以被加工成材料，为工具构造形体；能量可以被转换成动力，为工具注入活力；信息可以被提炼成知识，为工具提供智慧。美国哈佛大学信息政策研究中心主任欧廷格（A. G. Oettinger）对三者作了如下描述："没有物质，什么东西也就不存在；没有能量，什么事情也就不能发生；没有信息，什么东西也就无意义。"信息科学技术是20世纪科学技术宝库中最为辉煌的领域之一，它和材料科学技术、能源科学技术共同构成了现代科学技术的三大支柱，它们的发展和广泛应用大大地推进了人类文明的进程。

1.1　信息与信息系统

1.1.1　信息概述

虽然人类自古以来就在利用信息，但是，人类认识和研究信息的概念和内涵却是近百年内的事情。直到20世纪40年代，在美国数学家克劳特·香农（C. E. Shannon）创立了信息论以后，"信息"一词才成为一个科学的概念。但对于信息的含义，至今仍是众说纷纭，莫衷一是，各种信息定义都从不同侧面反映了信息的某些特征。

在日常生活中，人们所说的"信息"，是指音信、消息和情况，是人们在相互交流中要告诉对方的某种内容。在西方国家的文字中，信息一词来源于拉丁文"Information"，大致解释为消息、情报、知识、见闻、通知、事实、数据等。这些解释基本上都是从字面上来理解的。

信息论创始人C. E. Shannon从研究通信理论出发，认为信息是在通信的任何可逆重新编码或翻译中保持不变的东西。控制论创始人科学家维纳（N. Wiener）提出，信息是在人们适应外部世界，并且使这种适应为外部世界感觉到的过程中，同外部世界进行交换的内容的名称。控制就是复杂的、有组织的系统在外界环境发生变化时，能够根据"变化"进行调整。在控制的过程中，控制系统必须及时得到外部环境的信息、系统自身各组成部分的状态信息以及控制效果的反馈信息，并对所得到的信息进行加工和处理，不断发出指令信息，保证控制系统的正常运行。因此，可以说控制的过程就是信息输入、加工处理和输出的过程。维纳在1948年发表的名著《控制论——动物和机器中的通信与控制问题》一书中曾经指出"信息就是信息，不是物质，也不是能量。"

从概率的角度看，信息是用以消除不确定性的东西，即人们把关于事物的某种东西传给对方，使之消除知识上的不确定性。信息是系统的组织程度或有序程度的标记。该定义是通过与热力学中的概念"熵"进行类比推理而来的。人们常用熵来表示系统的无组织状态或无序状态，信息作为与“熵”相对的概念提出来，也即“负熵”。

信息是数据处理的结果。这个定义是从信息处理的角度讲的。它把未经过加工的原始资料，无论是数字、文字，还是符号、图像、信号，都称为数据，而把信息理解为加工原始资料后得到的、便于使用的结果。

“信息”概念的广泛应用，引起许多哲学工作者对信息本质的探讨，使“信息”从一个科学概念上升到一个哲学范畴。他们认为，信息是以物质能量在时空中某一不均匀分布的整体形式所表达的物质运动状态和关于运动状态所反映的属性。事物都是在时间和空间中运动的，在运动过程中会发生时间和空间的变化，变化即是信息。

1.1.2 系统与信息系统

1. 系统的定义

系统(system)一词最早出现在古希腊语中，希腊文“sys-tema”指的是由部分组成的整体。系统概念来源于人类的长期实践活动和科学总结。“系统”这个词早在古希腊时代就已使用，亚里士多德关于整体性、目的性、组织性的观点以及关于事物相互联系的思想，是古代关于系统的一种朴素概念。我国古代思想家老子用古代朴素的唯物主义哲学思想，阐述了自然界的统一性和整体性。19 世纪以来，自然科学取得伟大成就，使人类对自然界相互联系的认识有了很大提高。马克思、恩格斯的辩证唯物主义认为，物质世界是由无数相互联系、相互依赖、相互制约、相互作用的事物和过程所形成的统一整体，这就是系统概念的实质。钱学森指出：“系统思想是进行分析和综合的辩证思维工具，它在辩证唯物主义那里取得了哲学的表达形式，在运筹学和其它系统科学那里取得了定量的表达形式，在系统工程那里获得了丰富的实践内容。”他还指出：“20 世纪中期现代科学技术的成就，为系统思维提供了定量方法和计算工具，这就是系统思想如何从经验到哲学到科学，从思辩到定性到定量的大致发展情况。”

“系统”一词在拉丁语中是“群”与“集合”的意思。在韦氏大辞典中，“系统”一词定义为“有组织的或被组织化的整体”，是“形成集合整体的各种概念、原理的综合”，是“以有规律的相互作用或相互依存形式结合起来的对象的集合”。因此，“系统”可以定义为具有一定功能的、相互间具有有机联系的、由许多要素组成的整体。

依据系统思想建立起来的完整科学体系称为系统科学。它的基础理论是系统学；它的技术基础是运筹学、控制论、信息论等；它的应用技术是系统工程。系统工程是处理系统的工程技术，其目的是使系统达到整体最优或满意。

2. 系统的特性

系统和其它事物一样，具有本身固有的、区别于其它事物的属性或性质，一般可归纳为以下几个方面：

(1) 目的性。系统工作者进行系统的构思、设计、分析与控制。运转时，必须事先弄清其目的性，否则无法构成一个良好和有序的现实系统。换句话说，系统工程学就是研究使系统顺利达到某种目的的一门学科。

(2) 整体性。系统应由两个以上的要素或部分组成，各要素或部分之间存在着联系，从而构成一个有机的整体，以实现其目的和功能。系统科学家贝塔朗菲指出：“机械论的错误观点之一，就是简单分解和简单相加。”他认为应该以整体的观点来纠正过去那种错误地分解的观点,从而提出了关于系统组成的著名定律——整体恒大于各孤立部分的简单之和。

(3) 相关性。科学发展的全部成就证明了现实世界普遍联系的观点。系统中相互关联的要素或部件形成了“部件集”、“要素集”。它集中了各部件或要素的特性和行为相互制约与相互影响的关系,正是这种相关性确定了系统性特有整体的形态与功能。

(4) 复杂性。现代系统一般是多结构、多目标、多功能、多参数、多层次、多输入和多变化的系统。系统通常处在一个多变的环境约束之中,其输入具有多个参数,且表现在时间空间或数值上的随机性和不确定性,系统本身往往具有多结构层次演变,只有进行一系列运算分析和比较,才能权衡出较优的方案。

(5) 适应性。系统与周围环境之间通常都有物质、能量和信息交换。环境的变化会引起系统特性的改变,相应地引起系统内部各要素或部分之间相互关系与功能的变化。因此,一般结构良好的系统必须具有反馈系统、自适应系统和自学习系统,以保持对客观环境的适应能力。

(6) 动态性。动态性是指其状态与时间的关系。由于物质与运动的不可分离性,各种物质的特性、结构、形态、功能及其规律都是通过运动表现出来的,要认识系统必须要研究系统的运动。开放系统与外界有物质、能量和信息的交换,而系统内部结构也可随时变化,因而系统的发展是一个有方向性、周期性的动态反馈过程。

1.1.3 信息系统

1. 信息系统的构成

输入原始信息,经过加工处理后,输出各种信息的系统就是信息系统。信息系统一般由信息搜集子系统、信息加工子系统、信息存储子系统、信息传播/通信子系统和提供信息子系统构成。

1) 搜集信息子系统

信息搜集就是通过各种渠道广泛搜集,用一定的方法、鉴别、分析、选择和获取信息的活动。搜集信息应遵循的原则是:① 准确性原则,保证搜集信息的准确性;② 时效性原则,保证以最短的时间,最快的速度及时搜集信息;③ 连贯性原则,保证所搜集信息全面完整,主次分明;④ 开拓性原则,在信息搜集过程中要具有开拓精神,善于捕捉信息、获取信息和开发信息的价值。

信息搜集的方法主要有行政手段、经济手段、法律手段、技术手段等。

2) 信息加工子系统

由于信息资源数量非常巨大,且来源广泛,要进行有效的匹配与选择,首先要对信息集合进行组织,使之按一定顺序组织起来,即有序化问题。有序就是信息按一定的规则排列起来。使信息按照一定的规则排列起来的方法通常称为情报检索语言。

情报检索语言在信息加工过程中用来描述信息的内容特征(或外表特征),从而形成检索标志;在检索过程中用来描述用户的检索提问,从而形成提问标志;当检索标志和提问标志完全匹配或部分匹配时,即为检索到的所需信息,信息检索标志的集合就是检索工具。

情报检索语言按其词形可分为分类型检索语言、语词型检索语言、代码型检索语言和引文型检索语言。按情报检索语言的组配程序可分为先组式语言和后组式语言。分类法是按文献内容的知识属性来描述信息的一种信息处理方法,比较常见的是体系分类法。

语词型检索语言不考虑学科门类,按词去组织信息集合和检索工具。语词型检索工具最早是标题语言,而后经过元词法发展成为叙词法。除此以外,还有主要由计算机实现的关键词法,保持上下文主题法等。例如,中国人民大学图书馆图书分类法(人大法)、中国科学院图书馆图书分类法(科图法)、中国图书馆图书分类法(中图法)和中国图书资料分类法(资料法)。国内主要叙词表有中国科技情报所和北京图书馆于1980年编制的"汉语主题词表",原国防科工委情报所于1985年编制的"国防科技叙词表",化工部、机械部、电子部等都编制过本领域的叙词表。

对存在于一定载体的信息外表特征进行加工的过程称为著录。对信息的内容进行分析,根据主题法或分类法给出主题标志或分类标志的加工过程称为标引。计算机信息加工就是利用计算机编制目录,建立数据库的过程。

3)信息存储子系统

信息存储有着悠久的历史。自古以来,人们一直探索着记录和保存信息的方法与载体。结绳记事可以说是人类最早的存储信息的方法。信息大量存储的实现可能还是在文字、纸和印刷技术发明之后,但信息存储技术真正的飞跃还是近百年以来的事。

就人体来说,收集信息是感觉器官的功能,传递信息是神经系统的功能,存储信息是大脑功能的一部分。大脑存储信息的功能称为记忆。直到今天,纸印刷仍是信息存储的主要方式。纸印刷存储按存储方式属于机械存储,即以物质的机械形变(或涂覆)来存储信息。人们不仅以文字的形式来记录信息,还以图像的形式直接拍摄各种活动,这种存储方式为光存储,即利用光学手段对信息进行存储,如光盘存储、全息存储、缩微存储等。此外,还有利用磁性物质的磁性来存储信息的磁存储,利用电荷来存储信息的半导体存储。

总之,按存储的方式,信息存储技术可分为机械存储、光存储、磁存储和半导体存储。按信息存储的内容可分为文字存储、代码存储、数字存储、声音存储、图像存储、景象存储。数字技术的发展使得各类信息均可利用"0"、"1"进行综合存储和处理。

4)信息传播/通信子系统

信息传播子系统就是把信息从一个地方传到另一个地方的系统,又称为通信系统。从广义来说,各种信息的传递均可称为通信。绝大多数的通信是以电流或电磁波为载体而传递信息的,因此通信也称为电信,现在把光作为载体的光通信也得到了广泛应用。现代通信的发展,尤其是计算机网络技术的发展,使人们可以突破时空的局限,便捷地获取各种各样有用的和及时的信息,通信系统已经是集信息应用和计算机网络于一体的现代通信网络。

5)信息提供子系统

信息系统的最终目的是为用户提供信息服务工作,信息提供子系统作为信息系统与用户的接口,担负着信息搜集、加工处理、存储和传输各子系统功能的最终集成与实现的任务。信息提供子系统包括信息系统为用户所提供的服务和信息系统为用户输出信息的方式。

2. 信息系统的演进

信息系统由人、设备、信息、规则等要素组成,实现信息的搜集、整理、加工、处理、传递，提供利用的综合体。其本身也具有不同的类型：

（1）按信息系统的规模划分，可分为小型信息系统、中型信息系统和大型信息系统。

（2）按信息系统的分布范围划分，可分为局域网、城域网、广域网、国际互联网和国家信息基础结构。

（3）按信息系统所属的领域划分，可分为工业信息系统、经济信息系统、科技信息系统等。

（4）按信息系统的使用范围划分，可分为专用信息系统和公共信息系统。

系统的性质是多方面的，因此信息系统的划分也是多方面的，并且不同类型的信息系统可以相互转化。信息系统不仅存在着不同的类型，而且也存在着产生、成长、衰老和更新的变化过程。新型信息系统的不断问世，反映了信息系统的演化过程。

从各类信息系统产生的时间来分析，最早是在20世纪50年代产生的数据传输加工系统（TPS），在60年代产生了管理信息系统（MIS），在70年代出现了情报检索系统和办公自动化系统，在80年代出现了决策支持系统和专家系统。

1.2 计算机信息检索

1.2.1 信息检索简述

1. 信息检索

信息检索的概念有狭义和广义之分。广义的信息检索包括信息的存储和检索两个过程（Storage and Retrieval），全称又叫做“信息存储与检索”（Information Storage and Retrieval）。信息存储是指工作人员将大量无序的信息集中起来，根据信息源的外表特征和内容特征，经过整理、分类、浓缩、标引等处理，使其系统化、有序化，并按一定的技术要求建成一个具有检索功能的工具或检索系统，供人们检索和利用；而信息检索是指运用编制好的检索工具或检索系统，查找出满足用户要求的特定信息。

狭义的信息检索则仅指该过程的后半部分，即从某一信息集合中找出所需信息的过程，相当于人们通常所说的信息查询（Information Search）。

2. 文本信息检索

作为检索对象的文本信息具有不同的形式，有的以文献的形式出现，有的以数据或事实的形式出现。根据检索对象的形式不同，信息检索又分为文本文献检索和数据检索。凡以文本文献（包括文摘、题录或全文）为检索对象的，就叫文本信息检索（Document Retrieval）。凡以数据或事实为检索对象的，则是数据检索（Data Retrieval 或 Fact Retrieval）。

文本信息检索是信息检索的一部分，是其中最重要的一部分。从性质上说，文本信息检索是一种相关性检索，系统不直接解答用户所提出的技术问题本身，只提供与之相关的文献供用户参考。数据检索则是一种确定性检索，系统可直接回答用户提出的问题，即直接提供用户所需要的、确切的数据或事实；而且检索的结果一般也是确定性的。

依据检索对象的不同，文本信息检索可分为：以查找文献线索为对象的文献检索；以查找数值与非数值混合情报为对象的事实检索；以查找数据、公式或图表为对象的数据检索；以查找文献全文为对象的全文检索。

3. 信息检索的基本原理

信息检索的基本原理是:通过对大量的、分散无序的文献信息和多媒体信息进行搜集、加工、组织、存储,建立各种各样的检索系统,并通过一定的方法和手段使存储与检索这两个过程所采用的特征标志达到一致,以便有效地获得和利用信息资源。其中存储是为了有效的检索,而检索又必须先进行合理的存储。

存储是检索的基础,检索信息是存储信息的相反过程。了解检索系统的结构和组成,有助于人们对各种检索系统、检索工具特征的认识,从而正确选择检索系统与工具,改善信息检索的效果。

文献信息的存储和检索的一般过程如图 1-1 所示。

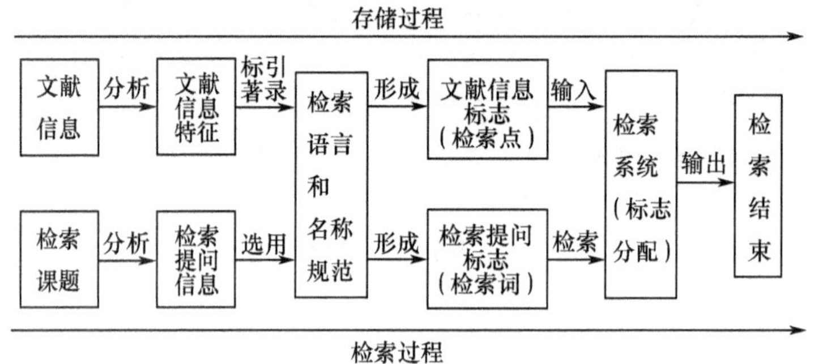

图 1-1　文本信息的存储和检索的全过程

4. 多媒体信息检索

多媒体信息包括文本、图形、图像、声音、视频等多种不同类型的信息,对多媒体信息的检索可以采用关键字标引后,像文本信息那样去进行检索;但更多的是采用基于内容的检索方式,也就是首先要对多媒体信息流进行分析,提取多媒体的特征,然后进行多媒体数据的分割和识别分类,最后对识别出来的语义建立索引,提供检索。多媒体信息分析检索流程如图 1-2 所示。

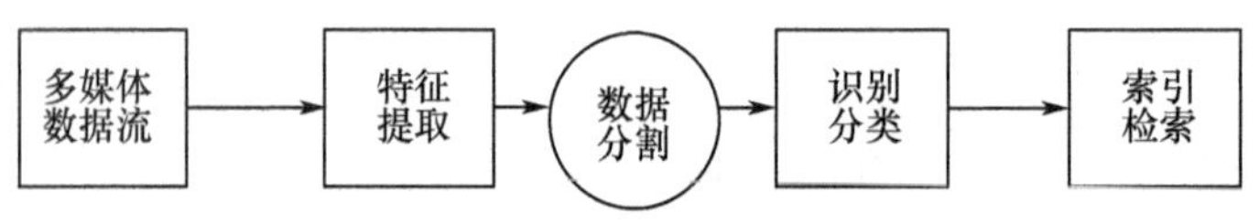

图 1-2　多媒体信息分析检索流程

在基于内容的检索中,由于特征值为高维向量,不具有直观性,因此必须为其提供一个可视化的输入手段。例如,在图像检索中,目前采用的特征包括主颜色、颜色直方图、纹理分布、草图等,根据特征的种类不同,可采用两种特征输入手段,即操纵交互输入方式和模板选择输入方式。同时还可应用浏览检索和样本检索的特征输入手段。由于多媒体检索是近似检索,所以查询结果一般都不止一个,一般将满足条件的图片按其相似度从大到小排序,返回前面的若干个。用户可通过选择与检索特征最接近的结果,逐步逼近来完成检索过程。

基于音频内容的检索有多种方法,如直喻(属于某一类的声音)、感知特性(用可理解的物理特性来描述声音,如基频)、主观特性(用描述语言来说明声音)和拟声(在某些音质上类似于要找的声音)。在应用中,先利用各种分析技术把声音变成一组参数,然后对参数进行统计,以实现分类和检索。这种方法可与传统的关键字或文本查询方法结合起来使用。

描述声音的传统参数是音高、音量、时长和音色。前三个参数是心理感知参数,能用可测量的声学特性精确地模型化。音色是一个很难定义的属性,它包含了区别音质的全部特性。在音频数据库中检索,应该匹配和比较上述的声学特性,如寻找与给定声音类似或大于(小于)某种给定特性的声音。这可用类似于图像的基于内容检索中的"特征向量"法。

一段视频信息可以被组织成不同的层次,如镜头单元、关键帧、组和场景等。那么,进行视频检索在查找相似视频时,根据用户提交的视频例子,将用户和被检索的视频都结构化成镜头单元、关键帧、组和场景等,然后在这些层次上分别进行比较,得到两者的相似度,从被检索的视频数据库中找到所有与用户提交的视频例子相似的视频数据。

1.2.2 信息检索系统

1844 年,恩格斯明确指出:"科学发展的速度至少也是和人口增长的速度一样的;人口增长同前一代人的人数成比例,而科学的发展则同前一代人遗留下来的知识量成比例。因此,在最普通的情况下,科学也是按几何级数发展的。"

科学发展的事实表明:科学认识的发展是一种加速运动;科学认识发展的形态越高,进化越快;科学认识的发展是永无止境的。曾有人估算,截止到 1980 年,人类社会获得的科学知识的 90% 是第二次世界大战后 30 余年获得的。科学的发展,产生了大量的知识和文献,并发展出了新的学科。

作为科学知识的基本载体,科学期刊与论文的增长速度是极为迅速的。世界第一份科学期刊,据说是 1665 年问世的《伦敦皇家学会哲学论坛》。此后,期刊数目连续增长:1750 年有 10 种,1800 年有 100 种,1850 年有 1000 种,1900 年有 10000 种,1965 年突破 10 万种。现在全世界发表论文的数量每隔一年半就增加 1 倍。在因特网上的信息则更是急剧增长。

19 世纪,恩格斯曾经把自然科学分为四大类:力学、物理学、化学和生物学。进入 20 世纪,学科越分越细,专业越来越多,边缘学科、交叉学科、横断学科、综合学科相继出现。据统计,现在学科总数已达 1000 多个群体,2500 多门类。

知识的急剧增长被人们形容为"信息爆炸"和"知识爆炸"。有人估计,即使一个技术人员不停地阅读技术文献,一生也只能阅读本专业领域中技术资料的 5%。技术人员在查找资料上所花费的时间与精力大大超过他们在考虑实际的技术问题方面的花费。随着现代化社会生活的节奏加快,对各级各类的管理、决策与信息传送速度要求也越来越高。信息的准确性和重要性往往是以时间为前提的,没有高速、高效的信息传送,信息化将是一句空话。此外,在信息处理中对信息加工的要求也有了质的变化,对信息保存的安全性、可靠性要求越来越高。这就导致信息处理的方法越来越复杂;信息处理中所涉及的知识越来越多,关系越来越复杂。为此,人们早就盼望有一种机器能代替人去做这些信息处理的工作。计算机的出现使人类的宿愿成为现实。早期的计算机主要是用于科学计算,但随后不久,计算机的应用迅速扩展到了信息处理领域,并成为计算机应用的主流,计算机信息系统随之而诞生。

1. 计算机信息检索系统

信息检索工具或检索系统是信息组织与利用的核心，是信息人员与用户的桥梁。检索工具是人们为了充分、准确、有效地利用已有的文献信息资源而编制的，用来报道、揭示、存储和查找文献信息资源的特定出版物。检索工具通常以书本、卡片、表册的集合形式出现，如书目、索引、文摘、年鉴、手册等。

检索系统通常指以非纸介质为记录和存储载体，用机器语言或机器可读语言表示信息，由多个子系统或模块构成，依靠某种匹配机制来筛选相关信息，无论是存储信息还是检索信息，都需要借助计算机、通信网络等设备，计算机信息检索系统是数字图书馆的主要工具。

计算机信息检索系统，是指包括计算机硬件资源，能完成数据采集、分析、加工处理、存储、检索和传输信息全过程的有机整体。具体包括信息资源、物理设备资源、技术处理软件和功能服务软件等。信息人员在编制检索工具和检索系统时依据信息的特征和检索语言的原理，为用户建立多种多样的检索途径，如分类途径、主题途径、文献名称途径、责任者途径、文献代码途径、引文途径、时序途径、地序途径等。

目前在网络上普遍应用的搜索引擎系统是一种广泛意义上的计算机检索系统。搜索引擎系统由搜集子系统、索引子系统、检索子系统等构成。搜集子系统包括主控、搜集器和原始数据库；索引子系统包括索引器和索引数据库；检索子系统包括检索器和用户接口。主控除了按照启发式算法优先选择重要的 URL 并分派给各个机器人外，还完成站点过滤，实现机器人协议和域名解析并缓存等功能。搜集器按照 HTTP 协议负责从 WWW 上抓取网页，为提高网页搜集速度，通常可以启动上百个搜集器同时工作。搜集器同时对搜集回来的网页内容进行分析处理，包括调用切词软件以提取关键词和摘要，提取 URL 超链，记录网页的元信息（如作者、修改日期、长度等），并将这些内容存入原始数据库。索引器将原始数据库的内容重新组织，建立索引数据库，以提高检索效率。用户接口在截取用户的查询请求后，将它转发给检索器，检索器根据查询项和索引数据库的内容，找到匹配的网页后，进行相关度计算并排序，然后通过用户接口返回给用户。另外，用户接口程序还将用户行为信息（包括用户查询项、用户点击的 URL、用户翻页情况等）记录到日志数据库中。

查询检索服务包括：接受用户输入查询要求进行检索，当获得相应的匹配结果后显示给用户；在构建索引库和倒排文件的基础上，通过查询代理实现索引数据与用户查询的互通；查询代理接受用户输入的查询要求（如查询短语），对短语分析并切分后，从索引词表和倒排文件中检索获得包含查询短语的文档并返回给用户。

2. 计算机信息检索的发展过程

计算机信息检索的发展大体经历了以下四个阶段：

（1）脱机信息检索阶段。1954 年美国海军兵器中心图书馆建成了世界上第一个计算机信息检索系统，它应用 IBM－701 计算机实现了军械管理。这一时期的计算机检索系统的特点是属于脱机批处理系统，用磁带作为存储介质，并且一般都是连续检索。系统主要提供过期文献的回溯检索服务，也可以提供新文献的定题服务。

（2）联机信息检索阶段。1965 年洛克希德公司设计了第一个对话式联机情报检索软件 RECON。1972 年建立提供商业服务的 DIALOG 联机对话检索系统，用户通过办公室的终端即可访问计算机内的数据库。随着现代通信技术的不断发展,到了 20 世纪 60 年代中后期至 70 年代初期联机检索逐步进入世界范围,出现了一批著名的国际联机检索系统。

(3) 光盘信息检索阶段。从 1972 年荷兰飞利浦公司最早研制的激光唱盘,到 1983 年日本首张 CD – ROM 的问世,光盘作为计算机的外部存储设备引起了世界信息界的极大兴趣。随着 1985 年第一张 CD – ROM 数据库产品——BIBLIOFILE《美国国会图书馆机读目录》的诞生,光盘就成为大型脱机式数据库的主要载体。光盘信息检索因此得到迅猛的发展。

(4) 网络信息检索阶段。因特网的诞生,信息高速公路的建设,使因特网逐渐成为人们进行信息交流的新场所。伴随着公共数据传输技术在科技信息传递领域的应用、联机信息检索的逐步网络化,使信息检索步入了网络化信息检索的新阶段。

我国的计算机信息检索起步较晚,在 20 世纪 70 年代中期,我国才开始从事计算机信息检索的研究,1980 年初与 DIALOG、ORBIT 连通并开始提供国际联机信息检索服务。到目前为止,全国已有 200 多个联机检索终端,提供与 DIALOG、ORBIT 等 20 多个国际联机信息检索系统的连接与信息检索服务。20 世纪 90 年代,光盘信息检索在全国各地科技信息部门得以普遍应用。随着互联网的出现,特别是因特网的诞生和信息高速公路的建设,信息检索已步入网络化信息检索的新阶段。网络信息检索成为计算机信息检索的一个重要发展方向,计算机信息检索越来越受到社会各界的广泛重视与关注。

3. 计算机信息检索系统的组成

计算机信息检索系统是以磁带、磁盘、光盘等为存储介质的数据库系统,检索人员根据某种目的,通过计算机或联机网络,使用特定的检索指令、检索语言和检索系统,利用计算机从数据库中检索所需要信息或文献的系统。计算机信息检索系统的主要组成如下:

(1) 计算机。它是计算机信息检索系统的核心部分,包括硬件和软件。系统的检索速度和存储容量主要取决于机器的硬件部分。软件负责管理数据库、操作系统和处理检索请求等,其中检索软件决定整个系统的检索能力。

(2) 数据库。它是由一系列相关记录组成的信息集合,是检索系统中的信息源,可存储在磁盘、磁带或光盘等载体上,通过检索软件提供数据库内满足用户检索要求的信息资源。

(3) 通信网络。它是联系检索终端与计算机的桥梁,主要起到确保信息传递畅通的作用。

(4) 检索终端。它是用户与检索系统传递信息进行“人机对话”的装置,有电传终端、数传终端和微机终端几种,现在普遍使用的是微机终端(如客户机)。

(5) 辅助设备。辅助设备主要有打印机、光盘(库)、磁盘(库)、磁带(库)、调制解调器、扫描仪、缩微设备等。

计算机信息检索与手工检索相比,检索点较多、检索速度快、查全率较高、检索综合效率较高,但需要懂得机检知识。

计算机信息网络既包括通信网络又包括信息资源网的建设。计算技术、通信技术、网络技术、微电子技术等现代信息技术的结合,对人类的信息处理方式产生了全面的影响。例如:

(1) 信息传递时效加快,远程登录是对信息的实时操作,电子邮件虽为异步传输,但可在很短时间内向世界任何一地完成内容的发送。

(2) 信息传播范围可大可小,信息传播的双向性和交互性增强。

(3) 同一信息可采用多种格式保存。

(4) 同一信息几乎同时可出现在不同地点,供多人共享。

总之,人们正在朝任何时间、任何地点与任何人交换任何形式的信息的目标迈进。

4. 信息检索的分类

按信息检索方式和存储格式不同可将信息检索如下分类。

1) 按信息检索方式分类

依据信息检索方式可以划分为传统手工检索和计算机数字化信息检索。通常将利用计算机进行的检索称为“检索系统”,而把手工检索系统称为“检索工具”。

其中,计算机数字化信息检索又分为全文检索、多媒体检索、超文本检索、光盘检索、联机检索、网络检索以及多媒体检索、超媒体检索等。

2) 按存储格式分类

依据存储格式可以划分为书目检索、事实检索、数据检索、全文检索和多媒体信息检索等。书目是对文献的形式、内容、载体等特征进行描述,并客观地记录这些特征,如题名、著者、主题、出版者等。书目查寻系统,一般可提供多个查寻途径,如分类途径、主题途径、责任者途径、题名途径等。

事实检索是以事项为检索对象的信息检索。数据检索是以数值为检索对象的信息检索。全文检索是以所含的全部信息作为检索内容的信息检索,即检索系统存储的整篇文章或整本图书的全部内容,用户检索可以按需求,查找出有用的句、段、节、章及全文。由于计算机容量与运算速度的增大和提高,全文检索已成为数据库发展的趋势。

多媒体信息检索是随着信息技术的发展而出现的一种新的信息检索形式。

1.3 信息管理与知识管理

在知识经济浪潮席卷而来的时代,知识管理应运而生,并成为现代管理中的一门重要学科。未来学家托夫勒(A. Toffler)说过:“科学技术发展越快,人类按照自己需要创造资源的能力就越大,那时唯一重要的资源就是信息和知识。”

不同时代,财富来源各不同。本质上,农业时代和工业时代都是以物质生产和物质经济为主的社会;信息时代是以信息的生产、利用和管理为主要要素的社会;而知识经济时代,是以知识生产和知识经济为主的社会,知识就是力量,知识是第一生产力。

1.3.1 信息管理与信息技术

1. 信息管理

信息管理(Information Management)就是搜集、整理、存储并提供信息服务的工作。作为一种理论探索,信息管理主要研究信息管理的基础理论、技术方法以及信息管理工作的计划、实施与信息部门的组织、控制等有关问题。或者说,现代意义上的信息管理,就是对信息资源及其开发利用活动的计划、组织、控制和协调。

总之,信息管理的作用是更好地管理信息资源;信息管理的目标是通过管理使信息资源利用率及使用价值达到最大化;信息管理的方法是信息的搜集、加工存储存及传播;信息管理的内容是结构性数据;信息管理的重点是更为有效地利用结构化数据;首席信息官(CIO)的工作重点是技术与信息的开发利用。

2. 信息技术

1) 信息技术的定义

一切科学技术都是人类社会生产实践发展到一定阶段的产物。人类通过自己的各种器官同自然界打交道,而当人类各种器官功能的实际水平同所要求的水平之间存在某种差距时,这种差距就成为一种动力,使得人类一定要找出各种办法来消除这种差距。人类在实践中摸索的结果,会导致对自然规律认识的深化,并找到扩展人类相应器官功能的实际办法。前者就是科学的发展,后者则是技术的进步。

辅人律是科学技术发展的规律之一,即技术的功能辅助人的各种器官功能,这称为技术功能论。按照技术功能论的思想,可以给出信息技术的定义,即一切能够扩展人的信息器官功能的技术就是信息技术。

联合国教科文组织(UNESCO)给信息技术的定义是:应用在信息加工和处理中的科学、技术与工程的训练方法和管理技巧;上述方法和技巧的应用;计算机及其与人、机的相互作用;与之相应的社会、经济和文化等诸种事物。

从以上关于信息技术的定义可做如下理解:

(1) 信息技术是人类信息器官的功能扩展,是人类神经系统的延伸。工业革命带来的机械动力设备扩展了人的肢体力量;信息革命带来的计算机及其它信息设备则延伸了神经系统和扩充开发了人类的智慧。

(2) 信息技术一般所指的是"一系列与计算机相关的技术"。

(3) 这些技术能够对数量巨大的、格式变化的、分布在不同地点的各种信息进行记忆、处理、展示、发送和使用。

(4) 信息技术越来越多地同文本、图形、声音和动态视频等多种媒体的变换相联系。

(5) 信息技术是现代科技结合的产物。现代信息技术是以计算机与通信技术为核心,对各种信息进行收集、存储、处理、检索、传递、分析与输出的高技术群。

2) 信息技术发展历史简述

从信息技术更新的历史来看,经历过如下五次信息技术革命:

第一次信息技术革命是从语言到文字,语言是人类交换信息的最基本的载体,它的产生还促进了人脑——存储和处理信息的器官的发达。文字的出现,使信息的存储与传递突破了时间与空间的限制。

第二次信息技术革命是造纸和印刷术的发明,这两样技术的结合,把信息的记录、储存、传递和使用范围扩大到了更广阔的空间和时间。

第三次信息技术革命起源于19世纪中期,电磁学异军突起。英国科学家法拉第发现了电磁感应定律;麦克斯韦建立了电磁理论;德国科学家赫兹首次证实了电磁波的存在。随之而来的,是电子学的应用产品层出不穷,开始是电报、电话,后来是广播、雷达和电视等。人们发现,电磁波可以用来运载信息,且能传播声音、文字、图像等各类信息。

第四次信息技术革命发生在1945年,人类完成了科技史上具有划时代意义的发明——研制成功计算机。从此,开辟了信息处理新天地。

第五次信息技术革命,是通信技术发展到光纤数字通信和卫星通信之后,与计算机技术相结合形成的计算机网络技术,使人类信息的收集、实时处理、传递与共享达到了前所未有的水平。

多次信息技术革命从根本上改变了人类搜集、加工、处理及利用信息的方式与方法,同时也改变了人们的工作方式、生活方式和思维方式。

3）现代信息技术简介

（1）信息技术的分类

按信息技术是否可物化为实物形态,信息技术可划分为“硬”信息技术和“软”信息技术。前者通常指制造信息设备的信息技术;后者指那些不具有明显物质形态的、关于信息获取和处理的经验、知识、方法和技能。

按对信息处理工作的基本环节,信息技术可划分为信息获取技术、信息传递技术、信息存储技术、信息检索技术、信息加工技术和信息标准化技术。

按人们日常所使用的信息设备种类或用途,信息技术可划分为电话技术、电报技术、电视技术、广播技术、缩微技术、复制技术、卫星技术、计算技术、网络技术等。

对应于人的信息器官种类,信息技术则可分为感测技术(对应感觉器官)、通信技术(对应神经器官)、计算技术(对应思维器官)和控制技术(对应效应器官)。

（2）现代信息技术

在信息行业工作中所涉及到的信息技术是十分广泛的。它应用在对信息的获取、加工、存储、处理、传递、服务、增值等一系列的过程中。现代信息技术主要有微电子技术、光电子技术、通信技术、计算技术、软件技术、广播电视技术、网络技术、多媒体技术、数字化技术、信息安全技术、虚拟现实技术、超导电子技术、生物电子技术、纳米电子技术、数据挖掘技术、信息安全技术、网格技术、信息集成服务技术等。

信息技术的发展还导致了产业结构的变化以及就业状况及经济运作规律的变更,同时对协调社会上各种利益关系的法律、法规也产生相应的影响,并促使其发生变化。信息技术的发展还对人们新世界观与科学观的形成产生了巨大的影响。总之,现代信息技术的应用与普及对社会的影响是非常广泛、非常深远的。

1.3.2 知识管理技术与知识检索

1. 知识管理技术

1）知识技术概念

目前,对知识技术有多种表述。英国“先进知识技术”(AKT)研究计划报告指出:“知识技术是用于组织知识,从知识资产中创建、管理、抽取价值并把这些技术组合成为创建知识生命周期完整方法的下一代信息技术。”

欧洲第六期研究架构计划(FP6 2002－2006)认为:“知识技术是用于集成知识采集、模型化、重用、检索、提供和维护的方法和服务的技术。知识技术是一门与知识管理相关、跨协同计算、知识工程、自然语言处理、传统信息技术、万维网及其信息检索的综合技术。”

Wikipedia 百科全书对知识技术的定义是:“知识技术是一种给信息技术加上一层智慧的技术,能够在需要时把恰当的信息过滤出来和传递出去。知识技术一词是指一套包括语言、软件在内,能够更好表现、组织和交换信息和知识的模糊工具集。”

由此可见,知识技术的内涵至少包含三层意思:

(1) 知识技术是信息技术的延伸和扩充,是增强了处理知识能力的新一代信息技术。

(2) 知识技术是用于知识采集、模型化、重用、检索、提供和维护整个知识生命周期的技术。

(3) 知识技术是实现以语义网为核心的互联网第三次革命的关键技术。

知识服务要求能够控制信息、管理知识、提供知识和发现知识。可利用数据仓库、数据挖掘、知识发现、人工智能等技术获取数据库中隐含的知识;利用大型数据库、检索技术、智能代理、搜索引擎技术来存储和传播知识;应用网格技术、组件技术、个性化技术等保证知识的充分共享。

在当前信息服务正逐渐向知识服务转化的过程中,尤其需要开发和利用的关键技术有知识采集技术、知识模型化技术、知识交换技术、知识表达与人工智能技术、知识组织和数字图书馆技术、知识检索和导航技术、知识地图与主题图技术、概念本体和分类技术、语义网技术、专家系统和代理技术、机器学习技术等。

2) 知识技术的发展

早期的知识技术有面向知识的系统、文献管理系统、自然语言处理、Hypertext、分布式人工智能、互联网、知识管理等技术。

现在的知识技术有语义网、概念本体、信息检索方法、贝叶斯分类器、产业化自然语言处理、代理技术等。

正在发展的知识技术有虚拟协同和联合、互联网推理服务、多语言实时自然语言处理、网格计算等。

知识技术面临的挑战包括概念本体的构建和管理、内容自动化、提供服务、语境捕获和基本原理、起源和信托(Provenance and Trust)、知识维护、社会、文化和组织问题。

3) 知识管理技术的概念

从广义的角度看,知识管理技术并不局限基于计算机的技术,现代信息技术才是知识管理产生的真正催化剂,也是知识管理得以有效实现的基本前提。知识管理技术建立在传统的数据管理和信息管理技术基础之上,因其关注隐性知识的特点而有别于且不排斥后两者。传统的数据管理及信息管理技术仍然会在知识管理中得到广泛应用,并成为整个知识管理技术体系中的重要组成部分。知识管理技术是现代信息技术在知识经济时代的新发展。

因此,在众多知识管理技术的定义中,可以认为:知识管理技术是指能够协助人们实现知识管理的基于计算机的现代信息技术。知识管理技术是一个技术体系,包括的技术内容异常繁多,覆盖了知识管理的各个环节。

4) 知识管理技术的类型

目前对知识管理技术的分类尚无定论。IBM《企业知识管理白皮书》认为,知识管理技术分为商业智能技术、电子协作技术、知识传递技术、知识发现技术和知识地图技术。还有很多人认为,知识管理技术可按应用针对性分为显性知识管理技术和隐性知识管理技术；按其核心功能又可分为网络技术、群件技术、数据库技术、数据挖掘技术、人工智能与专家系统技术、文档管理技术等。

目前应用最广的知识管理技术是文档处理技术，如文档管理、文档发布、文档流转等。随着应用的深化和企业应用水平的提高，数据处理技术已经受到越来越多的关注，如数据报表、商业智能、数据挖掘等。

数据是对事实的描述，是构成信息和知识的最基本元素；信息则是相关数据的集合；知识是信息构成的复杂有机体，是人类进行活动、决策和计划能力的体现。知识管理是对知识的获取、存储、学习、共享、使用和创新的管理过程。

2. 知识组织

1929 年英国著名的分类法专家布利斯（H. E. Bliss）最早提出“知识组织”概念。知识组织是传统主题分析、内容分析的继承和发展，是图书馆学、情报学分类法、标题表、叙词表等标引工具的延伸，是过去、现在和未来图书馆服务、信息服务、知识服务永恒的主题。

知识组织是知识管理的前提，是构筑知识服务大厦不可或缺的基础设施。对知识的编码和有序化决定了知识是否可获得；对知识的有效组织，决定了知识的传播、储存、应用、共享是否可行。

传统的知识组织工具在庞杂的网络信息资源面前黯然失色，不论在速度上、质量上、效率上都无法拿出与文献资源增长水平相应的手段。在计算机联网时代，用于标引和检索的知识组织系统的发展达到高峰，产生出至今仍在最有信誉的大型数据库中使用的叙词表。目前，在迈向语义网的进程中，知识组织系统的发展和应用再一次走向高潮，近年来出现的新的语义工具的类型、数量、应用面、标准，以及参与制定标准和编制这些工具的机构、组织、行业、人员的规模，都是前所未有的。叙词表及概念本体作为知识组织系统都有其自身的特点，现阶段，叙词表对网络信息组织以及知识表示和组织有一定的局限性，从理论上讲，概念本体作为一种能在语义和知识层次上描述信息概念模型的建模工具，在知识组织方面相对于叙词表来说具有很大优势以及更广阔的发展前景。

目前，生产、存储、检索信息的能力极大地提高，但把信息转变为知识的能力很低；网络技术和传输速度极大地提高，但网络信息共享程度很低；网页数量在指数增长，但网络理解网页内容的能力很低；计算机性能极大地提高，但信息内容开发的智能程度很低；多媒体信息比例越来越大，但多媒体内容检索能力很低；信息服务的本质本应该面向个人需求，但个性化信息服务能力很低。因此，如何有效地组织和发现知识、开发和利用知识是摆在人们面前的重要任务。

3. 知识检索

1）知识检索的概念

知识检索是为了适应知识组织的发展趋势，以解决信息检索机制检索效率低下的弊端而提出的一种新的检索理念。知识检索是指在知识组织的基础上，从知识库中检索出知识的过程，是一种基于知识组织体系，能够实现知识关联和概念语义检索的智能化的检索方式。

需要指出的是，知识检索不等于基于知识的信息检索。基于知识的信息检索是指在信息检索的框架下，通过一些智能化手段，改善检索效率和效果的一种方式。目前，学术界所提出的“概念检索”、“语义检索”、“智能检索”都是基于知识的信息检索的表述形式。

较之信息检索，知识检索具有两个显著特征：一是基于某种具有语义模型的知识组织体系，知识组织体系是实现知识检索的前提与基础，知识检索则是基于知识组织体系的结果；二是对资源对象进行基于元数据的语义标注，元数据是知识组织系统的语义基础，只有经过元数据描述与标注的资源才具有长期利用的价值。以知识组织体系为基础，并以此对资源进行语义标注，才能实现知识检索。

从理论上说，知识检索的提出给 20 世纪中期以来形成的信息检索理论带来根本的变革与挑战；从实践上看，知识检索的应用使数字资源的有效获取与利用成为可能。

2）知识组织体系

知识检索必须以知识组织为基础。知识组织即是在信息组织的基础上，依靠专门的技术，按照知识的本质属性组织知识、建立知识系统的方法和手段。对知识及知识间的关联进行揭示和组织是知识组织的核心内容。

相对于信息组织，知识组织的显著特征表现为整体性和关联性。整体性是指知识组织系统内部的不可分割性和有机关联性；整体性是建立知识组织系统的重要依据。关联性是整体性的延续，主要体现在三个方面：一是要体现知识概念的关联性，以保持学科知识体系的完整性和系统性；二是要体现不同知识系统间的关联，以保持人类知识体系的整体性；三是要注意知识系统与信息环境的关联，以促进社会大环境中的知识的共享和交换。

知识组织的表现形式是知识组织体系。知识检索必须依赖于知识组织体系；没有知识组织体系的支撑，知识检索就无法实现。知识组织体系是对资源内容概念及其相互关系进行描述与组织的机制（工具），是用以定义并组织知识的一套概念和符号的集合，是资源语义模型的形式化，能够支持对资源对象按照知识内容进行组织和描述，并支持基于语义和推理的知识检索。

知识组织体系的形式和能力在相当程度上决定了知识检索的能力。作为知识组织表现形式的知识组织体系应具备以下基本功能要素：

（1）具有一套从领域知识中抽象出的概念体系。

（2）能够精确描述概念语义和多维关系。

（3）可用形式化方式表示概念体系，并可随时扩充概念层次和结构。

（4）支持公理定义和语义关系的推理。

（5）支持资源对象基于语义层面的标引。

（6）可用知识网络/概念地图的方式展示知识结构。

图书情报界公认的知识组织体系是主题词表和分类表。而知识本体是领域知识规范的抽象和描述，可以构造丰富的概念间的语义关系，能够准确描述概念含义以及概念之间的内在关联，其形式化能力强，同时具有知识推理能力，能通过逻辑推理获取概念之间的蕴涵关系，因此，知识本体是一种人们十分关注和正在着力研究的知识组织体系。

3）基于知识本体的知识检索

知识检索模型是基于知识本体的，知识检索模型的显著特征主要有：

（1）以知识本体作为组织领域知识的语义模型。

（2）以知识本体的概念集对资源进行语义标引，以领域本体的概念模型作为资源元数据的规范描述标准，可使目前相对独立、没有语义的领域信息形成具有语义关联的知识组织系统，也是实现基于知识、语义检索的基础。

（3）以基于本体的知识语言标志和检索领域知识，知识语言包括知识描述语言和知识检索语言，知识描述语言是描述本体的语言工具，是对本体概念形式化的标准语言。

（4）以自然语言实现概念查询，知识检索模型提供了特定领域可控的概念语义体系，并建立与概念体系相对应的、具有层次结构的自然语言术语体系。

（5）知识检索模型的约束比较少，但要求概念和关系构成一个有向图，关系是有方向的。

4）知识检索系统

知识检索系统是处理知识和检索知识的系统。其结构由知识组织、知识检索和知识显示三部分组成。知识检索系统各主要组成部分的功能有：

（1）本体概念模型构建。它包括获取学科领域基本概念，构建领域本体概念模型，提供描述领域知识的规范和知识表示的工具。

（2）本体加工与语义标注。它包括收集信息源，借助本体概念模型对信息源进行语义分析与标注，形成具有语义关联的资源元数据集合；根据应用的需要，支持本体的学习与进化。

（3）基于本体的知识库。它包括存储与管理标注后的资源元数据，支持对本体知识库的并发访问与快速查询，支持对多用户协同编辑本体以及对多版本进行有效的归纳、控制和管理。

（4）知识检索机制。它包括分析、处理检索请求，对查询术语进行语义解析，确定检索请求与本体概念及关系的对应，支持概念推理，实现语义检索，生成检索结果。

（5）知识检索显示与服务。它包括展示知识检索界面，向系统发出检索请求并接受系统的服务，包括提供查询与浏览的途径与方式，可视化显示已获取的知识以及知识之间的关系，提交检索结果；实现与用户的交互，接受并反馈用户信息，为用户和应用程序查询本体库知识提供服务。

目前正处在第一代知识管理阶段。第一代知识管理关注知识生命周期的知识集成方面，而忽视了知识生成方面。其特点就是强调对整个组织现存知识的获取、编码和传播。大多数第一代知识管理都注重大量采用群件、信息索引和检索系统、知识库、数据仓库、文件管理和图像系统等技术，来解决知识共享不足的问题。这种知识管理观念可以称做是知识管理的供应观，也就是主要关注如何提高现存知识对需要者的供应问题。但这样的知识管理观念在实践中逐渐被认为有很多缺陷，当人们逐渐发现仅凭技术并不能全面改变人的行为时，“第二代知识管理”的概念就悄然兴起。

第二代知识管理既注重现有知识的共享，更注重提供学习的空间，注重新知识的创造和知识创新；既注重显性知识的利用，更注重隐性知识的交流和创造；不仅依赖各种信息技术，更强调人际间的互动交流；从以“技术”为中心转向以“人”为中心。在进一步发挥技术优势的作用下，致力于探讨如何充分发挥人的主动性。其中，非正式沟通、实践社团等方式在第二代知识管理中脱颖而出。除此之外，如何建立组织学习机制和知识创新机制，推动个体、团体和组织之间的学习交流和知识创造也成为研究的最新发展方向。

第2章　信息获取技术

传统的信息获取渠道按照信息的存在形式可以分为记录型信息获取渠道、实物型信息获取渠道和思维型信息获取渠道。

记录型信息的获取渠道包括购买(订购、现购、邮购、委托代购等)、交换、接受、征集、复制以及租借、接受捐赠等其它方式。实物型信息的获取渠道包括展览(实物展览、订货会、展销会、交易会等)、观摩(现场观摩等)、观看(观看电影、电视、录像等)、参观(实验室、试验站)等。思维型信息的获取渠道包括交谈、采访、报告、培训、录音以及现场调查、实地考察等其它方式。

现代的电子信息获取渠道包括从磁盘、磁带、光盘等存储设备上获取和从互联网上获取等。互联网上的信息按照提供的方式常见有 WWW 页面、数据库中的记录、存在于 ftp 服务器上的文件、BBS 和电子论坛上的帖子、新闻组中的海报、电子邮件等。

2.1　扫描仪技术

扫描仪(Scanner)是一种高精度、光电一体化的高科技产品,能通过光电器件将检测到的光信号转换为电信号,再将电信号通过模拟/数字转换器转换为数字信号传输到计算机中处理。它是将各种形式的图像信息输入计算机的重要工具,是继键盘和鼠标之后的第三代计算机输入设备。人们通常将扫描仪用于计算机图像的输入,而图像这种信息形式是一种信息量最大的形式。从最直接的图片、照片、胶片到各类图纸、图形以及各类文稿都可以用扫描仪输入到计算机中,进而实现对这些图像形式的数字化信息处理。

2.1.1　扫描仪工作原理

扫描仪主要由光学部分、机械传动部分和转换电路三部分组成。扫描仪的核心部分是完成光电转换的光电转换部件。目前大多数扫描仪采用的光电转换部分是感光器件(包括 CCD(电荷耦合器)、CIS(接触式感光器件)和 CMOS)。

扫描仪工作时,首先由光源将光线照射在欲输入的图稿上,产生表示图像特征的反射光(反射稿)或透射光(透射稿)。光学系统采集这些光线,将其聚焦在感光器件上,由感光器件将光信号转换为电信号,然后由电路部分对这些信号进行 A/D(模拟/数字)转换及处理,产生对应的数字信号输送给计算机。当机械传动机构在控制电路的控制下带动装有光学系统和 CCD 的扫描头与图稿进行相对运动,将图稿全部扫描一遍,一幅完整的图像就输入到计算机中。

2.1.2　扫描仪的分类

扫描仪的种类繁多,根据扫描仪扫描介质和用途的不同,目前市面上的扫描仪大体上分为平板式扫描仪、名片扫描仪、底片扫描仪、馈纸式扫描仪、文件扫描仪。除此之外还有手持式扫描仪、鼓式扫描仪、笔式扫描仪、实物扫描仪和3D扫描仪。

(1) 平板式扫描仪。平板式扫描仪又称为平台式扫描仪、台式扫描仪，是目前办公用扫描仪的主流产品。从指标上看，这类扫描仪光学分辨率为300点/英寸～8000点/英寸，色彩位数为24位～48位，部分产品可安装透明胶片扫描适配器用于扫描透明胶片，少数产品可安装自动进纸实现高速扫描。扫描幅面一般为A4或是A3。从原理上看，这类扫描仪分为CCD技术和CIS技术两种。

(2) 名片扫描仪。名片扫描仪由一台高速扫描仪加上一个质量稍高一点的OCR(光学字符识别系统)，再配上一个名片管理软件组成。目前市场上主流的名片扫描仪的主要功能大致上以高速输入、准确的识别率、快速查找、数据共享、原版再现、在线发送、能够导入PDA等为基本标准。名片扫描仪操作简单，便于携带。

(3) 底片扫描仪。底片扫描又称胶片扫描仪或接触式扫描仪，其扫描效果是平板扫描仪和透扫不能比拟的。主要任务是扫描各种透明胶片，扫描幅面从135底片到4英寸×6英寸甚至更大，光学分辨率最低也在1000点/英寸以上，一般可以达到2700点/英寸水平以上。

(4) 馈纸式扫描仪。馈纸式扫描仪又称为滚筒式扫描仪，这种产品绝大多数采用CIS技术，光学分辨率为300点/英寸，有彩色和灰度两种，彩色型号一般为24位彩色，也有及少数馈纸式扫描仪采用CCD技术，扫描效果明显优于CIS技术的产品。

(5) 文件扫描仪。文件扫描仪具有高速度、高质量、多功能等优点，可广泛用于各类型工作站及计算机平台。对于文件扫描仪来说一般会配有自动进纸器，可以处理多页文件扫描。

(6) 手持式扫描仪。手持式扫描仪诞生于1987年，最大扫描宽度为105mm，用手推动完成扫描工作，也有个别产品采用电动方式在纸面上移动。手持式扫描仪绝大多数采用CIS技术，光学分辨率为200点/英寸，有黑白、灰度、彩色多种类型，也有个别高档产品采用CCD器件，可以实现24位真彩色。目前，手持式扫描仪已经退出了历史的舞台。

(7) 鼓式扫描仪。鼓式扫描仪是专业印刷排版领域应用最为广泛的产品，它使用的感光器件是光电倍增管，是一种电子管，性能高于CCD类扫描仪，这些扫描仪一般光学分辨率为1000点/英寸～8000点/英寸，色彩位数为24位～48位，但价格较高。由于该类扫描仪一次只能扫描一个点，所以扫描仪速度较慢，扫描一幅图花费几十分钟甚至几个小时是很正常的事情。

(8) 笔式扫描仪。笔式扫描仪又称扫描笔，该扫描仪外型与一支笔相似，扫描宽度大约只有四号汉字大小，使用时，贴在纸上逐字进行扫描，主要用于文字识别。

(9) 实物扫描仪。实物扫描仪的结构原理类似于数字照相机，不过是固定式结构，拥有支架和扫描平台，分辨率高于常见的数字照相机，但一般只能拍摄静态物体。

(10) 3D扫描仪。真正的3D扫描仪结构原理与传统的扫描仪完全不同，其生成的文件并不是常见的图像文件，而是能够精确描述物体三维结构的一系列坐标数据，输入3DMAX中即可完整地还原出物体的3D模型。从结构来讲，这类扫描仪分为机械式和激光式两种；机械式扫描仪是依靠一个机械臂触摸物体的表面，以获得物体的三维数据；而激光式扫描仪代替机械臂完成这一工作。三维数据比常见图像的二维数据庞大得多，因此扫描速度较慢。

2.1.3 扫描方式的优点

与数字照相机相比,以扫描方式获得数字照片的时间要长一些,但扫描方式仍有许多优点。

(1) 扫描仪提供的图像分辨率高,因此可选择放大形式,例如,如果打印高质量的图像,扫描仪可提供比数字照相机更高的图片质量。

(2) 扫描仪是使已有照片数字化的主要方法。这样可长期使用已有的摄影设备,照片可永存在胶卷或打印件上,任何时候都可以重新扫描。

(3) 扫描仪的多功能也给它带来很多优点。当今的扫描仪不仅使得计算机可以读取照片,而且它还能取代很多昂贵的设备,例如,扫描仪与打印机组合使用时,扫描仪可变为一台高质量的彩色复印机;扫描仪只要配上调制解调器(Modem)与一些软件就可以使扫描仪成为一台传真机;可用现代扫描仪“拍摄”三维物体,只要不超出扫描仪焦距范围的物体都适用,有一些扫描仪的三维扫描效果比最复杂的数字照相机要好。

2.1.4 扫描仪的性能参数和技术指标

描述扫描仪的性能参数很多,以下介绍一般情况下需要考虑的技术指标。

1) 光学分辨率

光学分辨率反映扫描图像的清晰程度。分辨率越高的扫描仪,扫描出的图像越清晰。分辨率表示了扫描仪对图像细节的表现能力,这是扫描仪的关键指标。一般都使用每英寸有多少个点(点/英寸)来衡量,也有使用每英寸的线条数(线条/英寸)来衡量的。目前扫描仪的分辨率大多数为 300 点/英寸和 600 点/英寸,高档产品达 2000 点/英寸以上。决定分辨率高低的最直接因素是 CCD 元件。因为扫描仪是把整个幅面宽度的一条线通过透镜投射在一列 CCD 上,所以,组成这一列 CCD 单元的数量也就决定了这台扫描仪的分辨率。假设 CCD 队列由 5000 个 CCD 单元组成,那么,对应 A4 幅宽就是 600 点/英寸。

2) 色彩位数

色彩位数反映对扫描出图像色彩的区分能力。色彩位数越高的扫描仪,扫描出图像色彩越丰富。色彩位数又称位深度(bit depth)或色彩深度(color depth),其中位深度通常用每个像素点上颜色的数据位数(bit)来表示,色彩深度则以 2 的幂来表示。位深度和颜色深度表示扫描仪在对每个像素取样时,所获得最多的颜色种类及灰度等级。当使用 1 位方式扫描图形时,扫描后的图像只能是黑和白两种颜色;如果以灰度 8 位方式扫描则会产生 256 级灰度,可以产生 256 种色彩;如果以 RGB(24 位)方式扫描则会产生 16777216 (2^{24})种颜色。

大多数滚筒式扫描仪能够自动以 CMYK(青、品、黄、黑)方式进行扫描;而一些平板式扫描仪及胶片/透光片扫描仪则是以 RGB 方式扫描,然后通过软件对其进行分色,转化为 CMYK 方式。目前常见扫描仪色彩位数有 24 位、30 位、36 位和 42 位等标准。

3) 扫描幅面

扫描幅面通常有 A4、A4 加长、A3、A1、A0 等规格。一般家庭和办公用户常选用 A4

幅面的扫描仪。

4）色彩管理系统

色彩管理系统是柯达公司最早提出的概念，起因是各种设备所能够表现的色彩范围不同，在某种设备上可以表现的颜色在其它设备上却表达不出来。例如，显示器上可以显示某种色彩，而打印机却不能够打印出来。为了解决这种问题，色彩管理系统应动而生。它通过设备的色域描述文件约束设备的真正色域范围。如果不同设备使用同样的色域管理文件，保证它们在共同的色域空间上操作，基本上可以解决一致性问题。

5）密度与动态范围

密度是描述扫描稿的指标，是指扫描仪光源的入射光在扫描稿上的反射（或透射）。入射光与反射光（或透射光）的比值在取对数后的值就是密度值，扫描稿上越黑的地方密度越大。一张扫描稿可以达到的最大密度与最小密度之差，称为稿件的密度范围，也叫动态范围。曝光准确的冲扩彩色照片动态范围一般为2.0左右，彩色反转底片可以达到3.0以上。扫描仪在保证质量的情况下可以扫描的稿件密度越大，代表扫描仪的性能越好。

2.1.5 配套软件

扫描仪的功能都要通过相应的软件来实现，除驱动程序和扫描操作界面以外，几乎每一款扫描仪都会配备一些图像编辑、文字识别（Optical Character Recognition，光学字符识别）OCR 等软件。OCR 是扫描仪处理文稿的最重要软件，它的选用对办公室用户非常重要，选择时应注意其是否能够识别各种印刷体、手写体、表格以及能否识别中英文混排等因素。常见的 OCR 软件有清华紫光 OCR、尚书 OCR 和汉王 OCR 等。下面以尚书 OCR 软件为例，说明 OCR 的主要功能。

尚书 OCR 文字识别系统是应用 OCR 技术，为满足书籍、报刊杂志、报表票据、公文档案等录入需求而设计的软件系统。目前，许多信息资料需要转化成电子文档以便于各种应用及管理。

尚书 OCR 主要分为“文件”、“编辑”、“识别”、“输出”等步骤。处理完毕后，就可以进入“识别过程”，该过程关键的是“版面分析”，现在尚书 OCR 的自动版面分析功能很强，面对报纸杂志等复杂情况的版面分析的正确率很高。“识别”菜单提供了用户自己在自动版面分析后，通过修改识别范围框的属性，来决定需要识别与否的功能。

2.1.6 扫描仪的应用与发展趋势

目前扫描仪已广泛应用于各类图形和图像处理、出版、印刷、广告制作、办公自动化、多媒体、图文数据库、图文通信、工程图纸输入等许多领域，极大地促进了这些领域的技术进步，甚至使一些领域的工作方式发生了革命性的变革。

扫描仪技术在以下诸多方面得到了广泛的应用。

1）电子排版

由于图像、图形、照片、表格、文字混排的需要，使得台式出版成为最大的受益者。扫描进来的图像可通过图像处理软件进行一些旋转、轮廓修正、颜色校正等编辑后，再与文字混合编辑设计,可制做出一幅多姿多彩、图文并茂的作品。另外,由于彩色图像扫描仪的推出,也使得传统彩色分色印刷业务逐渐转移到台式出版方面来。一些美术图片、广告、包装设计等也利用彩色电子排版系统为其服务。

2）计算机辅助设计

扫描仪应用在计算机辅助设计(CAD)领域一直被认为有相当潜力的市场。一般台式平面扫描仪只能扫描 A4 幅面,而工程图、建筑图、地图等幅面尺寸较大,因此大型工程扫描仪就应运而生,解决了这类图纸的输入问题。目前,在 CAD 方面的应用是把原有的工程图扫描进来,经过矢量化软件或其它人工智能化系统处理转换成 CAD 计算机系统能接受的数据格式,在 CAD 系统中进行编辑、修改、存储和输出。

3）图文通信

把 PC、Modem、扫描仪与激光打印机组合,扫描仪与计算机传真系统结合,可以使计算机成为图像资料传输的工作站,再配图像编辑软件将比一般传统的传真机具有更大的灵活性、经济性和应用空间。这种智能化的发展方向,即把图像与数据信息融合起来进行处理、传输的技术将是很有前途的。

4）图像处理与电子出版

扫描仪的介入可以使数据库便于图像文件加入,使资料更为丰富,可阅读性更好。这些图文资料可以形成各种数据检索管理系统。另外,如果把小说、音乐、科技资料、杂志期刊、图像照片等各种声、图、文信息数据经过混合编辑,并将多媒体信息存入光盘,使电子图书能被更多的读者所喜爱,这将是一项前途无量的新兴出版事业。此外,数字图书馆也离不开扫描仪。

5）网络环境应用

在网络时代全面来临的今天,扫描仪作为一种重要的信息输入设备,正越来越紧密地和网络联系在一起。在大网络理念下,扫描仪已经不再仅仅是一种 PC 外部设备(简称外设),而正在升级为一种因特网外设的角色。具备越来越多的网络功能,将是扫描仪今后发展的一个重要趋势。如今的扫描仪都不约而同地出现了一两项简单的网络操作功能,如发 E - mail 和上传。对于这种扫描仪,只需轻轻一按 E - mail 快捷键,便可调用 Outlook,扫描生成的文件自动会以附件形式粘贴在邮件上,“扫描 + E - mail”一步即可完成。另外一种则是能够实现“扫描到指定网址上”的功能。因特网世界里的网际通扫描仪应该具备的能力是:扫描一幅图片或稿件,利用 OCR 等相关软件从生成文件中提取出所需信息,直接上传并存储至互联网空间,达到互联网共享的目的,同时能接收互联网反馈回来的信息,自动调节扫描仪的设置以适应不同的扫描需求,进行后续操作,即实现扫描、编辑、上传、存储、共享、发送、下载的全程网络化管理。

2.2 数字照相与摄录技术

2.2.1 数字照相技术

数字照相机是数字时代的产物。1994 年 Apple 推出的 Quick Take 100 是第一架人们可接受的数字照相机。数字照相机中的照片可直接传送到计算机中,并可用软件进行加工和修改，然后将它们添入网页中或通过电子邮件发送到指定的网站，使人们拍摄的照片可以在极短的时间内传向世界各地。

1. 数字照相机的工作原理

数字照相机是光、机、电一体化的产品。它的工作原理与普通照相机的工作方式不同，大多数的数字照相机都使用一块特殊的光敏芯片——电荷耦合器件（Charge Coupled Device，CCD），它是数字照相机的心脏。它的前面有一个数字栅格，由快门控制。快门打开后光通过红、绿、蓝三色滤镜，汇聚在CCD上，引起电流的变化，这种变化的电流信号反映了拍摄的人像或物体的颜色和亮度信息。通过模拟数字转换器（Analog to Digital Converter，ADC）将每个像素上的光学信号转变成数字信号传输给缓存，然后通过数字信号处理器（Digital Signal Processor，DSP）读取这些数字信号，并将这些信号中所包含的影像信息存放到存储器中。

2. 数字照相机的分类

1）按照感光器件分类

它可分为单片CCD数字照相机、三片CCD数字照相机和CMOS数字照相机。单片CCD数字照相机的特点是只使用一片CCD作为感光器件，并依靠在CCD器件上安装滤色镜来实现彩色照相；三片CCD照相机的三片CCD分别感受RGB三色光，从而获得彩色图像；CMOS数字照相机采用CMOS作为感光器件，拍摄效果较CCD数字照相机要差。

2）按CCD芯片型号分类

它可分为面型CCD数字照相机和扫描线型CCD数字照相机两大类。面型CCD数字照相机使用的CCD感光区为平面，可瞬间曝光，具有拍摄速度快、灵活性强的优点；扫描线型CCD数字照相机为静物照相机，采用与扫描仪相似的线型CCD，并且通过机械方式实现成像，这种数字照相机在精度和色彩还原上比面型CCD数字照相机要好很多，但这种数字照相机不能进行闪光拍摄，而且需要的曝光时间很长。

3）按结构分类

它可分为单镜头反光式数字照相机、便携式数字照相机、数字机背照相机或数字后背照相机。数字后背照相机是一种没有镜头等机构，而只有CCD片和数字处理等部件的照相机，需要将它安装到传统的光学照相机上才能进行拍摄，利用它可方便地将传统的光学照相机数字化。

3. 数字照相机的主要性能指标

数字照相机属照相机的范畴，但又与普通照相机有很大的不同，因而衡量数字照相机的性能指标，既有与普通照相机相同的性能指标，如曝光方式、测光方式、快门时间范围、曝光补偿方式、曝光补偿范围、对焦方式等，又有其特殊的衡量指标，如分辨率、压缩方式、压缩比率、存储媒体、存储能力、信号输出形式、白平衡调整方式、相当感光度等。

(1) 分辨率。分辨率的高低决定了拍摄的图像文件最终能打印出高质量画面的幅面大小，这是数字照相机最重要的性能指标。分辨率的高低取决于CCD上像素的多少，像素越多，分辨率越高，因而分辨率的高低可用像素量的多少间接地加以反映。就同类数字照相机而言，分辨率越高，相机档次就越高。

(2) 镜头焦距。单反光照相机所使用的CCD感光区域比35mm胶片的24mm×36mm画幅要小，当将这种CCD装于35mm单反光照相机时，落在CCD上的像只占镜头所成像的一部分，同一镜头在单反光照相机上使用与在普通 35mm 单反光照相机上使用相比，就相当于“焦距延长”了，而且“焦距延长”的倍数在不同的数字照相机上是不同的。镜头“焦距延长”后带来的好处是，可将焦距较短的镜头当做较长的镜头使用，这给体育摄影带来了极大的方便。

(3) 连拍速度。对于拍摄活动的景物及连续拍摄，要求照相机能提供较短的曝光时间和较高的连拍速度。数字照相机拍摄要经过“光信号→模拟电信号→数字电信号→记录于存储介质上”的过程，其中转换、记录都花费时间。由于数字照相机中的缓冲存储器比较小，导致其连拍速度不是很快。

(4) 存储器种类及存储能力。脱机型数字照相机拍摄得到的图像，记录在存储器上。目前，数字照相机使用的存储器有多样化的趋势，既有内置闪速存储器，又有可移动式存储器。使用内置存储器的数字照相机，拍摄时将影像文件直接存在内置的存储器上，然后在适当的时候转输到计算机中。内置存储器的存储容量有限，单纯用内置存储器存储的数字照相机不能在野外连续大量摄影，尤其是高像素的数字照相机更是如此。目前，越来越多的数字照相机采用可移动存储器。现在，同一数字照相机可使用多种存储器已成为发展趋势。

(5) 白平衡调整。荧光灯的光人眼看起来是白色的，但用数字照相机拍摄出来却有一点偏绿色。同样，如果是在白炽灯下，拍出图像的色彩就会明显偏红色。人类的眼睛之所以把它们都看成白色的，是人眼进行了修正。如果能够使数字照相机拍摄出来的图像色彩和人眼看到的一样就好了。但是，由于 CCD 传感器本身没有这种功能，因此有必要对它输出的信号进行一定的修正，这种修正就叫做白平衡。所以白平衡调整就是通过图像调整，使在各种光线下拍摄出来的照片色彩和人眼所看到的景物色彩完全相同。数字照相机既能自动进行白平衡，也能手动进行。有的数字照相机在进行精细调整时需依靠手工操作。

(6) 相当感光度。普通照相机本身无感光度高低而言，因为感光度是感光材料的感光速度的度量。但数字照相机与普通照相机不同，它包含了接受光线信号的 CCD。因此，对曝光多少也就有了感光灵敏度高低的问题，这相当于胶片具有一定的感光度一样。部分数字照相机的相当感光度有一定的范围，但必须注意，即使在所允许的范围内，感光度设置的高低，对所得影像的效果也有区别。

4. 数字照相机的应用

与传统的照相机相比，数字照相机可以免去各种繁琐的中间步骤，直接提供可在因特网上传送的图像文件。对传统的新闻或出版行业来说，数字照相机可以免去冲洗、扫描、排版的复杂过程，而且其即时性是传统胶片感光相机难以匹敌的。数字照相机可以在家用 PC 上输出图像，也可以在大屏幕彩色电视机上输出图像，用打印机打印出图像完全改变了人们去冲洗店洗照片的传统做法。而且，对于不满意的图像可马上删除，重新拍摄或进行后期加工，如拼接、合成、变换背景、变形、重叠、黑白彩色转换、浮雕效果、油画效果、马赛克效果，甚至对拍虚了的影像也能进行清晰处理。此外，还可以像 35mm 底片一样冲印成照片。

数字照相机可以直接连接到计算机、电视机或者打印机上。在一定条件下，数字照相机还可以直接接到移动式电话机或手持 PC 上。由于图像是内部处理的，所以可以马上检查图像是否正确,而且可以立刻打印出来或通过电子邮件传送出去。数字照相技术的应用领域是多方面的。

就照相质量而言,数字照相机还不能与传统照相机媲美,特别是放大后会出现明显的马赛克现象,从这一点看数字照相机还不能取代传统照相机。数字照相机领域还在不断出现许多新技术、新功能,如 Super CCD 技术、SM(Smart Media)卡存储技术、软盘存储技术、记忆棒(Memory Stick)存储技术、微型硬盘存储技术、各种图像增强技术、USB 接口技术、长时间录音和录像技术、数字变焦技术等。这些新技术、新功能不仅大大提高了数字照相机的整体性能,而且使其应用面比传统胶片照相机更广,因而使数字照相机产品的市场迅速扩大。

2.2.2 数字摄录技术

从世界上第一台数码摄录像机诞生到现在,已经过了十几年的时间,数码摄录像机已开始普及。数码摄录像机可直接进入计算机和由计算机控制的数码化设备。数码摄录像机可分为非压缩格式和压缩格式两大类。记录载体可分为磁带、硬盘和光盘。

1. 数码摄录机概况

数码摄录像机的非压缩格式诞生较早,它把全部图像信息未经压缩地记录到载体上。在非压缩格式中,最早诞生的专业数码录像机 D1 格式最具有影响力,并已成为国际标准。现在对于许多非线性编辑系统来说,在评价它所输出的视频质量上,往往都要与 D1 格式相比较。D1 格式按 ITUR601 标准,以 4:2:2 采样、8 位量化进行分量编码记录视频。对于音频,以 48kHz 频率采样、20 位量化,具有 4 个独立的音频通道。除 D1 格式外,还有 D2、D3、D5 格式的数码摄录像机,其中 D2、D3 格式记录复合视频,D5 采用了分量记录方式。非压缩格式的数码摄录像机所摄录,图像质量很高,但其价格昂贵。

采用基于 MPEG-2 压缩格式技术的数码摄录像机,主要有数字 Betacam 格式、Digital-S 格式、Betacam-SX 格式、DVCPRO 格式、DVCAM 格式、MiniDV 格式和 MICROMV 格式。它们都采用了数码分量记录方式,所以也称为数码分量摄录像机。

2. 数码摄录的类型

1) 广播级数码摄录格式

数字 Betacam 的信噪比能达到 62dB,采用 4:2:2 采样格式、10 位量化的数码分量处理,并使用基于 DCT 的电平自适应帧内压缩方式,压缩比为 2.3:1。采用 1/2 英寸金属带,具有 4 通道 48kHz 采样、20 位线性量化的数码音频,具有复制 30 代而无质量损失的图像质量,并能兼容重放 Betacam-SP 模拟分量格式的录像带。

2) 专业级数码摄录格式

DVCPRO25 是在 MiniDV 格式的基础上开发成功的专业用数码分量摄录像格式。它采用 4:1:1 采样格式、8 位量化和 DCT 帧内压缩方式,压缩比为 5:1,记录速率为 25Mb/s,信噪比大于 54dB,具有 2 通道 48kHz 采样、16 位量化的数码音频。它使用 1/4 英寸金属微粒带,磁迹宽度 18μm,具有兼容重放家用 DV 格式录像带的能力,其图像质量相当于标准型 Betacam-SP。

DVCAM 也是在 MiniDV 格式的基础上开发成功的专业用数码分量录像格式。它和 DVCPRO 一样,其目标是高画质、小型、轻量和低价格。它采用 4:2:0 采样格式、8 位量化和 DCT 帧内压缩方式,压缩比为 5:1,记录速率为 25Mb/s,信噪比大于 54dB,具有 2 通道 48kHz 采样、16 位量化的数码音频。它采用 1/4 英寸金属微粒带,磁迹宽度 15μm,与 MiniDV 格式双向兼容,即 MiniDV 格式磁带可以在 DVCAM 摄录像机上重放,DVCAM 摄录像机也能在 MiniDV 格式摄录像机上重放。其图像质量相当于标准型的 Betacam - SP。

3）家用级数码摄录格式

家用数码摄录像机由世界上一些知名的电器公司共同制定标准。对于 PAL 制信号来讲,它采用 4:2:0 的采样格式、8 位量化和 DCT 帧内压缩方式,压缩比为 5:1,记录速率为 25Mb/s,信噪比可达 54dB。对于音频,可采用 32kHz 采样、16 位量化的双声道立体声方式,也可采用 32kHz 采样、12 位量化的四声道方式。MiniDV 格式的图像质量是相当高的,其亮度信号频带带宽达 6MHz,色差信号的带宽也分别达到了 1.4MHz 和 3MHz。MiniDV 格式采用 1/4 英寸金属微粒带,磁迹宽度 10μm。

后来,又出现了一种由索尼公司研制的全新数码摄录格式——MICROMV。MICRO 的中文解释是微小的,MV 则是 MPEG VIDEO 的缩写,MICROMV 格式同样是以 MPEG - 2 的数据压缩技术为基础的,它可以进一步提高录像带的容量及产品的功能。在影像方面由于 MICROMV 格式采用了 8 位量化 MPEG - 2 压缩技术,记录速率为 12Mb/s,产生的文件容量相当小。在音质方面采用了 MP2(MPEG1 Audio Layer2)立体声技术,保证文件小体积的同时获得较好的声音质量。MICROMV 格式采用 1/6 英寸金属微粒带,磁迹宽度 5μm,而且 MICROMV 格式的录像带采用了比 MiniDV 带高约 3 倍的高密度带基记录方式。MICROMV 格式最大的便利在于其具有灵活的扩展性,低容量的文件使得摄录的影像得以以较低的速率传播,非常适合当今高速发展的网络。不过,除了极其袖珍的体形外,很可惜的是,它不能与任何数码摄录格式兼容,而且影像及声音质量无法和 MiniDV 格式相提并论,但仍比家用模拟格式好很多。

2.3 条形码技术

2.3.1 条形码技术

条形码也称条码,是迄今为止在自动识别、自动数据采集中应用最普遍、最经济的一种信息标志技术,已普遍应用于计算机管理的各个领域。条码由一组按一定编码规则排列的条、空符号组成。条码系统是由条码符号设计、制作及扫描阅读组成的自动识别系统。

1. 条码的发展史

条码技术已有 50 多年的历史。从 20 世纪 40 年代的美国发起,70 年代 ~ 80 年代在国际上得到了广泛应用。随着国外条码技术的应用,我国于 70 年代末到 80 年代初开始研究,并在部分行业完善了条码管理系统。1988 年 12 月,我国成立了中国物品编码中心,并于 1991 年 4 月 19 日正式申请加入了国际编码组织 EAN 协会。

近年来,我国的条码事业发展迅速。目前,商品使用的前缀码有“690”、“691”、“692”和“693”,条码技术在我国已得到了广泛的应用。

2. 条码技术的优点

条码是迄今为止最经济、实用的一种自动识别技术。条码技术具有以下几个方面的优点：

（1）可靠准确。据统计，键盘输入数据出错率为1/300，利用光学字符识别技术出错率为1/10000。采用条码技术误码率低于1/1000000，如果加上校验位出错率为1/10000000。

（2）数据输入速度快。键盘输入，一个每分钟打90个字的打字员1.6s可输入12个字符或字符串，而使用条码，做同样的工作只需0.3s，速度提高了5倍。并能够实现"即时数据输入"，且容易转换为二进制码。

（3）经济便宜。与其它自动化识别技术相比较，推广应用条码技术所需费用较低。

（4）灵活实用。条码符号作为一种识别手段可以单独使用，也可以和有关设备组成识别系统实现自动化识别，还可和其它控制设备联系起来实现整个系统的自动化管理。

（5）自由度大。条码通常只在一维方向上表达信息，而同一条码上所表示的信息完全相同并且连续，这样即使是标签有部分缺欠，仍可以从正常部分读入正确的信息。

（6）设备使用简单。条码符号识别设备的结构简单，操作容易，无需专门训练，且设备也相对便宜。

（7）易于制作。条码可印刷，称做"可印刷的计算机语言"。条码标签易于制作，对印刷技术设备和材料无特殊要求。

（8）适应性强。条码标记可以直接印贴在编码对象上，可使物流和信息流紧紧联系在一起。采用激光扫描器，可识读数米以外的条码信息。且条码信息不受电磁场的影响。

（9）专利公开。条码专利已被IBM公司买下，并公开无偿使用。

当然，条码也有其不足之处，例如，不大直观、可读性差；不宜用于保密场合；条码图形外露，易受污染，影响阅读正确性；信息记录密度低于磁条码与IC卡等。

3. 条码码制介绍

条码可以分为一维条码和二维条码。

1）一维条码

一维条码按其应用可分为：

（1）商品条码　EAN－13码、EAN－8码、UPC－A码、UPC－E码等。

（2）物流条码　Code39码（标准39码）、ITF25码（交叉25码）、Codebar码（库德巴码）、Code128码（包括EAN128码）、Code25码（标准25码）、Matrix25码（矩阵25码）、中国邮政码（矩阵25码的一种变体）、Code－B码、MSI码、Code11码、Code93码、ISBN码、ISSN码、Code39EMS（EMS专用的39码）等。

2）二维条码

按其构成原理和结构形状的差异二维条码可分为：

（1）行排式　Code 49码、Code16K码、PDF417码等。

（2）矩阵式　Code one码、Data Matrix码、Maxi code码等。

3）常见码制的应用

常见码制的应用如下：

(1) EAN、UPC 码。用于在世界范围内唯一标志一种商品。

(2) Code39 码。可表示数字和字母,在管理领域应用最广。

(3) ITF25 码。在物流管理中应用较多。

(4) Codebar 码。多用于医疗(如血库)、图书领域和照相馆的业务等。

(5) Code93 码、Code128 码。多用于医疗、图书领域。

(6) Code39 码。各行业内部管理上被广泛使用。

4. 条码术语

条码(bar code):由一组规则排列的条、空及其对应字符组成的标记,用以表示一定的信息。

条(bar):条码中反射率较低的部分。

空(space):条码中反射率较高的部分。

空白区(clear area):条码左右两端外侧与空的反射率相同的限定区域。

保护框(bearer bar):围绕条码且与条反射率相同的边或框。

起始符(start character):位于条码起始位置的若干条与空。

终止符(stop character):位于条码终止位置的条与空。

中间分隔符(central seperating character):位于条码中间位置的若干条与空。

条码字符(bar code character):表示一个字符的若干条与空。

条码数据符(bar code data character):表示特定信息的条码字符。

条码校验符(bar code check character):表示校验码的条码字符。

条码填充符(filler character):不表示特定信息的条码字符。

条高(bar height):构成条码字符的条的二维尺寸的纵向尺寸。

条宽(bar width):构成条码字符的条的二维尺寸的横向尺寸。

空宽(space width):构成条码字符的空的二维尺寸的横向尺寸。

条宽比(bar width ratio):条码中最宽条与最窄条的宽度比。

空宽比(space width ratio):条码中最宽空与最窄空的宽度比。

条码长度(bar code length):从条码起始符前缘到终止后缘的长度。

长高比(length height ratio):条码长度与条高的比。

条码密度(bar code density):单位长度的条码所表示的字符个数。

模块(module):组成条码的基本单位。

单元(element):构成条码字符的条、空。

连续型条码(continuos bar code):没有条码字符间隔的条码。

非连续型条码(discrete bar code):有条码字符间隔的条码。

双向条码(bidirectional bar code):左右两端均可作为扫描起点的条码。

附加条码(add - on):表示附加信息的条码。

自校验条码(self - cheching bar code):条码字符本身具有校验功能的条码。

定长条码(fixed length of bar code):条码字符个数固定的条码。

非定长条码(unfixed length of bar code):条码字符个数不固定的条码。

条码字符间隔(bar code intrcharacte gap):相邻条码字符间不表示特定信息且与空的反射率相同的区域。

2.3.2 条形码的编码和结构类型

1. 条形码编码规则

1）唯一性

唯一性是指商品项目与其标志代码一一对应，即一个商品项目只有一个代码，一个代码只标志同一商品项目。商品项目代码一旦确定，永不改变，即使该商品停止生产，停止供应了，在一段时间内（有些国家规定为3年）也不得将该代码分配给其它商品项目。在商品条码系统中，商品及商品价格的差异是靠不同的代码识别的。假如把两种不同价格的商品用同一代码标志，自动识别系统就把它们视为同一种商品。如果同一商品项目有几个代码，自动识别系统将视其为几种不同的商品，这样不仅大大增加数据处理的工作量，而且会造成管理上的混乱。在我国，同一种商品，往往由不同的厂家生产，确保相同商品必须有同一代码就显得格外重要。

为此，中国物品编码中心作出规定，凡是获准使用他人注册商标的商品，必须采用商标注册者拥有的厂商代码和商标注册者统一编定的商品项目代码。唯一的商品项目代码与厂商代码和国别（地区）代码组配在一起（在UPC系统中，商品项目代码与厂商代码和编码系统字符组配使用），就可保证商品的代码标志在一个国家（地区）乃至世界范围内都是唯一的。唯一性是商品编码最重要的一条原则。

2）无含义

无含义代码是指代码数字本身及其位置不表示商品的任何特定信息。在EAN及UPC系统中，商品编码仅仅是一种识别商品的手段，而不是商品分类的手段。无含义使商品编码具有简单、灵活、可靠、充分利用代码容量、生命力强等优点，这种编码方法尤其适合于较大的商品系统。

3）全数字型

在EAN及UPC系统中，商品编码全部采用阿拉伯数字。

2. 常用条码简介

1）交叉25码

交叉25码（Interleaved 2 of 5 code）主要用于物流管理中。交叉25码是由条和空一起编码的。它的符号由5个条和5个空交叉组合而成，每个符号都含有2个空，起始码由4个窄单元（条与空相同）组成，终止码由1个宽条和2个窄空（按先空后条顺序）构成。交叉25码的字符集为0～9这10个数字符号。符号的二进制表示中引入权重（1，2，4，7）作为差错检测，采用奇偶校验。交叉25码示例如图2-1所示。

2）ENA码

ENA码（European Article Number）是国际物品编码协会制定的一种商品条码。字符集包含10个数字符号，它的每一个字符符号均由规则排列的2个条和2个空表示。标准版EAN-13是由13位数字符码及其相应的条码符号组成，用于标志商品的产地、分类和制造厂商。缩短版ENA-8是由8位数字符及其相应的条码符号组成，用于标志商品的前缀码、商品代码和校验码，缩短版常用于企业内部管理。

标准版13位数字中，前3位为前缀码，用来标志国家代码（分配给我国的前缀码为690）；接下的4位为制造厂商代码，由各国自行分配；再接下的5位数字为商品特性代码，

EAN-8 码

交叉 25 码

UPC-A 码

UPC-E 码

EAN-13 码

图 2－1　部分条型码例

用来标志商品的特征和属性(如质量、颜色);最后一位是校验码。EAN－13 和 EAN－8 条码示例如图 2－1 所示。

3) 39 条码

39 条码(3 of 9 Bar Code) 是一种英文字母和数字符的混合编码,它共有 43 个字符。39 条码由 9 个单元的条和空(5 个条夹 4 个空)组成。9 个单元中有 3 个宽单元和 6 个窄单元。39 条码的字符集包括的字符有数字符(0～9)、字母符(A～Z)、其它字符(－。/ % ¥ ＊ 空格)其中＊号用于起始符或终止符。39 条码是一种符号长度可变,可进行双向扫描的具有自校验(奇偶校验)功能的不连续型条码。

4) 库德巴码(Codebar)

库德巴码可表示数字和字母信息,主要用于医疗卫生、图书信息、物流等领域的自动识别输入。其字符集由 20 个字符组成,它包括数字 0～9、字母 A～D(用于起始码或终止码)、特殊字符(－:。＋ ¥)等。库德巴码的一个字符符号由 7 个单元的条和空(4 个条夹 3 个空)组成,7 个单位中有 2 个或 3 个宽单元,其余为窄单元。

3. 常用条码的码制

根据字符的间隔分类,条码可分为连续型和不连续型;按单元的宽度,条码可分为二值条码和多值条码;此外还有单宽度条码,即条的宽度只有一种。连续型不存在条码字符间隔,不连续型在条码的字符间用间隔分开。二值条码的字符图形由窄单元与宽单元两种宽度构成;多值条码的字符由窄单元或为模块整数倍的两种以上宽单元所构成。

常用条码的码制如表 2－1 所列。

表 2－1　常用条码的码制

种类	长度	排列	校验	符号、码源结构	标准字符集	其　它
EAN－13	13 位	连续	校验码	7 个模块,2 个条、2 个空	0～9	EAN－13 为标准版
EAN－8	8 位	连续	校验码	7 个模块,2 个条、2 个空	0～9	EAN－8 为缩短版

(续)

种类	长度	排列	校验	符号、码源结构	标准字符集	其 它
UPC-A	12位	非连续	自检码	12个模块,5个条、4个空	0~9	UPC-A为标准版
UPC-E	8位	连续	校验码	12个模块,5个条、4个空	0~9	UPC-E为消零压缩版
39码	可变长	非连续	自检码、校验码	其中3个宽单元,6个窄单元	0~9、A~Z、-、¥、/、+、%、*、。、空格	*号用作起始符和终止符,密度可变,有串联性,也可增设校验码
93码	可变长	连续	校验码	9个模块,3个条、3个空	0~9、A~Z、-、¥、/、+、%、*、。、空格	有串联性,可设双校验码,加前置码后可表示128个全ASCII码
基本25码	可变长	非连续	自检码	14个模块,5个条,其中2个宽单元,3个窄单元	0~9	空不表示信息,密度低
交叉25码	定长或可变长	连续	自检码、校验码	18个模块表示2个字符,5个条表示奇数位、5个空表示偶数位	0~9	表示偶数位个信息编码,密度高,EAN、UPC的物流码采用该码制
矩阵25码	定长或可变长	非连续	自校验、校验码	9个模块,3个条、2个空,其中2个宽单元,3个窄单元	0~9	密度较高,在我国被广泛地用于邮政管理
库德巴码	可变长	非连续	自校验	7个单元,4个条、3个空	0~9、A~D、¥、+、-、:、。	有18种密度
128码	可变长	连续	校验码	11个模块,3个条、3个空	3个字符集覆盖了128个全ASCII码	有功能码,对数字码的密度最高
49码	可变长、多行	连续	校验码	每行70个模块,18个条,17个空	128个全ASCII码	多行任意起始扫描,行号由每行词的奇偶性决定
11码	可变长	非连续	自校验	3个条、2个空	0~9、-	有双自校验功能

4. 二维条码

一维条码的使用,极大地提高了数据采集和信息处理的速度,提高了工作效率,并为管理的科学化和现代化做出了很大贡献。但由于受信息容量的限制,一维条码仅仅是对"物品"的标志,而不是对"物品"的描述。故一维条码的使用,不得不依赖数据库的存在。在没有数据库和不便联网的地方,一维条码的使用受到了较大的限制,有时甚至变得毫无意义。另外,要用一维条码表示汉字的场合,显得十分不方便,且效率很低。现代高新技术的发展,迫切要求用条码在有限的几何空间内表示更多的信息,从而满足千变万化的信息表示的需要。二维条码正是为了解决一维条码无法解决的问题而产生的,因为它具有高密度、高可靠性等特点,所以可以用它表示数据文件(包括汉字文件)和图像等。二维条码是实现大容量、高可靠性信息存储并自动识读的最理想的方法。图2-2是QR Code二维条码示例,图2-3是PDF417条码的示例。

图2-2　QR Code二维条码

图2-3　PDF417条码

二维条码的特性有:

(1) 高密度。一维条码因密度较低,故不能对产品进行描述。要知道产品的有关信息,必须通过识读条码而进入数据库。这就必须事先建立以条码所表示的代码为索引字段的数据库。二维条码通过利用垂直方向的尺寸来提高条码的信息密度。通常情况下其密度是一维条码的几十倍到几百倍,这样就可以把产品信息全部存储在一个二维条码中,要查看产品信息,只要用识读设备扫描二维条码即可,因此不需要事先建立数据库,真正实现了用条码对"物品"的描述。

(2) 具有纠错功能。一维条码的应用建立在识读时拒读(即读不出)要比误读(读错)好的基础上。因此一维条码通常同其表示的信息一同印刷出来。当条码受到损坏(如污染、脱墨等)时,可以通过键盘录入代替扫描条码。因此,一维条码没有考虑到条码本身的纠错功能,尽管引入了校验字符的概念,但仅限于防止读错。二维条码可以表示数以千计字节的数据,通常情况下,所表示的信息不可能与条码符号一同印刷出来,因此二维条码引入错误纠正机制。这种纠错机制使得二维条码因穿孔、污损等引起局部损坏时,照样可以正确得到识读。二维条码的纠错算法与VCD等所用的纠错算法相同。这种纠错机制使得二维条码成为一种安全可靠的信息存储和识别的方法,这是一维条码无法相比的。

(3) 可以表示多种语言文字。多数一维条码所能表示的字符集不过是10个数字,26个英文字母及一些特殊字符。条码字符集最大的Code128条码,所能表示的字符个数也不过是128个ASCII符。因此要用一维条码表示其它语言文字(如汉字、日文等)是不可能的。多数二维条码都具有字节表示模式,即提供了一种表示字节流的机制。这样就可以设法将各种语言文字信息转换成字节流,然后再将字节流用二维条码表示,从而为多种语言文字的条码表示提供了一条前所未有的途径。

(4) 可表示图像数据。既然二维条码可以表示字节数据,而图像多以字节形式存储,因此使得图像(如照片、指纹等)用条码表示成为可能。

(5) 可引入加密机制。加密机制的引入是二维条码的又一优点。例如,用二维条码表示照片时,可以先用一定的加密算法将图像信息加密,然后再用二维条码表示。在识别二维条码时再解密。这样便可以防止各种证件、卡片等的伪造。

二维条码可用于:公文单证、订购单、报关单、商业单证;护照、身份证、挂号证、驾驶执照、会员证、识别证;物流中心、仓储中心等的物品盘点;会议资料、生产零件、客户服务、邮购运送、维修记录、危险物品、后勤补给、生态研究;商业机密、政治情报、军事机密、私人信函等。

二维条码同其它几种自动识别技术的比较如表 2－2 所列。

表 2－2　二维条码同磁卡、IC 卡、光卡技术比较

比较点	抗磁力	抗静电	抗损性	影印性	传真性	容量	成本
二维条码	强	强	强,可折叠,可穿孔,可切割	可	可	1100B	1 元
磁卡	弱	中等	弱,不可折叠,不可穿孔,不可切割	不可	不可	76B	10 元
IC 卡	中等	中等	弱,不可折叠,不可穿孔,不可切割	不可	不可	3KB	300 元
光卡	强	强	弱,不可折叠,不可穿孔,不可切割	不可	不可	2MB	500 元

2.3.3　条形码输出和识读设备

1. 条码输出设备

打印条码标签有两种形式:条码打印机和打印软件配合激光打印机打印方式。使用条码打印机是一种传统的打印方式,它是一种专用设备、一般有热敏型和热转印型打印方式,使用专用的标签和纸带。条码打印机可打印在特殊材料(如 PVC 等)上,适合于需大量制作标签的专业用户及有特殊要求的场合(如售票处)。用普通的激光打印机配合专门的条码标签设计打印软件也可制作条码标签,可实现一机多用和打印彩色标签。

2. 条码激光扫描识读器

激光扫描条码识读器由于其独有的大景深区域、高扫描速度、宽扫描范围等突出优点得到了广泛的使用。另外,激光全角度扫描识读器由于能够高速扫描识读任意方向通过的条码符号,被大量使用在各种自动化程度高、物流量大的领域。

激光扫描条码识读器由激光源、光学扫描、光学接收、光电转换、信号放大、整形、量化和译码等部分组成。

1) 激光源

采用 MOVPE(金属氧化物气相外延)技术制造的可见光半导体激光器具有低功耗、可直接调制、体积小、质量轻、固体化、可靠性高、效率高等优点。它一出现即迅速替代了原来使用的 He－Ne 激光器。常见的扫描技术有:旋转棱镜扫描技术,它利用旋转棱镜来扫描光束,用一组折叠平面反射镜来改变光路实现多方向的扫描光线;全角度扫描技术,与之相应的为 UPC 条码,对于 UPC 码两个扫描方向的扫描图案能实现全角度扫描,现在已把全角度扫描技术推广到别的码制(如 39 码、交叉 25 码等);手持单线扫描技术,由于扫描速度低、扫描角度较小等原因,能用来实现光束扫描的方案就很多,除采用旋转棱镜、摆镜外,还能通过运动光学系统中的很多部件来达到光束扫描。

2) 光接收系统

扫描光束照射到条码符号上后被散射,由接收系统接收足够多的散射光。在激光全角度扫描识读器中,普遍采用回向接收系统。这种结构的瞬时视场极小,可以极大地提高信噪比,还能提高对条码符号镜面反射的抑制能力,并且对接收透镜的要求也很低。全角度扫描识读器中还普遍采用光学自动增益控制系统,使接收到的信号光强度不随条码符号的距离远近而改变。这可以缩小信号的动态范围,有利于后续处理。手持枪式扫描识读器具有扫描速度较慢、信号频率较低等特点。而低响应频率的接收器如硅光电池具有较大的敏感面积,并且低频系统也容易达到较高的信噪比。因此,除可采用上述回向接收

方案外还可以采取别的方案,例如,可利用半导体激光器的易调制性,将出射激光束以某一较高频率调制。而后,在电信号处理时再采用同步接收放大技术取出条码信号。

3）光电转换与信号放大及整形

接收到的光信号需要经光电转换器转换成电信号。全角度扫描识读器一般都是长时间连续使用,为了使用者安全,要求激光源出射能量较小。手持枪式扫描识读器的信号频率为几十千赫到几百千赫。一般采用硅光电池、光电二极管和光电三极管作为光电转换器件。手持枪式扫描识读器出射光能量相对较强,另外,还可采用同步放大技术等。因此,它对电子元器件特性要求不是很高。

4）译码

整形后的电信号经过量化后,由译码单元译出其中所含信息。全角度扫描识读器由于数据速率高,且得到的绝大多数为非条码信号和不完整条码信号,译码器需要有自动识别有效条码信号的能力。因此,它对译码单元的要求高得多,要求译码单元具有极高的数据处理能力和极大的数据吞吐量。目前普遍采用软、硬件紧密结合的方法。对于 UPC、EAN 码,译码器还要有左、右码段自动拼接功能。

3. 条码技术的应用

目前世界各国特别是经济发达国家把条码技术的发展重点正向着生产自动化、交通运输现代化、金融贸易国际化、医疗卫生高效化、票证金卡普及化、图书馆自动化、安全防盗防伪保密化等领域推进;在条码种类上除纸码外,还在研究开发金属条码、纤维织物条码、隐形条码,以增加信息量、扩大应用领域并保证条码标志在各个领域、各种工作环境的应用。

国际物品编码协会和一些经济发达国家,在发展方向上已由单纯的推广物品条码标志转向生产流通领域的电子数据交换(EDI)的开发和推广应用。一些经济发达国家和地区投入了大量资金建立地区或行业、国内或国际联通的电子数据交换系统,以提升现代化管理水平和在国际贸易中的竞争能力。

条码技术作为数据标志和数据自动输入的一种手段已被广泛利用,渗透到计算机管理的各个领域。条码技术正向着多功能、远距离、小型化、软硬件并举、识别准确、信息传递快速、安全可靠、经济适用等方向发展,出现了许多新型技术装备,推动着全球经济一体化。

2.4 触摸屏技术

触摸屏作为一种新的计算机输入设备,是目前最简单、方便、自然的一种人机交互技术。它赋予了多媒体以崭新的面貌,是极富吸引力的多媒体交互设备。

2.4.1 触摸屏的工作原理

触摸屏可用来代替鼠标或键盘。工作时,只需用手指或其它物体触摸安装在显示器前端的触摸屏,然后系统根据手指触摸的图标或菜单位置来定位选择信息输入。触摸屏由触摸检测部件和触摸屏控制器组成:触摸检测部件安装在显示器屏幕前面,用于检测用户触摸位置,接收触摸信号后送触摸屏控制器;触摸屏控制器的主要作用是从触摸点检测装置上接收触摸信息,并将它转换成触点坐标,再送给 CPU,它同时能接收 CPU 发来的命令并加以执行。

从技术原理角度讲,触摸屏是一套透明的绝对定位系统,首先它必须保证是透明的;其次它是绝对坐标,手指触摸到哪就是哪,不需要第二个动作,不像鼠标,是相对定位的系统,相对定位的设备要移动到一个地方首先要知道现在在何处才不致于出现偏差。这些采取绝对坐标定位的触摸屏能检测手指的触摸动作并且判断手指位置,各类触摸屏技术就是围绕"检测手指触摸"各显神通的。

触摸屏的主要特征有:

(1) 透明。它直接影响到触摸屏的视觉效果。红外线技术触摸屏和表面声波触摸屏只隔一层纯玻璃,很多触摸屏是多层的复合薄膜,仅用透明一点来概括它的视觉效果是不够的,它应该至少包括四个特性,即透明度、色彩失真度、反光性和清晰度。还能再分,如反光程度包括镜面反光程度和衍射反光程度。

(2) 漂移。触摸屏在物理上是一套独立的坐标定位系统,每次触摸的数据通过校准数据转为屏幕上的坐标,这样,就要求触摸屏这套坐标不管在什么情况下,同一点的输出数据是稳定的,如果不稳定,那么这触摸屏就不能保证绝对坐标定位。技术上凡是不能保证同一点触摸每一次采样数据相同的触摸屏都存在漂移问题,目前有漂移现象的主要是电容触摸屏。

(3) 判断。检测触摸并判断定位,各种触摸屏技术都有各自的定位原理和各自所用的传感器。触摸屏的传感器方式还决定了触摸屏如何识别多点触摸的问题。

2.4.2 触摸屏的主要类型

触摸屏主要类型有表面声波式触摸屏、电阻式触摸屏、电容式触摸屏及红外线式触摸屏。

1) 表面声波式触摸屏

表面声波是一种沿介质表面传播的机械波(超声波)。该种触摸屏由触摸屏、声波发生器、反射器和声波接收器组成,其中声波发生器能发送一种高频声波跨越屏幕表面,超声波信号经反射条阵列直接穿越触摸屏的玻璃表面。而对面的反射条收集并将声波反射到接收换能器。接收器再把声波信号转换为电信号——产生一个触摸屏表面的数字映像。当手指触及屏幕时,触点上的声波即被阻止,由此确定坐标位置。表面声波触摸屏不受温度、湿度等环境因素影响,分辨率极高,有极好的防刮性,寿命长(5000 万次无故障);透光率高(92%),能保持清晰透亮的图像质量;没有漂移,只需安装时一次校正;有第三轴(即压力轴)响应,最适合公共场所使用。

表面声波式触摸屏的触摸屏部分可以是一块平面、球面或柱面的玻璃平板,安装在 CRT、LED、LCD 或等离子显示器屏幕的前面。这块玻璃平板只是一块纯粹的强化玻璃,区别于其它触摸屏技术是没有任何贴膜和覆盖层。玻璃屏的左上角和右下角各固定了竖直和水平方向的超声波发射换能器,右上角则固定了两个相应的超声波接收换能器。玻璃屏四周刻有 45°由疏到密、间隔非常精密的反射条纹。

2) 电阻式触摸屏

电阻式触摸屏的屏体部分是一块贴在显示器表面的多层复合薄膜,由一层玻璃或有机玻璃作为基层，表面涂有一层透明的导电层(ITO，氧化铟)，上面再盖有一层外表面硬化处理、光滑防刮的塑料层，它的内表面也涂有一层ITO，在两层导电层之间有许多细小(小于1/1000英寸)的透明隔离点把它们隔开绝缘。当手指接触屏幕，两层ITO导电层出现一个接触点，因其中一面导电层接通 Y 轴方向的5V均匀电压场，使得侦测层的电压由零变为非零，控制器侦测到这个接通后，进行A/D转换，并将得到的电压值与5V相比，即可得触摸点的 Y 轴坐标，同理得出 X 轴的坐标，这就是电阻式触摸屏共同的最基本原理。电阻式触摸屏根据引出线数多少，分为四线、五线等多线电阻式触摸屏。五线电阻式触摸屏的 A 面是导电玻璃而不是导电涂覆层，导电玻璃的工艺使其寿命得到极大提高，并且可以提高透光率。电阻式触摸屏是一种对外界完全隔离的工作环境，不怕灰尘和水汽，它可以用任何物体来触摸，可以用来写字画画，比较适合工业控制领域及办公室内有限人的使用。

3）电容式触摸屏

电容式触摸屏的构造主要是在玻璃屏幕上镀一层透明的薄膜体层，再在导体层外加上一块保护玻璃，双玻璃设计能彻底保护导体层及感应器。

电容式触摸屏在触摸屏四周均镀有狭长的电极，在导电体内形成一个低电压交流电场。在触摸屏幕时，由于人体电场的感应，手指与导体层间会形成一个耦合电容，四周电极发出的电流会流向触点，而电流强弱与手指到电极的距离成正比，位于触摸屏幕后的控制器便会计算电流的比例及强弱，准确计算出触摸点的位置。电容式触摸屏的双玻璃不但能保护导体及感应器，更有效地防止外在环境因素对触摸屏造成影响，即使屏幕沾有污秽、尘埃或油渍，电容式触摸屏依然能准确算出触摸位置。

电容式触摸屏是在玻璃表面贴上一层透明的特殊金属导电物质。当手指触摸在金属层上时，触点的电容就会发生变化，使得与之相连的振荡器频率发生变化。由于电容随温度、湿度或接地情况的不同而变化，故其稳定性较差，往往会产生漂移现象。该种触摸屏适用于系统开发的调试阶段。

4）红外线式触摸屏

红外式触摸屏是利用 X 和 Y 方向上密布的红外线矩阵来检测并定位用户的触摸。红外式触摸屏在显示器的前面安装一个电路板外框，电路板在屏幕四周排布红外发射管和红外接收管，一一对应形成横竖交叉的红外线矩阵。用户在触摸屏幕时，手指就会挡住经过该位置的横竖两条红外线，因而可以判断出触摸点在屏幕的位置。任何触摸物体都可改变触点上的红外线而实现触摸屏操作。红外触摸屏不受电流、电压和静电干扰，适宜恶劣的环境条件，红外线技术是触摸屏产品最终的发展趋势。第五代红外线触摸屏是全新一代的智能技术产品，它实现了1000×720高分辨率、多层次自调节和自恢复的硬件适应能力和高度智能化的判断识别，可长时间在各种恶劣环境下任意使用。并且可针对用户定制扩充功能，如网络控制、声感应、人体接近感应、用户软件加密保护、红外数据传输等。

2.5 手写输入技术

手写输入技术沿袭了人们日常的书写习惯，所以容易被人们所接受。同时，又可以发挥计算机在输入、编辑、修改等方面的优势。毫无疑问，手写输入法是一种方便而且易被人们接受的输入方式。

2.5.1 手写板

手写板主要分为三类:电阻式压力手写板、电磁式感应手写板和近期发展的电容式触控手写板。目前电阻式压力手写板技术落后,几乎已经被市场淘汰。电磁式感应手写板是现在市场上的主流产品。电容式触控手写板作为市场的新力量,由于具有耐磨损、使用简便、敏感度高等优点,是以后手写板的发展趋势。

1)电阻式压力手写板

电阻式压力手写板是由一层可变形的电阻薄膜和一层固定的电阻薄膜构成,中间由空气相隔离。其工作原理是:当用笔或手指接触手写板时,对上层电阻加压使之变形并与下层电阻接触,下层电阻薄膜就能感应出笔或手指的位置。优点是:原理简单、工艺不复杂、成本较低、价格也比较便宜。缺点是:由于它是通过感应材料的变形才能判断位置,材料容易疲劳,使用寿命较短;感触不是很灵敏,使用时压力不够则没有感应,压力太大时又易损伤感应板,而且用力过大长时间使用起来会很疲劳。

2)电磁式感应手写板

电磁式感应手写板是通过在手写板下方的布线电路通电后,在一定空间范围内形成电磁场,来感应带有线圈的笔尖的位置进行工作。这种技术目前被广泛使用,主要是由其良好的性能决定的。使用者可以用它进行流畅的书写,手感也很好。电磁式感应手写板分为“有压感”和“无压感”两种,其中有压感的输入手写板可以感应到手写笔在手写板上的力度,这样的手写板对于一些从事美工的人员来说是个很好的工具,可以直接用手写板来进行绘画,很方便。(注意:压感是评价手写板性能的一个很重要的指标,目前主流的电磁式感应手写板的压感已经达到了 512 级,压感级数越高越好)电磁式感应手写板也有缺点:对电压要求高,如果使用电压达不到规定的要求,就会出现工作不稳定的情况;抗电磁干扰较差,在使用手机时不能正常工作;手写笔笔尖是活动部件,使用寿命短(一般为 1 年左右)。

3)电容式触控手写板

电容式触控手写板的工作原理是通过人体的电容来感知位置,即当使用者的手指接触到触控板的瞬间,就在手写板的表面产生了一个电容。在触控板表面附着有一种传感矩阵,这种传感矩阵与一块特殊芯片一起,持续不断地跟踪着使用者手指电容的“轨迹”,经过内部一系列的处理,从而能够每时每刻精确定位手指的位置(X、Y 坐标),同时测量由于手指与板间距离(压力大小)造成的电容值的变化,确定 Z 坐标,最终完成 X、Y、Z 坐标值的确定。因为电容式触控手写板所用的手写笔无需电源供给,特别适合于便携式。这种触控板是在图形板方式(graphic table mode)下工作的,其 X、Y 坐标的精度可高达 40 点/mm。与电阻式压力手写板和电磁式感应手写板相比,电容式触控手写板表现出了更加良好的性能。由于它轻触即能感应,用手指和笔都能操作,使用方便。而且手指和笔与触控板的接触几乎没有磨损,性能稳定,经机械测试使用寿命长达 30 年。电容式触控手写板是未来手写板发展的趋势。

除了手写板工作机理的不同所导致的性能上的差异,手写板还有一些通用的评测指标,如压感级数及精度等。精度又称分辨率,指的是单位长度上所分布的感应点数,精度越高对手写的反应越灵敏,对手写板的要求也越高。面积则是手写板一个很直观的指标,手写板区域越大,书写的回旋余地就越大,运笔也就更加灵活方便,输入速度往往会更快,当然其价格也相应更高。书写面板的尺寸大体有 76mm × 51mm、76mm × 114mm、10mm × 13mm 和 11mm × 15mm。

2.5.2 手写笔

手写笔也是手写系统中一个很重要的部分。早期的输入笔要从手写板上输入电源,因此笔的尾部均有一根电缆与手写板相连,这种输入笔也称为有线笔。较先进的输入笔在笔壳内安装有电池,还有的借助于一些特殊技术而不需要任何电源,因此无须用电缆连接手写板,这种笔也称为无线笔。无线笔的优点是携带和使用起来非常方便,同时也较少出现故障。输入笔一般还带有两个或三个按键,其功能相当于鼠标按键,这样在操作时不用在手写笔和鼠标之间来回切换。

早期的手写笔只有一级压感功能,只能感应到单一的笔迹,而现在不少产品都具有压力感应功能,即除了能检测出用户是否划过了某点外,还能检测出用户划过该点时的压力有多大以及倾斜角度是多少。有了压感能力之后,用户就可以把手写笔当做画笔、水彩笔、钢笔和喷墨笔来进行书法书写、绘画或签名,远远超出了一般的写字功能。另外,在手写设备中集成话音识别功能也是一大趋势。

手写笔的另一项核心技术是手写汉字识别软件,目前各类手写笔的识别技术都已相当成熟,识别率和识别速度也完全能够满足实际应用的要求。汉字识别的方法基本上分为统计识别、结构识别以及神经网络方法等几大类。大量的联机手写识别系统采用的都是结构识别方法。结构识别方法,其出发点是汉字的组成结构,从汉字的构成上讲,汉字是由笔画(点、横、竖、撇、捺等)、偏旁、部首构成,通过把复杂的汉字模式分解为简单的子模式直至基本模式元素,对子模式的判定以及基于符号运算的匹配算法,达到对复杂模式的识别。结构识别方法的优点是区分相似字的能力强,缺点是抗干扰能力差。统计识别方法是将汉字看为一个整体,其所有的特征是从这个整体上经过大量的统计而得到的,然后按照一定准则所确定的决策函数进行分类判决。统计识别方法的特点是抗干扰性强,缺点是细分能力较弱。

2.6 话音获取技术

从第一台计算机诞生以来,人们就期望以最自然的方式与计算机交互,要求计算机不仅能进行计算、处理文字和数据,还能处理声音和图像。最早进入千家万户的多媒体计算机(MPC)就是增加了音频的普通计算机。1990 年,世界上几家较大的多媒体计算机厂商成立了多媒体市场协会(Multimedia PC Marking Council)进行多媒体标准的制定和管理。1991 年,该组织依据当时 PC 的水平和多媒体信息处理能力,制定了多媒体 PC 的基本标准(MPC I 标准)。MPC II 标准规定了 PC 多媒体扩展的基本要求、多媒体 PC 的基本框架。MPC I 规定多媒体 PC 的最低配置是一台普通 PC,增加一块音频卡及一个 CD - ROM 驱动器。到 1995 年,MPC 标准更新为 MPC III ,对多媒体的表现能力提出了更高的要求。

2.6.1 数字音频信息获取

音频被用来传递消息、意向、情感,是人类最熟悉的传递消息的方式。音频携带的信息量大、精细、准确。

1. 数字音频

声音是机械振动。振动越强,声音越大,话筒把机械振动转换成电信号,模拟音频技术中以模拟电压的幅度表示声音强弱。

在数字音频技术中,把表示声音强弱的模拟电压用数字表示,如 0.5V 电压用数字 20 表示,2V 电压是 80 表示。模拟电压的幅度,即使在某电平范围内,仍然可以有无穷多个。而用数字来表示音频幅度时,只能把无穷多个电压幅度用有限个数字表示,即把某一幅度范围内的电压用一个数字表示,称为量化。计算机内的基本数制是二进制,为此也要把声音数据写成计算机的数据格式,称为编码。模拟声音在时间上是连续的,而以数字表示的声音是一个数据序列,在时间上是断续的。因此,当把模拟声音变成数字声音时,需要每隔一个时间间隔在模拟声音波形上取一个幅度值,称为抽样。该时间间隔称为抽样周期(其倒数称为抽样频率)。

由此看出,数字声音是一个数据序列。它是由模拟声音经抽样、量化和编码后得到的。计算机、数字 CD、数字磁带(DAT)中存储的都是数字声音。模拟—数字转换器可以把模拟声音变成数字声音,数字—模拟转换器可以恢复出模拟声音。

在计算机内,所有的信息均是以数字表示的。话音信号也是由一系列数字来表示,称为数字音频。数字音频的特点是保真度好,动态范围大。

2. 音频数字化

计算机内的音频是数字形式的,因此,必须把模拟音频信号转换成用有限个数字表示的离散序列,即实现音频数字化。在这一处理技术中,涉及到音频的采样、量化和编码。

1) 抽样和量化

音频实际上是一个连续的信号,用计算机处理这些信号时,必须先对连续信号采样,即按一定的时间间隔(T)取值,T 称为采样周期,$1/T$ 称为采样频率。

为了把采样序列值存入计算机,必须将样值量化成一个有限个幅度值的集合,通常情况下用二进制数字表示量化后的样值。实际上,可以说时间上的离散称为采样;幅度上的离散称为量化。常用的音频采样频率有 8kHz、11.025kHz、16kHz、22.05kHz、37.8kHz、44.1kHz、48kHz 等。如果采用更高的采样频率,还可以做出 DVD 的音质。

2) 量化的分类

量化有许多种方法,但可以归纳为两类:一类为均匀量化;另一类为非均匀量化。采用的量化方法不同,量化后的数据量也不同。因此,可以说量化也是一种压缩数据的方法。

采用相等的量化间隔采样得到的信号进行量化,就是均匀量化。均匀量化就是采用相同的"等分尺"来度量采样得到的幅度,也称为线性量化。

非均匀量化的基本思想是,对输入信号进行量化时,大的输入信号采用大的量化间隔,小的输入信号采用小的量化间隔,这样就可以在满足精度要求的情况下使用较少的位数来表示。声音数据还原时,采用相同的规则。

3. 数字音频的文件格式

表 2-3 列出音频文件的格式。

表 2-3 音频文件的格式

文件扩展名	说明
.PCM	二进制数据序列,无附加的文件头或结束标志
.VOC	Creative 公司的波形音频文件格式
.WAV	Microsoft 公司的波形音频文件格式
.SND	NeXT 计算机的波形音频文件格式
.AIF	Apple 计算机的波形音频文件格式
.MID	MIDI 文件格式
.RMI	Microsoft 公司的 MIDI 文件格式。它可以包括图片、标记和文本

4. 音频信号处理的特点

(1) 音频信号是时间依赖的连续媒体。因此音频处理的时序性要求很高。如果在时间上有 25ms 的延迟,人就会感到断续。

(2) 由于人接收声音有两个通道(左耳、右耳),因此为使计算机模拟自然声音,也应有两个声道,即理想的合成声音应是立体声。

(3) 由于话音信号不仅是声音的载体,同时还携带了情感的意向,故对话音信号的处理,还要抽取语意等其它信息。因此可能会涉及到语言学、社会学、声学等。

从人与计算机交互的角度来看,音频信号相应的处理是有所不同的:

(1) 人与计算机通信(计算机接收音频信号) 音频获取、话音识别与理解。

(2) 计算机与人通信(计算机输出音频) 音频合成,包括音乐合成和话音合成;声音定位,包括立体声模拟;音频/视频同步,目的是让计算机产生真实感声音。

(3) 人—计算机—人通信 话音采集、音频编码/解码、音频传输等(这里音频编/解码技术是信道利用率的关键)。

5. 音频编码

音频编码的目的在于压缩数据。在多媒体音频数据的存储和传输中,数据压缩是必须的。通常数据压缩会造成音频质量的下降、计算量的增加。因此,人们在实施数据压缩时,要在音频质量、数据量、计算复杂度三方面进行综合考虑。从信息保真的角度讲,只有当信源本身有冗余时,才能对其进行压缩。

为了实现音频数据压缩,多方面的专家致力于算法的研究,众多的企业致力于芯片和产品的研制,国际标准化组织也先后推出一系列建议。高质量、高效率的音频压缩技术广泛地用于多媒体应用、音像制品、数字广播、数字电视等领域。

根据统计分析结果,话音信号中存在多种冗余,其最主要部分可以分别从时域和频域来考虑。另外,由于话音主要是给人听的,所以也要考虑人的听觉感知机理。因此,可以从以下三个方面来考虑音频信号的冗余度,即时域信息的冗余度、频域信息的冗余度和人的听觉感知机理。

音频编码的分类有基于音频数据的统计特性进行编码、基于音频的声学参数进行编码和基于人的听觉特性进行编码。

1）基于音频数据的统计特性进行编码

其典型技术是波形编码。它不利用生成话音信号的任何知识而是产生一种重构信号,它的波形与原始话音波形尽可能地一致。一般来说,这种编码方法的复杂程度比较低,数据率在 16Kb/s 以上,质量相当高。PCM(脉冲编码调制)是最简单、最基本的编码方法。它直接赋予抽样点一个代码,没有进行压缩,因而所需的存储空间较大。为了减少存储空间,人们寻求压缩编码技术。利用音频抽样的幅度分布规律和相邻样值具有相关性的特点,提出了差值量化(DPCM)、自适应量化(APCM)和自适应预测编码(ADPCM)等算法,实现了数据的压缩。波形编码适应性强,音频质量好,但压缩比不大。

2）基于音频的声学参数进行参数编码

它可进一步降低数据率。其目标是使重建音频保持原音频的特性。常用的音频参数有共振峰、线性预测系数、滤波器组等。这种编码技术的优点是数据率低;但还原信号的质量较差,自然度低。将上述两种编码算法很好地结合起来,采用混合编码的方法。这样就能在较低的码率上得到较高的音质。增加数据率对提高合成话音的质量作用并不明显,这是因为受到话音生成模型的限制。尽管它的音质稍差,但保密性好,可以用在军事上。

3）基于人的听觉特性进行编码

从人的听觉系统出发,利用掩蔽效应,设计心理声学模型,从而实现更高效率的数字音频的压缩。其中以 MPEG 标准中的高频编码和 Dolby AC－3 最有影响。

将前两种编码算法结合起来,就是混合编码的方法。混合编码的基本思想是希望填补波形编码和参数编码之间的隔阂。波形编码虽然可以提供高话音的质量,但在数据率低于 16Kb/s 的情况下,还没有解决音质的问题;而参数编码的数据率虽然可以降到 2.4Kb/s甚至更低,但它的音质根本不可能与自然话音相提并论。为了得到音质高而数据率低的编码器,就出现了混合编码的方法。这种方法希望寻找一种激励信号,使波形尽可能接近于原始话音的波形。

2.6.2 声纹信息提取与识别

声音携带着每个说话人的个体信息。声纹是指能唯一标志某人或某物的声音特征。任何人不论在何时、何地发表不同内容的讲话,其声纹始终是不变的。如何提取声纹,怎样提取才能保证识别的准确性,有了声纹如何比对,怎样处理和分离海量声频数据中的其它不相关信息,都是这项技术实现的难点。

声纹识别是一种广义的话音识别,在司法、公安、通信、机要等领域具有重要的应用价值。目前声纹识别一般利用包含说话者话音波形中特有的个体信息(声纹),自动识别说话者身份。从学术研究的角度上讲,它属于统计模式识别和人工智能应用领域。声纹识别分为说话者辨认和确认。辨认是从有限的话音集合中分辨不同的人。从处理的语言内容上看,声纹识别又分成限定文本和非限定文本两种。如果说无论某个人说什么,系统都能认出这个人,而不是别人,这就是非限定文本识别,这种识别更难一些。目前最流行的用于识别的短时谱特征是 LPC(Linear Predictive Coefficients)及 MFCC (Mel Frequency Cepstral Coefficients)。

构成声纹的参数从已有的研究可以归纳为短时频谱、基音周期、短时能量、短时过零率、倒谱、LPC 参数和 MFCC 参数。话音信号是一种典型的时变信号。如果把观察时间缩短到 10ms 或几十毫秒,则话言信号是近似平稳的,这是由于人的发音器官不可能是毫无规律地快速变化。例如,LPC 参数就可以非常好地表达人的发音过程,即声管模型。这些参数的计算也往往基于话音信号的短时信息(帧)。如果把它们配合使用,则可以大大提高识别效率和准确性。目前主要的难度在于能不能找到可唯一标志某人或某物的这组参数,而且这组参数还是在开集条件下不限定文本的。

特定人的声纹在这一段采样中是稳定的。但是哪一个才能真正代表特定人而非他人呢? 这里还需要做一些统计和聚类的工作。采用 ANN(Artificial Neutron Network)技术分析过后发现了一种声纹模式,可以代表特定人的特征,这种特征使得特定人说话时学习过这一特征的神经元十分活跃,于是就把这条线所代表的参数定义为特定人的声纹。以后要判定某一种声音是否是所说的特定人的声音,用此声纹模式做比对就可以做出判断。

根据不同的需要,如何提取有效的研究对象的声纹、怎样提取、如何保证准确性、如何处理与去除不相关干扰等,都是声纹识别研究中的难题。另外,声纹不只是指人的话音特征,它可以是任何物体发出的可闻或不可闻的信号,因此它的应用领域和前景不可预估。

2.7 网络信息采集技术

网络信息采集是指用户利用程序自动的、定期的到用户设定的各个信息源去采集想要的最新信息到用户本地的计算机。信息制作商和搜索引擎系统一般都用此项技术获取信息。

由于互联网信息的多样性和复杂性,用户获取的信息不可能做到正好是用户想要的信息,所以要对信息进行过滤。信息过滤一方面过滤不要的信息;另一方面提取有用的信息。理想的信息获取子系统能辅助用户找到用户所需信息的信息源和所需的信息,在用户设定所需的信息源的信息后,则不管信息源是本地的还是远程的,是 WWW 服务器、FTP 服务器还是其它,也不管信息是以何种电子形式存在(文本、图形、声音、视频等),都能自动地去信息源,全面、准确获取用户所需的信息。若用户想跟踪某些信息源的某类信息时,也能够保证获取的信息是最新的。有的用户还要求信息是及时的,这时系统应能保证及时性的要求。总之,理想的信息获取子系统,能够按用户的要求获取信息。

常见互联网信息的获取方式通常靠手工去信息源获取,例如,用 WWW 浏览器获取 WWW 页面,用 cuteftp 去 FTP 服务器获取信息等。目前时兴的一种获取方式,就是信息采集器。信息采集器是在用户设定某些信息源的某些类型的信息后,采集系统自动定期去这些信息源获取用户所需的最新信息。

2.7.1 传统的互联网信息获取方式

通常可以利用一些客户端软件手工链接到信息源去获取信息。例如,在 Windows 平台下,可以通过 IE 浏览 WWW 页面,通过 OutLook 收发电子邮件,通过 cuteftp 去 FTP 服务器上下载软件,登录到 BBS 上等。这些常见的客户端软件有一个共同点:用户手工键入一个 URL 或电子邮件地址,这些客户端软件就链接到信息源,用户从而可以从信息源上获取所需信息。

然而随着互联网的迅速发展,在网上传递的信息不仅容量巨大,时效性也更强,仅仅依靠人工搜集、整理来跟踪国内外动态已越来越不能满足实际需要。于是,人们开始探索新的信息获取方式。

传统的互联网信息采集软件有:

(1) WebSnatcher WebSnatcher 是一款独特的 WWW 网页下载管理器。可以用快速下载来取代一般的浏览器慢而冗长的下载,如果对网络非常熟悉或只是喜欢在网络上找一些比较少见的东西,这个工具是比较好的选择。WebSnatcher 可以用树形来显示一个网站上所有的链接,就像在系统资源管理器里一样。只要愿意,可以扩展其它页面链接,顺着树形结构继续下去。可以同时对多个站点和 FTP 站进行操作下载。其它的还有 WebSpider 等。

(2) Cuteftp Cuteftp 是一款 FTP 上传、下载管理器。使用容易且很受欢迎的 FTP 软件,下载文件支持续传、可下载或上传整个目录,具有不会因闲置过久而被踢出站点。可以上传和下载队列、上传断点续传、整个目录覆盖和删除等。

(3) Binary News Assistant Binary News Assistant 可从 Usenet 的新闻组中发送或接收二进制的文件。实际上,在运行的时候它只是得到一个二进制的新闻组的列表。Binary Assistant 与其它类似的程序有一定的不同,它相当容易使用且有一个不错的界面。可以选择希望订阅的新闻组,这个程序将会得到标题。一个简单的点击就可以下载和解码二进制文件(图像文件、多媒体文件、音乐等)到指定的目录中,Binary News Assistant 同样可以批处理多媒体文件、多重服务器支持、定时下载等。这个程序的缺点在于它没有一个内置的图片浏览工具。

2.7.2 信息自动采集器

1. 信息自动采集器功能

传统的采集软件有一些共同性的缺点,即它们都没有信息的自动化、集成化、最新化特点,不具有跟踪的能力。为此,可以设计一个采集器,让用户设定多个信息源和希望从每个信息源获取的信息类型,以及其它一些参数和过滤策略,采集器自动定期去信息源取出用户所需的最新信息,过滤掉用户不想要的信息,并把同一类型的信息集成到一起,进行归类。

信息采集子系统由采集器和采集控制器组成,负责对因特网上信息的自动采集和更新。采集管理员通过采集控制器可以设定采集与更新目标,即站点入口的 URL 网址,并可以在采集工作开始之后看到采集工作的进展状况。通过采集控制器可以设定采集与更新的约束条件和更新策略。

(1) 提供的约束条件包括:用扩展名隐含规定的文件类型屏蔽,文件的最大长度,站点的最大采集页数,搜索的深度、宽度、最长等待时间,采集起始时间。

(2) 提供的更新策略包括:刷新的周期,最大刷新页数,刷新起点,刷新时搜索的深度。

针对互联网上不同站点,可以设定采集和更新的其它参数,包括:登录站点的认证信息,代理服务器的地址、端口,以及穿越代理所需的认证信息。采集系统支持自动爬行功能，可在指定范围内通过链接分析搜索未知站点，管理员可以查看、筛选自动发现的未知站点。

系统提供元搜索工具，用户可以指定因特网上的某些搜索引擎站点，并通过元搜索工具使用这些搜索引擎进行检索，系统自动综合所有返回的检索结果。用户可保存检索到的内容，并可导入到信息处理平台上用于业务处理。

2. 采集策略

(1) 限制采集的深度。

(2) 限制某些链接：这是限制采集广度的一个手段。策略是限制链接时指定它的层次，不指定则全部限制。

(3) 限制采集的文件类型：如果用户只想采集或不想采集具有某些扩展名的文件。这时，它就可以屏蔽掉具有某种扩展名的文件。这里需要注意的是，采集有一种依赖关系，例如，只想采集.bmp 文件是不太现实的，它需要先采.html 文件等，也就是说带有链接的类型的文件是必要采集的，这些文件类型有 html 文件、htm 文件、shtml 文件、cgi 文件和脚本文件等。

(4) 采集或不采集某些目录下的文件：用户在设置这样的过滤策略时，必须保证所需的信息在这样的过滤策略下能够获取。因为，这样的设置有可能切断由首页到所需页面的链接链，从而取不到所需信息。在一般情况下，要慎用这一策略。

(5) 过滤旧的信息：如果待采集的页面的 URL 与已经采集过的某个页面的 URL 完全相同(来自相同的站点的相同目录下，并且具有相同的文件名)，并且文件的大小也完全相同，就认为这样的文件是旧的文件。有时候，虽然某个页面本身是旧的页面，但它却包含指向新内容的链接。可见，即使一个页面是旧的，可以将它当做新页面采集；否则就会漏掉新信息。

(6) 限制采集文件的最大长度；限制站点采集的最大页数等。

另外，要注意防止循环采集，也就是说某个页面包含一个到它上层的链接，这样的链接就应该舍弃。

第 3 章　信息存储技术

3.1　存储技术概述

迄今为止，人类社会已发生了五次信息革命。第一次信息革命是人类创造了第一个信息载体——岩画和壁画，人类拿起石块、木炭作为工具，把自己大脑中的思维形象刻画在岩石、洞壁上，人类的信息思维有了确切的存储载体。第二次信息革命是人类创造了语言和文字，接着出现了文献，语言、文献是当时信息存在的形式，也是信息交流和存储的工具。第三次革命是造纸和印刷技术的出现，这次革命结束了人们单纯利用龟板、竹简，依靠手抄、撰刻记录文献的时代，使得知识可以大量生产、存储和流通，进一步扩大了信息交流和存储的范围。第四次革命是电报、电话、电视及其它通信技术的发明和应用。这次革命是信息传递手段的历史性变革，它大大加快了信息传递速度。第五次革命是计算机和现代通信技术在信息工作中的应用。计算机和现代通信技术的有效结合，使信息的处理速度、传递速度和存储效率得到了惊人的提高，人类处理信息、利用信息的能力达到了空前的高度。

在人类信息技术发展史上，数字技术是一项划时代的成就。综观 IT 发展史，数字技术已有过两次发展浪潮。第一次是以处理技术为中心，以处理器的发展为核心动力，产生了计算机产业，特别是 PC 产业，促使计算机迅速普及和应用。第二次是以传输技术为中心，以网络的发展为核心动力，通过互联网，人们无论在何处都可以方便地获取和传递信息。这两次浪潮极大地加速了信息数字化的进程，越来越多的信息活动转变为数字形式，使数字化信息爆炸性增长，从而引发了数字技术的第三次浪潮——存储技术浪潮。

实际上，数字技术在任何时候都是处理、传输和存储技术的三位一体，缺一不可。数据存储技术一直都在发展与进步，但它一直在后台，被处理技术和网络技术的光辉所掩盖，现在它终于走上了前台，成为数字化舞台的主角之一。随着信息资源的不断增加，信息存储空间越来越紧张，查找信息也变得越加困难。因此，人们在不断地寻找新的信息存储介质。

1998 年，图灵奖获得者 Jim Gray 提出了一个新的经验定律：网络环境下每 18 个月产生的数据量等于有史以来数据量之和。信息资源的爆炸性增长，对存储系统在存储容量、数据可用性以及 I/O 性能等方面提出了越来越高的要求。存储产品不再是附属于服务器的辅助设备，而成为互联网中最主要的花费所在。信息技术正从以计算设备为核心的计算时代进入到以存储设备为核心的存储时代，网络化存储将成为未来存储市场的热点。甚至有人说，网络存储已成为继计算机浪潮和互联网浪潮之后的第三次浪潮。在数字化和网络互联时代，在多用户并行环境中，大规模应用系统的广泛部署对网络存储系统的性能和功能提出了巨大挑战，主要表现为高性能、可扩展、可共享、自适应、可管理性以及高可靠性和可用性。

3.1.1 信息存储的一般要求

信息的存储是各种科学技术得以存在和发展的基础。信息必须经载体的存储才能实现共享,得以传递。长久以来,人类一直在不断地探索和寻求保存信息的方法和载体。结绳、刻痕是人类最早的保存信息方法。泥土、石块、甲骨、竹简、丝帛都曾作为信息的主要载体。文字、纸张、印刷术这些技术革命的成果是人类解决信息存储、信息表达、信息交流、信息载体的一次飞跃,它使信息的交流和传播能到达更广泛的接收者(读者)和流传更长的时间。存储技术发展到今天,印刷存储技术、缩微存储技术、磁存储技术、半导体存储技术、激光存储技术以及数字照相与图像扫描技术等都先后出现,为信息的存储展现了广阔的前景。

信息从信息源传播到受众是通过信息通道传播的。“存储”即是传播通道的终端之一(即把信息保存起来),存储的信息可以作为下一轮传播的信息源。特别是在传输信息的链路中,由于各种环节的速度可能不相同,还需要存储器作为中间环节。因此,存储器也可以看成是信息传播过程中具有延时和中继功能的重要设备。

人的大脑作为信息的归宿,其存储容量在 10^{15} 位以上,相当美国目录档案馆的全部馆藏量的 10 倍,至今还没有任何单个存储器件能够超过人脑的存储容量。人们对存储器件性能的要求,首先是容量(密度)、存取数据的传输速度、存取等待时间、持久性(保存期和可使用期)、误码率和噪声特征、符号间干扰和串扰、可否直接重写、非破坏性读出和选择性擦除、功耗和热耗散等要求;此外对整个存储系统还要考虑其可靠性、可否拆卸、可移动性、器件和系统的成本等因素。当代科学技术的发展,特别是计算技术和通信技术的发展要求有大容量、高速度和低成本的存储器件。

3.1.2 信息存储应用的新特点

过去谈到存储技术的发展趋势,总是用大容量、高速度、低价格和小型化来形容。但随着越来越多的关键信息转变为数字形式,使应用对存储技术产生了新的需求。

1) 数据已成为最宝贵的财富

数据是信息的符号,数据的价值取决于信息的价值。对于很多行业甚至个人而言,保存在存储系统中的数据是最为宝贵的财富。在很多情况下,数据要比计算机系统设备本身的价值高得多,尤其对金融、电信、商业、社保和军事等部门来说更是如此。设备坏了可以花钱再买,而数据丢失了对于企业来讲,损失将是无法估量的,甚至是毁灭性的。因此,信息存储系统的可靠性和可用性、数据备份和灾难恢复能力往往是企业用户首先要考虑的问题。为防止地震、火灾和战争等重大事件对数据的毁坏,关键数据还要考虑异地备份和容灾问题。

2) 计算机应用模式发生变化

计算机系统结构设计中有一条重要的原理:加快经常性事件(即占用时间最多的事件)。计算机应用模式对经常性事件有决定性的作用。早期计算机仅用于计算,CPU 活动是最经常的事件,加快其速度最重要。之后在网络应用中,计算机通信成为占时间最多的事件,加快网络速度就成为当务之急。目前在大部分应用中,存储已成为经常性事件,计算瓶颈已从过去的CPU、内存和网络变为现在的存储。因此,存储是最值得加快的经常性事件。从技术的角度讲,目前存储系统的I/O速率(单位时间完成任务数)和数据传速率(每秒传输字节数)还远不能满足高端应用的需求,存储系统需要大幅度提高其速度性能。

3)数据量不断增长

人们在信息活动中不断产生数字化信息,数据量总是在不断增长。对于大部分应用,CPU和网络的速度达到某个值就满足了要求,但对存储容量的需求却是没有止境的,因为永远都有新的数据产生。因此,存储系统要有良好的可扩展性,还要求扩展时不中断现在的业务。

4)全天候服务已成大势

在大部分网络服务应用中,7×24h甚至365×24h的全天候服务已是大势所趋。这不仅意味着没有营业时间的概念,还意味着营业不能中断。调查数据表明:停机数小时对现代企业的损失是相当大的;停机超过1天,对一个企业来讲是不能忍受的;停机1周则将是毁灭性的。全天候要求存储系统具有极高的可用性和快速的灾难恢复能力,集群系统、实时备份、灾难恢复都是为全天候服务所开发的技术。

5)存储管理和维护自动化

以前的存储管理和维护工作大部分由人工完成,由于存储系统越来越复杂,对管理维护人员的素质要求也越来越高,出差错的可能性也越来越大,稍不注意就会丢失数据。现代存储系统要求具有易管理性,最好具有智能化的自动管理和维护功能。

6)多平台的互操作性和数据共享

由于历史原因,企业中存在着多种信息平台,既有各种操作系统的服务器,又有各厂家不同型号的存储设备。多平台的互操作性和数据共享对应用的方便性、减少重复投资和保护已有投资是非常重要的。存储系统要有足够的开放性,除了标准和协议的制定外,各厂家之间的联盟和合作也是十分必要的。

3.2 信息的印制存储

3.2.1 信息印制存储概况

从世界范围看,文字作为信息符号诞生后,石头、兽骨等便成为最初的记录载体。后来古埃及人用纸草(尼罗河下游的一种植物)书写文字。公元4世纪,中东地区用泥版和蜡版作为载体刻写文字,在印度用桦树皮和棕榈叶做文字的载体等。总之,各国各地区的人们曾使用五花八门的物体作为记录信息的载体,直到纸的发明和广泛使用。各国各地区使用的书写工具也多种多样,相当长的时间内只能依靠辗转手抄,直到印刷术的发明和广泛使用。

1. 中国早期记录信息的载体

(1)陶器。大约距今四五千年前,人类的祖先就已在陶器上刻画示意符号。

(2)甲骨。到了3000多年前的商代后期,当时的文字大都刻在龟甲或兽骨上。

(3)青铜器。青铜器是铜锡合金铸成的器皿,一直沿用到西汉。

(4) 石刻。《墨子》中即有“镂于金石”之说，现存最早的石刻系秦国的石鼓。由于形状和作用不同，石刻有碑、碣、摩崖等不同名称。到东汉末年，石碑成为重要典籍的标准本。

(5) 简牍。早在商朝，已开始用竹片或木片作为信息载体。用以书写的竹片叫做“简”，又称“策”；用于书写的木片，叫做“方”，又称“牍”。“古无纸，专用简牍”，“学富五车”的典故，反映了在相当一个历史时期内所使用的存储手段。

(6) 缣帛。春秋战国之际，以丝织品为书写的载体开始出现，称为“缣书”、“帛书”。《墨子》一书中有“书之竹帛，传遗后世子孙”的记载。可见帛和竹木简已经同时并用。

2. 造纸术

造纸术是中国古代四大发明之一，通常以“蔡侯纸”——东汉的蔡伦于公元 105 年研制出轻便、便宜而又能大量生产的植物纤维纸——为标志。蔡伦和有关工匠总结前人的造纸经验，以树皮、麻头、破布、旧鱼网为原料，并以沤、捣、抄一套工艺技术，使造纸术达到了成熟阶段。到了魏晋时代（约公元 5 世纪初），纸张逐渐取代了笨重的竹木简和昂贵的缣帛。随着造纸原料的不断拓宽、造纸技术的不断提高、纸的品种在不断增加，用途也更加广泛。

3. 印刷术

印刷术也是中国古代四大发明之一，它与造纸术的发明和纸张的普遍使用有着密切关系。纸至 5 世纪已成为主要书写材料，社会上纸写本读物迅速增加，促进了文化、教育、科学和宗教的发展。印刷术是在造纸术经历较长时期发展和纸写本读物达到高潮之后出现的。

著名的中国科技史专家、英国剑桥大学李约瑟博士（Dr. Joseph Needham）说：“对人类文化史来说，我想象不出能有比造纸术与印刷术的发展这一更重要的题目。”漫漫历史中，在信息的记录和传播方面，只有造纸术和印刷术发明之后，人类才找到了理想的载体和手段。

3.2.2 印刷的种类与特性

1. 印刷方法

印刷方法有多种，方法不同，操作也不同，印成的效果也各异。传统使用的印刷方法主要可分为凸版、平版、凹版及孔版印刷四大类。

(1) 凸版印刷。凸版印刷是由早期胶泥活字到木刻活字及铅铸活字发展而成。特殊字体或图案、图片使用照相制版方法制成锌版，后发展至尼龙胶版，改良网点印刷效果。

(2) 橡胶版印刷（flexgraphy）。橡胶版印刷和活版印刷相似，不同的是印版是一块软胶，有如盖图章用的橡胶。

(3) 平版印刷（planography）。平版印刷的印刷部分与非印刷部分均没有高低之差别，即是平面的，它利用水油不相混合原理使印纹部分保持一层富有油脂的油膜，而非印纹部分上的版面则可以吸收适当的水分，在版面上油墨之后，印纹部分便排斥水分而吸收了油墨，而非印纹部分则吸收水分而形成抗墨作用。平版印刷的优点是：制版工作简便，成本低廉；套色装版准确，印刷版复制容易，印刷物柔和软调，可以大数量印刷。

(4) 凹版印刷（intaglio printing）。凹版印刷基本原理是印纹部分与无印纹部分有高低差别，印版着墨的部分有明显的凹陷状于版面之下，而无印纹部分则是光泽平滑。凹版印刷的优点是：色调丰富，颜色再现力强，应用范围广泛，纸张以外的材料也可印刷。凹版印刷其线条精美，且不易假冒，故均被利用在印制有价证券以及商业性信誉凭证等方面。

(5) 孔版印刷(stencil printing)。孔版印刷基本原理是凡印纹部分呈孔状，利用这种方式的印刷均称为“孔版印刷”，在工业上应用的是丝网印刷(screen printing)。在制版方面已利用照相制版方法制版。可以在立体面上施印，还可印在布、塑胶、金属等材料上。

2. CTP 系统印刷

CTP 即计算机直接制版(Computer To Plate)。直接制版技术是将电子印前处理系统(CEPS)或彩色桌面系统中编辑的数字或页面直接转移到印版的制版技术。图文处理系统的开放性及数字化、网络化已成为当今电子印前系统的基本特征。

CTP 的特点是：在材料方面，省去了感光胶片及其冲洗化学品；在工艺方面，省去了胶片曝光冲洗、修版、晒版等环节；在设备方面，省去了暗室及胶片曝光冲洗设备；在效益方面，降低了成本，节省了时间和空间；在质量方面，影像转移质量明显提高。

近几年来，高科技对印刷出版领域的渗透表现在计算机直接制版、数字印刷和彩色打样三个方面，它们都被称为 CTP 技术，具体有：Computer To Plate(计算机直接制版)，即脱机直接制版技术；Computer To Press(计算机直接到印刷机)，即在机直接制版技术；Computer To Paper/Print(计算机直接到纸张或印品)，即直接印刷技术；Computer To Proof(计算机直接出样张)，即彩色数字打样。

纸张作为存储、传递、交流信息的主要载体，较其它材料更适合于积累和保存大量信息。长期以来，世界各国的图书馆、档案馆、文献信息中心、资料室等机构，一直都是以纸张印刷为主保存信息资料，实现资源共享，达到信息存储、交流、利用的目的。

印刷存储广泛应用于报刊、杂志、书籍、资料、广告等文化宣传媒体上。这是目前人们俗称的第一媒体。尽管它受到广播、电视、网络等媒体的巨大冲击，但在今天仍然有着极大的生命力，仍是目前信息传播的主要手段。读书、看报仍然是人们学习知识最自然、最主要的方式，因为它更易接近于普通民众。随着各种存储技术的发展以及社会信息量的日益膨胀，印刷存储也显露出许多不足之处：一是印刷出版周期过长，印刷速度过慢是其最明显的缺点；二是印刷品的管理工作较为繁琐、繁重和复杂；三是人们从印刷制品中获取信息的速度较慢，文献传输速度慢，信息存储密度小；四是纸张印刷制品的寿命较为有限，保存保管对环境要求高，保存场地(空间)大。

将计算机技术应用于印刷技术，使人们从传统的活字印刷术中解放出来，告别了铅与火，走向了光与电。复印技术、激光打印和喷墨打印技术是基于光电技术发展起来的印刷技术，一般不适于大批量印刷，但对小批量、要求快速及时以及不失真地获得文献副本是一种广受欢迎的信息印刷技术。它们是目前广泛应用的办公设备之一。

3.3 信息的缩微存储

3.3.1 缩微摄影技术及其发展过程

1. 缩微摄影技术概念

缩微摄影是在感光材料(如胶片、胶卷)上记录缩微影像的技术和过程。记录了影像的缩微胶片叫做“缩微品”。制作、存储、管理和使用缩微品的有关技术则统称为“缩微摄影技术”。缩微摄影技术是文献管理的一种有效手段，它把文献资料以缩小影像的形式摄影记录在胶片上，经加工制作成缩微品保存和使用。这一技术的应用对保护文献原件、提高文献利用率、降低管理费用发挥了重要的作用。缩微摄影技术在档案、图书、情报等部门得到了推广和使用。缩微摄影技术随着信息技术的发展而不断发展，缩微品已成为信息传播的重要载体之一，缩微摄影技术作为有效的信息管理手段已卓见成效。

2．缩微摄影技术的发展

缩微摄影技术从产生到今天已经历了100多年的历史。缩微摄影技术的历史按其发展的历程大体可分为四个时期，即萌芽时期、探索时期、开发与发展时期、同新技术相结合时期。

1）萌芽时期（1839年—1860年）

缩微摄影技术是在摄影技术的基础上产生与发展起来的。1837年，法国人达格尔发明银版摄影术。1839年，英国物理学家、摄影师丹赛（John Benjamin Dancer）在实验室利用显微镜装置，把一个20英寸大小的原件，拍摄成1/8英寸的缩微品。丹赛把摄影技术首先运用在记录文字原件的实践中，被人们公认为缩微摄影技术的开端。

2）探索时期（1860年—1925年）

19世纪60年代，丹赛把一本56页的论文集拍摄成尺寸为10mm×10mm的缩微品。在1870年—1871年，法国人达格龙（R. P. Dagron）将情报资料的影像按1∶40～1∶50的缩小比例，拍摄在30mm×50mm的照相干版上。1924年，德国生产了能拍摄文献的小型摄影机。在这一历史时期内，缩影技术还仅仅是处于实验和探索之中，尚未推广使用。

3）开发与发展时期（1925年—1958年）

从20世纪20年代起，由于摄影器材和感光材料的不断发展，缩微摄影技术也得到相应的提高，并出现了专用的缩微摄影机。美国人乔治·鲁·麦卡锡（George L. McCarthy）于1925年设计了一台轮转式缩微摄影机，该机能够将票据的缩小影像快速地拍摄在胶片上。1932年，美国国会图书馆利用法国制造的E. K. A型缩微摄影机，开始将其储藏的珍本图书资料制成缩微胶片提供读者利用，并成立了摄影部负责组织馆藏图书资料的拍摄业务。1933年，纽约《先驱论坛报》社与柯达公司共同研制出拍摄报纸用的平台式缩微摄影机，用于储藏报纸。1936年，德国的J·戈贝尔（J. Goebel）研制出缩微平片。缩微平片易于保存，便于检索，邮寄和使用方便。1954年，计算机输出缩微胶片装置（Computer Output Microfilm，COM）问世，开辟了缩微存储新方向。1957年，缩微阅读复印机问世。

在第二次世界大战期间，缩微摄影技术主要用来为战争服务，并且在战争的实践中得到了发展。特别是在第二次世界大战之后，缩微摄影技术得到了广泛的应用，已从档案、图书和情报资料部门扩展到了政府机关、军队、财政金融、商业企业、科学文化机关等部门。

4）与新技术结合时期（1958年至今）

现代科学技术的进步促进了缩微摄影技术的提高与发展，特别是计算机技术、激光信息技术等给缩微摄影技术的发展带来了新的生命力。在20世纪60年代出现了计算机辅助检索系统（Computer－Assisted Retrieval，CAR），可使密集信息存储技术与快速检索技术完好地结合起来，满足了现代信息社会对信息高密集存储和快速检索的需要。近几年还开发了以计算机为基础，将光盘、磁盘与缩微胶片结合起来的复合信息管理系统，促使了网络复合型的信息和影像管理系统的发展，并使缩微摄影技术在现代信息处理领域中发挥了更大的作用。

3.3.2 缩微摄影技术的特点与作用

1. 缩微摄影技术的优点

（1）存储密度大。缩微是利用摄影的方法将原件的缩小影像记录在缩微胶片上，普通缩小比例范围为1∶7～1∶48，缩小影像是原面积的1∶49～1∶2304。超高缩小比例可达1∶90～1∶250，其缩小影像是原面积的1∶8100～1∶62500。

（2）记录效果好。用缩微摄影技术拍摄档案、图书和资料时，可将原件的形状、内容、格式、字体以及图形等的原貌忠实地记录在缩微胶片上，形成与原件完全相同的缩小影像。如果需要表现原件的颜色，可使用彩色缩微胶片拍摄，以获得质量好、可读性高的复制品。

（3）便于使用。缩微品是利用摄影的方法将原件上的信息记录在缩微胶片上的信息载体。缩微胶片可直接放大阅读，无须解码和翻译，不受技术发展的影响，且便于携带，不受电磁场的干扰。可以用缩微品的形式对图书、档案、报刊等文献资料出版、发行。在图书馆之间还可以用缩微品的形式开展馆际间和国际间的互借活动，以达到资源共享的目的。

（4）记录速度较快。利用缩微摄影技术记录信息时，连续拍摄的轮转式缩微摄影机每分钟可记录A4幅面的原件200页～300页，计算机输出缩微胶片装置（COM）每分钟可记录相当于A4幅面的原件500页。当被拍摄原件的数量越大时，其优越性也就越显著。

（5）具有凭证作用。缩微品记录是一种忠实于原件的影像记录技术。复制的副本保持原件的本来面貌，反映信息真实可靠。按照法律规定缩微品放大显示、还原，能具有与原件相一致的法律凭证作用。

（6）缩微品规格统一。利用缩微摄影复制方法，可使各种不同幅面和质量的原件记录在规格统一的缩微胶片上，且再复制简便易行。

（7）有利于保护原件。经老化试验表明，在一定的条件下，缩微胶片寿命可达500年以上。文献资料摄制成缩微品存储，不仅可以保护原件和原底片的安全，还可以复制多个副本，从而避免了由于人为或自然的损害所造成的无法挽回的损失。在我国现存的档案和书刊中，有许多珍本、孤本和善本古籍等大量珍贵的历史文献。把这些濒临于毁灭的历史文献制成缩微品，并以缩微品的形式提供利用，而将原件妥善地保存起来，可以提高文献的利用率。

（8）提高办公效率。利用缩微摄影技术可以将信息制成缩微品进行检索、显示和复印。此外，缩微胶片上的信息数字化后可输入到计算机内或转换到光盘上进行快速处理，计算机的输出信息也可以记录在缩微胶片上进行存储、长期保存，还可以将缩微胶片上的影像转换为电信号进行远距离信息传递。总之，缩微技术与其它现代技术进一步的结合将会大大提高信息处理能力和工作效率。

2. 缩微摄影技术的不足

（1）不能解决各种形式信息的存储问题。作为信息存储的一种技术方法，缩微摄影技术主要适用于对原件上静止图文信息的一次性记录，不适于对音响信息、活动图像信息的记录。

(2) 阅读时眼睛易疲劳。阅读或复印缩微品必须利用一定的光学设备，而利用阅读器屏幕阅读缩微品影像比直接阅读原件更容易使眼睛疲劳。

(3) 没有文献书刊的美感。从阅读器屏幕上阅读缩微影像，不能像阅读纸质原件那样给人一种舒畅的感觉，更无法与阅读那些印刷质地优良的印刷品相比。

(4) 阅读时不能加注和批改。有些人在阅读文件、书刊时，需要随时在上面加批注，而缩微品就无法满足他们的这些要求。

(5) 不能完全代替珍品。不少国家的法律条文规定缩微品具有法律效力，有与原件相同的凭证作用。但是它还不能当做珍品收藏，因为缩微摄影技术方法还不能将原件上有关的全部信息都记录下来。例如，它不能反映纸张的质地、托裱状态等情况，就这点看，缩微品还不能完全代替珍贵原件。

(6) 保管条件要求严格。缩微品是可以长期保存的，但是需要有符合要求的保管条件。如果在湿度大、温度高的环境中保存，缩微胶片可能很快被损坏。一般来说，同纸质档案和书刊的保管条件相比，缩微胶片的保管条件要求更高，库房及环境条件要求更严格。

3.3.3 缩微品的制作

1. 缩微感光材料

缩微感光材料主要可分为拍摄用和复制用两大类。缩微胶片的影像和其它拍摄方法的影像相比，要求具备高清晰、高精度、高稳定性等特性。缩微胶片主要有卤化银胶片、微泡胶片和重氮胶片。母片一般是用卤化银胶片作为存储介质，母片经复制得到的才是供用户检索用的胶片。复制片一般采用微泡胶片或重氮胶片。卤化银胶片最大优点是保存时间长。微泡胶片的优点是制作经济快速，不需化学药品，耐磨、耐热性好；缺点是保存年代略短。重氮胶片的优点是分辨率高，耐腐蚀，制作经济；缺点是保存年代略短。

重氮胶片一般都是在厚度 $50\mu m \sim 175\mu m$ 的聚酯片基上涂一层厚度为 $4\mu m \sim 8\mu m$ 的感光层。为了增加感光层对片基的牢度，还在感光层和聚酯片基之间涂有一层底层。感光层中主要成分有重氮盐、偶合剂、稳定剂、成膜剂等。

制作时先把母片和重氮片按乳剂面对乳剂面紧密贴在一起然后用紫外线照射，母片透明部分下面的重氮盐在紫外线的作用下分解，放出氨气，同时丧失偶合能力，而在母片图像部分下面的重氮盐未受紫外线照射，用氨显影时，与偶合剂偶合，形成偶氮染料。复制得到的影像和母片影像完全一致，即正像复制后得到的是正像，负像复制后得到的仍是负像。

微泡胶片与重氮片有许多相同的特性。微泡复制胶片是由重氮盐在遇光分解中产生的氨气细小气泡颗粒形成影像的一种复制胶片。

2. 缩微品的拍摄

缩微品的拍摄一般用卷式片进行，常用的方法有三种。

(1) 标准式。标准式即单行式，按胶片移动方向将影像画幅排成一行进行拍摄。单行式是平台式和轮转式摄影机最常用一种方式。

(2) 双面式。双面式即双行式,适用于轮转式摄影机。它将原件正反两面的图像,同时拍摄在卷式缩微胶片上,缩微影像对称排列为两行,各占胶片宽度的1/2。

(3) 往复式。往复式是把胶片的可用宽度分为两半,首先在胶片的一侧按顺序拍成单行画幅。然后,使胶片以反方向运动,对另一侧未曝光的胶片进行拍摄。

用摄影机拍摄的原底片是第一代缩微品,也可称为母片,用第一代缩微品制作的复制片是第二代缩微品,用第二代缩微品制作的称为第三代复制片。复制的主要条件是母片质量的好坏。图3-1是DR1600平台式缩微摄影机,图3-2是RP507多功能阅读复印机,图3-3为HSD重氮复制机。

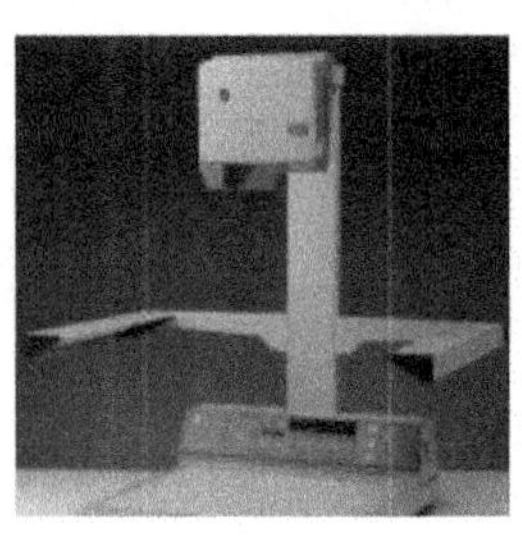

图3-1 DR1600平台式缩微摄影机

图3-2 RP507多功能阅读复印机

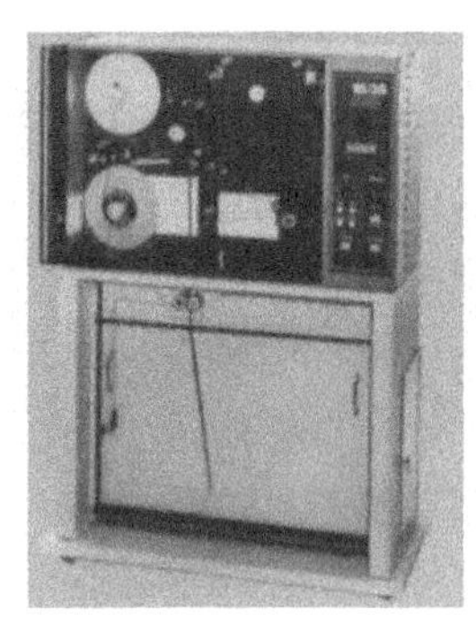

图3-3 HSD重氮复制机

3. 缩微品的复制

在缩微系统中,普通流通运用的缩微品,并不是缩微底片,而是复制片。随着缩微硬件设备性能的不断提高,制作复制片的方法简单、速度快、成本低,能满足用户的广泛需求。使用复制片,往往能根据需要,改变胶片的形态,如卷式片经复制可制成条片、开窗卡片、复制平片等,同时有利于保存原件。

4. 缩微品的技术要求

1) 真实性

为确保缩微品记录的真实性,需采取以下措施:

(1) 加强原件的管理。为防止原件在拍摄前发生错乱、涂改等事故,必须建立严格的原件保管、交接、检验和监督制度。对于质量差的原件,在拍摄前不允许对其内容进行任何技术性的处理,如描字、修整等,以使缩微影像真实地表现原件的原貌。

(2) 严格委托加工手续。需要委托加工时,委托者应对被委托者在资格、原件的安全保障、缩微品的制作程序、质量检验制度等方面进行审查,经双方签订委托加工合同书后,方能进行加工作业。参加拍摄、冲洗作业的人员,应由专门从事缩微摄影工作的技术人员担任。

(3) 严格控制加工程序,忠实地反映原件的原貌。缩微品的制作应严格地按照有关标准规定的程序实施。为了避免缩微品的伪造之嫌,确保其记录内容的真实性,缩微品必须是在正常的缩微品加工业务中产生的原件复制品。

2) 完整性

缩微品必须将原件的内容完整地记录下来。要达到这一要求,必须做到以下几点:

(1) 拍摄时,应将原件上已有的各种批注、附录、标记、符号、删改字迹等信息内容毫无遗漏地全部记录在缩微胶片上。加拿大国家标准 CAN2 -72.11 -79《文献证明用缩微胶片》中的第七条规定:“如果要将一件缩微品制成可被法律承认的原件代用品,在拍摄过程中,就必须保证原始文件的完整性。拍摄成的缩微影像必须含有被摄原件的全部细节,而不应事先对原件的不完美性进行修改或为提高影像的清晰效果而对原件做任何修饰。”同时还规定,“如果原件的清晰度低于可以接受的程度时,在官方监护人的授权下,可以采取不改变原件外形特征的方法进行拍摄:首先按原件的原貌拍摄一个画幅,然后再将经加工制成的、含有该原件全部信息内容的被摄物拍摄在下一个画幅。并对随加的影像画幅做出标记。”

(2) 严格地按原件页序依次拍摄。拍摄在缩微品上的影像顺序,必须同原件的页序相一致,胶片中内容的排列、标注和编码方式,应以查阅时便于找到所需信息的方式安排。

(3) 由于卷式缩微胶片和缩微平片具有记录内容和影像顺序不易变更的特点。并具有完整地记录原件的能力,因此它们是作为法律证据而使用的最佳缩微品形式。与此相反,条形缩微胶片和开窗缩微卡片等形式的缩微品,则不宜于记录具有法律价值的原件。

3) 可靠性

缩微品必须达到一定的质量标准和保存寿命。

(1) 缩微品的质量标准。作为法律证据使用的缩微品必须是优质缩微品。这种缩微品的影像密度、清晰度、外观质量和胶片内硫代硫酸盐残留量等技术指标,均应达到国家标准或国际标准中规定的要求。

(2) 缩微品的保存寿命。作为法律证据使用的缩微品还应该是便于长期或永久保存的缩微品。这种缩微品的胶片片基材料应是符合国际标准规定的安全片基,其保存环境应符合国际标准规定的技术条件,其中包括:对胶片容器等包装材料的要求,对环境温度、湿度、防尘、防光、防火、防有害气体等环境条件的规定,以及对加强缩微品库房管理工作的规定等。

3.3.4 缩微品检索与利用

1. 缩微品检索

缩微品的应用包括缩微品的阅读、检索及信息还原。缩微品的成功应用取决于能否迅速从上千幅,甚至上万幅的缩微画面中,找出一幅或多幅特定缩微画面的能力,这有赖于检索系统的性能。缩微品的检索方式如图 3 -4 所示。

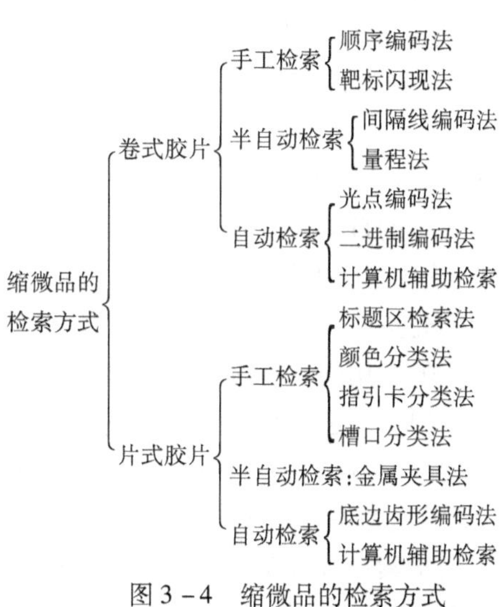

图 3 -4 缩微品的检索方式

检索系统是用户根据某种需要,利用一定的检索设备,从整理好的存储在某种载体上的信息集合中找到所需信息的系统。整理好的信息集合,是指经过标引之后给出检索标志,并按规定顺序排列而成的文摘或题录的集合。缩微检索系统可按照存储载体不同,大体上分为手工检索系统和机器检索系统。

1）手工检索

手工检索系统有卷式与平片两种系统。卷式系统包括顺序编码法、闪光标板法（又称靶标闪现法）和指标线法等。平片系统包括标题法、颜色法和齿口（槽口）和指引卡法。

顺序编码法是一种在一盘缩微胶片内，每个画幅都带有数字流水号。检索时，利用阅读器的屏幕检索出画幅号码，找出对应的影像内容。

闪光标板法是将一盘胶片上的记录内容分为若干单元，在每相邻两组单元之间拍摄三个连续画幅，作为闪光靶标。检索胶片运行时，靶标区的密度因与其它画幅反差明显而造成光的闪现，这样就容易找出所需信息。

指标线法是一种在缩微胶片的画幅之间的空白部分拍进横线，用横线的位置代表号码的一种方法。在阅读屏幕横边标有个位、十位、百位线条位置。检索时，缩微影像在阅读器屏幕上快速通过，当画幅间隔线与刻度尺上的某一刻度高度一致时，就可确定缩微影像内容。

标题区检索法是指用肉眼通过可读的标题找出适当的平片、缩微封套胶片或开窗式平片，根据标题区标明的内容在平片阅读器上用 *XY* 坐标索引法沿着画幅位置指示线上下、左右移动指针，就可检索画面及其包含的信息。

颜色分类法是在缩微平片、封套片、开窗长片上边涂颜色，按包含信息内容的不同分别涂上不同的颜色，从而进行检索的方法。

槽口分类法是在平片上端非信息区切小齿口，以代表不同的内容或代码。检索时，根据平片齿口位置的不同，就能立即找到所需信息。

2）半自动检索

半自动检索有卷式检索和金属夹具检索法。卷式半自动检索方法采用胶片长度计数法，也称为量程法，这种方法是计量胶片从片头起到检索画面位置的长度，即根据胶片在阅读器内的传输的长度而进行检索的方法。这种方法需要使用装有长度计数器的专用阅读器。金属夹具法如平片半自动检索采用的齿槽夹具法，这种方法是在平片上端装有按代码编制的金属矩形齿槽条，编好索引号码，存储在检索箱中，检索时，把选择器的转盘号确定为特定编码，放在检索箱上来回拖动，利用磁铁把待查平片吸出。

3）自动检索法

高效率的自动检索法，在实际使用过程中，一般以卷式片应用较多。片式自动检索结构复杂，均用于大型检索系统。卷式片自动检索法主要有：

（1）光点法。这是在缩微胶片每个画幅下面，分别摄入一个矩形符号（光点），使用可读光点的专用阅读器，扫描胶片上的光点，检索出指定的画幅。

（2）黑白二进制编码法。这是柯达公司的编码系统所采用的方法。制作胶片时，把所需要的检索编码变为黑白二进制编码，用摄影机把它与原件一起拍摄，组成影像的一部分，其中黑色方块表示 1，白色方块表示 0，用 5 个黑白标志组合起来表示一个数字或文字。黑白检索符号每 5 个为一组，即可表示 5 个二进位数。检索时，把胶片装在专用阅读检索机上，通过键盘输入特定编码，按动检索键，输片过程中，特定画幅便能显示在屏幕上。

（3）条形二进制编码法。它采用专用缩微摄影机，把索引用条形二进制代码同时拍摄在正常画面的下方。其索引编码最多可达8位数，因此也称8位数二进制编码。检索时，在键盘上输入索引代码就可以在屏幕上自动显示所找信息。这种方法查找速度快、精度高。

图3-5为CANON780FSII自动检索阅读机。

2. 缩微品的现状

世界各国为确立缩微品的法律地位一般采用两种做法：一种是为缩微品的法律地位制定专门的法律和法规；另一种就是不专门为缩微品的法律地位单独立法，而是将其内容包含在某些有关的法律（如民法、刑法、税务法、民事诉讼法、档案法等）条文之中。

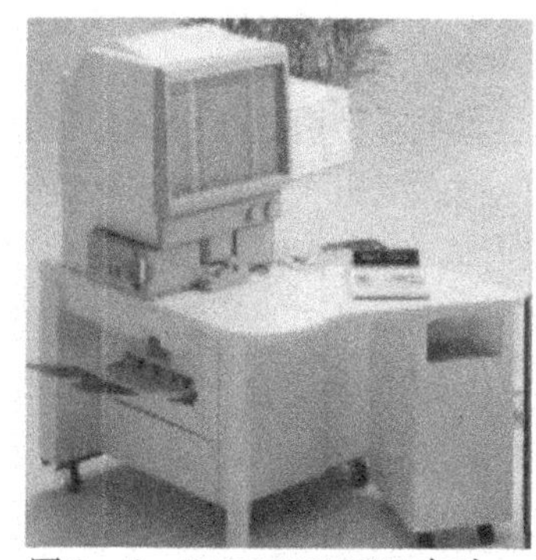

图3-5 CANON780FSII自动检索阅读机

在英国，缩微品的法律效力仍被其它的法律准则所制约。要求缩微品必须是由经常参加缩微摄影工作的专业人员制作的，对原件的所属单位、缩微品的制作单位（或个人）及其制作方法等，均应有充足的证明材料，以确保缩微品的真实性和可靠性。在美国，只是在一些州的法律、法规中对缩微品的法律效力做了规定，规定中承认缩微品可以作为记录和保存官方文件的副本使用。在美国缩微品还只能作为次要证据使用。在法国，一般认为，只要缩微品的内容没有争议，就具有与原件同等的证据能力；若有争议，则必须以原件为准。

随着缩微摄影技术在我国的迅速发展，缩微品法律地位的问题越来越受到人们的关注，我国目前已开始研究和着手制定有关的法律、法规和技术标准。例如，在《民事诉讼法》中有如下规定："'视听资料'经查证属实后，可以作为认定事实的证据，提交原件或原物确有困难者，可以提交原件或原物的复制品、照片等。"1990年11月发布的《中华人民共和国档案法实施办法》中，第一次明确提出："档案缩微品和其它复制形式的档案，载有档案收藏单位法定代表人的签名或者印章标记的，具有与档案原件同等的效力。"

从法律条款的规定不难看出，由于缩微品是原件的复制品，其记录内容是否真实、可靠、完整地反映原件的原貌，是缩微品能否取代原件使用、能否具有原件同等法律效力的关键。

目前，大部分缩微资料已采用自动化检索。缩微技术、计算技术、光盘等技术相结合是现代化管理的必然趋势。对需要永久保存的，利用频率较低的珍贵图书文献（如家谱、古籍等），选用缩微技术，有利于长期保存；对需要永久保存而使用频率较高的文献，采用缩微和光盘技术相结合，这样既可使文献长期保存，又能方便、快捷地检索利用；对时效性强，要求检索速度快，使用频率极高，但又无需永久保存的那部分文献，则可选择光盘技术和磁盘技术，以利快速检索，反复使用。因此，"图书文献+缩微技术+光盘技术"的应用管理模式，将弥补相互间的不足，形成一个功能互补、介质互换，存取、保存、联网、阅读、检索、利用和传输方便，永久性和法律性一体化的图书文献管理系统。

3.4 信息的磁介质存储

磁存储媒体按其存储信息的方式不同可分为静态磁媒体(磁芯、磁膜、磁泡等)和动态磁媒体(磁盘、磁带、磁鼓、磁卡等)。

3.4.1 静态磁存储媒体

磁芯是由磁性铁氧体制成的很小的圆环,其中穿过几根很细的漆包线,通过电流时可使磁芯的磁化方向发生改变从而存储不同的状态信息(0 或 1)。在过去相当长的一段时间内,用磁芯构成的磁芯体一度作为计算机的主存储器。磁芯存储器由美籍华人王安博士发明。磁膜是在玻璃或塑料上电镀或蒸发一层磁性材料构成平面状薄膜,曾作为计算机中的主存储器和高速缓冲器使用。磁泡是一种较小的圆柱形磁化区域,作为主存储器时速度慢于磁芯存储器。以上三种磁存储方式,由于使用过程中没有伴随机械的运动,所以存取时间短;并且也没有由于存储地址(位置)不同而造成的存取时间差。

3.4.2 动态磁存储媒体

1. 磁盘存储

磁盘存储器的最大优点是能够随机存取所需要的数据,数据传输速度快,适合作为大容量的检索设备。磁盘可分为硬磁盘和软磁盘两大类。1972 年 IBM 公司研制成 8 英寸软磁盘,1976 年 Shugart 公司研制成 5.25 英寸软磁盘,1980 年日本索尼公司开发了 3.5 英寸软磁盘。硬盘是一种比软磁盘存储容量大、存取速度快的信息存储设备。硬盘是由表面镀有磁层的金属或玻璃圆盘片组合而成,从硬盘结构看,硬盘分为可卸盘和固定盘。可卸盘组的硬盘及其驱动器对工作环境要求很高,必须在超净化间中运行,由于盘组可卸、可换,因而也可称为海量存储器。随着微型计算机的发展,适用于办公室环境的固定硬盘应运而生,这就是 1968 年问世的温彻斯特(Winchester)磁盘驱动器(简称温盘)。温盘的主要特点是采用头盘组合件(磁头、磁盘及前置放大电路采用固定密封组装结构),密封防尘结构可使温盘在常规环境下运行,且可大大减少磁头与盘片的间隙,密封在磁头附近的前置放大电路可大大改善读出信号的传输质量。随着技术的进步,温盘的性能价格比不断提高并使温盘成为当前磁盘技术的主流产品。

磁头是磁盘系统的关键部件。最早的磁头是采用铁磁性物质,它在磁头的感应敏感程度或精密度上都不理想。1979 年,IBM 公司发明了薄膜磁头,为进一步减小硬盘体积、增大容量、提高读写速度提供了可能。在 20 世纪 80 年代末期,IBM 公司研发了磁阻(Magneto Resistive,MR)磁头,这种磁头在读取数据时对信号变化相当敏感,这使得盘片的存储密度能够比以往 20MB/英寸提高几十倍。巨磁阻(Gaint Magneto Resistive,GMR)磁头技术是在 MR 技术的基础上研发成功的新一代磁头技术,现在生产的硬盘都应用了 GMR 磁头技术。GMR 磁头比 MR 磁头具有更高的信号变化灵敏度,从而使得硬盘的单碟容量可以做得更高。

移动硬盘是近年出现的存储设备,它主要采用 USB 或 IEEE1394 接口,可以热拔插使用。移动硬盘容量大(几十 GB 以上)、便于携带、体积小、质量轻并具有良好的防震性能,是目前广泛使用的移动存储设备。

据估计,目前正在使用的最大商用数据库大小在 50TB 范围内。大多数的商用数据库容量在 100GB ~ 1TB 之间,该数字将很快攀升到大约 75TB。对于商用数据库来说,总存储容量同实际存储数据的容量之比平均是 5:1。通常情况下,硬盘空间的 1/5 用于存储实际的数据库,其余的存储空间则用于索引、镜像或者留做未来数据库的扩充。

数据的快速增长部分原因是硬盘价格的快速下降。大约每 9 个月,相同存储容量的价格就下降一半。这比摩尔定律要快 2 倍。后者认为,每过 18 个月,芯片上的器件数目就会加倍。

2. 磁带存储技术

磁带是在塑料带基的表面涂上能磁化的铁氧化物制成的。磁带可分为卷式和盒式两种形式,并且有录音、录像和数字磁带等不同用途磁带。一般录音盒式磁带也可存储数字信息,但其存储密度、存取速度和可靠性均低于数字磁带。利用磁带记录数据(文献)具有便于计算机处理(实现异型机之间数据转换)、价格较低、存储容量大、易于运输和携带的特点。但磁带只能顺序存取信息。

以 IBM 公司发明的世界上第一台磁带驱动器 IBM726 为标志,磁带技术问世已 50 多年了。在硬盘容量还以 MB 计算的年代,磁带机就已经发展到单盘磁带以 GB 计的容量。据统计,目前,在全球的数字信息中,有 90% 的数字信息被存储在可移动的存储设备上,磁盘中存储的信息量只占 10%,而可移动的存储设备主要是指磁带设备。图 3-6 是 SDX700C 磁带机。

图 3-6 SDX700C 磁带机

磁盘和磁带是两种不同的存储设备,应该说,它们不是对立的,它们各自有其鲜明的特点,因此决定了它们应该应用在存储系统的不同方面,它们是互补的。在数据保护和数据迁移应用中,磁带的优势非常明显,其主要集中在两方面:一是具有高可靠性,它是实现脱机备份的最有效的手段,而这种独立的脱机备份杜绝了数据丢失的一切可能性;二是成本低,虽然磁盘存储的成本一再降低,不断对磁带存储构成威胁,但至今一台典型磁带库每 GB 的成本较之一套 RAID 系统还是要低得多,它们之间的比例大约是 11:41,磁带存储的平均成本甚至每 GB 仅 5 美分。

磁带机作为线性存储设备,也有其自身的缺陷:不能进行快速数据检索,只能胜任数据备份这样的线性记录工作。但是在数据安全至上的网络时代,惟有备份数据才能保证安全,磁带机凭借可靠性高、单位存储价格低、容量扩展方便等诸多优势成为首选。

1) 磁带机的工作原理

磁带存储系统是所有存储媒体中单位存储信息成本最低、容量最大、标准化程度最高的常用存储介质之一。它互换性好、易于保存,近年来由于采用了具有高纠错能力的编码技术和即写即读的通道技术,大大提高了磁带存储的可靠性和读写速度。根据读写磁带的工作原理可分为螺旋扫描读写技术、线性记录(数据流)读写技术、DLT 技术等。

(1) 螺旋扫描读写技术。以螺旋扫描方式读写磁带上数据的磁带读写技术与录像机基本相似,磁带缠绕磁鼓的大部分,并水平低速前进,而磁鼓在磁带读写过程中反向高速旋转,安装在磁鼓表面的磁头在旋转过程中完成数据的存取读写工作。其磁头在读写过程中与磁带保持 15°倾角,磁道在磁带上以 75°倾角平行排列。采用这种读写技术在同样磁带面积上可以获得更多的数据通道,充分利用了磁带的有效存储空间,因而拥有较高的数据存取密度。

(2) 线性记录读写技术。以线性记录方式读写磁带上数据的磁带读写技术与录音机基本相同,平行于磁头的高速运动磁带掠过静止的磁头,进行数据记录或读出操作。这种技术可使驱动系统设计简单,读写速度较低;但由于数据在磁带上的记录轨迹与磁带两边平行,数据存储利用率较低。多磁头平行读写方式,提高了磁带的记录密度和传输速率。

(3) 数字线性磁带技术(Digital Linear Tape Technology, DLT 技术)。DLT 技术包括 1/2 英寸磁带、线性记录方式、专利磁带导入装置和特殊磁带盒等关键技术。利用 DLT 技术的磁带机,在带长为 1828 英尺(1 英寸 =0.3048m)、带宽为 1/2 英寸的磁带上具有 128 个磁道。

(4) 线性开放式磁带技术(Linear Tape - Open Technology, LTO 技术)。LTO 技术是一种结合了线性多通道双向磁带格式的技术,该技术将服务系统、硬件数据压缩、优化磁道、高效纠错和提高容量等多项技术特长融为一体。LTO 技术可将磁带的容量提高到 100GB,经过压缩可达到 200GB。LTO 技术不仅增加了磁带的信道密度,还采用了先进的磁道伺服跟踪系统,来有效地监视和控制磁头的精确定位,防止相邻磁道的误写问题。

(5) Travan 技术。这种采用工业标准 Travan 磁带格式的磁带机技术成熟,Travan 磁带机的安装比较方便。随磁带机捆绑的软件还可以恢复单个或多个文件,也可以进行自动无人值守备份。这类磁带机装载的软件通常具有灾难恢复功能,可以加快硬盘发生故障后灾难恢复的进程,使操作更加便捷,克服了传统磁带机在恢复数据之前必须先重新安装好操作系统和备份软件的缺陷。

2) 磁带

磁带的容量可分为本机容量和压缩容量。本机容量是磁带的"真实"容量,或者说是磁带不进行任何压缩能够保存的数据量。本机容量是最终用户不使用任何压缩时预期应当获得的容量,也是使用数据压缩时应当预期的最小容量。压缩容量是在假定压缩比为 2:1 的情况下,本机容量乘以 2(2:1 的标准是根据"平均"数据四舍五入到最接近的整数)。

根据读写磁带的工作原理,磁带可以分为面向工作组级的 DAT(4mm)磁带、面向部门级的 8mm 磁带机、采用单磁头读写方式的磁带宽度为 1/4 英寸的 Travan 和 DC 系列磁带、采用多磁头读写方式的磁带宽度均为 1/2 英寸的面向高端应用的 DLT 和 IBM 的 3480/3490/3590 系列等规格的磁带。

3) 磁带库

磁带库是一种机柜式的、将多台磁带机整合到一个封闭系统中的存储设备。磁带库是近线存储系统中的关键设备。它由数台磁带机、机械手和数盒磁带构成,可实现磁带自动拆卸和装填,容量可达数百 TB 数量级,可以在存储管理软件的控制下实现智能恢复、实时监控和统计等功能,能够满足高速度、高效率、高存储容量的要求,并具有强大的系统扩展能力。

早期的磁带库多用于离线式存储,但随着市场应用环境的变化及最新数据存储的需求,磁带库逐渐成为 SAN 方式下最重要的设备之一。在这种转变过程中,磁带库凭借的是可靠的数据存储能力及海量的备份能力。磁带库自动、高速备份和恢复 SAN 和 NAS 磁盘阵列中数据的作用已不可替代。对于海量多媒体数据的应用环境,现代磁带技术在多媒体数据归档、长期保存应用环境中的可靠性、成熟度和性能价格比已经得到公认。

磁带库的技术指标包括存储容量、驱动器数量、单盘磁带容量、驱动器存取速度、连接方式和支持的管理软件等。通常,磁带库按照容量大小分成三个级别,即初级、中级和高级。其中,初级磁带库的容量在几百 GB 至几个 TB;中级磁带库的容量在几个 TB 至几十 TB;而高级磁带库的容量在几十 TB 至几百 TB 甚至更高。

IBM 3592 企业磁带机可整合至 IBM 3494 磁带柜系列中,并能够将储存容量扩充至最高 5PB,也就是可连续播放 225 年 DVD 影片的容量。

磁带库将进一步智能化。智能化就是充分发挥软件的功能,加强磁带库的管理以及连接性能,使得数据备份更安全、更可靠。例如,Total Storage 3584 超级扩展磁带库支持混合介质,能够以各种组合形式安装 LTO Ultrium 磁带驱动器和 IBM 3592 磁带驱动器,从而使3592 WORM 驱动器能够与IBM Ultrium 磁带驱动器共存于同一3584 磁带库之中,这样就能够为3584 的用户提供 WORM 功能。可在单一磁带库中将驱动器数量扩展到 192 个,将磁带盒插槽数量扩展到6000 个以上。磁带库是虚拟存储的一部分。虚拟技术就是将磁盘的技术应用到磁带库中,使磁盘成为磁带的缓冲,数据的备份和恢复在磁盘的支持下会快得多。

磁带的设计目标是存储休止状态和长期不使用的数据。目前,磁带还是唯一持久耐用、简单和方便的存储媒介,它将数据复制到离线的位置,减少了损耗并提供了更高的安全级别。它同样是预防数据被数字编码病毒侵害的最可靠的途径。

3.5 信息的半导体存储技术

3.5.1 半导体存储技术

半导体存储技术是20 世纪60 年代后期发展起来的。由于半导体存储器具有速度快、体积小、可靠性高,易于批量生产等优点,因而发展十分迅速,并取代了磁芯存储器作为主存储器,半导体存储是存储技术的一个里程碑。半导体存储器(Semiconductor Memory)是采用集成制造技术,将存储单元电路及其外围电路直接做在半导体芯片上。半导体存储器有许多种类,目前常用的可分为随机存取存储器和只读存储两大类。

3.5.2 半导体存储器简介

常见的半导体存储器及其主要性能如下:

1）RAM

随机存储器（Random Access Memory，RAM）是易失性存储器，一旦切断电源，信息将全部丢失。常用的RAM有SRAM和DRAM。SRAM的存取速度高，不需要定时刷新，但它是以高成本为代价的，SRAM由于存取速度高，常用于高速缓冲存储器（Cache）；DRAM由MOS（金属氧化物半导体）器件构成，它因为采用电容充电的方式保存状态信息，而电容存在漏电的情况，所以必须定时刷新（充电）才能使存储单元的信息在加电工作期间保持有效，由于电容的充电需要时间，所以DRAM的读写速度低于SRAM，但由于其结构较SRAM简单，同样大小硅片上的信息存储密度高，因而存储成本低，价格也相应低，所以现在的主内存仍主要使用DRAM。

2）ROM

只读存储器（Read Only Memory，ROM）是非易失性存储器，即切断电源后存储的信息仍然保持不变。但其存储单元的信息只能读出而不能改变。ROM是用于存放计算机系统的基本控制程序，并保证计算机在加电时能自动进入正常运行状态的主要部件。ROM中的信息是机器在生产时由厂家事先写入的。但若采用PROM等可擦可写的只读存储器，则可采用专门设备重新改写。

3）Flash RAM

闪速存储器（Flash RAM）是Intel公司于20世纪90年代初率先推出存储器（NOR闪存）。它结合可擦除可编程只读存储器（EPROM）和电可擦除可编程只读存储器（EEP-ROM）两项技术，并拥有一个SRAM接口。它既有快速存取的优点，又没有DRAM的缺点；既和ROM一样具有非易失性，又和RAM一样存储容量大；既比硬盘速度快，又比它体积小、质量轻、功耗低和不易损坏。闪速存储器的工作原理是利用“热电子”注入来完成写入过程，利用隧道效应来完成擦除过程，一次可迅速擦除若干区域或整个存储器。由于闪速存储器具有半导体技术的特点，与硬磁盘的机械系统易受撞击、振动的干扰相比，用闪速存储器取代磁盘将是其一个重要的应用。目前闪速存储器的应用范围正在日益扩大，主要用于个人计算机、移动电话、条码阅读器、打印机、桥接器/路由器、电话答录器、数字照相机、固态磁盘机、医疗仪器、网络设备及各种存储装置中。

4）FeRAM

铁电内存（FeRAM）使用的是铁电电容器。铁电电容器的每一个结晶在自然状态下分为正极和负极。具有加电后其极性会统一成一个方向的性质。其极性即使关闭电源后状态也不会改变，因此能够保存数据。FeRAM的读取方法不同于DRAM。DRAM根据电容器中有无电荷判断“1”或“0”，而FeRAM则不能直接读出电容器的状态。因此，读取时通过强行写入“1”来判断是“0”还是“1”。数据为“1”时，由于状态不变，因此电荷移动少；而数据为“0”时，由于状态发生反转，因此会产生大的电荷移动，利用这种电荷差来判断“1”和“0”。FeRAM的优点是工作电流低；缺点是破坏性的读出，需要特殊的制造工艺以及存储单元面积大。

5）其它非易失性存储器

非易失性存储器（NVRAM）除了FeRAM外，还有MRAM和OUM等多种新一代存储器技术进行探讨。这三种存储器各有长短。

MRAM（磁阻随机存取存储器）的优点是读出与写入速度高，而且可擦写无限次；其缺点是需要特殊的制造工艺以及存储单元面积过大。OUM(奥弗辛斯基电效应统一存储器)的擦写次数为 10^{12},优点在于可使用标准制造工艺并混载到逻辑 LSI 中,而且存储单元面积小;其缺点则是读出及写入速度稍慢一些。最适合作为便携终端存储器使用的是 OUM。部分随机存储器说明如表 3-1 所列。

表 3-1 部分随机存储器说明

缩 写	全 称	中 文
BEDO RAM	Burst Extended Data Out RAM	突发扩充数据输出随机存储器
CDRAM	Cached DRAM	缓存动态随机存储器
CVRAM	Cached VRAM	缓存视频随机存储器
DRAM	Dynamic RAM	动态随机存储器
EDRAM	Enhanced DRAM	增强型动态随机存储器
EDORAM	Extended Data Out RAM	扩展数据输出存储器
EDOSRAM	Extended Data Out SRAM	扩展数据输出静态存储器
EDOVRAM	Extended Data Out VRAM	扩展数据输出存储器
FPM RAM	Fast Page Mode RAM	快速页面模式随机存储器
FeRAM	Ferroelectric RAM	铁电体随机存储器
MDRAM	Multibank DRAM	多体动态随机存储器
PB SRAM	Pipelined Burst SRAM	管道突发随机存储器
PM RAM	Page Mode RaM	快页模式随机存储器
RAM	Random Access Memory	随机存储器
SBSRAM	Synchronous Burst SRaM	同步突发静态随机存储器
SDRAM	Synchronous DRAM	同步动态随机存储器
SLDRAM	Sync Link DRAM	同步链接动态随机存储器
SRAM	Static RAM	静态随机存储器
SVRAM	Synchronous VRAM	同步视频随机存储器
3D RAM	3 Dimesion RAM	三维视频随机存储器
VRAM	Video RAM	视频随机存储器
WRAM	Windows RAM	视窗随机存储器

3.6 信息的激光存储技术

信息的激光存储技术是 20 世纪人类的最有影响的信息技术之一。信息光盘与激光全息成像是其重要的应用。

3.6.1 光学信息存储技术的一般特点

人类获得信息是通过视觉、听觉、嗅觉和触觉器官来完成的。以光为信息载体的视觉信息是人类的最主要信息来源。远古时代的人类就知道利用光来传播信息,但直到 150 年前发明照相技术,才真正进入了用光方法存储信息的时代。照相技术是利用光诱导乳胶中物质的光化学反应,进而转变乳胶局部的颜色,从而实现信息存储的。由光学照相技术发展而来的缩微照相技术,在信息存储领域仍然具有重要的位置。这是因为微缩技术能够高保真度地存储高分辨率图像。其保持文物、古籍物品原貌的能力无可替代。当前光学存储主要指与计算机系统相联的海量存储技术。与磁性存储技术相比,光学存储有以下特点:

(1) 存储密度高。理论上,光存储的面密度为 $1/\lambda^2$ 数量级(λ 为存储用的光的波长),通过使用多层记录材料、分区使用记录材料或使用多波长寻址光束及短波长照明等技术,可以使存储密度显著增大。光学方法还可以寻址记录材料的整个体积,存储密度可以达 $1/\lambda^3$。若按 $\lambda = 500\text{nm}$ 计算,存储密度为 1TB/cm^3 数量级。若同时在大量可分辨的窄光谱凹陷中进行记录,存储密度还可以提高 1 个 ~3 个数量级。这是当前任何其它存储技术无可比拟的。

(2) 并行程度高。由于光束可以携带图像,通过对照明光束波面的二维调制,光学存储器件能提供并行输入/输出和数据传输。

(3) 抗电磁干扰。电磁干扰的频率远远低于光频,因此光不受外界电磁场的干扰,不同光束之间也很难互相干扰。

(4) 非接触式读写。因光束读写不会磨损或划伤存储介质,这不仅延长了存储寿命,而且使存储体可以拆卸、移动和更换。

(5) 信息价格位低。由于光学存储密度高,其信息价格可比磁存储低几十倍。

(6) 存储寿命长。光盘存储记录介质稳定,一般而言,光存储的寿命为 10 年 ~100 年。

3.6.2 信息光盘

信息光盘存储技术的开发应用始于 1968 年美国 ECD 公司。1971 年,ECD 公司和 IBM 公司合作制造出世界上第一片只读光盘。1983 年日本松下公司推出第一台可重写相交型视频光盘,拉开了可擦写型光盘的序幕。1987 年磁光盘出现,1988 年可擦写磁光盘系列正式问世。

光盘是一种用激光来记录和读取信息的圆形盘片。其基本结构分为基体、信息层和保护层。基体可以是有机玻璃、塑料等;信息层是由极薄的金属薄膜或色素薄膜、非晶体薄膜、光磁材料等制成的;保护层是一层透明聚合物,用于防尘和防划。

1. 光盘存储技术

目前,应用于光盘的存储技术主要有磁光记录法、相变记录法、聚合物质的分解记录、凹点成形法、气泡成形法和合金记录法等。

(1) 磁光记录(Magneto - Optical Recording)。磁光记录是使用光技术和磁技术相结合来记录信息和读取信息的技术。对信号的记录和擦除都是将激光照射在记录介质上,使其局部温度升高,与此同时,再从外部施加磁场使该处的磁畴取向改变来记录或擦除信息。

(2) 相变记录(Phase Change Recording)。记录介质有晶相和非晶相两种状态,通过加热和冷却实现两个状态之间的转换,从而实现记录的存储和擦除;另外,材料的光反射率也随晶相(高反射率)和非晶相(低反射率)变化,这样就很顺利读出记录的数据。

(3) 聚合物质的分解记录(Polymer Dye Decomposition)。激光束加热介质底层的聚合物促其分解产生凸、凹的光点，实现记录；读出时，凹下的小点吸收光束，未被记录的区域则保持透明度，使光透过；然后，位于记录层下面的反射层便会把读光束反射出来。记录过程是非挥发性的，被应用于 WORM 技术，如市场上的 CD - ROM、DVD - ROM、HD - DVD 等。

2. 光盘的存储原理

光盘的存储技术具有下面共同的特点：

(1) 激光束首先经过调制器调制编码，这个过程是按位形式的串行编码过程。

(2) 记录过程中，在记录介质中或介质表面产生物理、化学或磁性变化。

(3) 读出时，激光束遇到被编码的记录介质发生变化，反射光束将被检测器接收。

(4) 检测器根据接收到的由介质不同表面反射的光信号，分别产生 1 或 0 的数字信号。

激光头是光驱的心脏，也是最精密的部件。它主要负责数据的读取工作。激光头主要包括激光发生器(又称激光二极管)、半反光棱镜、物镜、透镜以及光电二极管。当激光头读取盘片上的数据时，从激光发生器发出的激光透过半反射棱镜，汇聚在物镜上，物镜将激光聚焦成为极其细小的光点并照射到光盘上。此时，光盘上的反射物质就会将照射过来的光线反射回去，透过物镜，再照射到半反射棱镜上。此时，由于棱镜是半反射结构，因此，不会让光束完全穿透它并回到激光发生器上，而是经过反射，穿过透镜，到达光电二极管上面。由于光盘表面是以凹、凸不平的点来记录数据，所以反射回来的光线就会射向不同的方向。人们将射向不同方向的信号定义为“0”或者“1”，发光二极管接收到的是那些以“0”和“1”排列的数据，并最终将它们解析成为所需要的数据。

读写光斑的尺寸直接决定光盘的存储密度，而这又受制于激光波长以及透镜数值孔径的大小。因此，提高传统光盘存储密度的方法是减小读写光斑的尺寸。通常光斑的尺寸受激光束衍射效应的限制，其光斑半径与激光波长成正比，与光学头物镜数值孔径成反比。

目前，CD 光盘激光波长为 780nm、物镜数值孔径为 0.45，轨道间距为 1.6mm、最短信息坑长度约 0.8mm，容量为 650MB；DVD 光盘，激光波长减小到 635nm/650nm、物镜数值孔径增加到 0.6，轨道间距为 0.74mm，最短信息坑长度约 0.4mm，物理密度比 CD 光盘提高了 4 倍以上。为了提高光盘的存储容量，人们采用了短波长激光读写、提高道密度和线密度、开发多数据层光盘、提高盘面转速等技术，可显著提高存储密度和传输速率。例如，用蓝色激光传输速率可超过 100Mb/s；双光子光学存储技术可以使各个独立的信息位遍布材料体积，从而大大提高存储容量，其体密度可达到每立方厘米 TB 级，数据传输速率可达到 100Gb/s，且成本较低；采用持续光谱烧孔(PSHB)光学存储技术，有可能使记录密度提高 3 个 ~4 个数量级。电子俘获光存储技术，可以使存储密度远远高于其它类型的光存储技术，目前开发的电子俘获材料的写、读、擦次数已达 10^8 以上，其写、读、擦的速率快至纳秒量级。

3.6.3 激光全息存储技术

目前，光盘存储能够在二维平面介质上存储信息，其存储面密度已经接近光学极限。并且由于光学头要相对记录介质作机械运动，使存取时间只限于毫秒级，其数据传输速率不及硬盘。针对当代计算机技术对数据传输速率的挑战,人们在全息页面式存储技术方面进行研究,以充分利用光的并行性,并进一步实现高度并行的无机械运动寻址。

1. 激光全息存储的特点

与磁存储和光盘存储技术相比,激光全息存储有以下特点:

(1) 高冗余度。以全息形式存储的信息是分布式的,每一信息单元都存储在全息图的整个表面上(或体积中),故记录介质局部的缺陷和划伤不会引起信息丢失,即使媒体部分损坏,仍能读出全部数据,这是其它存储技术所无法具有的性质。

(2) 高存储容量。三维光学存储的存储容量上限(约 $1/\lambda^3$)同样适用与全息存储。采用500nm 的光波在折射率为 2.0 的介质中存储全息图,其存储密度极限为 $6.4\times10^{13}b/cm^3$。全息图采用面向页面的数据存储方式,一个全息数据页面的容量可以达 10^6 位,如果采用空间复用和同体积复用相结合的技术存储 50 万个全息页面,可以得到总的容量 63GB。利用频率选择技术将存储维数扩展到四维,体全息存储的容量还可以进一步提高。

(3) 非常高的数据传输和很短的存取时间。全息存储采用面向页面的数据存储方式。不像磁盘或光盘那样数据按位串行读出。一页中的所有数据位是并行地记录和读出。特别地,读出速度更快,只要读出定位确定,就可以在几纳秒内从存储介质中检索并读出该数据页。体全息存储可采用无惯性的非机械式的光束偏转、波长调谐或参考光束的空间位相调制等手段来寻址,使寻址一个数据页面的时间小于 100μs(磁盘系统的机械寻址时间在 10ms 左右)。实际上,全息页面的读出与高速、高分辨率的 CCD 探测器阵列相结合,可在 100μs 内并行的恢复一页数据,可望得到总的数据传输速率为 10Gb/s。

(4) 可以进行并行内容寻址。由于体全息存储器是对二维图像直接读写,因而具有快速的内容相关寻址功能。采用适当的光学系统,有可能一次读出存储在整个全息存储器中的全部信息,或在读出过程中同时与给定的输入图像进行相关,完全并行地进行面向页面的检索和识别。这种独特的性能可以用来构建内容寻址存储器(CAM),这是光计算的关键器件之一。

此外,全息存储技术还有许多其它特点,例如,利用全息摄影术可以制出能够表现被摄物立体效果的全息图,也可以通过由全息图组成的全息视听盘进行活动画面的再现等;全息存储技术也存在着一些不足之处,例如,对影调连续变化的原件记录效果差,不易表现被摄物的色彩,与计算机联机使用比较复杂,在阅读用单色激光显示的再现影像时视感较差等。

2. 光全息存储信息的基本原理

由于光盘存储技术与磁盘存储技术均要求光学头和磁头相对记录介质作机械运动,使存取时间只能限于毫秒量级;信息只能按位串行存取,因此传输速率有限。一些新技术离实用化还有相当的距离。未来大容量计算系统的理想存储器必须同时具有高存储密度、高存取速率、长寿命和低的信息价位等特点。光全息存储是最有希望的技术。

全息技术是英国科学家 Gabor 在 1948 年提出来的,20 世纪 60 年代的激光问世的同时发明了反射全息术,20 世纪 80 年代,光学计算机研究的热潮重又推动了全息存储技术的发展。特别地,由于体全息存储材料的研发,光电技术取得重大进展,小型固体激光器、高分辨率空间光调制器组页器件(SLM)和高分辨率高速光电探测器阵列(CCD)等周边技术日趋成熟。具有高密度、高传输速率和足够保真度的全息存储技术逐步接近实用化阶段。

与缩微影像不同,全息图是由干涉条纹组成的影像。光全息存储技术是依据全息学的原理,将信息以全息照相的方式保存起来,它不但把物体光的强度(普通照相)分布记录下来,而且把物光位相分布也完整地记录下来,即记录了物体光的全部信息。

在激光全息技术发展的初期,全息图就被看成是最有希望的光学存储手段。全息图片在记录介质里记录两个相交的相干光束形成的干涉图:一个光束经过空间调制而携带信息,称为物光束;另一个以特定方向直接到达记录介质,称为参考光束。在两相干光束相交的空间形成亮暗相交替的干涉条纹,条纹轨迹取决于两光场的相对位相。不同数据图像与不同的参考波面一一对应,在材料中形成类似光栅的结构。读出过程利用光栅结构的衍射,用适当选择的参考光照明全息图,使衍射光束经受空间调制,从而较精确地复现出写入过程中与此参考光相干涉的数据光束波面,这就是全息图存储信息的基本原理。

对于原有的记录介质,全息图遍布于材料的整个体积,形成体积(三维)全息图。体积全息图再现时对光束的入射角度、波面位相或波长都十分敏感,因而有可能用不同角度或相位的参考光束或用不同波长的记录光,在介质的同一体积记录多重全息图(复用)每一幅全息图都可以在适当的条件下分别读出。全息信息存储可以是在全息存储器上制作为排成阵列的小全息图(直径约为1mm),也可以是将小全息图排列在旋转的盘片上来实现。

3. 全息存储的复用技术

虽然全息存储的容量很大,但若无各种复用技术仍然不可能造出海量存储器。体全息存储中,体全息的角度和波长选择性,可以利用不同角度入射光线或不同波长的光在同一体积中记录许多不同的全息图,并且无显著的串扰噪声。复用技术就是在同一部分介质存入多重全息图,以便增加存储密度,或者是充分利用存储介质的厚度、长度等几何尺寸进行多层全息存储或移位全息存储。主要的复用技术有:

(1) 空间复用技术。空间复用技术是将数据页记录在存储介质的不同空间区域,如将存储材料的有效空间分成层状,在各层分别进行记录和读出;或在盘状存储材料上用旋转盘片的方法移位复用盘上的存储空间。空间复用技术的优点是相邻全息图在空间上不重叠,再现时可以避免数据页之间的串扰噪声。

(2) 角度复用技术。角度复用技术,是用改变参考光入射角的方法在存储介质的同一空间区域上记录许多不同信息数据页面的全息图。该技术的优点是大大提高了材料的存储密度;但由于密度增加,相邻图像重叠放置于同一空间,故增加了相邻页面之间的串扰噪声。

(3) 波长复用技术。该技术在记录时只改变波长,从而实现在同一区域记录多个数据页面的全息图,它可实现比角度复用技术更高的位容量。采用波长交换寻址避免了机械寻址的缺点,并对串扰噪声有较强的抑制能力;但对光源要求高、成本高、不易集成和商品化。

(4) 位相复用技术。该技术又称编码复用技术,在记录过程中是在参考光束的光路上对参考光束进行位相调制(位相编码),每个数据页的记录用一种位相调制的参考光束,在记录介质的同一区域连续用多个位相调制的参考光束记录多个页面。再现时,只能用记录时位相调制的参考光束来再现与之对应的全息图。因此,每一束参考光的位相调制码即为存储全息页面的地址,这使对数据页面寻址过程比空间复用及角度复用快得多。

(5) 环移角度复用技术。环移角度复用技术是使参考光束绕物光作圆周的环移,每次移动一定的角度记录一张数据页。这种方式对提高存储密度有益,但效率差。

(6) 空间角度复用技术。这是将空间复用和角度复用相结合的复用技术。该技术允许相邻的全息图在空间上部分重叠,用不同的参考光予以鉴别。在盘式全息存储系统中,使用球面参考光波,其储存密度理论上接近 $100b/\mu m^2$。

(7) 分块重叠储存技术。这是空间复用和波长复用或角度复用技术相结合的应用,以解决光源不能提供足够多独立波长,或系统不能获得足够多的参考光角度,及材料动态范围有限以致不能在同一体积中存放较多全息图等困难。由此提出全息存储盘的设想——其存储密度比现在的光盘要提高 2 个以上的数量级。

(8) 波长角度复用技术。该技术使用密集的角度复用和稀疏的波长复用,使得全息光栅互不重叠,有效增加了系统的存储密度,改善了系统的数据传输率。

(9) 角度与环移角度及空间移位复用技术。这种技术可增加全息存储的密度和容量,但写入光学系统需要机械参考光的环移,所以结构比较复杂,传输速率不高。

(10) 散斑复用技术。基于编码散斑参考光的体全息散斑复用技术,利用静态散斑的三维空间移位选择性,可以充分利用块状存储介质的空间。散斑存储具有移位复用间隔小、复用间隔与材料厚度无关的特性。因此,极大提高了体全息存储密度。

目前,常用的全息存储材料包括银盐材料、光致抗蚀剂、光导热塑材料、重铬酸盐明胶(DCG)、光致聚合物、光数变色材料和光折变材料。

2001 年,我国科学家研制出世界上信息存储密度最高的有机材料,信息存储点仅有 0.6nm 的直径,这意味着信息存储的密度可达 $10^{14}b/cm^2$,其信息容量比现有光盘高 100 万倍。从而在超高密度信息存储研究上再创"世界之最",保持了从 1996 年起就占据的国际领先地位。这种用电荷转移有机功能分子体系作为信息存储的介质,利用其电学双稳态的特性成功实现的超高密度信息存储,显示出在分子尺度上存储时具有稳定性、重复性和可擦除性好的独特优点。这项技术的商品化、产业化还需要 15 年左右的时间。

4. 全息存储技术的应用

在人类的生产、生活和科学研究中,每天都在产生着大量的数据。例如,天文学研究中每年所产生的数据不少于 10PB;在线数据的数据量 2000 年为 0.5PB,估计到 2010 年为 100PB;欧洲空间局管理的卫星,每天会下传 100GB ~ 500GB 的图像信息;大型强子对撞机每年产生大约 1PB 的数据量;数字图书馆的建设中一个突出问题就是大量多媒体数据的存储与快速检索读取;数字地球则要求将地球上所有信息都存储起来,需要存储器容量达到 PB 级。由于数据(图像页)读出的高度并行性和可能的全光学无机械运动部件存取方式,光全息信息存储将同时具有容量大、数据传输速率高、存取时间短和可靠性高等特点,可望在未来的超大容量数据存储领域发挥巨大作用。全息存储的应用可分为数字数据存储、图像全息存储以及盘式三维全息存储等技术的应用。

(1) 数字数据全息存储。数字数据全息存储的典型应用即关系型数据库的应用。关系型数据库是二维表格形式,这与全息存储的页面格式是非常吻合的。同时,平常情况下数据库中的数据仅供用户查询,并按内容进行读取,这样全息存储器恰好可以提供全部数据库快速内容搜索。根据要求,可以组成全息存储关系型数据库光学系统。在基于内容的数据读取时,首先由搜索主题通过图像光束生成关系型子系统照射晶体,产生输出相关峰。这些相关峰由参考光束探测子系统获得,反馈回主机再根据相关峰的参考光束地址恢复(读出)所要求的数据页面。采用其它的新技术,可减低系统的造价,使存储系统更加紧凑和实用化。

(2) 图像的全息存储。光学信息处理系统固有的二维并行处理能力特别适合于图像信息的处理。模拟图像的存储可采用转换为数字编码图像后以全息图方式存储,也可以是直接将灰度图像以全息图方式记录在存储器中。光学模式识别和机器视觉系统特别需要这样的图像存储器。在光学模式识别中,如果用复用技术在同一体积中存储多个傅里叶变换全息图,那么一幅输入图像可以同时与所有存储的图像进行相关,这将极大地提高检索速度。采用全息存储系统可构成关联存储器,这对于涉及到并行处理大量信息,而产生的答案并不需要很高的精度,输出数据是直接利用输入数据本身回忆出来的快速图像识别应用是最适合不过的了。

(3) 盘式三维全息存储。在全息存储中,盘式三维全息存储将有重要的实用意义。例如,采用平面参考光的 BOHS 全息盘和采用球面参考光的 SAM 全息盘或 Shift 全息盘均可达到很高的存储密度(如 $166\text{b}/\mu\text{m}^2$)和较高的传输速率(如 10Gb/s)。

与当前的磁存储、光盘存储技术相比,全息光存储的巨大竞争力体现在它所具有的超大存储容量、超高存储密度和很快的存取速度等方面。全息光存储的研制目标就是希望能够实现 TB 量级的存储容量和 1Gb/s 的数据传输率。随着人们在关键器件研发和新型存储材料研制方面取得的巨大进步,这一目标的实现并非遥不可及。

3.7 电子纸与电子书存储技术

3.7.1 电子纸存储技术

用现代信息技术的眼光来看,纸质的印刷品就是非常便宜的只读存储器与显示器的组合。20 世纪 90 年代初,托夫勒在《第三次浪潮》里预言,计算机的普及会带来无纸办公,从而减少纸的用量。可事态的发展却与托夫勒的预言正好相反,计算机普及使纸的用量激增。因为纸的好处可以列出许多:便宜、柔软、轻便、可以折叠、拿上就走;纸具有良好的对比度,而且有高而平和的反射率,可以从很宽的角度进行阅读;纸还有一个特别的优点,它不需要电池。时至公元 2001 年,盛行 550 余年不衰的纸和印刷术终于遇到了值得重视的竞争者——电子纸或电子墨水。

1) 电子纸的产生

人类的视觉经数百万年进化而来,它特别适合反射光的环境。太阳将光投向万物,万物因反光而有其形。因为反光,物体的对比度、亮度、色调能随环境光的变化自行调整,视觉效果自然、协调、舒适。而显示器自己发光,不能随环境变化自动调整,也不能随意移动,它将人的眼睛长时间固定在屏幕上,头部也因此失去了运动的机会。很多人颈部、眼睛因此受到损伤。老祖宗发明的纸是反光的,可以随意移动,与显示器相比,不知道高明多少。纸的问题在于印在上面的内容不能改变。

1975年,施乐公司高级研究员希端登产生了一个想法:与其用显示器代替纸,不如用纸代替显示器。他认为应将纸的只读存储器性质改成随机存储器,使印在纸上的字能受控变化。

1996年,物理学家杰柯伯森(Joseph Jacobson)研究的显示单元是非常细小的透明空心球形胶囊,里面注满深色的油,油里再置入带电的白色微粒。这些微粒在电场的作用下,会聚集在球形胶囊的一个顶端,施以反向电场,微粒就移到球的另一端。这些球形胶囊以印刷的方法涂在软塑料膜上,其上再印上透明的电路,就可以用来显示图形了。杰柯伯森将这种方法称为电子墨水(E－Ink)。1997年,杰柯伯森创立了E－Ink公司,专门开发电子纸。

希端登于20世纪90年代中期研究电子纸也取得了进展。他的新方案与E－Ink类似,不同之处在于他在透明空心球形胶囊放置分别带正负电荷的黑白两色微粒。在电场的作用下,黑白微粒分别聚集在两极以显示信息。为此,施乐公司宣布成立Gyricon媒体公司,专门研发电子纸。

2）电子纸的原理与特点

电子纸是对“像纸一样薄、可擦写的显示器”的统称。电子油墨(或电子墨水)是电子纸的核心。最初研制的电泳液显示寿命短,后来发明的微胶囊技术才使电子纸得以进入实际应用。微胶囊技术就是把电泳液及悬浮的色素颗粒包裹在微米尺寸的微胶囊内,使色素微粒不至于聚集在一起,实现高寿命显示。这种微胶囊化的电泳技术就叫电子油墨。电子油墨的颜色可以调整为其它颜色,这样可使电子纸显示各种色彩和图案。

索尼公司已推出反射率为73%的高亮度电子纸。一般情况下电泳显示器的反射率均在40%左右,TN液晶的反射率还不足5%,即便是报纸的反射率也不过50%～60%。索尼公司开发的电子纸利用电化学反应引起的银析出和溶解技术,其结构是在电极之间填入一层白色乳胶状固体电解质。由电化学反应而溶解到固体电解质中的银离子,作为银析出到透明电极以后看起来是黑色的;反之如果把析出的银溶解到固体电解质中,由于直接看到的是白色乳胶状,因此看起来就是白色的。由于在固体电解质中含有白色的TiO_2(二氧化钛),因此实现了73%的高反射率。

美国国际商用机器公司(IBM)研制出一种“柔软”的薄晶体管,在此基础上可制造出像报纸一样能卷曲折叠的计算机显示器。材料科学家把有机和无机混合材料溶解,然后对溶液进行加工,从而获得结晶,形成有机和无机材料薄层交错叠成的晶体管。这样制成的晶体管厚度不超过一根头发丝的直径,并具有良好的柔韧性。这种新型晶体管可在室温下制取,因此能安装在柔软的基板上。新型晶体管的性能与无定形硅相似,可用于制造薄而柔软的新型显示器。它可望广泛用在便携式计算机、移动电话乃至易折叠的电子报纸和杂志等产品上。

在美国,朗讯技术公司和电子油墨公司计划开发的电子纸,将是完全用类似于油墨纸张印刷工艺,而不是用较昂贵的硅片制造工艺制成的柔性塑料电子显示器。这种电子纸的关键元件是塑料晶体管和电子油墨。塑料晶体管由朗讯技术公司贝尔实验室开发,具有与常规硅片相同的特性,但却具有柔性,且可印刷。电子油墨由数百万个充满暗染料和光色素的微胶囊组成。当由塑料晶体管的电场对微胶囊加电时,这些微胶囊就会改变颜色并建立图像。其研究目标是将塑料晶体管“印刷”到涂覆有电子油墨的柔性塑料膜上。

也就是制作一种像纸一样柔软、像印刷品一样易读的纸样薄膜。

2000 年，日本千叶大学开发的电子纸更薄，厚度只有 0.1mm，真正达到了纸的厚度。这种电子纸的原理是用氧化铟锡聚酯涂层做的透明薄膜，上面的化学成分则作为连续电极。薄膜之间夹有无数黑色与白色的微粒，白色部分为氟化碳，黑色部分类似复印机用的墨粉。在薄膜带负电的部分，带正电的黑粒被吸附上去时显现黑色；在薄膜带正电的部分，因吸引带负电的氟化碳而变成白色。通过外加电场使带电微粒向电极移动，依质量大小自行分开，并一直保持在各自的位置上，直至下一个电场再次使它们运动起来。

东芝公司推出的电子纸是把带有边的白色微细塑料片按 0.3mm 间隔排列起来，由静电控制角度的变换，每层之间夹有更微细的黑色小塑料片，这些黑色小片可随着电场的变化，每秒沿缝隙进出移动 30 次，以此完成活动画面。它比液晶具有更好的白色性能，而且画面亮度不受视角影响。如果将白色塑料片换成着色的透明膜片，就可以像印刷品的画册一样显示丰富的色彩。这些电子纸每秒可显示数十幅画面，而且即使断电画面也不会消失。

电子纸具有很多优点：电子纸视角很大，靠反射环境光工作，底色是非常地道的纸白，完全适合于电子阅读，可以在强阳光下舒服地阅读；电子纸上的图像在断电后也可以照样显示；电子纸质量非常轻，厚度也大约只有 1mm，可弯曲，且非常容易做成大尺寸的产品；电子纸的分辨率达到 200 点/英寸 ~ 300 点/英寸（现在计算机显示器的分辨率为 72 点/英寸 ~92 点/英寸）；电子纸显示中不存在屏幕刷新，因此非常省电；电子纸是柔性的，可以像真正的纸张那样任意的折叠弯曲；大批量生产之后，其价格可以控制在相当低的水平上。

3）电子纸的应用

电子纸可以与一台计算机相连，通过无线连接或互联网下载内容，再将内容输送到电子纸上，电子纸使用的感觉与纸一样。书刊、报纸、产品介绍、名片等印刷品都有可能被电子纸取代。借助于电子纸，数字媒体第一次可以将覆盖范围超越传统的 PC，从而延伸到一个前所未有的广度上。电子纸可以随身携带、随意翻阅，也可以从图书馆下载新书。

实际上，正在积极推进的“电子纸与计算机融合”的开发，已经成功试制出了将电子纸嵌入显示器的 PDA、能够与手机连接的电子纸等。今后的电子纸将进一步充实上面提到的显示功能，同时，还将扩大应用范围、提高易用性，例如，可以实现同时显示多种资料或像纸一样手写输入等。这一领域今后的发展将引起人们的广泛关注。

3.7.2 电子书存储技术

电子书就是“无纸的书”，它借助传统的书籍阅读方式，并综合了网络技术和计算机技术，将传统的书籍数字化。

1）电子书的概念

电子书首先是一个简单的 PC，具有计算能力、通信能力和多媒体功能，此外还具有电子设备的各种特点。电子书与一个笔记本计算机的屏幕非常相似，并配有特殊的笔接触设备。电子书的操作简单，一般直接操作具有翻页功能的按钮，一些复杂的功能如传输、搜索等都可以用接触笔来完成。电子书之间还可以实现红外线交换，产生平常的借书的效果。

电子书内部的硬件设备可以控制一种称为“全球唯一标志”(GUID)的数字标志,用于确定每个电子书的“身份”,这种能力对推动网络数字出版的版权保护非常有利。通过对出版内容的加密和利用公共密钥等技术对用户的资格进行验证,能够有效地控制数字内容的发行量和指定发行范围,甚至指定到个人。通过控制,借书只能针对“免费内容”或“部分内容”进行,而不能随意地传送、复制。

在电子书中集成的电子邮件,能够让读者把精彩的图书或内容片断推荐给自己的亲友。还能够接收来自网络出版社的最新图书信息。电子书可增加声音功能,能够让图书发出声音,帮助读者阅读或听懂命令。书签功能能够让读者立刻定位到上次看过的位置,还能够随时记下自己的读书心得。与网络上的内容相比,电子书分布的内容更具有真实感和可行性。电子书把电子内容经过包装和授权发行后,具有了较高的可信度。

2) 电子书的特点

电子书相对于传统书籍的主要特点有:内容具有可选性;便于查找特定的词汇、定义和其它参考性资料;可自己定制阅读,即改变显示的对比度、字体大小和文字风格。

之所以出现电子书,是因为 CD-ROM 出版物已进入了一个非常尴尬的境地,其原因就在于计算机并不是最合适的阅读工具。所以具有足够分辨率、便于携带的新型阅读工具的出现就是必然的了。电子书通过网络出版发行,这比传统的出版发行具有更多的特点,例如,出版快,通过网络可立即传送到任何地点;内容准确,信息内容不会因为印刷质量的不可重复而导致阅读障碍或不必要的纸张浪费,网络化出版发行能够准确无误地在每个电子书上显示完全相同的内容;有利于版权的保护,电子书能够充分利用数字签名和版本锁定技术保护任何内容不至于被非法传播和随意复制。电子书除了可通过网络发行外,还可以通过光盘或存储卡等物理形式获得。

3.8 存储管理与存储备份

3.8.1 存储管理

1. 网络附加存储

网络附加存储(Network Attached Storage,NAS)是从应用中分离存储,通过附加网络把它集中到专为数据服务的专用设备中。这种设备在提高操作性能的同时提供了对数据的集中访问。

NAS 是一种可满足海量数据(TB 级)、大量的 I/O 吞吐及单一大型文件规模(高达 300GB 以上)的高端应用需求的技术。NAS 利用现有的以太网技术,通过以太网接口将存储设备连接到 LAN,充分利用文件共享协议,可以在系统目录和文件级实现共享。在 NAS 环境中,多主机能够同时共享文件,用户的数据只要保存一个复制,即可被前端的各种类型的主机所使用。因此,具备主机无关性。一个 NAS 可以是一个与平台无关的服务器或一组专门用来存储的服务器群。在这样一个体系结构中,磁盘空间的扩展如同在网络上添加打印机一样简单便捷。文件系统则具备自保护功能,时刻保证数据的完整和一致。

NAS 的主要优势在于:易于安装、易于升级、兼容现存的所有网络;可远程通过网络浏览器进行管理,网络安全性高;兼容已有的数据备份方案,提高数据下载能力;具有高可靠性、存储方便、易于扩充,并实现文件共享,性价比高。NAS 在技术上非常成熟,而且良好的兼容性正是 NAS 最突出的优点之一。

NAS 可用于数据共享、在线存储,适用于工作组管理大量数据,可以减轻网络数据的拥挤程度,可以减小服务器的工作负担,适用于频繁的数据文件复制,可以进行远程管理、存储数据。由于 NAS 所拥有的优良性能,尤其适用于以下类型的企业:没有专业技术人员,需要简便管理的企业;拥有专业技术人员,但要求安装管理简便、快速的企业;数据存储强调快速、可靠、稳定和安全的企业;有大量数据存储需求的企业。

2. SAN 存储区域网络

SAN 备份方案可以彻底解决需要占用 LAN 网络带宽的问题。该方案采用一种全新的体系结构,将磁带库和磁盘阵列各自作为独立的光纤节点。在备份时,数据流直接从磁盘阵列传到磁带库内,是一种无须占用网络带宽的解决方案。SAN 备份方案采用全新的存储区域网络概念,它具有以下特点:

(1) SAN 基于高数据流设计,能够将高速磁带设备的性能很好地体现出来。

(2) 磁带库本身作为一个节点,易于被所有的服务器所共享。

(3) 系统可扩展性好,如果现有磁带库不能满足要求,只要增加一个节点的磁带库,即可实现容量的扩展。

3. 虚拟存储

从虚拟的概念上来讲,对一个对象的虚拟,就是创建一个新的对象使其具备其源对象的重要属性和特征,而不是源对象的完全的"复制"。那么存储设备的公共基本特征是什么呢?标准的数据存储设备包括了磁盘、磁带、磁带机等。它们公共的本质特点就是能够永久地保存数据,并保障数据能够被用户调用。其它的非公共特征还包括了设备的大小、能量消耗、性能指标、存储容量等。这些特征根据设备的不同而不同,但是其公共特征并没有随着设备不同而改变。因此,虚拟存储就是整合各种存储物理设备为一整体,提供永久保存数据并提供能被用户调用的功能,即在公共控制平台下存储设备的一个集合体。

虚拟存储设备在物理上并不存在,它只是在计算机中表现出同类物理存储设备的特性,并按照这些特性 I/O 请求。用户的数据操作在虚拟存储设备上完成,并不需要关心后台实际的物理设备是什么、如何组织等。任何种类的计算机存储设备和数据对象都可以被虚拟。

虚拟存储在性能、可用性、价格和易于管理这四个基本评测指标方面都能有效地提升存储系统的性能。此外,通过虚拟技术可在提高存储空间利用率、灾难恢复、快速备份、数据移植、自动化的空间扩充、在线基于磁盘的恢复服务、应用程序测试、提高数据库性能、高可用性、在不同服务器平台间的有效资源共享等 10 个方面体现高效能的存储系统应用价值。

一般把虚拟分成如下三类:基于主机(或服务器)的虚拟化、基于存储设备(或存储子系统)的虚拟化和基于网络的虚拟化,如图 3-7 所示。

1) 基于主机(或服务器)的虚拟化

基于主机上的虚拟化一般通过运行存储管理软件加以实现。其实质是通过逻辑单元号(Logical Unit Number,LUN)在若干个物理磁盘上建立起逻辑关系。LUN 是在一个基于

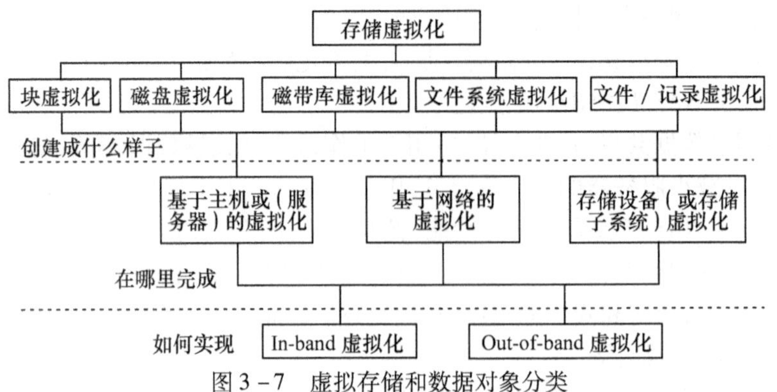

图 3-7　虚拟存储和数据对象分类

SCSI 的标志符,用于区分在磁盘或磁盘阵列上的逻辑单元。

基于主机的虚拟化中,管理软件的作用就是向系统输出一个单独的虚拟存储设备(或者可以说一个虚拟存储池),事实上这个虚拟的存储设备后台有若干个独立的存储设备组成,只不过在系统看来它们是一个有机的整体。用户不需要直接去控制管理这些独立的物理存储设备。当存储空间不够的时候,管理软件会从空闲的磁盘空间中映像更多的空间给系统,而系统看来它所使用的虚拟存储设备的空间在动态的增加,并没有影响到它的使用。由此可见,基于主机的虚拟化可以使系统在存储空间调整过程中仍然保持在线状态;另外一个优势体现在,通过虚拟可以实现主机上存储设备并行使用。

2）基于存储设备(或存储子系统)的虚拟化

虚拟化技术也可以在存储设备内部或存储子系统内部加以实现。例如,磁盘阵列就是通过磁盘阵列内部的控制系统进行的虚拟,同时也可以在多个磁盘阵列间构建一个存储池。这种基于存储设备(或存储子系统)的虚拟,通过特定的算法或者映射表把逻辑存储单元映射到物理设备之上。根据采用的方案不同,RAID、镜像、盘到盘的复制以及基于时间的快照都采用了此类虚拟化。通过虚拟化,虚拟磁带库、虚拟光盘库等都得以在存储子系统中加以实现。

与基于主机的虚拟化不同,基于存储设备(或存储子系统)的虚拟化对其后台所使用的具体硬件的兼容性要求很高,需要参数相互匹配,因此在存储设备升级和扩容过程中需要受到某些限制。但是在存储子系统上的虚拟可以将存储和主机独立起来,不会过多地占用主机的资源,这样可以使主机将其资源有效地运用在应用服务上。

3）基于网络的虚拟化

基于网络的虚拟化功能是在网络内部完成的。这个网络就是常常指的存储局域网络(SAN)。具体的虚拟功能的实现可以在交换机、路由器、存储服务器进行,同时也支持带内(in-band)或者带外(out-of-band)的虚拟。

带内虚拟,常常也称做对称虚拟(Symmetric),是在应用服务器和存储的数据通路内部得以实现。在标准的设置中,在存储服务器上运行的虚拟软件,允许控制数据和需存储的实际数据在相同的数据通路内传递。在用户看来,带内虚拟存储服务器好像是直接附属在主机上的一个存储设备(或子系统)。带内虚拟存储具有很强的协同工作能力,同时可以通过集中的管理界面进行控制。同时,带内虚拟可以较好地保障系统的安全性。

带外虚拟,又称做不对称虚拟(Asymmetric),是在数据通路外的存储服务器上实现的虚拟功能。控制数据和存储数据在不同的数据通路上传输。带外虚拟减少了网络中的数据流量。但是一般需要在主机端安装客户软件,也容易受到攻击。

常见的虚拟存储方式有虚拟磁盘和块、虚拟文件系统、虚拟文件、虚拟磁带介质、虚拟磁带机、虚拟磁带库、WORM(单次写入,多次读取,防止归档信息被修改和删除)等。

通过虚拟技术,可以实现多个应用服务器共享一个或一组 WROM 设备进行归档管理,也可以实现应用服务器通过公共的虚拟接口使用多种采用不同标准的 WROM 设备,另外,可以实现基于磁盘介质的 WROM 设备。

虚拟存储可使服务器不必关心后端的物理设备,也不会因为物理设备发生任何变化而受影响;管理员可以让很多服务器共享后端的存储池,因而可提高系统管理员的工作效率;可以将多种设备上比较小的存储容量集合起来,虚拟成一个大的磁盘,提高存储容量的使用率。

4. 存储网格

存储网格是一种新的技术模式,它由一种协作式的标准基础设施、模块化的构建模块(称为"智能单元")组成,并通过集中平台进行管理,来实时供应、部署和提供信息服务。而智能单元(smart cell)由一些基础的硬件组成,包括如何有效处理 I/O、如何进行基础的计算、如何存储信息。这种智能单元除了包容传统的特性,如文件处理、数据块的存储功能外还提供新的功能,如数据安全、防病毒、策略报告服务、文件服务、数据归档和索引服务、数据搜索等。这些特性可以根据用户的需求加载到每一个单元。在可管理性方面,这些"智能单元"可作为单个的高可用系统来管理,采用的是 P2P 的管理模式,因而可简化管理。

存储网格超越了 SAN,SAN 是本地的存储网络,通过数据块进行数据的交换与存储,而存储网格可以基于任何 SAN 来建立并将它们进行整合。

就目前的情况来看,要想实现理想化的网格以包容所有的存储还是有相当大的难度。设备间的连通性将是关键的一环,异构的存储环境将是存储网格能否顺利或有效实现的巨大挑战,这也是当前虚拟化存储所遇到的难题。

3.8.2 存储备份

1. 数据备份的目的

计算机系统中所有与用户相关的数据都需要备份,不仅要对数据库中的用户数据进行备份,还需备份数据库的系统数据及存储用户信息(用户数据、应用程序、用户设置、系统参数)的一般文件。数据备份的目的就是数据恢复、最大限度地降低系统风险、保护系统最重要的资源——数据。在系统发生灾难后,数据恢复能利用数据备份来恢复整个系统,不仅包含用户数据,而且包含系统参数和环境参数等。

造成数据失效主要原因是自然灾害(如水灾、火灾、雷击和地震等)、人为原因(误操作及黑客的恶意破坏)、硬件故障(计算机硬件、存储介质和传输介质的故障)、软件故障(操作系统本身的漏洞、数据库管理系统的代码错误及病毒感染等造成数据不完整、不一致或错误)。

2. 数据备份和恢复的策略

制定一个完整的数据备份策略需要考虑如下因素:

（1）确定备份的内容。除了需要备份重要的文件外，更应加强数据库的备份。用户的所有数据都存储在用户数据库中，充分保证用户数据库的安全是备份的主要工作。

（2）确定备份频率。备份频率取决于系统恢复时的工作量、数据库的大小、数据的修改频率、数据的重要性和备份的成本。对于数据库完全备份，可以每月、每周甚至每天执行一次；事务日志备份是每周、每天甚至每小时备份一次。

（3）确定备份时的数据库状态。为了保证数据的安全和完整性，一般采用动态数据库备份，也就是允许数据库运行时进行备份。

（4）确定备份方法。可根据不同需求，采用完全备份、增量备份、事务日志备份、文件或者文件夹备份。完全数据库备份用于系统失败时的最后方案。当频繁地修改数据库时，可以执行完全数据库备份和事务日志备份策略。

（5）确定备份介质。磁盘是最常用的存储备份的介质，磁盘文件既可以是本地文件，也可以是网络文件。当使用磁带备份时，磁带驱动器必须安装在本地的 SQL Server 系统上。

其它措施包括：确定备份程序，即使用人工备份还是自动备份；确定备份完整性的验证周期；确定备份存储的安全性，即备份存储的空间是否防窃、防磁、防火；确定备份存储的期限，对于一般性的数据，可以确定一个比较短的期限，对于重要的数据，需要确定一个比较长的期限；确定备份服务器的选用；确定备份软件包的选用；确定备份操作的安全性；确定督导备份工作的负责人等。

3. 备份方案

（1）单机数据备份。把小型磁带机作为附件来实现数据备份，这样的备份就是单机数据备份。

（2）局域网备份。局域网备份的主要特点是由一台备份服务器对局域网内不同主机的数据、数据库以及 Lotus Notes、Microsoft Exchange 等数据群，通过网络进行备份。

（3）广域网备份。这是指利用广域网进行数据远程异地备份，建立容灾中心。

（4）电话拨号备份。这是指安装 Telebackup 软件的单机和移动设备通过通信线路与数据备份中心进行备份与恢复的数据交换。电话拨号备份不属于广域网备份，因为电话拨号备份是一种窄带宽、低速率的备份，而广域网备份则指提供有效宽带宽、进行高速率传输的备份。

4. 硬件备份

硬件备份措施有磁盘镜像、磁盘阵列、双机热备份和双机共享磁盘阵列等。

（1）磁盘镜像。把所有数据存储到两个同样大小的磁盘空间上，这两份数据称为镜像关系。它是通过每次往磁盘写入数据时，数据被复制一份同时写入另一个镜像空间上而实现的。这样在镜像的一半发生错误时，另一半仍可保证系统继续工作。

（2）磁盘阵列。这是指将小容量、廉价的驱动器组合在一起，使它们对系统表现为一个单一磁盘驱动器，通过数据冗余提高安全性保护。典型的工作原理是：每次向磁盘写数据时，数据写在阵列中的多个磁盘上（包括校验信息）。这样，如果阵列中的一个磁盘发生了故障，该盘上的数据可以根据其它盘上的校验信息进行恢复。

（3）双机热备份。它指采用主机冗余来保证在一台主机发生故障时另一台能完全接管工作。双主机通过专用网络线相连，正常情况下，主服务器运行主业务系统，数据同时镜像到热备份服务器。当主系统发生故障时，系统控制权切换到备用主机，备用服务器自动接管主服务器的主机名和IP地址，开始处理作业和数据。主机系统修复后，控制权需再切换回到主业务系统，使双机系统恢复正常冗余工作模式。

(4) 双机共享磁盘阵列。以双主机加共享的磁盘阵列柜构成双机容错方案。磁盘柜通过SCSI线连接到两台主机上，能同时被两个系统访问。关键数据放在共享磁盘柜中，正常运行时控制权在主系统上，当主系统发生故障或主系统检查到某种故障后，系统控制权就切换到备用主机。主系统修复后，主、备角色互换，双机系统进入正常冗余工作模式。

磁盘镜像与磁盘阵列不同之处在于磁盘阵列可以防止多个硬盘出现故障，而磁盘镜像只能防止单个硬盘的物理损坏。双机热备份和双机共享磁盘阵列系统则是更完备的硬件容错系统，可防止整机出现故障。

5. 软件备份

软件备份指通过操作系统提供的备份软件，或专业备份软件将系统数据复制到可以异地存放的存储介质上。软件备份需从三方面考虑：首先选择合适的备份存储介质；其次是备份软件的选择；最后是制定合适的备份策略。

磁带以其高容量、低价格、技术成熟、标准化程度高和互换性好的特点成为绝大多数系统首选的备份存储介质。而且磁带自动加载产品已日渐成熟，可以自动加载和卸载磁带、定期清洗磁头，使备份更趋智能化，减轻了管理员的工作负担，也减少了人为错误。

备份软件在整个软件备份过程中占有举足轻重的位置。好的备份软件应具有以下特点：安装方便、界面友好、使用灵活；支持跨平台备份；支持文件打开状态备份；支持在网络中的远程集中备份；支持备份介质自动加载的自动备份；支持多种文件格式的备份；支持各种策略的备份方式等。此外，还有人工备份。它需要较多的人工介入，这涉及到整个备份系统的性能，应考虑备份速度、备份费用、备份数据的易保管性等各种因素。

6. 数据备份与数据容灾工程

数据容灾有四个级别，分别是0、1、2、3级。其中0、1两级是冷备份，2、3两级是热备份。一般来说，把0级称为备份，而1、2、3级称为容灾工程。

(1) 0级容灾的特点是本地备份/本地保存的冷备份，备份的磁带机放在同一机房，这很难避免火灾/水灾对数据造成的影响。

(2) 1级容灾的特点是本地备份/异地保存的冷备份，例如，把磁带放到银行存放，但不能避免地震造成的影响。

(3) 2级容灾的特点是站点热备，它利用光纤和SAN等通道技术，来达到备机同步主机数据的目的。

(4) 3级容灾的特点是双机热备份，两台机器互为主备机。

热备份时要求记录日志文件，在数据部分恢复后，要将日志中的数据也进行恢复。

7. 数据恢复

数据恢复就是把遭受到破坏，或有硬件缺陷导致不可访问或不可获得，或由于病毒、误操作、意外事故（硬盘不小心摔坏）等各种原因导致的丢失的数据还原成正常的数据。

数据恢复不仅是对文件恢复，还可以恢复物理损伤盘的数据，也可以恢复不同操作系统下的数据。数据恢复范围有：

(1) 误操作类。它包括误删除、误格式化、误分区、误克隆等。

(2) 破坏类。它包括病毒破坏分区表、FAT、BOOT 区、病毒引起的部分 DATA 区破坏。

(3) 软件破坏类。它包括 Format、Fdisk、IBM - DM、Partition Magic、Ghost 等(冲零或低级格式化后的硬盘将无法修复数据)。

(4) 硬件故障类。它包括 0 磁道损坏、硬盘逻辑锁、操作时断电、硬盘芯片烧毁、软盘/光盘/硬盘无法读盘。

(5) 加密解密。它包括 Zip、Rar、Office 文档、Windows2000/XP 系统密码。

3.9 计算机信息的存储结构

3.9.1 信息的逻辑结构与存储结构

信息在计算机系统中的存储映像得到它相应的存储结构或物理结构。一种逻辑结构可以通过映像得到与它相应的存储结构——顺序存储结构和非顺序存储结构。

通常,数据集合中的数据元素不是孤立的,而是彼此相关的,这种彼此之间存在的相互关系就称为数据的结构。数据元素之间内在的、固有的联系称为逻辑结构。

1. 线性结构

线性结构的特点是数据元素按一定规则、顺序构成一个有限序列,除了第一个和最后一个数据元素外,每个数据元素有且仅有一个直接前驱和一个直接后继。

通常的文本文件是一种线性结构的文件。文件在输出、显示阅读时只能按照固定的线性次序先得到第一页,再得到第二页……。单向线性表、双向循环表、环形表、数组、串、栈和队列等都是线性结构。线性结构是一种最常见、最简单的数据结构。

2. 非线性结构

现实世界是纷繁复杂的,许多事物都显现非线性结构或离散结构。非线性结构中最常用和最重要的是树形结构和网状结构。

(1) 树形结构。树形结构的特点是至少存在一个节点(元素),除了根节点和叶节点外,其它节点最多只有一个直接前趋,并有一个或不止一个直接后继。人们在研究这类结构时,又把树分为二叉树、二叉排序树、判定树、森林等来讨论。树形结构能很好地描述信息结构的层次特性。

(2) 网状结构。网状结构的特点是节点间的联系是任意的,即任何一个数据元素都可以与其它元素相联结。人们通常用有向图和无向图来讨论网状结构,树形结构可以说是网状结构的一个特例。

数据的存储结构表示节点在存储空间上的分布模式,节点间联系的方法决定了在结构中对特定节点的定位准则。一种按人脑的联想思维方式存储、管理和浏览的信息组织技术——超文本,它就是一种非线性存储结构。

3. 信息的存储结构

对于一种数据逻辑结构,可以选择一种或混合若干种基本存储结构来实现,对不同的逻辑结构也可以选择同一种存储结构。例如,链表既可以用来实现线性表的存储,也可以用来实现树或图的存储。

在计算机中，主存储器由字节为单位的存储空间序列构成，可以通过一个地址引用它的内容。最简单的方式是以一片地址连续的存储空间顺序存储线性结构的数据元素，即以数据元素在存储器物理位置上的紧邻来表示数据元素之间的逻辑关系。在程序设计中，常用向量(数组)这种数据类型来描述顺序存储结构，向量结构中占据一片连续的存储空间。链表也可用来实现线性结构的数据存储，它并不要求逻辑上相邻的数据在存储空间上也一定相邻。

地址上相邻的数据存储结构简单，容易实现。而以链表结构的线性文件则存取时对地址的计算要复杂些。但前者插入或删除一个记录时，必须移动其后的所有记录，后者则不必移动，可另辟空间来实现。以顺序存储结构构造的文件，称为连续文件或顺序文件。文件中记录长度可以是定长的或变长的，定长记录的文件便于随机存取。

由于磁带本身结构的特点，信息存储时是顺序的和连续性的，要读取其中的某个记录必须从前面的记录开始查找，因而不便于随机查找。在磁盘上存储的信息是以簇(若干个扇区)为单位分配，在扇区内的信息是连续安排的，而簇是通过链表连接起来的。一个文件所分配的簇可能是连续的(在物理上是相邻的)，也可能是不连续的，即很可能是不相邻的簇。这就形成了存储分配上的“碎片”，并导致在读写信息时由于多次寻道而增加时间的开销。特别是磁盘上的文件经过多次写入和删除等操作后，会使许多文件形成不相邻的“碎片”。对碎片进行整理可显著提高磁盘的读写速度。

3.9.2 磁带信息的存储结构与格式

1. 磁带的存储特性

磁带上的物理块长是不固定的，物理块是若干字节的集合，是信息传输的单位，没有确定的物理地址，而是由它在磁带上的物理位置来标志，物理块之间有固定的间隙(用于同步控制)。磁带上的记录格式可分为定长和变长两种。

为了使存入磁带的信息能寻找到并取出，存储时除要存储用户信息外，还要存储系统控制信息。系统的控制信息有卷头标、卷尾标以及间隙等。磁带经初始化，可定义成有标号带和无标号带。在有标号带上有卷号和文件目录区，可指定对卷中某一文件名进行处理；在无标号带上，没有卷头标、卷尾标和文件目录区，不能按名存取。

2. 磁带的标准化

在信息检索领域，文献磁带主要用于批式检索和备份。文献磁带是二次文献编辑出版机构的信息产品，1965 年首次出现在市场上。为了使文献磁带能广泛应用，图书情报机构对数据形式和记录格式进行了研究和改进。1973 年推出了 ISO－2709 书目信息交换磁带格式。

为了促进文献磁带标准化，ISO/TC46 委员会进行了努力，磁带的标准化工作主要有如下几方面：

(1) 磁带的物理互换性。即在磁道数、记录密度、校验方式等方面的标准化。

(2) 字符代码。文献磁带的字符代码主要有 EBCDIC(扩充的二—十进制)和 ASCII(美国国家信息交换标准代码)。这取决于产生文献磁带所用计算机的代码。

(3) 记录格式。记录格式即指记录中的字段是如何安排的问题。大多数磁带均符合 ISO2709 标准。符合或基本符合 ISO2709 标准的磁带有 INSPEC、ISMEC、COMPENDEX、

MARCII 和 USGRA 等。

(4) 数据项描述。即在数据项种类、标志符和顺序等方面的统一。

(5) 词表。文献磁带的主题标引都依据于专门的词表,不同磁带的标引词不尽相同。自从 1961 年词表问世以来,出现了各种不同语言和不同专业内容的词表。

3. 磁带格式

常见的磁带格式有 DC6000、DLT、SDLT、SLR、LTO、DAT、8mm、AIT、VXA 等。

(1) DC6000(QIC)技术最早由 3M 公司开发,是 20 世纪 80 年代初的磁带备份技术。它采用线性记录技术,使用非常简单的驱动装置进行纵向记录,但介质却比较复杂,而且价格昂贵、所用磁带体积较大。

(2) 数字线型磁带(Digital Linear Tape, DLT)技术最早由 DEC 公司于 1985 年开发,应用于 DEC 公司的 VAX 小型机系统,后被 Quantum 公司购买。DLT 以纵向曲线型记录法在磁带上进行记录,具有大容量、高速度的特点。它也是少数使用单轴 1/2 英寸磁带仓的磁带机产品,主要应用于中、高端数据库存储和磁带库中。目前 DLT 磁带机的容量从 10GB ~ 80GB 不等,非压缩存储数据传送速度为 1.25MB/s ~ 10MB/s(压缩后可使容量和存储速度提升约 1 倍)。未来 DLT 存储容量会达到 160GB ~ 320GB。

(3) Super DLT(SDLT)技术是 Quantum 公司 2001 年新推出的格式,它在 DLT 技术基础上结合新型磁带记录技术,使用激光导引磁记录(LGMR)技术,通过增加磁带表面的记录磁道数使记录容量增加。目前 SDLT 的容量为 160GB,近 3 倍于 DLT 系列产品,传输速率为 11MB/s,是 DLT 的 2 倍。未来 SDLT 存储容量会达到 320GB ~ 640GB。

(4) 线性技术(SLR)所使用的记录方式仅有两个运动部件(磁头和驱动电机),磁带不需要拉出磁带盒,对磁带介质磨损小,采用了低成本的双通道双组边写边读(RWW)磁头组件,可以在数据备份的同时进行读校验,节省一半的读写工作时间。磁带机内部内置传输自动调节设计装置,可以根据系统性能自动调节传输率以缩短备份时间。SLR 技术具有磁带装卸检索速度快的优势,具有良好的扩充性,向下兼容,并具有良好的持续性,充分保证了用户的数据安全与投资。目前 SLR 磁带容量达到 70GB ~ 140GB。

(5) 线性开放磁带标准(Liner Tape Open, LTO)有两种格式,即 Ultrium 和 Accelis。前者的特点是高容量,后者的特长在于存取速度快。Ultrium 采用单轴 1/2 英寸磁带,非压缩存储容量 100GB、传输速率最大 20MB/s、压缩后容量可达 200GB,而且具有增长的空间。Ultrium 结合了线性多通道双向磁带格式的优点,基于服务系统、硬件数据压缩、优化的磁道面和高效率纠错技术,提高了磁带的能力和性能。它广泛应用于高端服务器、大型数据库等领域。

(6) DAT(Digital Audio Tape 4mm)具有小巧的外形尺寸,可以轻易放入 5.25 英寸标准托架中,4mm 磁带采用螺旋扫描技术将数据转化为数字后存储,从 DDS-1、DDS-2 和 DDS-3 一直发展到 DDS-4,目前容量高达 40GB。

(7) 8mm 格式。8mm 磁带机的发展经历了 8200、8500、8500C 和 8900(Mammoth)的数据格式,容量也从最初的 2GB 发展到现在的 40GB,传输率最快可达 6MB/s。新一代的 Mammoth-2 存储容量达到 170GB,传输速度 30MB/s。

(8) AIT 格式。AIT 磁带中应用了大量尖端技术,如高级金属蒸镀带(AME)技术、螺旋扫描技术、磁带内存储器(MIC)技术。AME 技术使磁带记录密度比传统的 MP 磁带高

1 倍,且使 AIT 磁带机具有免维护的特性,不需要定期清洗磁头。采用螺旋扫描技术使 AIT 磁带机具有更高的记录密度、更高的可靠性及更耐久的磁带介质。MIC 技术提高了磁带的寿命,同时使数据搜寻速度非常快,且磁带卸载时间也比其它格式的磁带快。2008 年将推出 AIT－6,其容量将达到 800GB,传输速率为 96MB/s。

(9) VXA 格式。VXA 技术不依赖于精确的磁头和磁道位置来保证读写的可靠性,它不像流式磁带设备为定位磁道而需要昂贵的高精度的部件和精确的机械零件。VXA 以包的格式读写数据,对磁带上的数据记录区进行无空隙扫描,目前已经从 VXA－1 发展到 VXA－2,单盒磁带容量为 160GB(非压缩 80GB),速度为 12MB/s(非压缩 6MB)。

3.9.3 磁盘的信息存储结构

1. 磁盘的逻辑结构

磁盘被划分为许多磁道和扇区,扇区是存放信息的存储单位。磁盘上的信息是有组织和有序的,磁盘上的扇区作用又不尽相同。为便于管理和存取磁盘上的信息,磁盘被划分为几个不同的区域,每个区域由相连的扇区构成一个连续的空间,这种划分实际上是一种逻辑划分,由此形成磁盘的逻辑结构。图 3－8 和图 3－9 分别表示了软盘和硬盘的逻辑结构。

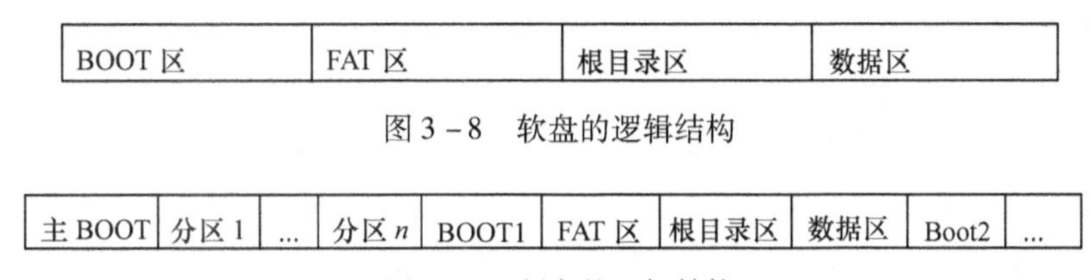

BOOT 区	FAT 区	根目录区	数据区

图 3－8 软盘的逻辑结构

主 BOOT	分区 1	...	分区 n	BOOT1	FAT 区	根目录区	数据区	Boot2	...

图 3－9 硬盘的逻辑结构

磁盘的存取是分级的,不同的级存取磁盘的方式不同,磁盘存取的三个级分别为:OS(操作系统)级,通过目录、记录的分块方法访问磁盘,存取的单位是簇;逻辑扇区级,读写时要给出起始的逻辑扇区号和扇区数;基本输入/输出级(BIO),要以磁头号、磁道号、扇区号和扇区数的形式给出读写磁盘的入口参数。由于磁盘的分级存取,于是有了磁盘空间的逻辑分布。簇分布和逻辑扇区分布是目前采用的两种方式。

2. 磁盘空间的逻辑分布

软盘有两个面,两个磁头分别对应这两个面(0 面和 1 面,贴标签的为 1 面),3 英寸软盘(HD)共有 80 个磁道,每个磁道 18 个扇区,每个扇区可存储 512B 有效信息。

为了减少寻道时间,软盘空间的排列是:从某一道的 0 面的第一个扇区开始排列直到这一道的 1 面最后一个扇区为止,而不是把 0 面上的所有道排完再开始排 1 面的所有道。簇号标记是从第 2 簇开始的。0 道 0 面第 1 扇区是引导记录所在扇区。逻辑扇区是从 0 开始的,0 号逻辑扇区是引导扇区。

硬盘的结构比软盘的结构复杂,它有更多的盘片和磁头以及多得多的磁道和扇区划分。同一磁道上的所有磁头(面)构成一个空间柱面。由于硬盘的容量非常大,其簇和逻辑扇区数相应很大,其占用的文件分配表及目录空间也就很大,为便于管理,对大容量硬盘可分为多个区(逻辑盘)。此外,每个簇包含有的扇区数也更多。

簇和逻辑扇区的概念仅仅刻画了磁盘的逻辑结构,对磁盘的最终访问必须指明磁盘

的物理结构,即给出磁盘号、磁头号和磁道内扇区号来使用磁盘。簇号到逻辑扇区号的转换公式为

逻辑扇区号 =(簇号 -2)×每簇扇区数 + 引导区和管理区扇区数

由磁道号、磁头号、扇区号到对应逻辑扇区号的换算公式为

逻辑扇区号 = 磁道号 × 每道扇区数 × 磁头号 +
磁头号 × 每道扇区数 + 扇区号 - 隐藏扇区数 - 1

3. 磁盘磁道的格式

磁盘磁道的格式一般为软分段,即在整个磁盘上只有一个索引标记。磁盘每转一圈将产生一个索引信号,用以识别磁道的开始。在索引脉冲之后,等弧度地分别写入扇区标志信号(ID 号),读出时为系统所识别,用以区分扇区。磁道扇区格式如图 3-10 所示。

GAP1	SYNC	AM1	CRC	GAP2	SYNC	AM2	DATA	CRC	GAP3	SYNC	

|------------------------------0 扇区------------------------------|

图 3-10　磁道格式

其中:GAP1 为间隙,构成前置区;SYNC 为同步字段;AM1 为 ID 地址标志,ID 为扇区识别标志;CRC 为循环冗余校验码或删除数据标志;DATA 为数据区。

4. 文件目录结构

磁盘文件目录结构是一种树形结构。基本目录是根目录,根目录下可以有许多子目录,每个子目录下可以有自己的子目录。不同规格的磁盘其根目录占用扇区数不同,根目录占用扇区数可根据磁盘 I/O 参数表中相应参数算出,子目录是一种文件形式。文件分配表与目录配合使得存取磁盘上任一文件成为可能。

无论是根目录还是子目录,它们的基本元素都是目录项。目录项有 8 个元素,一般占用 32B(在 Windows95/98/2000 下一个文件则可能占用更多的目录项,因为可以是长文件名)。这 8 个元素依次是文件名、扩展名、文件属性、保留区、时间域、日期域、首簇号及文件长度域。在 1.2MB 和 1.44MB 软盘中,根目录占 14 个扇区,最多可存放 224 个文件目录项。子目录所占用的扇区(簇)数是随子目录中文件数的增加而增加的。

5. 文件分配表 FAT

文件分配表在磁盘中紧跟在引导扇区之后,且长度固定,只因磁盘空间的大小而变。文件分配表的第一部分为标志,其中包含了磁盘介质特征和填充字节;第二部分为表目集合,它反映了整个磁盘簇空间的分配状况。

文件分配表是一种链表结构。被某文件占用的一串簇空间可以是连续的也可以是不连续的。链首地址在文件目录中保存,中间链均在文件分配表中。

3.9.4 光盘信息存储结构与光盘刻录

1. 光盘的格式及标准

在光盘技术的发展过程中,产生了多种不同的技术标准并规定了不同的记录格式。

(1) 红皮书(Red Book)。红皮书代表 CD - DA,称为数字音乐光盘。这是由飞利浦公司和索尼公司于 1980 年制定出来的。它将音乐以 44.1kHz 频率采样,每个采样单位都在 16bit 范围。CD 上的资料还包括 Sub - Code Channels、Index Paints 及 CIRC 校验码等。

(2) 黄皮书(Yellow Book)。1983 年飞利浦公司和索尼公司又共同制定了规定 CD - ROM(Compact Disc - Read Only Memory)规格的黄皮书。它以红皮书为基础,开发出适合存放计算机资料的 CD 格式,且可以快速随机地寻找数据。目前 CD 上的数据有两种模式,即 Mode1 和 Mode2,前者存放计算机数据,后者用于存放音乐或图像。在 Mode1 模式中,包含有校验码,每个数据区中存放 2048B 数据;而 Mode2 中则无校验码,这样每个数据区中可存放 2336B 数据。1989 年由飞利浦公司、索尼公司和 Microsoft 公司共同推出的黄皮书补充协议将 Mode2 扩充为 Form1 和 Form2,其中,Form1 包含有校验码,适于存放计算机程序和数据;Form2 则不包含校验码,常用于存放音像。Form1 和 Form2 格式可交替混合制作,常见的 Photo CD、CD - I、VCD 都采用了 Form1 和 Form2 混合制作。大部分计算机用的光盘采用 Mode1 方式来存放数据。

(3) 绿皮书(Green Book)。绿皮书定义了 CD - I(交互式只读光盘)光盘格式及其硬件规格。CD - I 主要用来记录音频和视频信息。其格式与 CD - ROM 相同,它把盘面分为 27 万个扇区,每个扇区有 2352B 存储空间,每个扇区存储 2336B 数据,16B 用于存放控制信息。绿皮书是所有规格书中唯一包含硬件规格的标准,其中包含了对计算机系统与控制设备和数据压缩的要求。

(4) 橘皮书(Orange Book)。橘皮书规定了 CD - MO、CD - R 和 CD - RW。CD - MO 是指 Magneto - Optical,为可重复读写的高密度光盘;CD - R 是一次写入型光盘,写完后即成 CD - ROM;CD - RW 是指 CD - Rewritble,为可多次写入型光盘。

(5) 白皮书(White Book)。这是专为 VCD 制定的规格。用以提供在 CD - ROM, CD - I 与VCD player 上播放影音光盘。

(6) 蓝皮书(Blue Book)。这项规格是在 1995 年为多媒体计算机制定的。它定义了两个 Session:第一个 Session 专门存放音乐;第二个 Session 则用于存放计算机数据。因此只要将光盘放入一般 CD 音响设备就会自动播放 CD 音乐,而放入计算机中除了可以播放 CD 音乐外,还可以执行第二个 Session 中的计算机程序。Session 是光盘刻录的单位,它包含完整的 Lead - in 和 Lead - out。Lead - in 为记录光盘规格、每一轨道的起始位置和长度等信息的前端识别部分;Lead - out 为结束识别部分,提供辨别整张光盘长度的信息。若一张光盘只写一次且只能一次写入,则它就是 Single - Session;若写入多次,而且每次都可以接着上次写完的位置继续写入,则它就是 Mulit - Session。在每个 Session 写完后,需要执行 Close Session 操作,才能在 CD - ROM 光驱上读出;否则只能在刻录机上读出。在计算机使用的数据 CD 中,普遍采用 ISO 9660 文件格式标准,它包含三层交换性:第一层要求每一个文件必须连续不断地存放,不能与其它文件交错,且文件名必须符合 DOS 的 8.3 文件名规定;第二层则可以采用长文件名,但文件内容仍不可中断或交错存放;第三层则不受任何限制。ISO 9660 规定均不可使用超过 8 层的目录结构。UDF 文件可用来处理大批量数据。它适合于 CD - R、CD - RW 与 DVD。它采用 Packet Writing 写入法,以 64KB 为单位传送数据,并可与 ISO 9660 完全相容。

(7) 数字通用光盘(Digital Versatile Disc,DVD)。DVD 比 CD 具有更大的存储容量,以直径 120mm 的盘片为例,其单面单层的存储量可达 4.7GB。合格的 DVD 光驱除了可兼容 DVD - ROM、DVD - VIDEO、DVD - R,CD - ROM 外,对于 CD - R、CD - RW、CD - I、VCD 等都应能支持。由于 DVD 的相关标准不兼容,为了能够形成一个统一的标准,各大厂商于2002年达成了采用统一的蓝色激光DVD标准的协议。采用蓝色激光DVD标准盘片的规格有单面单层记录容量为23.3GB、25GB、27GB三种可擦写光盘。除可擦写光盘外，还推出播放专用光盘、追记型光盘、单面双层容量为50GB的可擦写光盘等。

2. 光盘刻录机及其使用

1）刻录光盘

用于刻写一次光盘的记录材料在20世纪70年代开始研制，80年代推出写一次光盘和驱动器。常见的有碲膜熔蚀记录技术、基于染料的光学记录技术、双合金记录技术、相变记录技术和热泡记录技术。

（1）碲膜熔蚀记录技术适用于低功率记录的良好热效性、高信噪比、有限的传播性（防止微孔增大）、良好的分辨力（适于高密度记录）和媒体稳定性（包括自身稳定性和存储稳定性）。其光盘自稳定性为10年，存储稳定（或可读性）期为30年~40年。

（2）基于染料的光学记录技术能支持较高的读写速度，成本比碲膜低，该光盘的自稳定性为5年，存储稳定性约15年。

（3）双合金记录技术的光盘其自稳定性约5年，存储稳定性可达100年。

（4）相变记录技术使用碲与硒的化合物记录介质。这种物质开始以晶态或非晶态方式存在，激光照射加热时，会发生晶态与非晶态的转化，其反射性能也会发生变化，其存储稳定性为15年~50年。

（5）热泡记录技术采用贵重金属（金或铂）的薄膜为记录介质，激光束的热能使金属膜的聚合物层蒸发，形成气泡，气泡张开形成微孔，该记录技术的记录密度高、稳定性也好。光盘的自稳定性为5年，存储稳定性为30年。

可擦写光盘常见的有染料基媒体技术、基于电子陷阱的光学存储技术、频率范围技术、复式波长技术以及磁光记录技术和可逆相变记录技术等。目前磁光记录技术在可擦写光学存储领域已占支配地位。

2）光盘刻录机

衡量光盘刻录机的技术指标有接口类型、读/刻写速度、缓存器大小、激光功率控制、所支持的数据格式、刻录方式等。刻录机的工作速度分为刻录（Record）、重写（Rewrite）和读取（Read）三项。这三项指标通常以CD－ROM倍速的基本单位（150KB/s）来表示。例如，某刻录机速度标志为40×24×48，则表示该刻录机的刻录速度为40倍速，重写速度为24倍速，读取速度为48倍速。ISO9660规格的盘片容量为650MB或可存储74min的音乐，它们有如下的关系：74×60s×150KB/s＝650MB。若用4倍速刻录，则满盘数据刻录只要15min，刻录74min音乐只要18.5min。值得注意的是，光驱的速度都是标称的最快速度，这个数值是指光驱在读取盘片最外圈时的最快速度，而读内圈时的速度要低于标称值。很多光驱产品在遇到偏心盘、低反射盘时采用阶梯性自动减速的方式。

3.10 计算机存储系统

3.10.1 计算机存储系统

对存储器性能的要求，首先是容量、存取速度、传输速率、持久性（可使用期和保存期)、噪声特性、可否直接重写、功耗和热耗散要求等;此外对整个存储系统还要考虑系统的可靠性和成本等因素。计算机存储系统一般分为主存储器和辅助存储器两大类。

在目前的计算机系统中,存储器的性能与处理器相比是落后的。从响应最快的高速缓冲(Cache)存取一次数据也要花几个时钟周期,特别地,是不可能将所有要用到的数据都保存在最容易读写的位置——CPU 中,因为这样做成本太高。因此,计算机系统都采用存储器分级结构。紧靠 CPU 的寄存器和高速缓冲存储器还可分为数据高速缓存和程序代码高速缓冲,并且高档的 CPU 芯片中已集成了一部分高速缓存在其内部,用于进一步提高工作效率。离 CPU 最远、速度最慢但容量极大的存储器称为后援存储器,如磁带库、光盘和冗余低价磁盘阵列(Redundant Array of Inexpensive Disks,RAID)。

计算机系统中可以有寄存器、高速缓冲存储器(常用 SRAM)、主存储器(DRAM)、辅助存储器、后援存储器这五个层次的不同类型的存储器,它们组成一个存储器体系。

一般而言,计算机系统中寄存器的个数在十几个到上百个;Cache 的容量在几 KB 到几百 KB,存取周期在几十纳秒左右;主存容量在几十兆字节到上百兆字节,存取周期在几十纳秒左右;硬盘容量在几 GB 到近百 GB,存取周期为毫秒级;后援存储器容量在数百 GB 到 TB 以上,存取周期为秒级。特别要指出的是,层首 Cache 存储器容量不大,但访问数据成功的可能性很大(命中率可达 95% 以上),这是因为程序执行时,在一段时间内通常只需去存取相对十分集中的一部分数据(即“访问局部性原理”)。此外,Cache 存储器不占用主存储器地址空间。多级层次组成的存储器体系十分有效、可靠,能达到很高的性价比。

由于软件的规模越来越大,运行程序所需的主内存空间也要求越来越大。采用虚拟主内存技术扩充主存是一种行之有效的技术。虚拟内存是利用硬盘并借助于自动覆盖和交换技术来实现的。一个大的作业提交给系统,其中一部分信息在主内存,另一部分信息存放在硬盘。当需要运行这部分程序时,再临时将其从硬盘读出调入主存(覆盖空间在不同时间供不同程序段使用,运行完毕即可退出)。

保存在外部存储器中的信息有两种组织方法,即文件和数据库。文件组织中信息的结构组织分为两大类,即流式文件和记录式文件。流式文件是信息的序列集合,可以看成是信息的字节流;而记录式文件是逻辑记录的集合,记录是按存储数据在逻辑上的独立含义来划分的一个信息结构单位。操作系统经常以流式文件的方式来组织和管理在外存设备上驻留或在键盘、显示器、打印机等外部设备上输入/输出的数据。而在程序设计语言中,通常以记录式文件的方式来定义和操作外存数据。

文件组织方法的基本特征是,用逻辑记录的定义来体现信息实体的属性所组成的数据联系。而文件和文件之间可能存在的数据联系只能依靠用户程序对这些文件的处理逻辑来体现,在文件组织结构本身的定义中则没有反映。

数据库用数据(库)模型的概念来表达外存数据集合的内部结构。数据模型的定义既能表达信息实体间的逻辑联系,同时也能表达实体之间的实体对应联系。

3.10.2 信息存储研究方向

评价存储技术的指标常包括存储密度、存取时间、存储成本、信息更新的难易、可靠性、寿命、消耗功率等,没有一种存储技术能同时满足所有要求。因此,无论是纸印刷存储,还是缩微存储、磁存储、光盘存储都各有优缺点。因此它们将在较长时期内并存,互为补充。

信息存储技术的一个发展趋势就是各项存储技术的结合发展,例如,磁存储与光存储相结合的磁光存储技术;缩微片和光盘两种存储媒质的复合系统;磁存储技术、缩微存储技术和光存储技术的集合。从发展趋势来看,在信息存储技术领域内,除前面提到的之外,还有人设想,利用生物蛋白自我繁殖功能发展极大容量的生物存储器,以及设想利用生物集成电路,把计算机与人脑联系起来,形成崭新的人机系统。

信息存储的研究方向可归纳如下:

(1) 新型光电存储原理与技术。研究全息光存储、蓝光光存储、近场光存储、光磁混合存储、超高密度磁记录、磁性随机存储器(MRAM)等新型超高密度存储原理和技术以及未来的量子存储技术。

(2) 并行存储与网络存储系统。研究用于下一代互联网的超大规模(PB 级)并行存储系统,研究磁盘阵列、附网存储和存储区域网技术,研究对象存储技术、对等存储技术、集群与网格存储技术。

(3) 高可用和高安全的存储技术。研究数据备份、灾难恢复技术,研究高可用存储系统以及保证数据安全的手段与方法,研究数据恢复与救援的方法和技术。

(4) 智能存储系统。研究进化存储系统、智能存储管理、数据生命周期管理等技术。

(5) 存储应用技术。研究流媒体存储技术、移动存储技术、光盘标准,海量信息存储与检索,数字高清电视及其高清光盘播放机,光盘库和数字图书馆等。

第 4 章　信息编码技术

4.1　信 息 编 码

对事物的描述,可以用某些符号来表示。信息编码是将事物或概念(编码对象)赋予有一定规律性的,易于计算机和人识别与处理的符号。对信息进行编码,是一种映射过程;再由编码还原成原来的信息,也是一种映射,即译码。编码为信息处理过程做了必要的准备。而译码则是利用信息处理结果的充分条件。通过信息分类和编码工作,产生了一系列的信息分类和编码标准。这些标准在信息管理、信息处理、信息使用和信息交换中有着非常重要的地位和作用。有了统一的标准,信息才能畅通地交换;有了信息的存储和压缩技术,多媒体信息才便于利用;有了信息的加密技术,信息系统的安全才有可能得到保障。总之,在信息化时代,一切事物都将被数字化、编码化。

信息编码一般取两种编码方式,即等长码和不等长码。等长码假设在它所描述的信息集合中各符号(元素)出现的概率是相等的。等长码符合最大熵的条件,其编码效率最低。但是,为了便于存储、计算和显示等各种处理,计算机代码取等长码。有时,为了压缩信息存储空间和节省信息传输时间,需要提高信息的编码效率。这时,需要采用不等长码编码方式。

4.1.1　信息编码的原则

信息代码是一组有序的、易于计算机和人识别与处理的符号。代码具有标志(用于鉴别编码对象)、分类、排序、压缩、加密等许多功能。特别地,为了便于计算机进行处理,人们从理论和实践出发,对信息编码提出了一定的要求。一般应遵循以下原则:

(1) 系统性。应遵循系统工程的原则,在对编码对象进行全面充分分析和研究的基础上,编制代码表。以便做到局部既可行,全局也是可靠的,不会出现相互抵触现象,并保证代码体系的稳定性。

(2) 唯一性。在一定的代码体系范围内,一个对象的代码应是唯一的,即无二义性。只有这样,才不至于发生混淆。

(3) 可扩充性。代码结构必须适应发展的需要,必须留有足够的后备容量,以便适应不断扩充的需要,以免影响代码系统的稳定性。

(4) 简单性。代码结构应尽量简单、简洁、简短,以便节省存储空间,减少差错率,便于处理、便于记忆和使用。

(5) 纠检错能力。信息在传播过程中难免会发生差错。在信息编码中设计具有检错或纠错能力的编码往往十分重要。这就要求在编码过程中通过精心设计,使得代码既具有较高的检错或纠错能力,又使得代码尽可能的短,以保证信息高速、可靠的传播。

(6) 兼容性与标准化。代码设计应与有关标准(国际标准、国家标准、行业标准等)协调一致,并充分考虑相互兼容和规范性。对一个成熟的代码体系,应尽早予以标准化。

4.1.2 字符编码

字符编码定义了计算机处理的数据项中的字符的表示方法。字符编码通常列成表,表中的每个字符被分配一个名称和一个数值。数值可以作为编码表的索引,通常称为代码点。

1. 7 位 ASCII

7 位 ASCII 编码方案也被称为 US - ASCII,国际标准化组织(ISO)将其指定在 ISO646 标准中,绝大多数的计算机支持 ASCII 方案。许多其它的编码方案可以认为是 US - ASCII 方案的扩展。实际上,在计算机中 7 位 ASCII 编码使用 8 位存储,其中最高位总是被设置为 0。

2. 8 位编码

ISO646 定义的 7 位编码不能满足日益发展的需要。于是,ISO 定义了称为 8859 系列的一组编码标准。8859 系列编码标准使用 8 位代替 7 位。8859 系列编码标准中的前 128 个字符都与 ISO646 中的相同。

3. Unicode(16 位)编码

Unicode 是依据国际 ISO/IEC10646 - 1 所制定的一种国际通行的编码标准。ISO10646 即 Universal Multiple - Octet Code Character Set(简称 UCS),它与 Unicode 协会的 Unicode 编码完全兼容。我国 1993 年以 GB13000.1 国家标准的形式予以认可。Unicode 用 2B 表示 1 个字符,其中的前 128 个代码点与 US - ASCII 中的值相同,前 256 个代码点与 ISO8859 - 1 中的值相同。Unicode 标准的主要目标是:

(1) 通用。规范广泛,适用于计算机语言和口语。Unicode 标准为世界上几乎所有的语言都定义了编码,包括拉丁语、希腊语、印度语、朝鲜语、汉语、日语和梵语等。

(2) 高效。使用定宽字符,软件不必为转义序列而前后搜索,使文本处理效率提高。

Unicode 为每个字符提供了单一的代码点并且区分特殊字符,如减号和破折号。Unicode 不能处理不是从左向右书写的语言。但字符代码点编号并无优先次序之分,一般不用于字串排序,字符串排序需要另外一个表。Unicode 也不处理字体。

Unicode2.0 标准于 1996 年制定。Unicode3.0 标准在 2000 年初正式发布。新的标准中增加了许多新字符的描述,如 UTF - 7 和 UTF - 8。

UTF - 7 即"通用转换格式,7 位"(Universal Transformation Format,7bit)格式。Unicode 用 16 位值代表一个字符。当前网络底层结构不允许传输 8 位数据,UTF - 7 是一种转换方案。它将 Unicode 字符转换为 ASCII 字符。ASCII 范围之外的 Unicode 字符用移位序列代替。因此,UTF - 7 允许通过能处理 7 位数据的网络来传输 Unicode 数据。UTF - 7 也是可逆的,即通过反向转换可得到原数据。

UTF - 8 即"通用传输格式,8 位"(Universal Transformation Format ,8bit)格式。它将 16 位 Unicode 字符转换为 2 列 5B 的一组数,并且其中的首字节说明后跟几个字节。UTF - 8 表示 Unicode 值的十六进制数之前通常加上"U +",如 U +0041 代表字符"A"。Unicode 字符 U +0000 ~ U +007F(ASCII)被编码为字节 0x00 ~ 0x7F(ASCII 兼容)。

4. UTF－16 代理对

Unicode 将内码 U＋D800～U＋DFFF 的区间保留给代理对使用。这个区间又分为两部分，各有 1024 个码位。两者结合可以使 Unicode 提供 1024×1024，即 1048576 个字符。前提是用代理对机制编码的字必须多用一个 Unicode 的基本单元，即要占用 4B。原来不能用代理对的 65536 个 Unicode 字符，再加上代理对的 1048576 个字符统称为 UTF－16。

5. Unicode 与汉字编码

整个 UCS 是由 128 个群（Group00～7F）组成的，每个群均有 256 个字面（Plane00～FF），每一字面有 256 个横列（Row00～FF），每一横列是由 256 个单元（Cell 00～FF）所组成。所以每个字面可有 256×256，即 65536 个码位可定义字元。

Unicode 编码中包含汉字部分称为"CJK 统一汉字"（C 指中国，J 指日本，K 指朝鲜）。其中的中国部分包括了源自大陆的 GB2312、GB12345－90（GB1）、GB7589－87（GB2）、GB7590－87（GB4）、GB8565－89（GB8）以及台湾的 CNS11643－1986 标准中的 1、2 字面（基本等同于 BIG－5）等。下面主要介绍 GB2312、GB12345－90、GBK、BIG5、GB18030。

1）GB2312

GB2312 码是我国国家标准汉字信息交换用编码，标准号为 GB2312－80，1981 年 5 月实施，习惯上称为区位码，是一个简化汉字的编码。GB2312－80 收录简化汉字及一般符号、序号、数字、拉丁字母、日文假名、希腊字母、俄文字母、汉语拼音符号、汉语注音字母。其中汉字 6763 个，汉字以外的图形字符 682 个。GB2312－80 规定："对任意一个图形字符都采用两个字节表示，每个字节均采用七位编码表示，两个字节中前面的字节为第一字节（高字节），后面的字节为第二字节（低字节），每个字节的最高位为 1。"

GB2312－80 规定："将代码表分为 94 个区（Section），对应于高字节；每个区分为 94 个位（Position），对应于低字节。两个字节的值分别为区号值和位号值，各加 32（20H）称国标码。01 区～09 区为图形符号区，16 区～87 区为汉字区，而 10 区～15 区及 88 区～94 区是有待进一步标准化的空白位置区域。"

GB2312－80 把收录的汉字分成两级。第一级是常用汉字 3755 个，置于 16 区～55 区，按汉语拼音/笔画顺序排列；第二级是次常用汉字 3008 个，置于 56 区～87 区，按部首/笔画顺序排列。字音以普通话审音委员会发表的《普通话异读词三次审音总表初稿》（1963 年出版）为准，字形以中华人民共和国文化部、中国文字改革委员会公布的《印刷通用字字形表》为准。

2）GB/T12345－90

GB/T12345－90 全称为《信息交换用汉字编码字符集辅助集》，由中华人民共和国国家技术监督局 1990 年 6 月 13 日发布，1990 年 12 月 1 日实施。GB/T12345－90 是一个关于繁体汉字的编码标准，是与 GB2312 相对应的图形字符集。原则上是将 GB2312 中的简化字用相应的繁体字替换而成，因此这些繁体字具有被替换的简化汉字相同的编码。繁体字替换简化字的原则按照《简化字总表》中繁体字与简化字的对应关系进行转换。除了以上变化外，GB/T12345－90 与 GB2312 的区别还有：根据排版需要，增补竖排标点符号 29 个，安排在 6 区 57 位～85 位；根据 GB5007.1（信息交换用汉字 24×24 点阵字模集），增加了 6 个汉语拼音用图形字符，安排在 8 区 27 位～32 位；在 20 世纪 60 年代汉字简化时被精简（废除）的字有 103 个，这些被精简的字根据繁体字处理系统的需要增补于

88 区 ~89 区。

3）GBK

GBK 即《汉字内码扩展规范》，英文名称 Chinese Internal Code Specification，于 1995 年 12 月 1 日由全国信息技术标准化技术委员会制定，1995 年 12 月 15 日发布实施。GBK 向下与 GB2312 编码兼容，向上支持 ISO1046.1 国际标准，是前者向后者过渡过程中的一个承上启下的标准。GBK 收录了 ISO1046.1 中的全部 CJK 汉字和符号，并有所补充。具体包括：GB2312 中的全部内容，GB13000.1 的 52 个汉字，《康熙字典》及《辞海》中未收入 GB13000.1 的 28 个部首及重要构件；13 个汉字结构符；BIG－5 中未被 GB2312 收入但存在于 GB13000.1 中的 139 个图形符号；GB12345 增补的拼音符号，竖排标点符号以及 GB13000.1 收入的 31 个 IBM OS/2 专用符号等。

GBK 采用两个字节表示，编码范围为 8140 ~ FEFE，剔除部分码位，总计为 23940 个码位，共收入 21886 个汉字和图形符号，其中汉字（包括部首和构件）21003 个，图形符号 883 个。另外保留了三个用户自定义区，用于存放用户定义的汉字与符号。这三个区分别为：AAA1 ~ AFFE，计码位 564 个；F8A1 ~ FEFE，计码位 658 个；A140 ~ A7A0，计码位 672 个。GBK 的码位分配如表 4－1 所列。

表 4－1　GBK 内码分配表

类别	简称	矩形	码位数	字符数	字符名称	备注
符号标准区	GBK/1	A1A1 ~ A9FE	846	717	图形符号	GB2312 及 GB12345 为主
	GBK/5	A840 ~ A9A0	192	166	图形符号	Big5 及结构符等
	小计		1038	883	图形符号	
汉字标准区	GBK/2	B0A1 ~ F7EF	6768	6763	汉字	GB2312
	GBK/3	8140 ~ A0FE	6080	6080	汉字	GB13000
	GBK/4	AA40 ~ FEA0	8160	8160	汉字	GB13000 等
	小计		21008	21003		
用户自定义区	（1）区	AAA1 ~ AFFF	564			
	（2）区	F8A1 ~ FEFE	658			
	（3）区	A140 ~ A7A0	672			限制使用
	小计		1894			
总计			23940	21886		

微软公司自 Windows95 简体中文版开始，系统采用 GBK 代码。它包括了 True Type 字库，并提供了四种 GBK 汉字输入法。此外，浏览器 IE4.0 简体、繁体中文版内部设置了 GBK－BIG5 代码双向转换功能。许多网站的网页使用了 GBK 代码，如《人民日报》等。但是，许多搜索引擎都不能很好地支持 GBK 汉字的搜索。

4）BIG－5

BIG－5 码是通行于中国台湾、香港特别行政区的一个繁体汉字编码方案，俗称“大五码”。BIG－5 并不是一个法定的编码方案，但已被广泛地应用于计算机业，尤其是因特网上，从而成为一种事实上的行业标准。中国台湾于 1983 年 10 月制定了《通用汉字标准交换码》(Chinese Ideographic Standard Code for Information Interchange,CISCII)。经试用修订,1986 年 8 月 4 日作为标准公布,标准编码为 CNS11643。并于 1992 年 5 月 21 日重新修订,更名为《中文标准交换码》(Chinese Standard Interchange Code)。

BIG-5 码是 1984 年中国台湾咨讯工业策进会根据《通用汉字标准交换码》制定的编码方案。BIG-5 是双字节编码方案,其中第一字节的最高位是 1,第二字节的最高位则可能是 1 或 0。

BIG-5 码的图形符号及汉字,基本与 CNS11643 标准的第一、第二字面一致,共收录 13461 个字符和汉字。它包括符号 408 个(码位在 A140 ~ A3FE),汉字 13053 个(分为常用字和次常用字,按笔画/部首排列。其中常用字 5401 个,码位为 A440 ~ C67E;次常用字 7652 个,码位在 C940 ~ F9FE 之间)。其余的码位 A040 ~ AOFE、C6A1 ~ C8FE、FA40 ~ FEFE 为空白区,常用于自定义汉字,且多存放香港特别行政区常用字和粤语方言字。

现在流行的 BIG-5 码字库,在 F9D6 ~ F9DC 位置大部分增加了 7 个常用字。若计此 7 个字共计为 13060 个汉字。此外,某些繁体 Windows 中文版还增加了一些制表符。

5) GB18030

GB18030 于 2000 年 3 月发布,名为《信息交换用汉字编码字符集基本集的扩充》,是一个重要的汉字编码标准,是未来我国计算机系统必须遵循的基础性标准之一。GB18030 收录了 27484 个汉字,总编码空间超过 150 万个码位。为解决人名、地名用词问题提供了方案,为汉字研究、古籍整理等领域提供了统一的信息平台。GB18030 与 GB2312 相容,较好地解决了旧系统向新系统的转换问题。考虑到 GB18030 和 GB13000 的兼容问题,标准起草组编制了代码映射表,使得两个编码体系可以自由转换。同时还开发了 GB18030 基本点阵字型库。

在 1993 年国际标准化组织发布了 ISO/IEC10646-1 之后,同年,我国发布了 GB13000.1 标准。该标准采用了全新的多文种编码体系,是编码体系未来发展的方向。但其实现仍需要一个过程,目前还不能解决当前应用的迫切需要。为此选择了在 GB2312 的基础上进行扩充,并且在字汇上与 GB13000.1 兼容的方案制定出汉字编码基本集的扩充,形成兼容性、扩充性、前瞻性兼备的方案,以满足我国邮政、户政、金融、地理信息系统等应用的迫切需要。GB18030 是国家标准,是 GBK 的超集。因此,GBK 将结束其历史使命。

GB18030 的技术要点如下:

(1) 总体结构。采用单字节、双字节和四字节三种方式编码。单字节部分使用 00 ~ 7F 码位(对应于 ASCII);双字节部分,第一字节使用 81 ~ FE 码位,第二字节使用 40 ~ 7E 和 80 ~ FE 码位;四字节部分采用 30 ~ 39 码位作为对双字节编码扩充的后缀,这样扩充的四字节编码,其范围为 81308130 ~ FE39FE39。其中第一、三字节编码码位均为 81 ~ FE,第二、四字节编码码位均为 30 ~ 39。

(2) 收录字符。双字节部分收录的字符主要包括 GB13000.1 全部 CJK 汉字 20902 个,有关标点符号,表意文字描述符 13 个,增补的汉字和部首/构件 80 个及欧元符号等。四字节部分收录了包括 CJK-A 扩充在内的 GB13000.1 中的全部字符。随着我国汉字整理和编码研究工作的不断深入以及国际标准的不断发展,GB18030 所收录的汉字将在新版本中增加。

一般认为,Unicode 是目前解决多语种间无障碍通信的唯一国际通用标准。Unicode

发展到今天,就汉字而言,它不但有 CJK 的 20902 个汉字,还有 CJK - A 的 6582 个汉字,即将有 CJK - B 的 4 万多个字。由于 Unicode 编码的汉字越来越多,这就使用字量大的汉字辞书、古籍实现数字化成为可能。对于 Unicode 文档的处理将是今后信息系统必然的发展趋势。

6. MIME 字符编码

多用途因特网电子邮件扩展(Multipurpose Internet Mail Extensions,MIME)是在 IETF (Internet 工程任务局)赞助下开发的一套标准,主要是传播和发送电子邮件的一种协议,但 MIME 中指定了字符编码的方法。

MIME 有两种字符编码方法,即引用可打印(Quoted - Printable)和 Base64。MIME 编码技术用于将数据从 8 位使用格式向使用 7 位的 ASCII 格式转换,这样可确保数据顺利通过因特网传播。因特网中许多邮件传输器只能处理 ASCII 数据。在 MIME 之前,该功能需要通过对数据编码,再解码来实现。

"引用可打印"编码用于那些大多数已经是 7 位 ASCII 字符的数据。"引用可打印"用两个连续的字符传输非 ASCII 字符,其中第一个字符是等号(=)。因此,即使没有解码,大多数信息也是可读的。

Base64 编码技术使得数据不可读,必须将其解码,并导致信息量增加 1/3。Base64 编码算法是将每组 3 个字符(24 位)转换为 4 个 ASCII 字符(32 位),每 6 位一组,作为指向一个 64 个可打印字符的数组索引,由索引引用的字符放置在输出字符串中。第 65 个字符为等号,用于指向一个特殊的处理函数。这 65 个字符称为 Base64 字母表,它们在 US - ASCII、ISO646 和"扩充的二进制编码十进制变换码"(Extended Binary Code Decimal Intercharge Code,EBCDIC)中是公用的。

4.1.3 汉字输入/输出编码

1. 汉字输入编码方案

汉字输入编码方案是多年来热门的研究课题之一,已经推出数百种汉字输入编码方案。一般可归结为下列几种类型:

(1) 汉字字音编码。该类编码以汉语拼音为基础设计编码,在键盘上直接键入拼音即可实现输入。只要会汉语拼音,即可操作。这类输入法有全拼、简拼等。但这类输入法重码较多,需要再(多)次选择,因此输入速度慢。

(2) 汉字字形编码。该类编码把汉字逐一分解,归纳成一组基本构字部件,每个部件都赋予一个编码并规定选取字形构架的顺序。不同的汉字因为组成的构字部件和字形构件顺序不同,就能获得一组不同的编码,表示一个个特定的汉字,编码与汉字字形是一一的对应的。分解构字部件的方案很多,有字根、部首、偏旁、笔形、笔画等。五笔字形输入法即属此类,这种输入法速度比较快,但需接受专门训练。采用五笔画(横、竖、撇、捺、钩)也能输入汉字,只是速度慢,重码多。

(3) 汉字音形编码。该类编码方案采用汉语拼音和字形结构双重因素相结合的方法规定汉字编码,如智能 ABC 输入法等。

(4) 汉字数字编码。用数字(一般为 4 个)对汉字编码,如电报码、区位码等。这种编码无重码,但不容易记忆,影响输入速度。

(5) 整字编码。该方案采用汉字整字大键盘(非编码键盘),直接将汉字呈矩阵形排列在键盘盘面上,每个汉字占一个键位,它类似于传统的中文打字机。

汉字数量很大,给汉字的处理带来诸多不便。所以,对汉字进行编码,必须给予很大的编码空间,才能容纳得下。为能得到一个好的汉字外部码,应充分考虑下面几项原则:

(1) 编码规则要少,便于领会掌握,既便于专业人员操作,又要照顾到其它人员应用计算机的实际水平。

(2) 符合统计编码原则,编码效率要高,平均码长要短。

(3) 重码率要低,处理简单有效。

(4) 一字一码,不存在二义性,并具有可扩充性等。

2. 汉字字模与汉字库

汉字以内码的形式在计算机内部被存储、处理和传送。但显示或打印时,内码还不能作为汉字字形信息输出。为此,汉字信息处理系统还须配有汉字字形库。汉字字形库集中了全部汉字字形编码信息。需要显示时,根据汉字内码,在字模库中检索出该汉字的字型信息控制显示,显现出汉字。汉字库一般有点阵字库、向量字库、TrueType 字库,为了显示不同的字体,还需设计出各种不同字体的汉字库。

3. 汉字字频

汉字字频是指汉字的相对使用频率,汉字的字频在不同的使用领域中是不同的。据统计,164 个常用汉字的使用频率占 50% 左右,1000 个常用汉字的使用频率占 90.4%,2500 个常用汉字的使用频率占 97.97%。在汉字信息处理中,对汉字字频的研究和掌握汉字的使用频率,对汉字信息处理的编码、汉字键盘的排列、存储处理和汉字信息的输出都有重要的意义。

现代汉语中使用频率最高的 10 个汉字是:的、一、是、在、了、不、和、有、大,这。它们的使用频率占 11% 以上,其中"的"字的使用频率最高。当然,在不同的领域其使用频率略有差异,表 4-2 给出了前 10 个高频字的使用频率及其累计。

表 4-2 前 10 个高频字的使用频率及其累计

	政治		文化		新闻		科技		综合	
编号	字	使用频率	字	使用频率	字	使用频率	字	使用频率	字	使用频率
1	的	0.0536	的	0.0324	的	0.0375	的	0.0320	的	0.0384
2	是	0.0165	一	0.0218	一	0.0132	一	0.0097	一	0.0125
3	一	0.0136	了	0.0196	了	0.0120	在	0.0092	是	0.0098
4	在	0.0115	不	0.0165	和	0.0086	用	0.0079	在	0.0095
5	这	0.0109	是	0.0141	在	0.0086	有	0.0073	了	0.0082
6	主	0.0108	说	0.0130	人	0.0083	是	0.0070	不	0.0081
7	不	0.0101	他	0.0130	大	0.0083	不	0.0069	和	0.0075
8	和	0.0098	这	0.0119	主	0.0083	中	0.0066	有	0.0069
9	人	0.0087	着	0.0107	是	0.0078	大	0.0064	大	0.0069
10	们	0.0087	个	0.0097	们	0.0065	时	0.0063	这	0.0064
累计		0.1542		01627		0.1191		0.0993		0.1142

4.1.4 变长码

不等长码也称统计编码,即其熵处于概率场的“模糊处”,它与信源中元素出现概率的不均匀性紧密联系在一起。本节重点介绍最佳编码,即 Huffman 编码技术。

1. 信息冗余度和编码效率

C. E. Shannon 已证明,在没有任何干扰的条件下,一个熵为 H 的信源,总是可以找到一种编码方法,使得其编码的平均长度 L 任意接近熵 H。如果令 ε 为任意小的一个正数,总存在 $L=H+\varepsilon$,经编码后,码率的平均长度 L 以信源熵 H 为其下限($\varepsilon\to0$),这便是信息压缩编码追求的目标。然而,Shannon 并没有给出这种编码的具体方法。

不等长码的平均码率存在一个下限,即信源的信息熵。理论上,最佳信息编码的平均长度能无限地接近信源信息的熵值。实际上,信息编码的平均码长 L 总是大于或等于其熵值。因此,可定义编码信息的冗余度为 $r=L/(H-1)$,将编码效率定义为 $\eta=H/L=L/(L+r)$,当压缩编码的冗余度接近于零或编码效率接近于 1 时,称为高效编码。

2. Huffman 编码

1) Huffman 编码过程

Huffman 编码的平均码长可以接近其熵值,因而它是一种高效的编码方法,也称最佳码。Huffman 编码时采取从后向前推,即以概率最小的向概率大的方向进行编码处理,最后建立一棵 Huffman 编码树。各个符号作为二叉树的叶节点,每个节点有一个权,它是符号出现的概率。建立 Huffman 编码树的步骤描述如下:

(1) 将信息集合中的各信息元素按概率依次从大到小排列,例如,$P_1>P_2>\cdots>P_n$。

(2) 使概率最小的二组信息元素分别对应于 0 码和 1 码。

(3) 将这两个信息元素的概率相加,作为另一组信息元素出现的概率,记为 P'_i,再一次按概率大小排序,得 $P_{n-1}+P_n=P'_i(P_1>P_2>\cdots>P'_i\cdots P_{n-2})$。

(4) 重复以上步骤。直到剩下最后一个元素,并将其作为树根。

根据以上编码步骤,码符号长度严格按照信息元素出现概率的大小的相反顺序排列,则平均码长一定小于按任何其它码符顺序方式的平均码长。

2) Huffman 编码举例

设一信息源中有 5 个信息元素,即 P_1、P_2、P_3、P_4、P_5,它们的发生概率分别为 0.3、0.25、0.2、0.15、0.1。按 Huffman 编码步骤,从最小概率开始处理,并逐步向前推进。

(1) 按事件概率排序,有

$$P_1、P_2、P_3、P_4、P_5$$

$P_4+P_5=0.25>P_3$,故有 $P_3'=0.25$。

(2) P_3'参与排序,得

$$P_1\ P_2\ P_3'\ P_3$$
$$(0)(1)$$

$P_3'+P_3=0.45>P_1$,故有 $P_1'=0.45$。

(3) P_1'参与排序,得

$$P_1'\ P_1\ P_2$$
$$(0)(1)$$

$P_1 + P_2 = 0.55 > P_1'$，故有 $P_0' = 0.55$。

(4) P_0'参与排序，得

$$P_0' \ P_1'$$
$$(0)\ (1)$$

$P_0' + P_1' = 1.00$，最后得到的编码码符为：

P_1	P_2	P_3	P_4	P_5
00	01	11	100	101

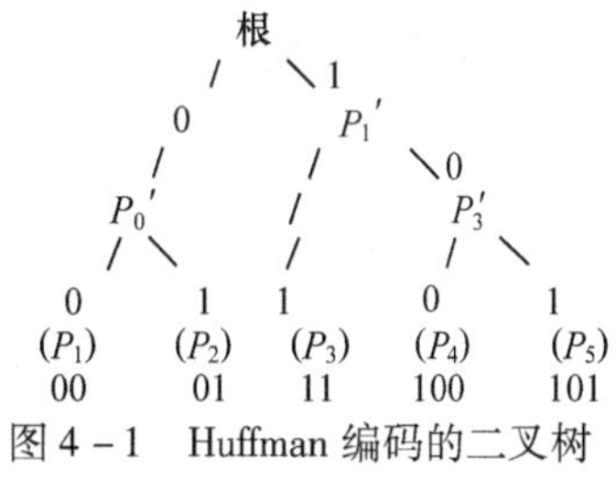

图 4－1　Huffman 编码的二叉树

上述 Huffman 编码处理步骤的二叉树表示如图 4－1 所示。

如果从二叉树的根部进行查找，可以得到上面与信息概率相对应的码符。

Huffman 编码所以能获得高效编码，原因就在于高概率的信息元素总是取短码。由此也可以得出结论，即信源中各信息元素的概率分布越是不均匀，Huffman 编码的有效性越能发挥出来。而一旦信息元素发生的概率趋于平衡，Huffman 编码的有效性也将随之失去。

由上可知，Huffman 码是最佳编码，如果按照 Huffman 编码原则进行码符分配，可以得到最大的信息压缩比。但是，在具体应用中，Huffman 编码存在编、解码的困难。编码时，要对编码对象进行概率统计。解码时，要查代码对照表，影响实时处理。为了克服 Huffman 编码的不足，CCITT 向各国推荐了改进 Huffman 编码标准。

改进的 Huffman 编码是根据空白字符和 26 个大写字母在数据文件中出现的频率，事先确定好具体的编码表，如表 4－3 所列。

表 4－3　改进的 Huffman 编码表

字符	使用频率/(%)	代码	位数	字符	使用频率/(%)	代码	位数
空白	35	0	1	F	0.85	1111010	7
E	17	100	3	U	0.75	1111011	7
T	15	101	3	M	0.65	11111000	8
O	7.5	11000	5	P	0.6	11111001	8
A	6.1	11001	5	Y	0.5	11111010	8
N	3.8	11010	5	W	0.45	11111011	8
I	2.6	11011	5	G	0.45	111111000	9
R	2.3	111000	6	B	0.43	111111001	9
S	1.4	111001	6	V	0.21	111111010	9
H	1.2	111010	6	K	0.12	111111011	9
D	1.1	111011	6	X	0.068	1111111000	10
L	1.0	1111000	7	J	0.027	1111111001	10
C	0.9	1111001	7	Q	0.004	1111111010	10
				Z	0.001	1111111011	10

根据这种变长编码表，可以计算出每个字符的平均长度，即

$L = 1 \times 0.35 + 3 \times 0.32 + 5 \times 0.2 + 6 \times 0.06 + 7 \times 0.035 + 8 \times 0.022 + 9 \times 0.012 + 10 \times 0.001 = 3.209$

在实际使用中，可以按照它的编码树(见图 4－2)识别每个字符。例如，有下列的二

进制代码:1110101100011111011011001111000100011111010110001111011。

该二进制码代表字符串:HOW ARE YOU

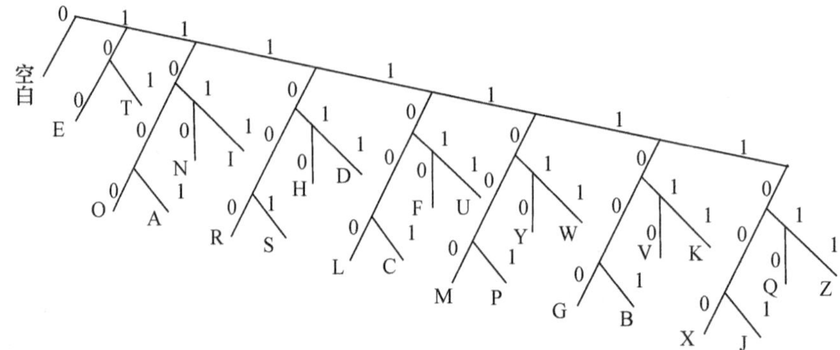

图 4-2 Huffman 编码树

4.2 信息压缩技术

4.2.1 信息压缩概念

1. 信息压缩技术的发展

早期的数据压缩起源于人们对概率的认识。当对文字信息进行编码时,如果为出现概率较高的字母赋予较短的编码,为出现概率较低的字母赋予较长的编码,总的编码长度就能缩短不少。著名的 Morse 电码就是一个范例。信息论之父 C. E. Shannon 曾指出,任何信息都存在冗余,冗余大小与信息中每个符号的出现概率(不确定性)有关。他所提出的信息熵奠定了数据压缩算法的理论基础。数据压缩的目的就是要消除信息中的冗余,而信息熵及相关的定理恰恰用数学手段精确地描述了信息冗余的程度。

第一个实用的编码方法是由 D. A. Huffman 在 1952 年的论文《最小冗余度代码的构造方法(A Method for the Construction of Minimum Redundancy Codes)》中提出的。这就是 Huffman 编码方法。Huffman 编码效率高,运算速度快,实现方式灵活,从 20 世纪 60 年代至今,在数据压缩领域得到了广泛的应用。在许多知名的压缩工具和压缩算法(如 WinRAR、gzip 和 JPEG)里,都有 Huffman 编码。

1968 年前后,P. Elias 发展了 Shannon 和 Fano 的编码方法,构造出从数学角度看来更为完美的 Shannon - Fano - Elias 编码。1976 年,J. Rissanen 提出了一种可以成功地逼近信息熵极限的编码方法——算术编码。1982 年,Rissanen 和 G. G. Langdon 一起改进了算术编码。之后,人们又将算术编码与 J. G. Cleary 和 I. H. Witten 于 1984 年提出的部分匹配预测模型(PPM)相结合,开发出了压缩效果近乎完美的算法。对于无损压缩而言,PPM 模型与算术编码相结合,已经可以最大程度地逼近信息熵的极限。

犹太人 Ziv 和 Lempel 于 1977 年发表题为《顺序数据压缩的一个通用算法(A Universal Algorithm for Sequential Data Compression)》的论文,论文中描述的算法被后人称为 LZ77 算法。1978 年,又发表了该论文的续篇《通过可变比率编码的独立序列的压缩(Compression of Individual Sequences via Variable Rate Coding)》,描述了后来被命名为

LZ78 的压缩算法。1984 年,T. A. Welch 发表了名为《高性能数据压缩技术(A Technique for High Performance Data Compression)》的论文,这是 LZ78 算法的一个变种,也就是后来非常有名的 LZW 算法。1990 年后,T. C. Bell 等人又陆续提出了许多 LZ 系列算法的变体或改进版本。

今天,LZ77、LZ78、LZW 算法以及它们的各种变体几乎垄断了整个通用数据压缩领域, PKZIP、WinZIP、WinRAR、gzip 等压缩工具以及 ZIP、GIF、PNG 等文件格式都与 LZ 系列算法有关。

人工智能将会对数据压缩的未来产生重大的影响。既然 G. E. Shannon 认为,信息能否被压缩以及能在多大程度上被压缩与信息的不确定性有直接关系,当人工智能技术进一步成熟起来,计算机可以像人一样根据已知的少量上下文猜测后续的信息,那么,将信息压缩到原大小的万分之一乃至十万分之一,恐怕就不再是天方夜谭了。

2. 信息压缩的定义

信息压缩就是在给定的空间内增加数据的存储量,或对给定的数据量减少存储空间的方法。信息压缩可以节约大量的存储空间,可以减少数据传输时间,可以节省频带宽度,在一定意义上可以使数据保密。

压缩率可定义为

$$压缩率(T) = 原有数据的存储空间/压缩后数据的存储空间$$

把压缩率的倒数定义为压缩指数,即

$$压缩指数 = 1/T$$

各种信息压缩技术如图 4-3 所示。

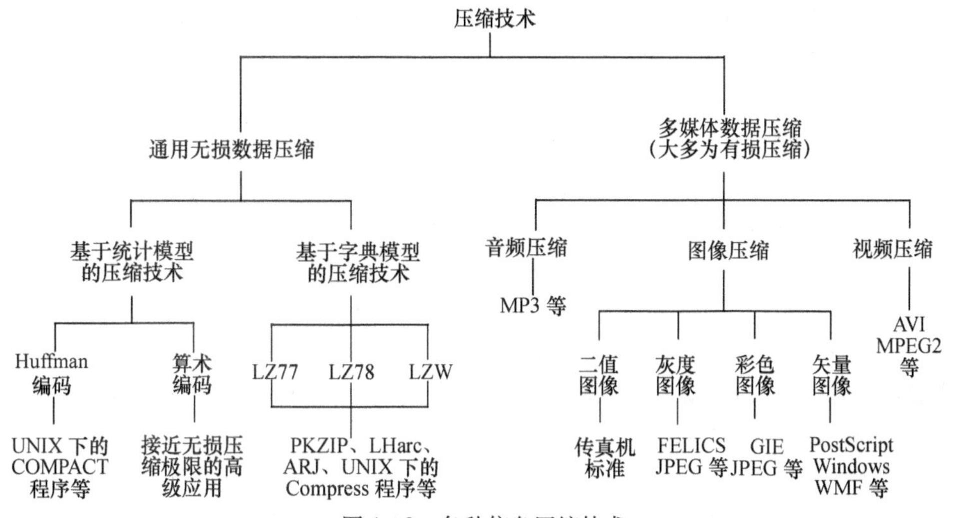

图 4-3 各种信息压缩技术

1) 文本信息中存在的冗余

在文本信息中存在许多信息冗余,例如,字符分布冗余,即某些字符的使用频度明显高于其它字符;字符重复冗余,即某个字符经常重复出现;高频组合冗余,即某些组合字符比其它的更常见;位置冗余,即某些字符总是在可预见的位置上出现。冗余信息的存在为文本信息的压缩提供了可能。

2）多媒体信息中存在的冗余

（1）空间冗余。图像中经常存在一些区域，其表面颜色均匀、各点亮度也都相同，这就存在着数据表达冗余。

（2）时间冗余。这是指序列图像中的冗余，例如，运动图像中每两帧相邻的图像之间都有许多相似之处，这种相似性中就存在着信息的冗余。

（3）编码冗余。编码冗余也称信息熵冗余，是指一块数据所携带的信息量少于数据本身所产生的冗余，例如，用等长码表示的信息就要比用不等长码表示的信息所产生的冗余多。

（4）视觉冗余。这是指人的视觉分辨要低于实际图像的亮度或色彩信息，因此图像上的某些变化可能不被人的视觉所察觉。

图像信息中还存在结构冗余、知识冗余等，这些冗余的存在，为图像数据的压缩提供了可能性。对于数据压缩技术而言，最基本的要求就是要在尽量降低数字化后的码量的同时仍保持一定的信号质量。

3. 无损压缩与有损压缩

信息压缩技术很多，一般来说按压缩过程的可逆性分为两类，即无损压缩和有损压缩。这两类压缩技术应用于不同的场所和目的，如对字符信息进行压缩就必须采用无损压缩，而对于话音和图像信息的处理则绝大多数采用有损压缩。

（1）无损压缩。无损压缩也称为可逆压缩，是指释放压缩文件时，能够准确无误地恢复原始数据。计算机程序和数据、文本文件、远程医疗的图像等都采用无损压缩。

（2）有损压缩。有损压缩也称为不可逆压缩，其靠丢掉大量冗余信息来降低数字多媒体信息所占的空间，回放时不能完整地恢复原始信息，而是有选择地损失一些细节，损失多少信息由需要多高的压缩率决定。对同一种压缩算法来讲，所需压缩率越高，损失的信息越多。

声音信号有时具有一定的规律性和周期性等。因此，有可能利用某些变换来尽可能地去掉这些相关性。但这种变换有时会带来不可恢复的损失和误差，因此也叫做失真编码。人们在欣赏音像节目时，由于耳、眼对信号的时间变化和幅度变化的感受能力都有一定的阈值，如人眼对影视有视觉暂留效应，人眼或人耳对低于某一极限的幅度变化已无法感知等，故可将信号中这部分感觉不出的分量压缩掉或“掩蔽掉”。在实际的数字视听设备中，差不多都采用压缩比更高但实际有损的压缩技术。只要作为最终用户的人觉察不出或能够容忍这些失真，就允许对数字音像信号进一步压缩以换取更高的编码效率。

4. 逻辑压缩和物理压缩

1）逻辑压缩

逻辑压缩是指在设计数据库的结构时，通过对系统需求、所使用的数据及数据间的关系的分析，合理地确定数据类型和长度；或是通过代码的设计和使用，尽可能地减少数据的存储空间。根据文本信息的特点，对文本信息的压缩必须无失真，即在复原后的文件数据记录中不能出现错误或含糊不清，因为对文本信息文件来说，每一个符号都是重要的。逻辑压缩也称为最小比特压缩，也就是说某些符号可以用较短的固定长度码字编码，从而也就进行了压缩。逻辑压缩在数据库中用得比较多，在数据库文件中，有些字段的取值是有限定范围的，可将取值的所有可能性进行逻辑排队，然后编码压缩。在实际存储中，可用字符形式存储,也可以用二进制数形式存储。在数据压缩中,一般采用二进制数形式存储。1B8 位可表示 256 种状态,2B16 位可表示 65536 种状态,这样就可以很快提高信息的密度。

通常,在数据库的设计中经常有日期字段出现,对日期字段进行逻辑压缩会有显著的压缩效果。例如,一个日期的值为 1983 年 12 月 26 日,习惯记法为 1983.12.26,需要 10B 的空间。而在数据库的日期字段中一般设计为 8B,即 12/26/83。这里已进行了一定的压缩,但仍不理想。可以记为 122683,进一步压缩后,只需 6B 的空间。

以上是字符形式存储,压缩率不高。若改为二进制数位实际存储时,将会收到明显效益。通过数据分析。可知年代后两位的取值范围为 00 ~ 99(占 7 位),月份的取值范围为 1 ~ 12(占 4 位),日期的取值范围为 1 ~ 31(占 5 位),这样仅用 2B 的存储空间(16 位)就可以表示出具体确切的日期。压缩后所占的空间仅为原始数据所需空间的 25%。

2) 物理压缩

物理压缩是对具体的数据文件进行压缩处理。它又包括对数据库结构的处理和压缩数据库中的实际数据等方面的工作。对数据库物理结构的压缩需针对不同数据库管理系统进行。对数据库中数据的压缩又包括字符数据与非字符数据的压缩。对前者,可以使用文本数据库压缩的方法进行压缩,而后者可以是话音、图像、图形等不同类型的数据。对这些数据的压缩需要根据各自的特点采用相应的方法进行压缩。

物理压缩,实际上是将信息存储时较稀疏的信息密度换成密集的信息密度时的编码方法,它与字段的取值范围无关,是对整个文件进行紧缩处理。压缩包括两个方面的处理内容:一是将原始数据通过压缩处理变换成压缩数据;二是将压缩数据进行解码处理,恢复成原始数据。物理压缩的方法很多,如零抑制(消去零或空信息)、位映像、行程编码、半字压缩、二元编码、模式置换、相关编码、表格方式和统计编码等。

4.2.2 文本信息压缩技术

1. 空格压缩技术

空格压缩技术是基本的文本信息压缩技术之一,其压缩的基本思路是压缩文本信息中连续出现的空格。具体的处理过程是扫描待压缩的原始信息,统计出其中连续出现的空格,并用一个特殊的字符(称为压缩指示字符)和数字表示这一串连续空格,其压缩格式为:压缩指示字符用来标明在该处发生了空格压缩,而连续空格计数则表示所压缩的空格数量,这样,可用两个字符表示原始信息中的连续空格。

例如,有如下的一段原始信息流

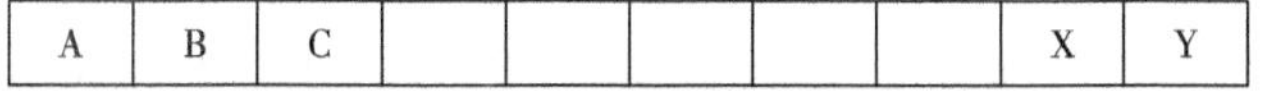

对其中 5 个连续出现的空格采用空格压缩技术压缩后数据流表示为

A	B	C	#	5	X	Y

其中#为压缩指示字符,还原时,凡遇压缩指示字符,均按紧随其后的数字恢复为相应长度的空格序列,并按字符原样输出。

2. 位图压缩技术

当信息流中存在相同的专用数据类型,例如,数字或空格字符串时,就可以用位图

(Bit Mapping)法进行压缩。位图压缩方法是在文件中建立位图来标志某个字符的存在与否。凡在位图中标明为有效字符的位置,在压缩的文件中对应位置有相应的字符出现。在压缩后输出的文件中,这个无效字符不出现,释放时再把这些无效字符按实际位置加到文件中。

例如,有一源数据流如图 4-4 所示,其中的 D1、D2、D3、D4 分别代表不同的字符,B 表示空格。在这个数据流中有 4 个空格,使用空白压缩,数据流只能从 8 个字符压缩为 7 个字符,压缩效果很不理想,因为空白压缩只对 3 个以上的连续字符有效,显然,压缩比很低。

D1	B	D2	D3	B	B	B	D4

图 4-4 源数据流

对这种数据可以采用位图压缩方法来处理。其思路是:在数据流中增加位图字符。位图其实就是一个位数据流。源数据流中每个字符对应一个位,用以表示数据流中相应位的数据是否有效。位图中某一位的取值为“0”时,表示该位对应的是在源文件中要压缩的字符,在压缩的数据中这个无效字符将不出现。若位图中某一位为“1”时,表示该位所对应的是有效字符,压缩后输出的数据中,该字符将出现。例如,对于图 4-4 中的数据流,用位图压缩后得到图 4-5 所示的压缩数据流,其中 10110001 是位图字符。源数据流中的第一个字符不为空,相应的位图字符为 1,D1 原样输出。第二个字符为空格,是当前位图所要压缩的字符,则对应位图中的位是“0”,这个字节的内容不再送到输出数据流中。依此类推,得到对应这 8 个字符的位图字符和输出流。经过这样的处理,8 个字符的数据流被压缩为 1 个位图字符和 4 个有效数据的压缩数据流,总长度为 5B,压缩比较空白压缩提高许多。

10110001	D1	D2	D3	D4

图 4-5 压缩后的数据流

综上所述,用位图方法压缩数据,首先要确定源数据流中出现概率最大的一个字符。这个字符可以是空格字符,也可以是其它字符。继而要对源数据流中字符建立位图字符,利用它标志出事先所确定的、以大概率出现的字符位置,并将其压缩掉。

3. 游程编码技术

游程编码(Run Length Coding,RLC)对于某字符串重复出现的概率较高的文件,能得到很好的信息压缩效果,该编码技术可以看做是空白压缩技术的推广。

空白压缩中是用压缩指示字符和重复长度表示一串连续的空格,而在游程编码中还必须要标出被压缩的字符,也即要占用 3B:第一个字节是压缩指示字符;第二个字节记录连续出现的字符;第三个字节记录重复字符出现的次数。具体描述如表 4-4 所列。

表 4-4 游程编码例

源数据流	A	A	A	B	B	B	B	C	C	D
压缩数据流	Sc	A	3	Sc		B	4	C	C	D

其中 Sc 为压缩指示字符。压缩处理的流程类似于空白压缩,区别仅在于要在压缩指示字符之后加上一个字符,用于表明压缩的对象,随后是该字符的重复次数。

4. 前端/后端压缩编码技术

前端压缩技术用于有序信息中存在大量重复字符串的情形，例如，字典或数据库文件中以字母的顺序排列的数据。当下一个字段中有若干字符与上个字段中有重复时，则在下一个字段开头用一个数字表示重复字符数。显然，它也可以用于替换字段中间或末尾的重复字符串。表 4 - 5 即是前方压缩的一个例子。

表 4 - 5　前方压缩实例

原　文	前方压缩后的形式	原　文	前方压缩后的形式
RONALD B. N	RONALD B. N	RONALDMAN F. S	10 F. S
RONALD G. P	7 G. P	RONALDMAN K. B	10 K. B
RONALD J. G	7 J. G	RONALDMAN S. T	10 S. T
RONALDMAN D. H	6 MAN D. H	RONALDMAN S. W	12 W

5. 半字压缩编码技术

半字压缩(Half - byte packing)是由位映像派生出来的一种压缩方法。它对数字字符串的压缩非常有效。ASCII 码的数字字符编码的前 4 位完全相同，也就是说，在存储数值型数据时，每个字节中有 4 位并不表示具体数值。利用这个特性，就可以把占 2B 的数字字符压缩到 1B 中去，即压缩掉 1B 中的 4 位，这就是半字节压缩。半字节压缩也需要用压缩指示字符作为标志，并由计数加以控制。

以上介绍的几种压缩编码技术是专门针对于文本信息的特点而设计的，除此之外，一些经典的编码技术，如 Huffman 编码、MORSE 编码、字典编码、算术编码等均可应用于文本信息的压缩，只要这些编码技术是属于无损信息压缩就可以。这些编码方法可以单独使用，也可以将几种编码方法综合到一起使用，而且压缩效果往往好于单独使用一种技术。但要注意的是并非所有的压缩技术都可以无限制的综合使用，在综合使用几种压缩技术之前，应认真分析其压缩特点和相互间是否有影响，并做一些实验，确保压缩与还原的正确性、可靠性。

4.2.3　多媒体信息压缩技术

1. 图像信息压缩技术概述

目前在图像信息的压缩中有损压缩应用于一般图像，如风景、人物照片、部分医疗图像等，如大家接触的 JPEG 图像格式一般都是有损压缩。有损压缩的压缩比很高，能达到 20:1，甚至到 40:1。而无损压缩应用于认证签名图像处理和档案图像领域，医疗图像也逐步采用无损压缩方法，例如，美国政府已颁布法律规定，在医疗处理中不再使用有损压缩，因为由于图像的不清晰而导致的医生误诊已经带来很多社会问题，而且医疗成像设备，如 CT、MRI 等价格极其昂贵，图像的获取代价高昂，因此这些图像最好采取无损压缩。但无损图像的压缩比并不是很高，一般只有 2:1 ~4:1。

表 4 - 6 给出了多媒体图像编码压缩中所用到的主要经典编码技术。这些编码方法理论完善，技术成熟，编码效率较高，在现行的视频压缩国际标准 CCITT 的 H. 261，ISO 的 JPEG 及 MPEG 系列中普遍采用。

表 4-6 多媒体图像压缩经典技术

编码类型	编 码 方 法	编 码 基 础
冗余压缩	Huffman 编码 算术编码 游程编码 香农编码 轮廓编码	概率分布特性 随源数据符号不断缩小的实数区间 游程长度 概率分布特性 区域边界轮廓线及其属性
熵压缩	预测编码 变换编码 混合编码 JPEG、MPEG 等	相邻像素相关性 变换域 像素相关性与变换域有机结合

1）游程长度压缩

游程长度压缩（Run Length Encoding，RLE）的原理是将一扫描行中的颜色值相同的相邻像素用一个计数值和那些像素的颜色值来代替。例如，aaabccccccddeee，则可用3a1b6c2d3e 来代替。对于拥有大面积、相同颜色区域的图像，用 RLE 压缩方法非常有效。由 RLE 原理派生出许多具体行程压缩方法。

（1）PCX 行程压缩方法。该算法实际上是位映射格式到压缩格式的转换算法，该算法对于连续出现 1 次的字节 Ch，若 Ch > 0xc0 则压缩时在该字节前加上 0xc1，否则直接输出 Ch，对于连续出现 N 次的字节 Ch，则压缩成 0xc0 + N 和 Ch 这 2B，因而 N 最大只能为 ff - c0 = 3fh（十进制为 63），当 N 大于 63 时，则需多次压缩。

（2）BI_RLE8 压缩方法。在 Windows 的位图文件中采用了这种压缩方法。该压缩方法编码也是以两个字节为基本单位。其中第一个字节规定了用第二个字节指定的颜色重复次数。如编码 0504 表示从当前位置开始连续显示 5 个颜色值为 04 的像素。当第二个字节为零时，第二个字节有特殊含义：0 表示行末；1 表示图末；2 转义后面 2B，这 2B 分别表示下一像素相对于当前位置的水平位移和垂直位移。这种压缩方法所能压缩的图像像素位数最大为 8 位（256 色）图像。

（3）BI_RLE4 压缩方法。该方法也用于 Windows 位图文件中，它与 BI_RLE8 编码类似，唯一不同是 BI_RLE4 的 1B 包含了两个像素的颜色，因此，它只能压缩的颜色数不超过 16 的图像。因而这种压缩应用范围有限。

（4）紧缩位压缩方法（Packbits）。该方法是用于 Apple 公司的 Macintosh 机上的位图数据压缩方法，TIFF 规范中使用了这种方法，这种压缩方法与 BI_RLE8 压缩方法相似，如1c1c1c2132325648 压缩为 83 1c 21 81 32 56 48。显而易见，这种压缩方法最好情况是每连续 128B 相同，这 128B 可压缩为一个数值 7f。

2）霍夫曼编码压缩

霍夫曼编码压缩是 1952 年为文本文件建立的，其基本原理是频繁使用的数据用较短的代码代替，很少使用的数据用较长的代码代替，每个数据的代码长度各不相同。这些代码都是二进制码，且码的长度是可变的，如有一个原始数据序列，ABACCDAA 则编码为A(0)，B(10)，C(110)，(D111)，压缩后为 010011011011100。产生霍夫曼编码需要对原始数据扫描两遍：第一遍扫描要精确地统计出原始数据中的每个值出现的频率；第二遍是建立霍夫曼树并进行编码。由于需要建立二叉树并遍历二叉树生成编码,因此数据压缩和还原速度都较慢,但简单有效,因而得到广泛的应用。

3）LZW 压缩方法

LZW 压缩技术比其它大多数压缩技术都复杂,压缩效率也较高。其基本原理是把每一个第一次出现的字符串用一个数值来编码,在还原程序中再将这个数值还成原来的字符串,如用数值 0x100 代替字符串“abccddeee”这样每当出现该字符串时,都用 0x100 代替,起到压缩的作用。至于 0x100 与字符串的对应关系则是在压缩过程中动态生成的,而且这种对应关系是隐含在压缩数据中,随着解压缩的进行,这张编码表会从压缩数据中逐步得到恢复,后面的压缩数据再根据前面数据产生的对应关系产生更多的对应关系。直到压缩文件结束为止。LZW 是可逆的,所有信息全部保留。

4）算术压缩方法

算术压缩与霍夫曼编码压缩方法类似,只不过它比霍夫曼编码更加有效。算术压缩适合于由相同的重复序列组成的文件,算术压缩接近压缩的理论极限。这种方法,是将不同的序列映像到 0 ~ 1 之间的区域内,该区域表示成可变精度(位数)的二进制小数,越是不常见的数据精度越高(更多的位数),这种方法比较复杂,因而不太常用。

2. 彩色静止图像压缩编码标准

JPEG(Joint Photographic Experts Group)是一个由国际标准化组织(ISO)以及国际电工学会(IEC)的工程师组成的专家小组,负责静止图像编码以及压缩技术的制定和改进工作。1991 年形成了第一套国标静态图像压缩编码技术标准 ISO10918 - 1,即 JPEG。由于 JPEG 的压缩比例相当高,原图像大小与压缩后的图像大小相比,比例可以从 1% ~ 90% 不等。这种方法效果也好,适合多媒体信息系统。

JPEG 专家组开发了两种基本的压缩算法:一种是采用以离散余弦变换(DCT)为基础的有损压缩算法;另一种是采用以预测技术为基础的无损压缩算法。使用有损压缩算法时,在压缩比为 25:1 的情况下,压缩后得到的图像与原始图像相比较,很难找出它们之间的区别,因此得到了广泛的应用。在 VCD 和 DVD - Video 电视图像压缩技术中就使用了 JPEG 的有损压缩算法来消除空间上的冗余度。为了在保证图像质量的前提下进一步提高图像的压缩比,JPEG 专家组又制定出 JPEG2000 标准。

1）JPEG 的无损压缩

JPEG 的无损压缩采用了空间线性预测技术算法,其编码处理过程如图 4 - 6 所示。对于中等复杂程度的彩色图像,无损压缩编码可达到大约 2:1 的压缩比例。

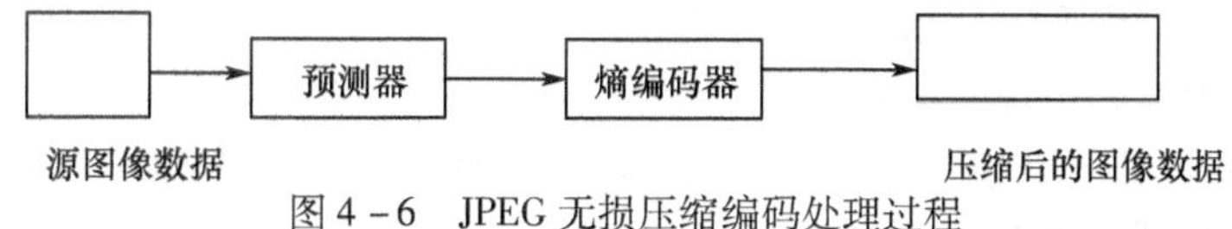

图 4 - 6　JPEG 无损压缩编码处理过程

2）JPEG 的有损压缩

JPEG 的有损压缩是利用了人的视觉系统的特性,去掉视觉的冗余信息和数据本身的冗余信息。其压缩编码大致可分为以下三个步骤:使用正向离散余弦变换(Forward Discrete Cosine Transform,FDCT)把空间域表示的图变换成以频率域表示的图;使用加权函数对 DCT 系数进行量化,其选取的加权函数对于人的视觉系统应该是最佳的;使用 Huffman

编码或算术编码对量化的系统进行编码。

2000 年推出的 JPEG2000(ISO15444)在编码算法上采用离散小波变换(DWT)和 bit plain 算术编码(MQ coder)。在 JPEG 中,离散余弦变换将图像压缩为 8×8 的小块,然后依次放入文件中,这种算法靠丢弃频率信息实现压缩,因而图像的压缩率越高,频率信息被丢弃的越多。小波变换是现代谱分析工具,它既能考察局部时域过程的频域特征,又能考察局部频域过程的时域特征。它能将图像变换为一系列小波系数,这些系数可以被高效压缩和存储,此外,它消除了 DCT 压缩普遍存在的方块效应。

近年来离散小波变换在包括压缩在内的图像处理与图像分析的各个领域中得到了广泛应用。这主要因为小波的时频局域化使它在信号分析中有着优良的性质,而且由于它对高频成分采用由粗到细渐进的时空域上的取样间隔,从而能像物理上自动调焦看清远近不同景物一样放大任意细节。因此,小波分析被誉为数学上的显微镜,是构造图像多分辨率表示的有力工具。

3. 运动图像压缩编码标准

运动图像专家组(Moving Pictures Experts Group,MPEG)始建于 1988 年,专门负责为 CD 建立视频和音频标准。

1) MPEG 标准系列

MPEG 工作小组迄今为止已经开发和正在开发的 MPEG 标准有:

(1) MPEG1 数字电视标准,1992 年正式发布。

(2) MPEG2 数字电视标准,1994 年正式发布。

(3) MPEG3 已于 1992 年 7 月合并到高清晰度电视 HDTV 工作组中。

(4) MPEG4 多媒体应用标准,于 1999 年正式发布。

(5) MPEG7 多媒体内容描述接口标准,于 2001 年底正式发布。

2) MPEG 视频压缩算法

MPEG 应用的数字存储媒体包括光盘(CD-ROM)、数字录音带(DAT)、磁盘、可写光盘、通信网络等。视频压缩算法必须有能够随机访问、快进/快退检索、倒放、音像同步、容错能力、延时控制在 150ms 之内、可编辑性以及灵活的视频窗口格式等性质。实现这些特性对各种应用十分重要,因而也构成了 MPEG 视频压缩算法的要求特点。

MPEG 视频压缩算法的两个基础技术是:块基运动补偿缩减时间冗余和域基变换压缩以缩减空间冗余。运动补偿技术采用纯预测编码和插值预测编码,剩余信号(预测误差)在缩减空间冗余时被进一步压缩。与运动有关信息与空间信息一起进行变换。为获得最大限度效率,用可变长代码压缩运动信息。

MPEG 图像编码包含三个成分,即 I 帧、P 帧和 B 帧。MPEG 编码过程中,一些图像压缩成 I 帧,一些压缩成 P 帧,另一些压缩成 B 帧。I 帧压缩可以得到 6:1 的压缩比而不产生任何可觉察的模糊现象;I 帧压缩的同时使用 P 帧压缩,可以达到更高的压缩比而无可觉察的模糊现象;B 帧压缩可以达到 200:1 的压缩比,其文件尺寸一般为 I 帧压缩尺寸的 15%,不到 P 帧压缩尺寸的一半。I 帧压缩去掉图像的空间冗余,P 帧和 B 帧去掉时间冗余。

I 帧压缩采用基准帧模式,只提供帧内压缩,即把帧图像压缩到 I 帧时,仅仅考虑了帧内的图像。I 帧压缩不能除去帧间冗余。

P 帧采用预测编码，利用相邻帧的一般统计信息进行预测。也就是说，它考虑运动特性，提供帧间编码。P 帧预测当前帧与前面最近的 I 帧或 P 帧的差别。

B 帧为双向帧间编码。它从前面和后面的 I 帧或 P 帧中提取数据。B 帧基于当前帧与前一帧和后一帧图像之间的差别进行压缩。

MPEG 具有很好的兼容性，它能够比其它算法提供更好的压缩比，最高可达 200:1。更重要的是，MPEG 在提供高压缩比的同时，对数据的损失很小。

3）MPEG－1

MPEG－1 制定于 1992 年，是针对 1.5Mb/s 以下数据传输率的数字存储媒体运动图像及其伴音编码的国际标准。它是将 221Mb/s 的 NTSC 视频数据压缩成 1Mb/s～2Mb/s 的标准数据流，压缩率为 200:1，可适用于不同带宽的设备，如 CD－ROM、Video－CD。它对动作不激烈的视频信号可获得较好的图像质量，但当动作激烈时，图像就会产生马赛克现象。它主要用于家用 VCD，同时也被用于数字电话网络上的视频传输，如非对称数字用户线路（ADSL）、视频点播（VOD）以及教育网络等。

4）MPEG－2

MPEG－2 所能提供的传输率在 3Mb/s～10Mb/s 间，在 NTSC 制式下的分辨率可达 720×486。MPEG－2 的音频编码可提供左、右、中及两个环绕声道，以及一个加重低音声道和七个伴音声道。但是 MPEG－2 标准数据量依然很大，不便存放和传输。作为 MPEG－1 的兼容性扩展，MPEG－2 支持隔行扫描视频格式和其它先进功能，可广泛应用在各种速率和各种分辨率的场合，能适应不同的画面质量、存储容量以及带宽的要求。目前 MPEG－2 技术主要应用在 DVD 以及广播、有线电视、卫星直播提供的数字视频中。

5）MPEG－4

MPEG 小组于 1999 年正式公布了国际标准的 MPEG－4（ISO/IEC14496），且于 2000 年年初正式成为国际标准。MPEG－4 是一个适用于低传输速率应用的方案，它不仅是针对一定比特率下的视频、音频编码，更加注重多媒体系统的交互性和灵活性。MPEG－4 对传输速率要求较低，在 4800b/s～64000b/s 之间，分辨率为 176×144。MPEG－4 利用很窄的带宽，通过帧重建技术进行数据压缩，以求用最少的数据获得最佳的图像质量。

MPEG－4 标准是对运动图像中的内容进行编码，其具体的编码对象就是图像中的音频和视频，称为 AV 对象（Audio/Visaul Objects）。AV 对象可以组成 AV 场景。因此，MPEG－4 标准就是围绕着 AV 对象的编码、存储、传输和组合而制定的。

MPEG－4 在多媒体传输、多媒体存储等领域具有广泛应用，例如，低比特率下的多媒体通信，如视频电话、视频电子邮件、移动多媒体通信、电子新闻等；互联网上的视频流与可视游戏，如网上电影、数字电视、动态图像、万维网；实时多媒体监控；基于内容存储和检索的多媒体系统；基于面部表情模拟的虚拟会议；基于计算机网络的可视化合作实验室场景应用、演播电视等。

6）MPEG－7

MPEG－7 用于快速且有效地搜索出用户所需的不同类型的多媒体影像资料，如在影像资料中搜索有长城镜头的片段。MPEG－7 标准重点在于影音内容的描述和定义，以明确的结构和语法来定义影音资料的内容。通过 MPEG－7 格式定义的信息，使用者可以有效率地搜寻、过滤和定义想要的影音资料。MPEG－7 和以前的几种压缩标准无关，可独立于其它 MPEG 标准使用，但 MPEG－4 中所定义的对音频、视频对象的描述适用于 MPEG－7，这种描述是分类的基础。另外还可以利用 MPEG－7 的描述来增强其它 MPEG 标准的功能。

MPEG－7 的应用范围很广泛，既可应用于存储，也可用于流式应用等。它可以在实时或非实时环境下应用，如数字图书馆、广播媒体选择（无线电信道和 TV 信道等）、多媒体编辑（个人电子新闻业务和媒体写作）、多媒体资料库等。此外，MPEG－7 在教育、新闻、导游信息、娱乐、地理信息系统、医学、购物、建筑等各方面均有应用潜力。

4. 音频信息压缩技术

声音按其频率可分为三种，即次声（频率低于 20Hz）、超声（频率大于 20kHz），可听声（20Hz～20kHz）。多媒体音频信息就是指可听声，其有两个来源：一是音源发生的波形声音，经数字化及编码后由计算机处理、存储及传输，输出时经数模转换为原来波形；另一种是合成声音，即计算机通过一种专门定义的语言去驱动一些预制的语言或音乐合成器，产生相应的声音，即 MIDI 技术。

一般来讲，可以将音频压缩技术分为无损压缩及有损压缩两大类，而按照压缩方案的不同，又可将其划分为时域压缩、变换压缩、子带压缩以及多种技术相互融合的混合压缩等等。各种不同的压缩技术，其算法的复杂程度（包括时间复杂度和空间复杂度）、音频质量、算法效率（即压缩比例）以及编解码延时等都有很大的不同。各种压缩技术的应用场合也因之而各不相同。通常有以下四类：

（1）熵编码。这是以信息论变长编码定理为理论基础的编码方法，如 Huffman 和 Shannon 编码及其各种修正方案，还有游程编码等。

（2）波形编码。在信号采样和量化过程中，考虑到人的听觉特性，使编码信号尽可能与原输入信号匹配，又能适应人的应用要求，如全频带编码、子带编码、矢量量化。波形编码的特点是可获得高质量的音频信号，适用于高保真度话音和音乐信号的压缩技术。

（3）参数编码。参数编码技术又称为语声编码技术，是根据声音的形成模型，将声音变换为参数的编码方式。其实施方法是将音频信号以某种模型表示，再抽出合适的模型参数和参考激励信号进行编码。在声音重放时，再根据这些参数重建。这就是通常讲的声码器。参数编码压缩比很高，但计算量大，不适合高保真度要求的场合。此类方法构成的声码器有线性预测声码器、通道声码器、共振峰声码器等。

（4）混合编码。这是一种吸取波形和参数编码的优点，进行综合的编码方法，如多脉冲线性预测 MP－LPC、矢量和激励线性预测 VSELP 等。

4.2.4 数据流压缩技术

在数据备份中采用数据流压缩技术对备份数据进行大规模压缩处理，然后将数据保存在磁盘上，从而加快数据备份和恢复的速度。Data Domain 开发的专有技术——COS（Capacity Optimized Storage）技术使这个问题得到较好的解决。

COS 压缩技术的基本思想是：将数据流像积木一样，分解为一个个组件（例如 4KB 大小），在分解的同时产生组件组装的指令。重复的组件只保留一份，这样很多重复的数据块（组件）便被剔除，因此可节省大量的存储空间。从实践情况看，压缩比甚至可达到 20 倍，并且可以对已经用文件压缩软件处理过的压缩文件进行再压缩。

通过对数据需求状况的分析，可以把极其重要和非常重要的数据，如金融交易数据、数据仓库中的数据等这些要求快速（秒级和分钟级）恢复的数据备份在磁盘上。而对于重要性较低一些的数据仍利用磁带备份。对于保存在磁盘上的数据采用数据流压缩技术。

以某备份系统的实际来看，COS 系统每日备份 700GB 数据，其压缩比达到 26 倍；其备份数据类型为 Oracle 文件，用户不必每天做磁带操作，备份的成功率和数据的可靠性大大提高。并且，数据备份到磁盘的存储成本已与磁带相当。

4.2.5 文件压缩软件

1. 文件压缩软件的压缩方式

文件压缩软件对文件的压缩按压缩方式分有“透明压缩”和“打包压缩”。透明压缩一般针对.exe 和.com 文件（可执行文件）直接压缩。打包压缩是把一个或多个文件压缩成一个文件——压缩包。要使用压缩后的文件，必须先解压将文件复原。这是目前常用的使用压缩软件的压缩方法。

利用压缩软件压缩文件之后形成的压缩文件格式有许多种，最常见是 ZIP，其它还有 RAR、ARJ、CAB、ACE、JPEG、JPEG2000、MP3、MPEG 等。

2. 压缩霸主 WinZip

在 Windows 操作系统中，最好用的压缩工具当推 WinZip。WinZip 是一款强大实用的压缩软件，它支持 ZIP、CAB、TAR、GZIP、MIME 等众多格式的压缩文件。它最大的特点是与 Windows 资源管理器紧密集成，这样不用离开资源管理器就可以进行压缩或解压缩操作。WinZip8.1 在功能上有了不小的进步，主要功能特征有：

(1) 加密压缩文件。WinZip8.1 可以将压缩文件自动作为邮件附件寄给收件人，新版本的 WinZip 允许加密以保护压缩文件的安全。

(2) 分割压缩文件。WinZip8.1 中新增添的文件分割功能，允许用户任意分割大的文件。分割后生成 ZIP 引导文件以及若干个压缩文件，双击主引导文件可合并分割文件。

(3) 解压功能。WinZip8.1 允许将压缩文件解压到最近使用过的文件夹中。此外，用户可以迅速通过任务栏中的 ZIP 小图标打开最近使用过的压缩文件。WinZip8.1 对解压过的压缩文件，会存有一个历史记录，如果还需要打开这个压缩文件的时候，只需要使用鼠标右键单击任务栏中的小图标实现。

(4) 多文件解压缩。通过简单操作，WinZip8.1 可以同时对多个文件进行解压缩。

(5) 备份指定文件。WinZip8.1 可将指定日期的一些文件进行备份，备份时可进入文件夹将文件复制出来，再为它们建立同名的文件夹，再把它们复制到备份的文件夹下。

3. 压缩悍将 WinRAR

WinRAR 是一个强大的压缩文件管理工具，界面友好，使用方便，目前 3.x 是现在压缩率较大、压缩速度较快的格式之一。WinRAR 具有更高的压缩率，对多媒体文件有独特的高压缩率算法，能完善地支持 ZIP 格式并且可以解压多种格式（如 ZIP、ARJ、CAB、LZH、ACE、TAR、GZ、UUE、BZ2、JAR、ISO 类型文件）的压缩包，可用命令行方式使 WinRAR 参与批命令，对受损压缩文件的修复能力极强，能建立多种方式的全中文界面的全功能（带口令）多卷自解包。

4.3 信息分类编码

光有文字字符的编码体系还是不够的,还必须在科学的信息分类基础上,对具有一定属性的客观事物或概念,以某种信息结构形式予以代码化,从而达到节省存储空间和便于计算机处理的目的。本节重点介绍信息分类和代码的设计思想。

4.3.1 信息代码的特点和信息分类原则

为便于计算机对信息进行处理,要求信息代码应该具有如下特点:代码结构简洁,按照信息编码原理对信息进行代码化,一般可以采用纯数字字符串表示,这样有利于操作,输入速度也快。如"性别"类的国家标准代码为1(男)和2(女);节省存储容量,以"性别"类为例,由于代码化了,所以可节省一半的容量;提高处理速度和可靠性,如对汉字字符串作代码化处理,可以用查表的方法代替汉字外部码向内部码的转换处理环节,从而提高了处理速度和可靠性。

在对信息进行代码化前,首先要对信息进行科学的分类。可以说,科学的信息分类是设计好信息代码体系的前提。信息分类的原则主要有:科学性,这是指信息分类的客观依据,通常是选取事物或概念最稳定的属性或特征作为分类的基础和依据;系统性,这是指将选定的事物或概念的属性或特征按一定顺序予以系统化,并形成一个合理的分类体系;可扩性,在建立信息分类体系时,应该留有余地,以适应系统发展的需要;此外还有标准化等。

4.3.2 信息分类方法

1. 线分类法和面分类法

1) 线分类法

线分类法是将分类对象的若干属性或特征,逐级地组成相应的若干个层次目录,并构成一个层次式的逐级展开的分类体系。目前常用的有GB2260 - 90《中华人民共和国行政区划代码》、GB4754 - 84《国民经济行业分类和代码》、GB6665 - 86《职业分类和代码》国家标准的分类体系。

在线分类法的分类体系中,同位类的类目之间存在并列关系,且不重复,也不交叉;下位类与上位类目之间存在着隶属关系。在线分类体系中,一个类目相对于由它直接划分出来的下一级类目而言,称为上位类;在线分类体系中,由上位类直接划分出来的下一级类目相对上位类而言,称为下位类;在线分类体系中,由一个类目直接划分出来的下一级类目,彼此称为同位类。

线分类法的原则有:在线分类中,由某一上位类划分出的下位类类目的总范围应与上位类类目相等;当某一个上位类类目划分成若干个下位类类目时,应选择一个划分基准;同位类类目之间不交叉、不重复,并只对应于一个上位类;分类要依次进行,不应有空层或加层。

线分类法层次性好,能较好地反映类目之间的逻辑关系;使用方便,既符合手工处理信息的传统习惯,又便于计算机处理信息。但其结构弹性较差,分类结构一经确定,不易改动;效率较低,当分类层次较多时,代码位数较长,影响数据处理的速度。

2）面分类法

面分类法是将所选用分类对象的若干特征视为若干个“面”。每个“面”中又可分成彼此独立的若干个类目。编排代码表时,再按一定的顺序将各个“面”平行排列。形成一个“多面”的复合类目体系。在选用面分类法时,应遵循以下几条基本原则:

(1) 根据需要,选择分类对象本质的属性或特征作为分类对象的各个“面”。

(2) 不同“面”的类目不应相互交叉,也不能重复出现。

(3) 每个“面”有严格的固定位置。

(4) “面”的选择以及位置的确定,应根据实际需要而定。

面分类的分类结构具有较大的柔性,任何一个“面”内类目的变动,不会影响其它“面”,而且可以对“面”进行增删。“面”的分类结构可根据任意“面”的组合方式进行检索,这有利于计算机的信息处理。但其不能充分利用容量,可组配的类目很多,但有时实际应用的类目不多;难于手工处理信息。

2. 信息分类编码的功能

信息分类编码即代码是一个或一组有序的、易于计算机和人识别与处理的符号,有时也称为“码”。代码的功能如下:

(1) 标志。代码是鉴别编码对象的唯一标志。

(2) 分类。当按编码对象的属性或特征(如工艺、材料、用途等)分类,并赋予不同的类别代码时,代码又可以作为区分编码对象类别的标志。

(3) 排序。当按编码对象发生(产生)的时间、所占有的空间或其它方面的顺序关系分类,并赋予不同的代码时,代码又可作为编码对象排序的标志。

(4) 特定含义。由于某种客观需要采用专用符号时,代码又可提供一定的特定含义。

在这些功能中,标志功能是代码的最基本的特性,任何代码都必须具备此种基本特性。代码的其它功能是人们为了便于处理信息、管理信息而选用的,是人为赋予的。

3. 信息分类编码的种类

(1) 顺序码。顺序码是一种用连续数字代表项目名的编码。这种编码的特点是码位数少,一个项目一个连续号,处理容易,设计和管理也容易。如果要追加编码,只需要在连续号的最后添加一个号即可。但这种编码缺乏分类组织,一旦确定后没有弹性,不适宜分类,同时项目比较多的时候,编码的组织和体系性较差。所以编码除了起序列作用之外,本身并无意义。顺序码适用于项目比较少、项目内容长且时间不变动的编码。

(2) 位别码。位别码是用不同的位来代表不同的类别,每一类按顺序连续编号的编码方法。例如,国家标准局编制的中华人民共和国行政区划代码(GB2260－84)。代码是用6位数字,按层次分别表示我国各省(自治区、直辖市)、地区(市、州、盟)、县(市、旗、镇、区)的名称,从左至有的含义是:第1位、第2位表示省(自治区、直辖市);第3位、第4位表示地区(市、州、盟);第5位、第6位表示县(市、旗、镇、区)。这种码的特点是码中的数字或字母的位值和位置都代表一定的意义,能够表示编码对象的分类体系,构成非常自然,容易追加,容易记忆,位数较少,用来进行数据处理比较方便。

(3) 表意码。表意码是把直接或间接表示编码化对象属性的某些文字、数字、记号原封不动地作为编码。例如,CM——厘米,KG——千克。这种编码的特点是见码忆意,易记、易理解。但随着编码数量的增加,其位数也需增加,给处理带来不变。表意码适用于物质的性能、尺码、质量、容积、面积和距离等。

(4) 合成码。合成码是把编码对象用两种以上编码进行组合,可以从两个以上的角度来识别、处理的一种编码。它可以由多个数据项/字段构成,每个数据项/字段分别表示分类体系中的一种类别。这种码的特点是容易进行大分类、增加编码层次,可以从多方面去识别,做各种分类统计非常容易,但位数和数据项个数较多。

4. 信息分类编码的步骤

首先要确定分类编码对象,然后按照编码对象的特性,选择相应的分类编码设计方法,确定代码的编码方式,即对每一编码对象要制定码长、分层和各码位意义的取值规则,最后编制编码表,即每一编码对象按既定的编码规则编制出该编码数据元素的所有可能的取值表,包括代码对象、编码目的、使用范围、使用期限、编码件数、代码结构等。尽可能地与国际、国内标准的数据代码相一致。同时为方便系统内部信息处理与共享,并满足与系统外的信息交换,可以制定简化编码规则标准与上级标准的自动换码表。

在进行编码的过程当中,还应注意以下事项:

(1) 如果使用字母和数字混和编码时,应避免使用字母 O、I、Z 等字母,以免书写时与 0、1、2 相混淆。

(2) 编码中尽可能不用 -、#、* 等这些无意义的符号。

(3) 确定编码方案时一定要保留足够的空间以方便以后的扩充,编码应尽可能简短。

(4) 凡是存在的事物都必须予以编码。

(5) 每种事物只能有一个编码,同样,一个编码只能对应一个事物。

第5章 文本信息处理的自动化技术

文本信息资源是人们获取和检索的主要信息类型，信息技术的发展使得网络化、数字化的文本信息大量涌现，如何利用自动化技术来获取和揭示文本信息的内容，对于提高信息资源开发利用的效率和水平无疑具有重要的现实意义。

5.1 文本信息处理的自动化发展概述

以计算机自动处理为手段的信息组织自动化程度不断提高，具体表现在以下几个方面。

1. 计算机辅助编制管理分类表和叙词表

为克服以往手工编制、管理分类法和叙词表耗资、费时、效率低、差错率高的缺点，20世纪60年代，美国的情报学家就开始了用计算机辅助管理UDC(国际十进分类法)的试验。设计了叙词表编制和管理的计算机程序，并应用于《美国国家航空航天局叙词表》的编制。至今，几乎所有的大型分类法都实现了计算机辅助编制和管理，例如，DC(十进分类法)的联机编辑系统于1984年—1987年建成；我国的《中图法》、《资料法》也实现计算机辅助编辑排版。20世纪80年代，国外已有大量的叙词表采用计算机编制和管理，如《联合国教科文组织叙词表》、《INSPEC叙词表》等。我国也有多部叙词表采用计算机辅助编制和管理，如《计算机科学技术英语词表》和《中国分类主题词表》、《社会科学检索词表》等。

2. 电子版分类法和叙词表的研制

1987年美国就开始了分类法数据机读格式的研制，1993年DC第20版的电子版问世，1996年DC第21版推出视窗版。我国的《中图法》电子版使用户能方便、迅速地在计算机中用分类号或关键词(主题词)检索，可便捷地进行扩检、缩检、相关类号间的跳转等。

20世纪80年代，国外已出现许多电子版叙词表，其中不少应用在联机检索系统中。我国也研制出多部电子版叙词表，如1996年研制完成的电子版《国防科学技术叙词表》，设有实时使用的叙词导航模块、叙词定位模块和叙词范畴选择模块，以方便查词，实现辅助标引；1998年研究完成视窗版《军用主题词表》，具有显示浏览、自动查询、辅助标引、统计分析、显示控制等功能。这些电子版叙词表能够实现联机显示和联机标引，自动扩检、缩检和改变检索范围，自动统计叙词的标引和检索频率，自动提供优选词，优化检索策略等功能。

3. 分类法和叙词表在联机检索和网络检索中的应用

研究表明，分类法(UDC、DC等)用于计算机检索系统不仅可行，而且还有些特殊的优越性。例如，将分类法用于机读目录的联机检索，便于浏览检索、族性检索，可以优化检索，提高查全率、查准率和检索速度。因此，各国的机读目录及一些联机数据库为分类号设立了可检字段。

随着因特网的发展，人们也利用分类法组织网络信息资源。一些大的互联网站点采用 DC、UDC 等分类法组织因特网信息资源，不少网络信息搜索引擎采用分类法进行信息组织。例如，OCLC 的 Scorpion 项目用杜威十进分类法（Dewey Decimal Classification，DDC）对网页进行分类，它的类号分配是基于将网页文本与 DDC 类号关联的文本标题相匹配。叙词表则被广泛应用于各类联机检索系统中。

4. 自动标引和自动分类

自动标引始于 20 世纪 50 年代后期。1957 年，美国人卢恩（H. P. Luhn）提出了基于词频统计的抽词标引法，率先进行了自动标引的探索。之后，陆续出现了概率统计标引法、句法分析标引法以及各种加权模型等，建立了一批应用与实验系统。目前，自动标引已形成抽词标引和赋词标引两大主要类型。

自动分类研究基本上是与自动标引同时进行的。1958 年—1964 年开始进行自动分类的可行性研究；1965 年—1974 年进行自动分类的实验研究；1975 年至今，正在进入实用化的探索阶段。现已形成自动聚类、自动归类和类号自动转换等自动分类系统，有些已达到实用水平。

我国对自动标引的研究，开始于 20 世纪 60 年代，广泛开展于 80 年代。1981 年，陈培久建立了"汉语科技文献自动标引试验系统"；1983 年，王永成、肖玮瑛建立了"中文自动标引与检索软件实验系统"，后来在王永成主持下，又建成了"中文标引和检索系统。"20 世纪 80 年代～90 年代，国内学者提出许多自动标引和分词方案，包括词典切分组词法、部件词典法，以及切分标记法、统计法、语法语义分析法、神经网络法等。

20 世纪 80 年代，我国也开始了自动分类的研究、试验和系统开发，例如，朱兰娟在王永成的指导下开发的"中文科技文献（计算机类）的实验性自动分类系统"；苏新宁等提出的档案自动分类算法；叶新明的基于《中图法》的中文文献自动分类研究等。

5. 自动文摘技术

1958 年卢恩首次进行了自动文摘的实验，宣告了该项技术的诞生。迄今为止的自动文摘系统大体上可分为两类：基于统计的机械文摘和基于意义的理解文摘。中文自动文摘的研究起步于 20 世纪 80 年代，1988 年上海交通大学的王永成教授领导的课题组就开发出了面向科技文献的自动摘要模型系统。从 1990 年开始，哈尔滨工业大学的王开铸教授领导下的课题组就一直进行自然语言理解和自动文摘方面的研究工作。

6. 信息抽取技术

信息抽取（Information Extraction，IE）技术是指从一段文本中抽取指定的一类信息，并将其填入一个数据库中供用户查询使用的过程。一个典型的信息抽取系统可以被看做输入内容不可预知的文本，输出有固定格式且意义明确的数据的系统。信息抽取系统不仅能帮助人们方便地找到所需信息，而且信息内容经过合理的分析和组织，人们可以高效地获取感兴趣的信息，并可在此基础上进一步完成数据挖掘、机器翻译和文本生成等后续信息处理。

5.2 自动标引技术

5.2.1 自动标引概述

建立信息检索系统,首先要对文献进行标引,以前采用的人工标引技术工作量大、效率低下,质量因人而异,难以规范化,容易造成文献库中标引和检索的不一致性,解决这些问题的突破口在于发展计算机辅助标引或计算机自动标引技术。

自动标引的工作之一在于能让计算机从存储的信息中自动抽取主题词并进行主题标引。这里所指的文献主题词,不仅可以反映文献主题内容,而且还必须能被收进主题词表(也称为叙词表)。由于抽取隐含主题词的技术还很不成熟,目前一般称为关键词。此外,根据自动化程度,可以将其分为全自动标引和半自动标引;根据自动标引的抽词方式,可将自动标引分为自动抽词标引和自动赋词标引两种基本方式。一个标引系统的有效性取决于标引的网罗度(Exhaustivity)和专指度(Specificity)。标引的网罗度表示标引词对文献各方面内容的表达和识别程度,网罗度越高,则越有利于提高查全率。标引的专指度表示标引词对文献特定内容描述的详细程度,专指度越高,则越有利于提高查准率。

1949 年,G. K. Zipf 在大量统计资料的基础上提出了一种重要观点:可以根据词在文献中出现的频率来判断词的重要程度。他发现这样一个规律:将某篇文献中每个词出现的频率 f 按递减次序排列,同时给这些词加上等级序号 r,设频率最高的是 1 级,其次是 2 级、3 级……,频率与序号一一对应,则有 $c = f \times r$(c 为一常数)。H. P. Luhn 在 Zipf 定律的基础上,进行了自动标引研究,提出了自动抽词的基本思想,即将每个词在文献中出现的频率作为一个有效测度,来确定每个词的重要程度,并首先采用加权法来实现自动标引。

这种自动标引的基本原理是:将词的出现频率按等级排列,以一定的标准排除高频词和低频词。因为高频词往往是一些只起语法作用的功能词(如介词、连词等)或内容很泛的词。而低频词在文献中无关紧要,不能作为区分不同文献的依据。剩下的就是最能代表文献主题内容的词,即可确定为标引词。自动标引的一般过程是:

(1) 将文献输入计算机。

(2) 借助一定技术手段(词表、句法等),设计某种算法对文本中的语句进行分析,识别出词与非词、实词(内容词)和虚词,并累计词频。

(3) 确定内容词的加权方案,根据词频计算每个词的权值,确定候选标引词的权阈值。

(4) 根据阈值选出词权大于或等于阈值的词作为标引词。

(5) 把选出的标引词转换为词表中的受控词。

(6) 将选定的标引词连同文献的地址信息,按预定要求排序,生成索引文档或倒排文档。

(7) 根据检索实验,对标引过程进一步优化,提高标引质量。

自从美国专家卢恩在信息检索领域开拓了自动标引这一重要研究方向以来,出现了词频统计法、句法模式法、语义分析法等多种自动标引方法。国内中文自动标引的研究工作从 20 世纪 80 年代开始起步。由于中文句子中的词语之间既无空格,又无特殊的间隔标志,因此中文自动标引中一个不可回避的基础问题就是词的切分问题。目前较为典型的中文自动标引方法有词典标引法、切分标记法、语法分析标引法、汉语自动标引专家系统、单汉字标引法等,这些方法均以不同的方式在一定程度上解决了分词问题,进而实现相应的自动标引算法。

5.2.2 自动抽词标引和自动赋词标引

1. 自动抽词标引

自动抽词标引由计算机自动从文本中抽取词或短语来表达信息资源的主题内容。在手工标引中,标引员一般会尽量选择那些能较好指示信息资源内容的词或短语作为标引词。影响选择时做出决策的因素有词语在信息资源中出现的频率、出现的位置(如出现在标题、文摘、图表解说词中等)、词语的语言环境等。计算机要完成这项任务,某种程度上需要模仿人类的思维过程。根据自动抽词标引时所采用的标准,可以分为以下几种。

1)绝对频率加权法

这是 Luhn 首先采用的方法,该方法是根据每个词在特定文献中的出现频率来确定词的重要程度,即一个实词在文献中出现的频率越高,它越有可能是一个代表文献主题的词。高频词往往都是短小的功能词,因为它们代价最小,数量约占 20% 的高频词,其使用频率却占全部词汇使用频率的 70% 。

绝对频率加权法的基本思想是:计算文献集合中每篇文献中每个不同的词出现的频率;把每个不同的词在 n 篇文献中的出现频率相加,得到每个词的集合频率;按集合频率递减排序,用试错法确定高频词和低频词的阈值,排除高于高频词阈值的词和低于低频词阈值的词;对余下的中频词赋予较高权值并作为标引词。

绝对频率加权法简单、易实现,有一定实用性。但是,当在某一数据库范围内进行考察时,绝对频率法具有一个很明显的缺点,就是虽然一些词语在某一文本中经常出现,但同时在整个数据库中也经常出现,那么,根据绝对频率法抽取出来的这些高频词可能无法很好地区分数据库中的不同文本。从检索角度而言,这些高频词可能并不具有检索意义,它们会降低文本的查准率。为了弥补绝对频率法的这种不足,提出了相对频率加权法。

2)相对频率加权法

一个词在文献中出现的绝对频率并不是计算机在处理文本时唯一需要关注的因素。当某个词或短语在某一文献资源集合中出现的频率高于它在整个数据库中出现的频率时,这个词或短语就可以被选作标引词。一个词的相对频率是它在一批足够多的文献样品中出现频率的平均值。相对频率加权法既考虑某词在某一特定文献内的使用频率,又考虑它在有关的特定领域内的使用频率。其基本思想是:在一般文献中不常出现的低频词取低值,在专业文献中频繁出现而在特定文献内以低频率出现的词取高值。为此,首先要建立有关领域全部词汇的相对频率表;其次,对待标引的文献进行处理,排除停用词,计算每个实词在特定文献中出现的频率;最后,将每个实词在特定文献中出现的频率与相对频率表进行比较。某些词在文献内出现频率虽然较高,但未达到相对频率表中的规定值,就得被排除掉;而另一些词尽管在文献中出现的频率较低,但已达到表中的规定值,则被选为标引词。

基于相对频率法从一篇文本中抽取出来的词或短语,会不同于基于绝对频率法抽取出来的词或短语。因为利用相对频率法可以抽取出来那些在某一特定文本中出现次数较少(或许只有一次),但在整个数据库中出现的比率更小的词,而不会抽取出那些在一篇文本中经常出现,在整个数据库中也经常出现的词。

相对频率加权法有可能降低标引词的误选率和漏选率,可将一些有意义的高频词和低频词选为标引词,但建立一个符合实际的相对频率表也是很困难的。相对频率法比绝对频率法要复杂得多,因为随着新的文献资源不断加入到数据库中,计算机程序需要不断计算出每个词在数据库中和单个文献条目中出现的频率,并将这些频率进行比较。

3) 位置法

该方法利用词语在文献中出现的位置来进行选择。例如,从标题、文摘、图表解说词、主题句中进行词语的抽取。一般说来,出现在标题中的名词和动词表达文献主题的能力比出现在正文中的其它词要强。另外,主题句中的关键词也能很好地表达文献的内容。这里所说的"主题句"是指能够提供文献主题内容的最多的句子。Baxendale 在 1958 年的一项研究表明,每个段落中第一句是"主题句"的比率为 85%,最后一句为"主题句"的比率为 7%。因此建议,进行自动抽词标引时可侧重于每一段的第一句和最后一句。

2. 自动赋词标引

赋词标引就是从某种形式的受控词表中选取词语来表达文献资源的主题内容。自动赋词标引则是指计算机来自动完成这一标引过程。它与自动抽词标引的最大区别就是,所使用的标引词来自于某一受控词表,而不一定出现在文献中。自动赋词标引常见的有基于关联词表的自动赋词标引和基于中介词典的自动赋词标引。

1) 基于关联词表的自动赋词标引

基于关联词表的自动赋词标引需要经历以下两个环节:

(1) 为受控词表中的每一个叙词建立一个关联词表。

(2) 当对一篇文献进行标引时,利用计算机根据词频法从文献中抽取出来的重要词语,与受控词表的关联词条目集合进行匹配,当某个叙词的关联词表与之匹配超过一定阈值时,就将这个叙词赋予这篇文献作为标引词。

2) 基于中介词典的自动赋词标引

在进行自动赋词标引时,使用一个中介词典(如语义词表)与文献中的词进行匹配,同时将中介词典的词与某一个主题词表的词进行对应,这样通过中介词典,就可以将文本词指引向受控词表中的词。利用中介词典虽然可以将自然语言转换为受控词表的词,但中介词典的覆盖面一般比较小,难以编制一个能满足各方面需求的词典,所以用中介词典进行的自动赋词标引一般会局限于某一特定的学科领域。

事实上,多数自动化标引系统不是真正"自动"的,也就是说不是由计算机来代替标引人员的工作,而是趋向于由计算机来辅助标引员,即"机助"标引系统。一般来说,机助标引主要有以下两种方法:

(1) 使用计算机提供各种类型的联机显示,并辅助标引员;实时地识别标引人员的错误(例如,使用非标准词或使用主标题词/子标题词的无效组合),并立即通知标引员。

(2) 利用计算机程序阅读文本(可能只有标题或文摘),通过抽词程序或赋词程序选择标引词。然后由标引员来鉴定被选定的词。标引员可以进一步增加计算机不能分配的词或删除计算机程序错误组配的词。

5.2.3 中文自动标引

1. 中文自动标引的难点

原则上,标引的前提是对内容的理解,因此,自动标引是难度很大的工作。目前,自然语言理解尚处于研究阶段,再加上汉语本身所具有的一些特殊性,这就形成了中文自动标引的难度更甚于西文的情况。下面列举的是中文自动标引的几个特殊难点。

1) 词的切分问题

中文自动标引所遇到的首要问题是词的切分。与西文不同,在汉语句子中,词和词间都是紧密相连,而不像西文那样均有空格分隔。现在国内大部分自动标引方法只能依据字(词)典匹配,最多再加上一些构词模式或规则来进行词切分。用这种(机械)方法切分词,往往可能出现一些切分错误,因为它无法识别汉语中一些比较复杂(如句中存在的词间钩连现象)的语句。例如,“乒乓球拍卖完了”这句话就是如此,要是不考虑到上下文的含义就很难确定所要卖的到底是“乒乓球”还是“乒乓球拍”;是“卖”还是“拍卖”。

2) 难以进行比较全面的语法分析

要理解句子,首先要分清句子中的各个语法成分(如主语、谓语、宾语等)。由于汉语的规范化问题,词间关系的复杂性和汉语用词的灵活性将对句子中词性的识别、短语的识别等带来很大困难。特别是对于一些具有多种词性的词来说,不管它在句子中是采用何种词性,其出现形式都是一样的,而不像西文那样有性、数、格的变化或具有动词和动名词之分。在现行的自动标引系统中往往是采用禁用词的办法,对句子进行筛选,限制主题领域和简化语句环境,以达到对句子能粗略理解的目的。只有当人工智能技术取得突破性进展的时候,才有可能对文献内容达到真正理解的程度。

3) 汉语用词灵活

汉语是一种在我国历经数千年的不断发展和完善起来的语言,使用起来相当灵活和方便,如汉语中的动词重叠问题等。作为一种语言来说,这是一个优点,人们可以自由灵活地表达自己的思想,但是对于计算机来说,由此将给自动标引带来非常大的困难。

4) 主题词选择和隐含标引问题

无论是关键词还是主题词标引,都需要进行主题理解和概念转换,特别是对后者,在实现时是很困难的。目前尚只能采用加权选择和主题判断规则来解决。很显然,这将对加权函数和规则的正确性提出很高的要求;否则很容易造成误标或漏标。至于对文献中没有明显出现而又确实表达了的主题(即隐含主题),现行方法尚无能为力。

2. 中文自动标引主要方法

1) 词典标引法

这种方法是目前中文自动标引算法中所占比例较大的一种,它根据机内词典的不同具体形式又分为主题词表法、关键词词典法和部件词典法等。

(1) 主题词表法。这是以主题词表为主,辅以非用词表和逻辑判断规则的标引方法。其基本标引过程是:

① 利用禁用词表排除输入的文献题目中的禁用词,并将剩下的短语记录在短语文件中。

② 利用机读主题词表对短语文件中的短语逐一比较,抽出相匹配的词并将其所在位

置、范畴号和同簇等信息记录在抽词文件中。

③ 利用汉语的局部语法特征和一些主题判断规则对上述两种文件的信息进行加工，确定用于标引的主题词。主题判断规则包括加权选择（词频、位置、专指度加权，高权选择，低权排除）、单字主题词选择、通用主题词选择、篇名的跳字匹配和交叉切分技术等规则。

（2）关键词词典法。这种方法将文献作者所用的能描述主题概念的那些具有关键性的词借助计算机自动抽出，经规范化处理后作为文献主题标志。自动抽词处理主要依靠“关键词词典”和“非关键词词典”来进行，其过程是：

① 正向扫描被处理字串，左截 n（例如5）个汉字的子串在关键词词典中查找。若找到则将子串中与词典匹配的最小部分取为关键词部件词，并从被处理字串中截去。

② 在字串剩余部分中再左截 n 个汉字，重复上述处理。若找不到，则右端减字（取 $n-1$ 个字）继续查找。当减为2个汉字时仍找不到，则两个汉字之间形成一个切分点。

③ 在用关键词词典查找之后，再用非关键词词典查找。若字串中有与该词典匹配的子串，则从字串中截去作为非关键词部件词，非关键词部件词和关键词部件词之间是一个自然的切分点。

④ 关键词部件词之间有后续关系则连，无后续关系则断，由此便可得到关键词。

在抽出关键词之后，再用关键词规范化词典对不规范的关键词进行规范化处理，最后得到可用于标引的规范化关键词。

（3）部件词典法。部件词典法是以建立一个“二字部件词典”和一个“一字部件词典”为基础的标引方法。“部件词典”，就是由许多“部件词”及其“词性”组成的表。部件词可以是独立的整词的词头、词中或词尾，也可以同时兼有整词的不同部位。

考虑到现代汉语以二字词占绝大多数，且任何一个整词均可由二字词和一字词组配而成，因此可以用一个二字部件词典和一个一字部件词典来代替整词词典。这样不仅可减轻对词典的组织管理负担，而且可提高处理速度。

部件词典法标引的基本过程是：

① 采取顺向或逆向扫描方式对文献进行扫描处理。

② 找出当前的二字，查“二字部件词典”，看其是否为部件词。

③ 若是部件词，则查以后面二字，若不是，则退位到当前二字的第一个字。查“一字部件词典”，看该字是否为部件词，若是则抽出，若不是则从第二个字开始，以二字前进。

④ 按上述方法依次对文献语句扫描，查出全部部件词，然后按词性进行组配生成整词。

⑤ 用如上组成的整词进行标引，也可对整词做进一步规范化处理，得出最后的标引词。

2）切分标记法

切分标记法是将能够断开句子或表示汉字之间关系的汉字集合组成切分标记字典。切分标记字典既有用词首字、词尾字、不构词的单字或几种情况的组合来构建的，也有用“非用字”、“条件用字”等来组成的。当原文句子被切分标记字典中的汉字构词属性分割成汉语词组或短语之后，再按一定的分解模式分割成单词或专用词组。

这类方法的典型代表是非用字后缀表法。此方法按照不同的用途将字机械地分成四个类别:(A 类)表外用字、(B 类)表内用字、(C 类)条件用字和(D 类)非用字。

这种方法标引的基本过程是:

(1) 扫描输入的汉字串,逐字与"非用字后缀表"中的字进行比较,如果是非用字,则舍去;如果是用字,则取出,在抽出的字符串中没有 D 类字(非用字)后,各种情况都将是 A、B、C 三类字的不同组合与排列,在加以合并整理并考虑到构词的一般规律,拟定相关的构词模式。

(2) 根据汉字类型,参照规定的构词模式,将取出的汉字串分解成单词或专用词组。

(3) 对最终抽出的词进行如按字长选择、单字处理及优先切分等规则的处理,最后确定标引词。

3) 语法分析标引法

语法分析标引法是通过对自然语言文法或句型文法的分析来抽取主题词加以标引。由于汉语自然语言文法复杂,规则较多,目前还没有一个形式化系统能对汉语文法进行描述。但是句型文法分析则相对容易。如科技文献的标题和文摘中的句型种类较为有限,"本文讨论了……"等,几乎出现在每一篇文献中,而这些句子对自动标引来说则非常重要,因为这些句型正是表达文献主题内容的句型。因此可以用句型文法来描述现代汉语,进而抽取主题词进行标引。

4) 汉语自动标引专家系统

汉语文献自动标引专家系统的基本原理是,以现有的汉语专业主题词表为基础,构建概念语义网络,根据一定的抽词规则、标引规则和专门知识,对所处理的素材进行分析、判断,选择和确定标引主题词。

汉语自动标引专家系统是以汉语语义理解为特征的自动标引系统。由于汉字构词具有极大的灵活性,汉语词性缺乏严格的规定性,汉语词汇没有严格的形态变化,再加上汉语文献作者使用语言的多样性和不规范性,造成同一主题可以有多种表达方式,一种表达方式在不同的语境中可以表达多个主题。要提高标引的准确性和真实性,就必须进行语义理解,在语言深层实现标引,因此汉语自动标引专家系统代表了今后汉语自动标引的发展方向。但是专家系统中知识库的构造和推理机制的建立具有相当大的难度,它的实际处理技术与已建立的语义形式化理论还有很大的差距。目前汉语自动标引专家系统只处在初期的试验阶段。

5) 单汉字标引法

单汉字标引法,是指以单个汉字作为标引的基本单元,以单汉字为处理单位,在检索时,对不属于停用词范畴的单个汉字进行逻辑乘运算,也即对标引字所代表的概念层面进行后组配,从而获得检索结果。由于这种方法把对"词"的处理改为对"字"的处理,因此就绕过了汉字分词的难题。

(1) 单汉字标引与检索技术的优越性如下:

① 节约标引时间。使用单汉字标引技术,省却了手工标引所需的大量时间和精力,也省却了自动分词过程所带来的许多麻烦,单汉字标引技术实质上越过了文献标引这一步。

② 组配灵活,标引深入。单汉字系统相当于一个彻底的后组配式检索系统,对文献的标引可深入到每个汉字所代表的概念,检索时再利用汉字强大的组词功能将各个由单

汉字标志的概念层进行后组，获得更多的检索用词。任何使用主题词表的检索系统由于受主题词表规模的限制，都不可能将文献标引得如此彻底。

③ 标引客观且一致。自动分词标引的稳定性较高，但在对复合词、歧义词、交集型字串的理解上可能出现误差，甚至完全失败。而单汉字标引单纯利用汉字间的天然分隔进行标引，它脱离了主题词表的限制与切分语词的困难，表现出高度的稳定性和一致性。

④ 适应性强。任何主题词表受词表规模的限制，或者局限于某一专业领域；或者通用性较强，但标引深度远远不够。而单汉字系统适应于任何专业，对于任何专业性强或专指度高的概念，只要向系统输入代表该概念的汉字，就可获得一定的检索结果。

⑤ 隐含截词功能。截词功能可以降低检索者的负担，提高系统的查全率。但实现截词功能的算法比较复杂，系统开销也较大。单汉字标引则只标引单个汉字，在检索时才将它们后组，因此其检索功能中很自然地包含了“截词功能”，无需额外的算法和开销。

⑥ 简化用户操作。单汉字系统没有主题词表，检索用户无需花费时间和精力来熟悉并了解专门的标引体系和主题词表，用户不必学习提问逻辑式的书写，因为在从字到词的构成过程中已隐含了逻辑关系。另外，同范畴的主题词内往往含有相同的汉字，以后用户便可以此汉字作为切入点，查找到相关概念的大量文献，大大简化了用户的操作步骤。

⑦ 便于系统维护。对检索系统的维护工作，包括插入新出现的标引词（字），删除过时的、废弃不用的或效率极低的索引词（字）以及对索引库的排序、优化等工作。在单汉字检索系统中，由于汉字集合比较稳定，一些新词汇也只是对原有汉字的重组，因而在很大程度上降低了系统维护工作量。另外，单汉字系统的索引库相对较小，便于对其进行维护。

（2）单汉字标引与检索技术的缺点如下：

① 牺牲了隐含概念主题及词汇间相互关系的表达。没有主题词表辅助，单汉字系统只能对检索对象进行字面上的处理，无法表达出字面所没有的但文献中隐含的主题，更无法将各概念之间的属分、参照等关系描述出来。这些因素造成了相关主题文献的漏检，降低查全率。

② 降低了检索速度。大部分汉语词由 2 个 ~3 个汉字组成。检索时，除了少数一字词外，一般都需要对 2 个、3 个甚至更多个汉字进行交运算，将其组合成词，然后再进行匹配运算。与先组式检索系统相比，这种处理技术显然耗时较多，降低了系统的检索速度。

③ 很多虚字、分辨力极低的汉字对于检索来说没有多大意义，但在文献中出现的频率极高，占用了索引库大量的空间。

④ 检索者智力负担较重。在单汉字系统中，没有统一的参照标准。也就是说，用户无法借助于主题词典、检索词表等工具来选取检索词，构造检索策略，而只能凭主观想出检索词。因此，如果要构造出能表达该主题概念的所有语词，这无疑会加重检索者的智力负担。

（3）建立单汉字索引。单汉字标引实质上是把具有检索意义的单个汉字进行倒排索引。一般将汉字分为虚汉字、常用字和基本字。虚汉字只包括少数无标引意义的虚字，预先被放入数组，标引和检索时都须首先扫描该数组，经判断标引字不属于这一类，才为它建立索引。常用字因为在文献中出现的频率较高，以被称为“大记录”形式的格式来索引，索引记录中包括汉字、含该汉字的文献总数、各文献标志号等信息。基本字在文献中出现的频率较低，因此一个记录对应一个汉字，记录中包含的字段则与常用字相仿，其索引格式为[单汉字、篇数、标志号集合]。索引文件的生成采用批处理方式，即录入人员录入一批记录后，将其倒排，加入到索引文件中。也可以设置一个表示单汉字在文献中位置的字段，以方便检索时对字串中各单字的位置限定。其记录格式为[单汉字、文献号、位置信息]。

(4) 位置匹配检索。位置匹配检索首先把检索字串分解成单汉字，逐个在汉字位置倒排档中进行查找，得出含有相应单汉字的记录号集合及各汉字在文献中的位置；然后对两个集合进行交运算，并根据检索字串中各字的位置限定得出符合要求的结果。利用位置匹检索在很大程度上避免了误组配现象，提高了单汉字检索的查准率，使单汉字标引及其检索思想更趋实用。

(5) 检索词首字直接匹配检索。检索词首字直接匹配检索首先取检索词的第一个汉字查找单字索引，获取其在数据库中的记录号和位置值，并提取该记录；然后直接比较检索词和所得记录的子字串，如果相同，则作为命中结果。利用检索词首字直接匹配检索进行检索，可将不能作检索词词首的汉字也纳入停用词表范围。首字直接匹配法在保证检索准确率的前提上，提高了检索词首字直接匹配检索的清晰度及运行效率。

(6) 后控词表。控制词表辅助检索策略的人工优化。后控词表中收录同义词和相关词，其目的是为了减轻检索者的智力负担，提高系统的查全率和查准率。在检索过程中，用户只需输入表达某一概念的一个检索词，系统就会自动从后控词表中搜索出相关词，或根据要求提出上位词、下位词作为检索词，以保证检索结果的完全和准确。后控词表收有同义词和上位词，其记录格式为[主题词、同义词、上位词]。

纵观近几年单汉字标引和检索技术的发展，其发展趋势可归结到两点：一是在单汉字标引和检索技术中引入受控标引和检索的技术思想；二是引入人工智能技术。单汉字标引和检索是完全的后组式标引检索技术，抛开了传统检索系统中主题词表的局限。虽然单汉字标引和检索系统一方面因此而获得极大的灵活性和客观性，且绕过了自动分词中难以逾越的障碍；但另一方面单汉字系统丢失了以词为基础的检索系统中具备的许多重要信息，并为机器运行和用户智力带来了额外的负担。在现有的单汉字系统的各种优化策略中，很多方案引入受控标引技术，如设立受控词表、后控词表、自动生成主题词倒排等，都是在保留单汉字技术的优势和特色的基础上，引入受控标引思想，扬长避短，使两者的优点有机地融合。引入人工智能技术和专家系统技术，有助于发展检索系统的语义分析、自动搜索、逻辑推理等功能，使系统实现自扩展、自学习，检索策略的自动优化。

3. 中文自动标引的发展方向

用计算机进行中文自动标引虽然时间不长，但已取得了相当大的进展，各种标引方法在标引质量和标引效率上都已达到了一定的水平。不过标引工作毕竟是和语言打交道，是一种智能技术，它的发展是与语言学、语义学、计算技术和人工智能的发展密切相关的，要想进一步提高标引质量，尚有许多问题值得讨论。

1) 词典的构造和组成

在自动标引中使用了停用词表，其中包括了普通的停用词、语法功能停用词和条件停用词等，如果将其简单地从正文中筛选掉固然可以，但是它本身还可能进一步说明一些语法现象，如果能由此再加以细分，在对句子切分时就可以以此来切分出其它一些短语，这有助于对文献的进一步深入理解。建立各种能反映词性和词间关系的词典作为资料库将是一个发展方向，但是要构造一个词量完备、词法信息丰富、结构合理的资料库是一项有难度的工作。

2）智能化标引

机械分词的最大优点是方法简单，切分效率高，对于语法结构比较简单的一些句子来说，其标引结果还是可以接受的。如果语法结构比较复杂，特别是存在词链现象时，就要产生误标，而词链现象的识别又是很困难的。要进一步提高标引质量，必须要采用人工智能技术，建立标引专家系统是一条值得重视的途径。下列几个方面都是重要的基础工作：

(1) 汉语的语法分析问题。将汉语规范化、形式化，对于汉语正文的语法分析显然是至关重要的，甚至是不可缺少的。进一步研究扩充汉语句子的分析模型是发展的方向。

(2) 汉语的语义学研究。在处理汉语时，还需要研究句子深层结构的语义关系。也就是说，要确定词的意义、词组在句法结构中的意义，还要注意不能孤立地理解每个句子。

(3) 汉语的语用学的研究。理解语言必须要涉及到语言的背景（上下文），因此，处理自然语言时，必须要从语言、语义和语用学以及它们之间相互作用观点出发，这是成功研制自然语言处理系统的关键。

5.3 自动分类技术

文本分类是一种确定文献所属类别的信息分析方法，其目的在于把某一文档指派到合适的类中。文本自动分类（Automatic Text Categorization）就是利用计算机对文本集（或其它实体或对象，如网页文本等）按照一定的分类体系或标准进行自动分类，属于同一类别的文本被标上相同的类别标记，为文本信息资源的检索提供系统化的解决方案。

自动分类即由计算机代替人工对文献进行分类，赋予其分类标志，以描述文献主题内容的过程。自动分类一般包括自动聚类、自动归类等。

5.3.1 文献自动聚类

聚类是指从待分类对象中提取特征，再将提出的全部特征进行比较，并根据一定的原则将具有相同或相近特征的对象定义为一类。

文献自动聚类是指利用计算机将文献按其属性相似度聚集成不同的类，生成聚类文件和提供聚类检索。它不是基于某种预定的类表，而是基于文献，即先有文献后有类。一般是在语词共现的基础上，通过词频统计，相似性比较，将相关文献聚集在一起。它首先从被考查的对象中提取有关特征，然后将提出的全部特征进行比较，再根据一定的法则或需要（如类别的多少，同类对象的相似程度），将具有相同或相近特征的对象定义为一类，并设法使各类中所包含的对象大致相等，这就是聚类过程，也即定义各种分类法的过程。文献聚类有助于提高检索效率，使属于某一给定类的全部文献在一次文档访问中就可以检出。它还可以节省提问处理时间，使检索时不必逐词逐篇地一一比较，只在有关类的内部进行比较。文献自动聚类可以分为基于词语特征的自动聚类和基于非词语特征的自动聚类。

1. 基于词语特征的自动聚类

通常人们通过标引词来描述文献主题,如果描述文献内容的词汇相同或相近,就把这些文献归为一类。也就是说,文献聚类可以在文献所包含的词的基础上形成。两篇文献所拥有的共同的标引词的数量越多,说明这两篇文献的距离越近,也就是它们的相关性越大。这样它们越有可能属于相似的主题领域。文献聚类方法主要有单遍聚类法、等级聚类法、动态聚类法、逆中心聚类法、密度测试法、图论法等。这些方法大都通过计算两篇文献的相似度,生成有待进行聚类分析的文献集的关系矩阵,然后通过分析此矩阵获得文献集的分类。

1) 文献相似度计算

文献相似度是指不同文献之间属性的相似程度,又称关联度或相关度。文献的属性通常用关键词或标引词代表,其属性值就是标引过程中得到的具体语词符号。标引作业每一文献生成一个索引向量,该向量是标引词的集合。对于由 N 篇文献和 M 个标引词构成的文献检索系统、可以表示为一个 $N \times M$ 的文献——语词矩阵。其中每一行向量表示集合中某文献与各个标引词的关系,每一列向量表示某个标引词与集合中各篇文献的关系。

设 $S(D_i, D_j)$ 为文献 D_i 和 D_j 之间的相似度,t_{ik} 和 t_{jk} 分别为第 k 个标引词在 D_i 和 D_j 之间出现的情况和权值,则相似度系数(也可称为"相似距离")可以有如以下几种算法。

(1) 简单匹配系数

$$S(D_i, D_j) = \sum_{k=1}^{m} t_{ik} t_{jk}$$

(2) Dice 系数

$$S(D_i, D_j) = \frac{2\sum_{k=1}^{m} t_{ik} \cdot t_{jk}}{\sum_{k=1}^{m} t_{ik} + \sum_{k=1}^{m} t_{jk}}$$

(3) Jaccard 系数

$$S(D_i, D_j) = \frac{\sum_{k=1}^{m} t_{ik} \cdot t_{jk}}{\sum_{k=1}^{m} t_{jk} + \sum_{k=1}^{m} t_{ik} - \sum_{k=1}^{m} t_{ik} \cdot t_{jk}}$$

(4) 余弦系数

$$S(D_i, D_j) = \frac{\sum_{k=1}^{m} t_{ik} t_{jk}}{\sqrt{\sum_{k=1}^{m} (t_{ik})^2 \cdot \sum_{k=1}^{m} (t_{jk})^2}}$$

(5) 重叠系数

$$S(D_i, D_j) = \frac{\sum_{k=1}^{m} t_{ik} \cdot t_{jk}}{\min\left(\sum_{k=1}^{m} t_{ik}, \sum_{k=1}^{m} t_{jk}\right)}$$

2）等级聚类法

等级聚类法是文本聚类处理中应用较多的一种方法。它通过建立并逐步更新距离系数矩阵，找出并合并最接近的两类，直到全部聚类对象被合并为一类为止。根据此合并过程，可以绘制出聚类操作的树状图，并确定类的个数和最后聚成的各个类别。

如果用“距离”指标来度量文档样本间（或类间）的相似程度，等级聚类的基本算法思想可以表述为以下操作步骤：

（1）计算并构造文献间的距离系数矩阵。将待聚类文献集合中的所有文献（假设为 n 个）分别作为一个聚类对象，计算两两文献间的距离，共 $n(n-1)/2$ 个，形成文献的距离系数矩阵 $\boldsymbol{M}_{n*n}$。$\boldsymbol{M}_{n*n}$是一个对称矩阵，其中，第 i 行 j 列的元素 d_{ij}表示第 i 篇文档和第 j 篇文档之间的距离值，当 $i=j$ 时，很显然，d_{ij}的值为 0。

（2）合并两个最相似的文献对象。从距离系数矩阵 $\boldsymbol{M}$ 的上（或下）三角元素中（对角线元素除外）找出距离的最小值，例如，是元素 d_{i0j0}，则文档 $i0$ 与 $j0$ 是最相似的，将它合并在一起，形成一个新类。这时，系数矩阵中还有 $(n-1)$ 个对象，记下参加合并的类的序号与距离值。

（3）更新相似矩阵。对于 $(n-1)$ 个对象，重新计算两两之间的距离。由于矩阵中有 $(n-2)$ 个对象没有变化，它们之间的距离也就不变。因此只需要对合并得到的新类对象与以前固有的 $(n-2)$ 个对象两两间的距离进行补算即可。

（4）重复步骤（2）和（3），直到所有文献对象合并为一个类。

经过 $(n-1)$ 次重复合并，每一次使文献类的个数减少一个。这样，原来的 n 个文献就聚合成一类，聚类过程也就结束了。

3）动态聚类法

如前所述，等级聚类法在进行文献聚类时，要求各文献对象相互独立，彼此之间地位平等。虽然聚类的结果一般比较准确，但当文档数量比较大时，因为需要进行全面的两两比较，往往导致计算量巨大。为了克服这一缺点，人们提出了动态聚类的方法，避免全面的计算和比较，尝试在局部分析的基础上，先做出某种较为粗略的划分，然后再按照某种最优的准则进行修正，直到聚类结果比较合理为止。

动态聚类法又称“逐步聚类法”，它主要致力于在一个平面层次上分割所有的样本点，并通过算法的迭代执行，得到一个较合理的有 k 个类的聚类结果。动态聚类法主要基于这样的假设，即类的中心可以代表整个类，并且一般由该类包含的对象（如文献的向量表示）的平均值来描述。首先，在参加聚类的文献集合中选择若干有代表性的文献作为凝聚点，相当于把这些文献单独成类；然后，按照一定的原则（如选择最近的凝聚点）使其它的文献向凝聚点聚集，从而进行文献的初始聚类处理；最后，对聚类结果进行合理性判别，进行优化和修改直到对聚类结果满意为止。

以上简要介绍了动态聚类法的基本思想。在实际研究和应用中，动态聚类法开始时的凝聚点选择、聚类合并时的具体算法都可能有所差异。例如，在凝聚点选择时有重心法、密度法、调用等级聚类法等，在聚类合并时则有 k－means 方法、二分 k－means 方法以及面向检索结果反馈的 Scatter/Gather 方法等。

2. 基于非词语特征的自动聚类

文献分类还可以在非词语特征的基础上形成，尤其是基于各种形式的引文链接。基于引文链接的自动聚类,优于基于词语特征的自动聚类。它们独立于不同的语言和变化的术语。通过引文链接进行的文献聚类有如下三种形式:

(1) 利用直接引文进行文献聚类。从图 5-1 可以看出,文献 X、Y、Z 引用了文献 A、B、C。这样就形成了一个非常简单的直接引文文献类(如 A,X,Y),直接引文文献类由一篇文献及后来引用了这篇文献的其它文献所组成。因为文献 X、Y 都引用了文献 A,这三者极有可能涉及共同的主题领域。如果文献 A 是与检索者当前检索目的高度相关的条目,那么文献 X、Y 也可能与之相关。这样,检索在没有使用传统的主题索引的情况下,就已取得了成功。

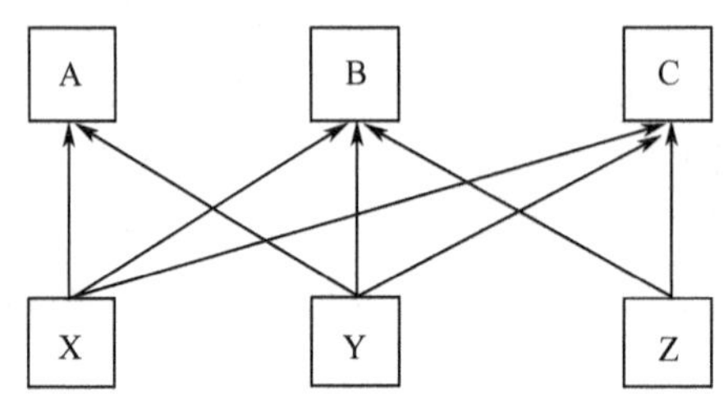

图 5-1 引文链接

(2) 运用"引文耦合"原则进行文献聚类。在图 5-1 所显示的文献中,可以认为文献 X、Y 形成了一个文献类,因为它们都引用了文献 A 和文献 B。这就是所谓的"引文耦合"原则。两个或两个以上条目具有共同的参考或引文文献越多,这些条目的联结越紧密。文献 X、Y 紧密联结是因为它们都引用了文献 A、B、C。而文献 Z 和文献 X、Y 的联结不是太紧密,是因为它与文献 X 和文献 Y 只有两篇共同的参考文献。换一种说法,如文献 X 和文献 Y 的关联强度为 3,而文献 X 与文献 Z、文献 Y 与文献 Z 之间的关联强度只有 2。则它们形成的文献类比文献 X、Y 所形成的文献类更弱。显然两个条目的参考文献越相似,就越有可能讨论同一主题。这样,如果文献 Q 只引用 F、G、H、I,论文 R 也只引用这 4 个条目,文献 Q 和论文 R 所讨论的主题一定是相同的。如果这两篇论文除了具有这四篇共同的参考文献外,每一篇论文还包含了 10 篇另一论文所没有包含的参考文献,这样,尽管文献 Q 和论文 R 之间的关系仍可以被认为是相当密切的,但文献 Q 和论文 R 讨论相同主题的概率就会相对降低。

(3) 利用共同被引进行文献聚类。在图 5-1 中所描述的文献关系中还有一种关系就是共同被引关系。根据共同被引关系,可以认为文献 A、B、C 形成了一个文献类,因为它们被文献 X 和文献 Y 共同引用。根据引文耦合原则,共同被引关系具有不同的强度。共同被引的条目越多,它们之间的关联性越强。在图 5-1 中,文献 A、B、C 为弱相关,因为只有两篇文献共同引用了它们。

5.3.2 文献自动分类

本小节所讲的文献自动分类,也可称为自动归类,是指首先分析被分类对象中的特征,将其与各种类别中对象所具有的共同特征或一定的分类标准、分类参数进行比较;然后将被分类对象划归为特征最相近的一类(或最符合标准参数的一类),并赋予相应的分类号的过程。

1. 文献的特征表示

现在的计算机并不真正具有人类的智能，计算机不能轻易地"读懂"文献。因此文本自动分类遇到的基本问题是如何对文本按照计算机可以"理解"的方式进行有效的表示，从而在这个表示的基础上进行分类。当前文本分类中主要应用的模型是文本的向量空间模型(Vector Space Model，VSM)。

向量空间模型的基本思想是以文本的特征向量来表示文本，因此基于 VSM 模型的分类中关键一步就是如何从文本中提取反映类别的有效特征。一般可以选择字、词或词组作为文本的特征，根据实验结果，普遍认为选取词作为特征项要优于字和词组。对于汉语文本，首先要将文本分词。由这些词作为向量的维数来表示文本，最初的向量表示完全是 0、1 形式，即如果文本中出现了该词，那么文本向量的该维为 1；否则为 0。这种方法无法体现这个词在文本中的作用程度，所以 0、1 逐渐被更精确的词频代替，词频分为绝对词频和相对词频。绝对词频，即使用词在文本中出现的频率表示文本；相对词频为归一化的词频，其计算方法主要运用 TF - IDF 公式。目前存在多种 TF - IDF 公式，下式为一种应用比较普遍的 TF - IDF 公式，即

$$W(t,\bar{\vec{d}}) = tf(t,\bar{\vec{d}}) \times \log(N/n_t + 0.01) / \sqrt{\sum_{\bar{\vec{\omega}} \in d} [tf(t,\bar{\vec{d}}) \times \log(N/n_t + 0.01)]^2}$$

式中：$W(t,\bar{\vec{d}})$为词 t 在文本 $\bar{\vec{d}}$ 中的权重；$tf(t,\bar{\vec{d}})$为词 t 在文本 $\bar{\vec{d}}$ 中的词频；N 为训练文本的总数；n_t 为训练文本集中出现 t 的文本数，分母为归一化因子。

文本经过分词程序分词后，首先去除停用词，合并数字和人名等词汇；然后统计词频；最终表示为上面描述的向量。

2. 特征项的抽取

构成文本的词汇，数量是相当大的，因此，表示文本的向量空间的维数也相当大，可以达到几万维，因此需要进行维数压缩的工作。这样做的目的主要有两个：一是为了提高程序的效率，提高运行速度。二是不同词汇对文本分类的意义是不同的，一些通用的、各个类别都普遍存在的词汇对分类的贡献小；在某特定类中出现比例大而在其它类中出现比例小的词汇对文本分类的贡献大。为了提高分类精度，对于每一类，应去除那些表现力不强的词汇，筛选出针对该类的特征项集合。在文本分类中对向量空间模型中的向量降维，以及对文本向量权值的调整，通常是通过在训练数据集上的统计来计算每一维的某种特征值，根据指标值的高低决定是否保留相应的字或词，或者对对应维的权值进行加权，从而实现特征选择和提取。存在多种筛选特征项的算法，如根据词和类别的互信息量判断、根据词熵判断、根据距离判断等。下面简单介绍基于互信息的特征提取方法。

互信息衡量的是某个词和类别之间的统计独立关系，考虑某个词 t 和某个类别 c，互信息定义为

$$I(t,c) = \log \frac{P(t\hat{}c)}{P(t) \times P(c)}$$

式中：$P(t\hat{}c)$定义为 t 和 c 的同现概率；$P(t)$定义为 t 出现的概率；$P(c)$定义为 c 出现的概率。从概率上说，如果某个词和某一类别在分布上统计独立，那么 $P(t\hat{}c) = P(t) \times P(c)$ 从而有 $I(t,c)$为 0，也就是说词 t 的出现对于预测类别 c 没有什么信息量。在实际计算中，这些概率可以用训练集中相应的出现频率来近似。在一个包含 m 个类别的集合上词

t 的互信息值可定义为

$$I_{\arg}(t) = \sum_{i=1}^{m} P_{\gamma}(c_i) I(t, c_i)$$

或

$$I_{\max}(t) = \max_{i=1}^{m} i(t, c_i)$$

3. 分类器设计

和在其它研究领域所使用的分类器相同，用于文本分类的分类器其目的也是实现从特征空间到类别空间的映射。在文本分类领域，一个比较明显的特点是待分类样本维数高，类别可能比较多，而且噪声大。所以分类器的设计必须要充分考虑到这些特点，以达到较好效果。目前常用文本分类器有最小距离的分类器、贝叶斯(Bayes)分类器、K 近邻分类器、支持向量机(SVM)分类器等。下面简要介绍这些分类器。

1) 最小距离分类器

这种方法是基于向量空间模型和最小距离的方法。其优点是简单，计算迅速。计算步骤是：将文本表示为向量空间中的高维向量，按照训练集中正例的向量赋予正权值，反例的向量赋予负权值，相加平均以计算每一类别的中心。对于属于测试集的文本，计算它到每一个类别中心的相似度，将此文本归类于与其相似度最大的类别。由其计算过程可见，如果对那些类间距离比较大而类内距离比较小的类别分布情况，最小距离分类器能达到较好的分类精度，而对于那些达不到这种“良好分布”的类别分布情况，最小距离分类器方法效果比较差。由于其计算简单、迅速，所以这种方法经常被用做和其它分类方法比较的标准。这个分类以及评价过程可以表示如下：

(1) 求取类中心，对于第 C_i 类，其类中心向量 $Center_i$ 的计算公式为

$$Center_i = \frac{1}{N_i} \sum_{j=1}^{N_i} Doc_{ij}$$

式中：N_i 为第 C_i 类中文本的数目；Doc_{ij} 为类别 C_i 的第 j 个文本向量。

(2) 对待分类文本 Doc_x 进行分类，其类标签 $Label_x$ 按照下式计算，即

$$Label_x = \arg\max \mathrm{Sim}(Center_j, Doc_x)$$

式中，相似度 Sim 的计算通常采用余弦相似度，即两个向量的点积除以两个向量长度的乘积。

$$\mathrm{Sim}(S_i, S_i) = \frac{S_i \cdot S_j}{|| S_i || \times || S_j ||}$$

2) k 近邻分类器

直观地理解，k 近邻就是考察和待分类文本最相似的 k 篇文本，根据这 k 篇文本的类别来判断待分类文本的类别值。相似值的判断可以使用欧拉距离，或余弦相似度等。而最相似的 k 篇文本，按其和待分类文本的相似度高低对类别值予以加权平均，从而预测待分类文本的类别值。在 k 近邻分类器中，一个重要的参数是 k 值的选择，k 值选择过小，不能充分体现待分类文本的特点；如果 k 值选择过大，则一些和待分类文本实际上并不相似的文本也被包含进来，造成噪声增加而导致分类效果的降低。利用 K 近邻分类器进行

分类,文本向量 $\boldsymbol{x}$ 属于类别 C_i 的权值 $W(C_i|\boldsymbol{x})$ 由下式计算,权值越高,认为文本向量 $\boldsymbol{x}$ 属于类别 C_i 的概率越高,即

$$W(C_i \mid \boldsymbol{x}) = \sum_{k=1}^{k} S(\boldsymbol{x},\boldsymbol{x}_k)P(C_i \mid \boldsymbol{x}_k)$$

式中:S 函数为向量之间的余弦相似度; $\boldsymbol{x}_1,\cdots,\boldsymbol{x}_k$ 为训练集中和 x 余弦相似度最大的 k 个文本向量;$P(C_i|\boldsymbol{x}_k)$ 当 $\boldsymbol{x}_k$ 属于类别 C_i 时为 1,否则为 0。

由上述过程可见,k 近邻法其实并没有离线训练阶段,所有的计算都是在线的,所以这种方法实时性不好。

3) Bayes 分类器

Bayes 分类器是常用于文本分类领域的概率分类器,它利用类别的先验概率和词的分布,对于类别的条件概率来计算未知文本属于某一类别的概率。在假设文本中词的分布相互独立,即忽略上下文的 Unigram 模型中,Bayes 分类器的数学形式为

$$P(C_i \mid D_j) = \frac{P(C_i)P(D_j \mid C_i)}{P(D_j)} = \frac{P(C_i)\prod_{k=1}^{|D_j|}P(W_k \mid C_i)^{TF(Wk)}}{P(D_j)}$$

式中:C_i 为某一类别;D_j 为未知类别文本,W_k 为 D_j 中出现的单词;$TF(Wk)$ 为 Wk 在 D_j 中出现的次数。$P(C_i)$ 和 $P(W_k|C_i)$ 可以从训练集中估计。对于不同的类别,上式的分母不变,故只要选择使得分子最大的类别,即认为是待分类文本的类别。在实际应用的时候 Bayes 分类器一般都能取得相对较好的结果。

4) SVM 分类器

支持向量机(Support Vector Machines,SVM)近年来受到了广泛的关注,它在多种分类问题表现出了优异的推广性能,其基本思想是基于统计学习理论的结构风险最小化。如果给出两类线性可分样本,再给出线性分类面的时候,人们直观的趋向于将分类面取在离两类的样本点都距离较远的地方,因为感觉上这种做法比较保险。Vapnik 从数学理论上给出了这种做法的理论依据,并推导出了这种方法风险性能的衡量以及一整套求解的步骤。目前这一套理论还有较多值得继续发展和推敲的地方。

在线性可分的情况下,可以假设线性分类面的形式为

$$g(x) = \omega \cdot x + b = 0$$

将判别函数归一化,使得两类所有样本都满足 $|g(x)| = 1$,即

$$y_i = [(\omega \cdot x_i) + b] - 1 \geqslant 0,\ i = 1,2,\cdots,n$$

式中:$y_i = \pm 1$ 为样本的类别标记;x_i 为相应的样本。也就是使得离分类面最近的样本成立 $|g(x)| = 1$,这样样本的分类间隔就等于 $2/||\omega||$。设计的目标就是要使得这个间隔值最小。据此可以定义 Lagrange 函数为

$$L(\omega,b,\alpha) = \frac{1}{2}(\omega \cdot \omega) - \sum_{i=1}^{n}\alpha_i\{y_i[(\omega \cdot x_i) + b] - 1\}$$

式中:$\alpha_1 > 0$ 为 Lagrange 乘数。

对 ω 和 b 求偏微分并令其为 0,原问题转换成为如下对偶问题:在约束条件

$$\sum_{i=1}^{n} y_i\alpha_i = 0,\alpha_i \geqslant 0,i = 1,\cdots,n$$

对 α_i 求解下列函数的最大值,即

$$Q(\alpha) = \sum_{i=1}^{n} \alpha_i - \frac{1}{2}\sum_{i,j=1}^{n} \alpha_i \alpha_j y_i y_j (x_i \cdot x_j)$$

如果 α_i^* 为最优解,那么

$$\omega^* = \sum_{i=1}^{n} \alpha_i^* y_i x_i$$

对于线性不可分的情况,可以引入松弛因子,在求最优解的限制条件中加入对松弛因子的惩罚函数。完整的支持向量机,还包括通过核函数的非线性变换将输入空间变换到一个高维空间,然后在高维空间中求取线性分类面。常见的核函数包括多项式核函数、径向基函数、Sigmoid 函数等。值得指出的是,最终判别函数只包括与支持向量的内积的求和,所以识别时计算复杂性只取决于支持向量的个数。

5.4 自动文摘技术

文摘应是具有一定独立性和自含性的一篇完整的短文,即不阅读文献的全文,就能获得必要的信息。文摘的内容应包含原文献的主要信息,供读者确定有无必要阅读全文。人们要想在信息的海洋中找到所需信息,不仅需要先进的信息检索技术,而且还应该拥有一个能自动压缩信息甚至自动提炼信息的智能系统,一个好的自动摘要系统就应当是这样的系统。它可以为读者提供文献的概要与精华。

据统计,手工文摘中,79% 的文摘句抄自原文,3% 的句子由原文拼接而来,4% 的句子是原文句子改造而来,5% 的句子由原文句拼接改造而来,只有 9% 的句子是文摘员自撰而成。有学者在对科技文献进行标引实验的文章中对 200 个段落分析发现:85% 的段落主题句是段落的第一句,7% 的为最后一句,并提示可以将这些句子汇编成文摘。这些都为日后自动文摘的研究打下了基础。

自动文摘是计算机技术、语言分析技术、人工智能技术相结合的产物,并与自动标引有非常密切的关系,其本质是信息的挖掘和信息的浓缩。从理论上讲,对自动文摘的研究将有助于探讨人类理解、概括自然语言文本,并从中获取知识的认知模型。自动摘要被认为是计算机实现自然语言理解的重要标志之一。从实用角度而言,自动文摘系统的使用会大幅度降低编制文摘的成本,缩短文摘的出版周期。鉴于文摘的概念是"对文章所作的扼要摘述,选取文章的片段",而摘要即"摘录要点"之意,本文对"文摘"和"摘要"将不与严格区分。

5.4.1 文摘的分类

在自动文摘近 50 年来的研究历史上,专家学者们提出了各种各样的文摘方法。一般来说,自动摘要系统都由信息的理解、主题信息的提取、摘要生成三部分构成。因这三部分所采用的方法不同,摘要系统也可以划分成不同的类型。若从摘要的内容进行分类,可分为:

(1) 主题摘要。在摘要过程中需要理解全文,抽取文章中主题(概念、句),组织成文

构成摘要,作者原文摘要大致如此。这也是自动摘要系统的最高境界。

(2) 信息摘要。根据用户特定信息要求,抽取有关信息,按用户所喜闻乐见的格式组织成有关信息的摘要(有人称其为理解型摘要)。

(3) 纲目摘要。在阅读并理解全文的基础上,识别文章的结构信息,给出全文目录纲要。

(4) 摘录型摘要。大部分文摘句都是直接或间接选自原文,只有少数句子经过加工整理而成,手工文摘员的摘要大多如此。

(5) 评论型摘要。在阅读大量同类文献的基础上,文摘人员对这些文献进行分析比较,在综合评价后形成的文摘。这类文摘需要文摘人员有较深的专业知识,对某一领域非常熟悉。

其中,(1)、(2)、(3)种摘要也常被称为报道型摘要。

5.4.2 选择文摘句的依据

自动摘录(Automatic Extraction)将文本视为句子的线性序列,将句子视为词的线性序列。它通常分四步进行:计算词的权值;计算句子的权值;对原文中的所有句子按权值高低降序排列,权值最高的若干句子被确定为文摘句;将所有文摘句按照它们在原文中的出现顺序经过适当的连接后输出。

在自动摘录中,计算词权、句权、选择文摘句的依据是文本的六种形式特征:

(1) 词频(Frequency)。能够指示文献主题的有效词(Significant Words)往往是中频词。根据句子中有效词的个数可以计算句子的权值,这是 Luhn 首先提出的自动摘录方法的基本依据。

(2) 标题(Title)。标题是作者给出的提示文献内容的短语,借助停用词词表,在标题或小标题中剔除功能词或只具有一般意义的名词,剩下的词和原文内容往往有紧密的联系,可以作为有效词。

(3) 位置(Location)。美国的 P. E. Baxendale 的调查结果显示:段落的论题位于段落首句的概率为 85%,位于段落末句的概率为 7%。因此,有必要提高处于特殊位置的句子的权值。

(4) 句法结构(Syntactic Structure)。句式与句子的重要性之间存在着某种联系,例如,文摘中的句子大多是陈述句,而疑问句、感叹句等则不宜进入文摘。日本北海道大学的 Maeda 将句子的信息功能分为背景(B)、主题(T)、方法(M)、结果(R)、例子(E)、应用(A)、比较(C)和讨论(D),并认为 T、M、R 和 D 是主干,应进入文摘;E、A、C 和 B 是枝叶,应排除在文摘之外。根据语用功能提炼出来的文摘更符合科技文献文摘编写的标准。如果想把这种方法推广到科技文献以外的文本中,则需要对各类文献的结构深入研究。其实即使是科技文献也有各种类型,理论文献、实验文献和综述文献的结构区别也很大。

(5) 线索词(Cue)。Edmundson 的文摘系统中有一个预先编制的线索词词典,词典中的线索词分为取正值的褒义词、取负值的贬义词和取零值的无效词。句子的权值就等于句中每个线索词的权值之和。

(6) 指示性短语(Indicative Phrase)。英国 Lancaster 大学的 Paice 提出根据各种“指示性短语”来选择文摘句的方法,和线索词相比,指示性短语的可靠性要大得多。

这六种特征是自动摘录的依据,它们从不同角度指示了文献的主题,但都不够准确,不够全面。如果能够将上述各种特征"有机"地结合起来,即以 $W = f(F, T, L, S, C, I)$ 作为计算句子权值的公式,那么摘录的质量可望进一步提高。

5.4.3 自动文摘基本方法

自动文摘可以分为自动摘录、基于理解的自动文摘、信息抽取和基于结构的自动文摘。目前主要自动文摘技术有:基于浅层分析的方法、基于实体分析的方法和基于话语结构的方法。

1) 基于浅层分析的自动文摘技术

该方法只涉及到对文档中所蕴含的一些浅层的特征进行统计与分析,然后将其中的某些特征按特定的量化模型结合起来作为文档信息的量化度量,并据此选择出文档的核心内容,对于文档的浅层分析往往不需要复杂的文档内部表示,而只需要能够划分出文摘提取时的基本单元就可以了。

2) 基于实体分析的自动文摘技术

实现实体层的分析需要首先将文档转化成内部表示的形式,划分出文档的各个实体并建立起文档实体间的相互关系,通过对文档实体及其相互关系建模,将有助于确定各个实体对于表述文档内容的作用,依此而生成文摘。

3) 基于话语结构的自动文摘技术

该方法主要是对全文的宏观结构进行建模,这些结构包括文档格式 、用于区分文本主题的线索和文体结构(如议论文或者说明文的结构)特征。

4) 具体的自动摘要方法

在自动摘要的研究开发过程中,人们提出并探讨了各种各样的方法,归纳整理如下:

(1) 位置法。依据美国 P. E. Baxendale 的研究结果,美国康奈尔大学 G. Salton 提出了寻找文章的中心段落为文摘核心的思想。观察表明,除了论题句、段首、段尾等句子之外,段落的第二句常常也表示段落的主题。

(2) 提示字串法。文章中常常有一些特殊的线索词(短语、字串、字串链),它们对文章主题具有明显的提示作用,可以利用它们来获取文章的主题。例如,Edmundson 的文摘系统中有一个预先编制的线索词词典;Paice 提出根据各种指示性短语(例如,in this paper … the purpose of the article…)来选择文摘句的方法。

(3) 频率统计法。频词法是 Luhn 首先提出的;V. A. Oswald 主张句子的权值应按其所含代表性的"词串"的数量来计算;而 Doyle 则重视共现频度最高的"词对";1995 年 Lisa. F. Rau 采用相对词频的方法实现 ANES(Automatic News Extraction System)系统。

(4) 信息抽取法。该方法常用于对一些特殊领域的文献资料做摘要。根据用户的需求,首先构造出一个用户喜闻乐见的文摘框架,文摘框架以空槽的形式提出应该从原文中获取的各项内容;然后再把文摘框架中的内容转换为文摘。由于受领域限制,文摘框架比理解文摘中的脚本等要简单得多,更易于编写。信息抽取要想应用于多个领域,就必须为每个领域都编写一个文摘框架,在处理文本时先进行主题识别,根据主题调用相应的文摘框架。另外,一些有价值的文本片段可能没有明显的特征,单凭特征词或特征短语的提示作用来填充文摘框架并不是非常准确的。由于使用模板生成文摘,使得文摘的语言千篇一律,十分呆板。

(5) 框架法。借助于文章的大小标题与语义段来做目次性摘要，这也很受欢迎。统计表明，大部分科技文献(99.8%)的标题都能基本反映主题。捷克 Janos 把文中句分为主干句与枝叶句，删枝叶句留主干句的文摘方法可划归于此。

(6) 理解分析法。基于理解的文摘方法是以人工智能，特别是自然语言理解技术为基础而发展起来的文摘方法。基于理解的自动文摘常包含语法分析、语义分析、信息提取和文摘生成，作者文摘应属于此。这种方法最明显的特点在于对知识的利用，它不仅利用语言学知识获取语言结构，更重要的是利用领域知识进行判断、推理，得到文摘的意义表示，最后从意义表示中生成摘要。研究表明，理解首先应着重篇章理解、段落理解，也就是理解应该是分层的，高层理解比低层理解更为重要。日本北海道大学的 Maeda 把句子按语义分为八类，然后用主题句、方法句、结果句、讨论句作为文摘骨干的方法，也可划归于此。

(7) 仿人算法。仿人算法是研究开发计算机上高级软件的捷径。要掌握仿人算法，首先要认真研究人工所用的方法，并从中提炼出可用于计算机上的算法，再加以发挥。简单说，仿人算法就是对人工方法的学习，模仿与发挥所产生的综合性方法，就是让计算机模仿人学习语言的方式和书写文章时的习惯，再综合运用"文首自动截取法"、"论题句提取法"、"词频统计与句子加权法"、"结构分析与语法、语义分析法"等技术，教导计算机如何在不同情况下判断是否可作为摘要句或使用原文中没有出现的词。人工文摘人员在编制文摘时并不一定通读全文，也不一定要分析句子的主语、谓语、宾语等语法结构，往往只着重观察标题、子标题、前言、结束语及其主要论题句，以发现其主题，再挑选句子在修饰后稍加组织生成文摘；特别重视包含论题提示字串的句子；重视文章的结构信息，紧扣主题；允许偏重，同一篇文献，不同用户兴趣点和观察角度可能不同，文摘的结果也可能不同。

5.4.4 中文自动文摘的研究状况

我国从 1985 年开始介绍国外自动文摘方面的研究情况，从 20 世纪 80 年代末开始研究自动文摘实验系统，至今也有约 20 年的历史。

在形式特征方面，汉语和西文主要区别是汉语词间没有空格，因而存在着自动分词问题。汉语自动分词是一项经过多年研究仍未圆满解决的难题，以致有些学者提出了从汉字频率统计出发提取文摘的权宜之计，从而回避自动分词问题。然而因为汉语中真正负载信息的是词而不是字，所以如果分词技术能够满足大规模真实文本处理的需要，那么以词为基础的自动文摘必然优于以字为基础的自动文摘。实际上，大多数中文文摘系统都要对文本进行分词处理，只是由于采用的分词方法不同，使得分词精度有所不同。此外，汉语的词汇极为丰富，同一个概念可以用很多不同的词汇表达，这给词频统计带来了一定的困难。

我国对自动文摘系统的研究成绩比较突出的研究者主要有：上海交通大学的王永成教授，研制了 OA 中文文献自动摘要系统；哈尔滨工业大学王开铸教授研制了基于自然语言理解的文摘实验系统；北京邮电大学钟义信教授提出了智能信息网络体系结构的设想和"基于全信息理论的自然语言理解"理论，研制成功了面向科技领域的自动文摘系统 Ladies 和面向报刊领域的自动文摘系统 News，同时研制成了领域不受限制的自动文摘系统 Glance。这些系统都具有一定的实用性，成绩是可喜的；东北大学姚天顺教授和香港城市理工大学联合开展了"中文全文自动摘要系统"的研究；中国科学院软件所的李小滨、徐越，在北京大学马希文教授的指导下，对英文自动文摘进行了研究；IBM 中国研究中心和微软中国公司都在研制中文自动文摘的产品。

其中,上海交通大学王永成教授领导的课题组在自动文摘的探索工作中已经取得了初步成功,例如,1988 年开发出面向科技文献的自动摘要模型系统;1992 年开发出面向新闻文献的自动摘要模型系统;1995 年开发出不限领域的自动摘要模型系统;1998 年开发出中英文自动摘要系统与网上自动摘要系统;1999 年实现声控自动摘要系统;2000 年研发成功网络版、捆绑版、报道型摘要系统、纲目摘要系统。1998 年鉴定评议自动摘要在技术上处于国际领先水平;1999 年,自动摘要系统通过了 Turing 测试,系统已经达到了实用的水平;2000 年,根据国家"863"计划的要求,其自动摘要系统和新浪的 Richwin2000 实现了集成,并顺利地通过系统集成测试。中英文自动摘要系统能按用户指定的长度要求,在以秒计的时间里,对中文或英文的电子文献资料做出基本反映主题、文字流畅的摘要。可提供主题摘要,即自动确定文献的主题并可根据不同的长度要求做出摘要;可提供偏重摘要,根据不同类型用户各自的侧重点编制摘要;可提供定题摘要,即根据确定的主题种类摘录出相关的信息;可提供纲目摘要,即在阅读全文理解的基础上,识别文章的结构信息,给出全文目录纲要,并进行链接浏览。该系统与国内外其它系统相比,它具有以下八个特点:

(1) 多领域。可以对多个领域文章做摘要,新闻类和科技类文章效果尤好。

(2) 多文种。一套系统即可处理中文和英文文献。

(3) 多编码。可以对 GB 码 BIG5 码的文章进行自动摘要。

(4) 多控制方式。可以用键盘、鼠标和声音等多种方式控制系统。

(5) 多平台。可以在 DOS、Windows、Windows NT 和 UNIX 等多种平台上运行。

(6) 多环境。可以单机运行,也可以在网络环境下运行。

(7) 多格式。可对 TXT、DOC、HTML 等多种格式的文献进行自动摘要。

(8) 多功能。可以实现"可变长度"、"偏重主题"、"声音输出"、"格式重编"等多种有用的功能。

总之,自动摘录和理解文摘各有长短。自动摘录能够适用于非受限领域,这符合当前自然语言处理技术面向真实语料,面向实用化的总趋势,但是由于它局限于对文本表层结构的分析,所以经过近 50 年的发展已接近技术极限,文摘质量很难再有质的飞跃。理解文摘牺牲领域宽度,换取了理解深度,它作为理论探索的价值很高,但实用性较低,在可预见的未来中前景暗淡。信息抽取能够通过重编文摘框架使文摘系统适应新的领域,它的文摘质量并不比理解文摘逊色,而适用范围更宽了。基于结构的自动文摘不涉及领域知识,所以它和自动摘录一样是面向非受限领域的,同时由于引入了篇章结构方面的知识,使文摘质量有了较大的提高。这两种文摘方法的综合效果均优于自动摘录和理解文摘。

5.5 信息抽取技术

5.5.1 信息抽取技术概述

1. 信息抽取概念

信息抽取(Information Extraction,IE)是把文本里包含的信息进行结构化处理,变成表格一样的组织形式。输入信息抽取系统的是原始文本,输出的是固定格式的信息点。信息点从各种各样的文档中被抽取出来，然后以统一的形式集成在一起，这就是信息抽取的主要任务。信息抽取技术并不试图全面理解整篇文档，只是对文档中包含相关信息的部分进行分析。至于哪些信息是相关的，将由系统设计时定下的领域范围而定。

信息抽取原来的目标是从自然语言文档中找到特定的信息，是自然语言处理领域特别有用的一个子领域。所开发的信息抽取系统既能处理结构化文本，又能处理自由式文本（如新闻报道）。IE 系统中的关键组成部分是一系列的抽取规则或模式。

信息抽取系统的主要功能是从文本中抽取出特定的事实信息，如从经济新闻中抽取出公司发布新产品的情况（公司名、产品名、发布时间、产品性能等）。被抽取出来的信息以结构化的形式描述，可以直接存入数据库中，供用户查询以及进一步分析利用。与信息抽取密切相关的技术是信息检索，信息抽取与信息检索的区别主要表现在以下三个方面：

（1）功能不同。信息检索系统主要是从大量的文档集合中找到与用户需求相关的文档列表；而信息抽取系统则旨在从文本中直接获得用户感兴趣的事实信息。

（2）处理技术不同。信息检索系统通常受到信息理论、概率理论和统计学的影响，利用统计及关键词匹配等技术，把文本看成词的集合，不需要对文本进行深入分析理解；而信息抽取往往要借助以规则为基础的计算语言学和自然语言处理技术，通过对文本中的句子以及篇章进行分析处理后才能完成。

（3）适用领域不同。由于采用的技术不同，信息检索系统通常是领域无关的，而信息抽取系统则是领域相关的，只能抽取系统预先设定好的有限种类的事实信息。

另外，信息检索与信息抽取又是互补的。为了处理海量文本，信息抽取系统通常以信息检索系统（如文本过滤）的输出作为输入；而信息抽取技术又可以用来提高信息检索系统的性能。二者的结合能够更好地服务于用户的信息处理需求。

信息抽取虽然需要对文本进行一定程度的理解，但在信息抽取中，用户一般只关心有限的感兴趣的事实信息，而不关心文本意义的细微差别以及作者的写作意图等深层理解问题。因此，信息抽取只能算是一种浅层的或者说简化的文本理解技术。

一般来说，信息抽取系统的处理对象是自然语言文本尤其是非结构化文本。但广义上讲，除了电子文本以外，信息抽取系统的处理对象还可以是话音、图像、视频等其它媒体类型的数据。本文只讨论狭义上的信息抽取研究，即针对自然语言文本的信息抽取。

2. 衡量信息抽取系统性能的评价指标

信息抽取技术的评测起先采用经典的信息检索（IR）评价指标，即回召率和准确率：召回率等于系统正确抽取的结果占所有可能正确结果的比例；准确率等于系统正确抽取的结果占所有抽取结果的比例。仅稍稍改变了其定义。经修订后的评价指标可以反映 IE 可能产生的过度概括现象，即数据在输入中不存在，却可能被系统错误地产生出来。就 IE 而言，回召率可粗略地被看成是测量被正确抽取的信息的比例，而抽准率用来测量抽出的信息中有多少是正确的。评价一个系统时，应同时考虑两个因素，但同时要比较两个值，毕竟不能做到一目了然。许多人提出合并两个值的办法，即为了综合评价系统的性能，通常还计算召回率（REC）和准确率（PRE）的加权几何平均值 F 指数，它的计算公式为

$$F-MEASURE=\frac{((beta)^2+0.1)\cdot PRE\cdot REC}{((beta)^2\cdot PRE)\cdot REC}$$

式中：*beta* 为召回率和准确率的相对权重。*beta* 等于 1 时，二者同样重要；*beta* 大于 1 时，

准确率更重要一些；*beta* 小于 1 时，召回率更重要一些。在 MUC 系列会议中，*beta* 取值一般为 1、1/2、2。这样用 F 一个参数值就可以评价系统的好坏。

3. 信息抽取技术的发展概况

从自然语言文本中获取结构化信息的研究最早开始于 20 世纪 60 年代中期，这被看做是信息抽取技术的初始研究，它以两个长期研究性的自然语言处理项目为代表，即美国纽约大学开展的 Linguistic String 项目和耶鲁大学 Roger Schank 及其同事在 20 世纪 70 年代开展的有关故事理解的研究。

从 20 世纪 80 年代末开始，信息抽取研究蓬勃开展起来，这主要得益于消息理解系列会议（Message Understanding Conference，MUC）的召开。MUC 系列会议使信息抽取发展成为自然语言处理领域一个重要分支，并一直推动这一领域的研究向前发展。

目前，除强烈的应用需求外，正在推动信息抽取研究进一步发展的动力主要来自美国国家标准技术研究所（NIST）组织的自动内容抽取（Automatic Content Extraction，ACE）评测会议。与 MUC 相比，目前的 ACE 评测不针对某个具体的领域或场景，采用基于漏报（标准答案中有而系统输出中没有）和误报（标准答案中没有而系统输出中有）为基础的一套评价体系，还对系统跨文档处理（Cross - document processing）能力进行评测。这一新的评测会议将把信息抽取技术研究引向新的高度。

IE 研究已经有不少成果，例如，英语和日语姓名识别的成功率达到了人类专家的水平；通过 MUC 用现有的技术水平，已有能力建造全自动的 IE 系统，在有些任务方面的性能达到人类专家的水平。

随着因特网的发展，几乎所有的网上信息都是以文本的形式呈现给用户，由于所处理文本格式的差异，信息抽取领域的研究基本上可以划分为基于自然语言处理（Nature Language Processing，NLP）的信息抽取和基于因特网的信息抽取两个研究方向。

近几年，信息抽取技术的研究与应用更为活跃。在研究方面，主要侧重于利用机器学习技术增强系统的可移植能力、探索深层理解技术、篇章分析技术、多语言文本处理能力、WWW 信息抽取以及对时间信息的处理等。在应用方面，信息抽取应用的领域更加广泛，除自成系统以外，还往往与其它文档处理技术结合建立功能强大的信息服务系统。

5.5.2 信息抽取系统设计方法和处理对象

1. 信息抽取系统设计方法

IE 系统设计主要有两大方法：一是知识工程方法；二是自动训练方法。

知识工程方法主要靠手工编制规则使系统能处理特定知识领域的信息抽取问题。这种方法要求编制规则的知识工程师对该知识领域有深入的了解。这样的人才有时找不到，且开发的过程可能非常耗时、耗力。

自动训练方法不一定需要专业的知识工程师，系统主要通过学习已经标记好的语料库获取规则。任何对该知识领域比较熟悉的人都可以根据事先约定的规范标记语料库。经训练后的系统能处理没有见过的新文本。这种方法需要足够数量的训练数据，才能保证其处理质量。

2. 信息抽取系统的处理对象

信息抽取系统的处理对象主要有自由式文本、结构化文本、半结构化文本和网页。

1）自由式文本

信息抽取最初的目的是开发实用系统，用于从自由文本中析取有限的信息。例如，从报道恐怖袭击活动的新闻中析取袭击者、所属组织、地点、受害者等信息。处理自由文本的 IE 系统通常使用自然语言处理技术，其抽取规则主要建立在词或词类间句法关系的基础上。需要经过的处理步骤包括句法分析、语义标注、专有对象的识别和抽取规则。规则可由人工编制，也可从人工标注的语料库中自动学习获得。

2）结构化文本

这主要是一种数据库里的文本信息，或是根据事先规定的严格格式生成的文本。从这样的文本中抽取信息是非常容易的，准确度也高，通过描述其格式即可达到目的，所用的技巧因而相对简单。

3）半结构化文本

这是一种界于自由文本和结构化文本之间的数据，通常缺少语法（像电报报文）也没有严格的格式。用自然语言处理技巧对这样的文本并不一定有效，因为这种文本通常连完整的句子都没有。因此，对于半结构化文本不能使用传统的 IE 技术，同时，用来处理结构化文本的简单的规则处理方法也不能奏效。

4）网页

有些研究者把所有网页都归入半结构化文本，但有学者认为：若能通过识别分隔符或信息点顺序等固定的格式信息即可把“属性—值”正确抽取出来，那么，该网页是结构化的。半结构化的网页则可能包含缺失的属性，或一个属性有多个值，或一个属性有多个变体等例外的情况。若需要用语言学知识才能正确抽取属性，则该网页是非结构化的。网页的结构化程度总是取决于用户想要抽取的属性。通常，机器产生的网页是非常结构化的，手工编写的则结构化程度差些，当然有很多例外。

网页上大部分内容都以属性列表的形式呈现，如很多可搜索的网页索引。这种外观上的规律性可被利用来抽取信息，避免使用复杂的语言学知识。网页上的组织结构和超链接特性也是需要考虑的重要因素。例如，可能需要打开链接的内容才能找到想要的信息。网页的组织结构不同，抽取规则也不同。

网上数据库查询的结果通常是一系列的包含超级链接的网页。也可以把这类网页分成三类：一层一页，即一个页面即包含了所有的查询结果；一层多页，即需要调出多个链接才能获得所有的结果；两层页面，即第一层是列表式条目链接，点击链接后才能看到详细资料。

5.5.3 信息抽取的相关技术

1. 信息抽取的关键技术

1）命名实体识别

命名实体是文本中基本的信息元素，是正确理解文本的基础。狭义地讲，命名实体是指现实世界中的具体的或抽象的实体，通常用唯一的标志符（专有名称）表示，如人名、组织名、公司名、地名等。广义地讲，命名实体还可以包含时间、数量表达式等。命名实体识别就是要判断一个文本串是否代表一个命名实体，并确定它的类别。在信息抽取研究中，命名实体识别是目前最有实用价值的一项技术。命名实体识别的方法主要有基于规则的方法和基于统计的方法。

2）句法分析

通过句法分析可以得到数据输入的某种结构表示，如完整的分析树或分析树片段集合，是计算机理解自然语言的基础。在信息抽取领域一个比较明显的趋势是越来越多的系统采用部分分析技术，即对文本和语句按照抽取目标和要求进行局部的分析和理解，因为完全分析技术的稳定性、可靠性以及时空开销都难以满足信息抽取系统的需要。但部分分析技术无疑影响了信息抽取系统的通用性，探索更为有效的分析技术是当前的难点。

3）篇章分析与推理

为了准确而没有遗漏地从文本中抽取相关信息，信息抽取系统必须能够识别文本中的共指现象（即对于同一个实体或事实的不同表述），进行必要的推理，从而合并描述同一事实或实体的信息片段。信息抽取系统还要解决文本间的（即跨文本或跨系统的）共指问题，为了避免信息的重复、冲突，信息抽取系统需要有识别、处理这些现象的能力。因此，篇章分析、推理能力对信息抽取系统来说是必不可少的。

4）知识获取

领域知识获取可以采用的策略通常有两种：手工与辅助工具相结合；自动/半自动获取与人工校对相结合。前者以人工工作为主体，只是为移植者提供一些图形化的辅助工具，以方便和加快领域知识获取过程；后者则采用有指导、无指导或间接指导的机器学习技术从文本语料中自动或半自动获取领域知识，人工干预程度较低。

此外，信息抽取系统的关键技术还包括系统的设计方法、评价指标等。信息抽取系统设计主要采用知识工程方法和自动训练方法。前者主要靠编制抽取规则使系统能处理特定知识领域的信息抽取问题；后者则通过对已经标记好的语料库获取规则，通过机器学习和训练来进行新文本的信息抽取处理。信息抽取技术的评测指标一般采用召回率和抽准率。

2. 因特网分装器

各网站的信息内容互相独立，要收集起来有困难。因特网上还存在一个被称为“暗藏网”（the hidden web），即那些网上数据库系统。估计因特网上80%的内容存在于这种看不见的因特网中。搜索引擎的“网络爬虫”抓不到这些网页。这就意味着需要一种独立的工具从这些网页中收集数据。

1）分装器

从网站中抽取信息的工作通常由一种叫做“分装器”（Wrapper）或“包装器”的程序完成。分装器用于从特定的信息源中抽取相关内容，并以特定形式加以表示。在数据库环境下，分装器负责把数据和查询请求从一种模式转换成另外一种模式。在因特网环境下，分装器的目的是把网页中储存的信息用结构化的形式储存起来，以方便进一步的处理。

因特网分装器可接受针对特定信息源的查询请求，并从该信息源中找出相关的网页，然后把需要的信息提取出来返回给用户。它由一系列的抽取规则以及应用这些规则的计算机程序代码组成。通常，一个分装器只能处理一种特定的信息源。从几个不同信息源中抽取信息，需要一系列的分装器程序库。分装器的运行速度应该很快，因为它们要在线处理用户的提问。它还要能应付网络经常变化、运行欠稳定的特点。

分装器生成(WG)领域独立于传统的IE领域。典型的WG应用系统能从网上数据库返回的查询结果网页中抽取数据。这些网页构成一个被称之为“半结构化”的信息源。为了能把这些网页的数据整合在一起,必须把相关的信息从这些网页中抽取出来。因此,分装器实质上是针对某一特定信息源的IE应用系统。典型的WG系统生成的是基于分隔符的抽取模式。由于这类网页均是在一个统一的模板上即时生成的,因此,只要学习了几个样本网页后,系统即能识别分隔符特征串,构成不同的模板区域。

2) 分装器生成

分装器可用人工或半自动的办法生成。手工生成分装器通常需要编写专用的代码,手工构造的IE系统不能适应处理对象所属领域的变化。每个领域都要有相应的分装器,维护成本很高。

半自动化生成分装器的技术得益于分装器生成的支持工具。一种方法是使用向导让用户告诉系统哪些信息是需要抽取的。通过图形界面,用户即可以通过演示编写程序,标示出需要抽取的区域。但是,用这种方法需要对新的站点进行重新的学习。

全自动分装器的生成利用机器学习技术,开发学习算法,设计分装器。不过即使是全自动的方法也需要人类专家的少量参与。系统必须通过学习阶段,从例子中归纳出规则。分装器归纳法是一种自动构造分装器的技术。主要思想是用归纳式学习方法生成抽取规则。用户在一系列的网页中标记出需要抽取的数据,系统在这些例子的基础上归纳出规则。这些规则的精确度如何取决于例子的质量。

3. 信息抽取系统的一般模型

典型的信息抽取系统由以下依次相连的十个模块组成:

(1) 文本分块模块。通过人工或Robot程序进行收集和建立索引,采集到相关网页或文件后,将输入文本分割为不同的部分——块。

(2) 预处理模块。它将得到的文本块转换为句子序列,每个句子由词汇项(词或特定类型短语)及相关的属性(如词类)组成。

(3) 过滤模块。它过滤掉不相关的句子。

(4) 预分析模块。在词汇项(Lexical Items)序列中识别确定的小型结构,如名词短语、动词短语、并列结构等。

(5) 分析模块。它分析小型结构和词汇项的序列建立描述句子结构的完整分析树或分析树片段集合。

(6) 片段组合模块。如果上一步没有得到完整的分析树,则需要将分析树片段集合或逻辑形式片段组合成整句的一棵分析树或其它逻辑表示形式。

(7) 语义解释模块。从分析树或分析树片段集合生成语义结构、意义表示或其它逻辑形式。

(8) 词汇消歧模块。它消解上一模块中存在的歧义得到唯一的语义结构表示。

(9) 共指消解或篇章处理模块。通过确定同一实体在文本不同部分中的不同描述将当前句的语义结构表示合并到先前的处理结果中。

(10) 模板生成模块。它将匹配结果填入信息模板的属性槽中,形成信息库中的记录,信息库的组织形式可是以数据库,也可以是XML文档,由文本的语义结构表示生成最终的模板。

利用信息抽取技术从网页中抽取出用户感兴趣的信息，以结构化的数据形式存储于数据库中，然后再利用基于数据库的数据挖掘算法从数据库中发现有用的知识或模式，以进一步满足用户需要。当然，并不是所有的信息抽取系统都明确包含所有这些模块，并且也未必完全遵循以上的处理顺序，比如片段组合模块和语义解释模块执行顺序可能就相反。但一个信息抽取系统应当包含以上模块中描述的功能。

遵循 MUC 系列会议建立的术语，一般把信息抽取最终的输出结果称为模板（Template），模板中的域称为槽（Slot），而把信息抽取过程中使用的匹配规则称为模式（Pattern）。另外，把要提取的特定事件或关系称为一个场景（Scenario），而领域（Domain）的概念要宽泛一些，通常一个领域可以包含多个场景。

5.5.4 信息抽取方法的分类

信息抽取方法根据原理可分为基于自然语言理解、基于包装器归纳、基于 Ontology 方法和基于 HTML 方法等。

1. 基于自然语言理解方式的信息抽取

自然语言处理技术通常用于自由文本的信息抽取，需要经过的处理步骤包括句法分析、语义标注、专有对象的识别（如人物、公司）和匹配抽取。

目前采用这种原理的典型系统有 RAPIER、SRV 和 WHISH。WHISH 适用于结构化、半结构化的文本，同时也适用于自由文本。系统使用语法分析器和语义类（如人名、机构名）分析器，分析出用户标记信息的语法成分和对应的语义类，生成基于语法标记和语义类标记的抽取规则，实现信息抽取。WHISH 中所用的抽取规则主要是建立在词或词类间句法关系的基础上。信息抽取的实质是根据语义项对应的语义类、语义项的上下文和所处的句子成分实现信息的定位（如某个语义项只能出现在句子的关系从句中），即根据语义和语法的双重约束实现信息抽取。

2. 基于分装器归纳方式的信息抽取

分装器由一系列的抽取规则以及应用这些规则的程序代码组成。通常，一个包装器只能处理一种特定的信息源。从几个不同信息源中抽取信息，需要一系列的包装器程序库。每一类 WWW 页面对应一个包装器，其对应关系如图 5－2 所示。

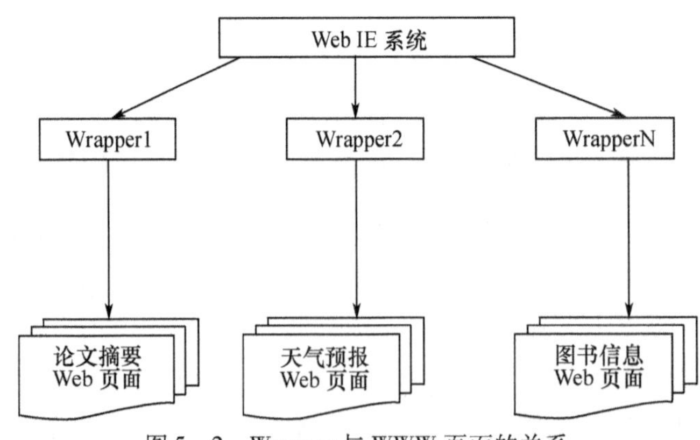

图 5－2　Wrapper 与 WWW 页面的关系

与自然语言处理方式比较，分装器较少依赖全面的句子语法分析和分词等复杂的自然语言处理技术，更注重于文本结构和表格格式的分析。使用这一方法的工具主要有三种：WIEN、SoftMealy 和 STALKER。其中 WIEN 和 SoftMealy 必须依靠紧挨着数据前的分隔符来定位数据，而且不能抽取复杂格式的数据。STALKER 引入了 ECT 树来表示复杂格式的数据。

3. 基于 Ontology 方式的信息抽取

按照 Stanford 人工智能专家 Tom Gruber 的定义，Ontology 是为了帮助程序和人共享知识的概念化规范，在知识表达和共享领域，Ontology 描述了在代理之间的概念和关系（Concepts and Relations）。基于 Ontology 的信息抽取主要利用了对数据本身的描述信息实现抽取，对页面结构的依赖较少。由 Brigham Yong University 开发的信息抽取工具就采用了这种方法。

采用该方法，先要由领域知识专家采用人工的方式书写某一应用领域的 Ontology。然后根据 Ontology 中常值和关键字的描述信息产生抽取规则，对每个无结构的文本块进行抽取获得各语义项的值。系统根据边界分隔符和启发信息将源文档分割为多个描述某一事物不同实例的无结构的文本块，最后将抽取出的结果放入根据 Ontology 的描述信息生成的数据库中。

基于 Ontology 方式的最大的优点是：对页面结构的依赖较少，只要事先创建的应用领域的 Ontology 足够强大，系统可以对某一应用领域中各种页面实现信息抽取。主要缺点是：需要由领域专家创建某一应用领域的详细清晰的 Ontology，工作量大；在减少了对页面结构依赖的同时，增加了对网页中所含的数据结构的要求；从大量异构的文档中提取公共模式工作量繁重，并且不支持对超链接的处理。

4. 基于 HTML 结构的信息抽取

该类信息抽取技术的特点是根据 WWW 页面的结构定位信息。在信息抽取之前通过解析器将 WWW 文档解析成语法树，通过自动或半自动的方式产生抽取规则，将信息抽取转化为对语法树的操作实现信息抽取。采用这种技术的系统有很多，例如，商业化的 Lixto，非商业化的 XWRAP，另外 RoadRunner 和 W4F、SG－WRAM 也采用了该技术。

第 6 章　文件组织与文件格式

通常,计算机信息检索系统提供的数据都是由一些文档所构成的,这些文档中的数据都由以一定的逻辑结构组合在一起的基本元素构成。检索系统是建立在各种文件之上的,实际上,文件系统也是数据库系统的基础。随着多媒体信息的加入以及因特网的迅猛发展,现在的计算机检索系统中,出现了一些新的文件组织方式,如超文本方式。本章介绍这些文档的存储组织结构和文档格式。

6.1　外存数据的组织

6.1.1　两类外存数据

1. 文件

文件组织中数据的结构组织方式一般可分为两大类:流式文件和记录式文件。流式文件是数据的序列集合,可以看成是数据的字节流;而记录式文件是逻辑记录的集合,记录是按存储数据在逻辑上的独立含义来划分的一个数据结构单位。操作系统经常以流式文件的方式来组织和管理在外存设备上保存,或者在键盘、显示器、打印机等外部设备上输入/输出的数据。而在各类程序设计语言的界面上,通常以记录式文件的方式来定义和操作外存数据。

记录式文件组织中,以记录作为数据的结构单位,记录有型和值的概念。记录的型是数据项的集合;各个数据项一次取值的集合称为记录值。

所以,文件组织方式的基本特征是,用逻辑记录的定义来体现信息实体组成属性的数据联系。而文件和文件之间可能存在的数据联系只能依靠用户程序对这些文件的处理逻辑来体现,在文件组织结构本身的定义中完全没有反映。

2. 数据库文档

数据库中的文件是性质相同的记录的集合。文件的数据量通常很大,被放置在外存上;数据库中所研究的文件是带有结构的记录集合,每个记录可由若干个数据项构成。

数据库中的记录是文件中存取的基本单位,数据项是文件可使用的最小单位。数据项有时也称为字段(Field)或者称为属性(Attribute),其值能唯一标志一个记录的数据项或数据项的组合者称为主关键字项,其值不能唯一标志一个记录的数据项则称为次关键字项。主关键字项或次关键字项的值称为主关键字(主键)或次关键字。

文件可以按照记录中关键字的多少分成单关键字文件和多关键字文件。单关键字文件中的记录只有一个唯一标志记录的主关键字;多关键字文件中的记录除了含有一个主关键字外,还含有若干个次关键字的文件。

由定长记录组成的文件便于存取,信息记录长度不等(变长)的文件则不便于存取。

数据库用数据模型的概念来表达外存数据集合的内部结构。数据模型的定义既能表达信息实体组成属性之间的数据联系,同时也能表达实体与实体之间的对应联系。从文件技术脱胎的数据库技术有如下特点:

(1) 数据库是面向应用单位而组织的复杂数据结构。文件组织本质上是面向一个应用程序的,按程序对数据的要求来定义文件结构和存取数据。文件可以共享,但文件间并无结构关系。不同文件的数据关联只能由程序的动作逻辑来体现。而数据库组织按应用单位对数据的各种不同要求来独立定义一个完整的数据结构,各种程序访问整体的数据库中和自己相关的一部分数据。数据的整体结构化使数据库数据的共享性大大高于文件组织。

(2) 数据库存储的数据冗余度小。由于数据库从全局观点而不再是面向某一程序的需要来组织外存数据,因而从整体上看,重复存储的数据可减少到最低限度。减少冗余不仅可以节省存储空间,还可以减少数据不一致的可能性。

(3) 具有较高的数据和程序的独立性。一个应用程序总是只涉及数据库的一部分数据,所以数据库管理系统提供应用所涉及的局部逻辑结构和数据库的总体逻辑结构之间的映像转换功能,同时数据库系统还提供总体逻辑结构和存储结构之间的映像转换功能。因此,数据库的数据独立性大大高于文件组织,对于数据存储结构或者总体逻辑结构的某种变动,就有可能通过系统改变它们之间原有的转换关系,来使其它层次的结构不加改动就可适应这种变动,从而保持局部逻辑结构的不变,程序也就不必改动。

(4) 统一的数据控制功能。由于数据库中的数据高度集中,系统必须对库内数据提供安全性、完整性和并发访问等方面的控制,以及一旦数据被破坏时的恢复机制。

(5) 在使用上,数据库的定义都是独立进行。对数据库的存取时,用户不描述访问数据库的存取过程,而只要表达访问数据的目标,然后由系统完成所需要的存取。记录作为文件组织的基本单位在数据库组织中仍留有痕迹,但不一定是存取的逻辑单位,对数据库一次操作的对象和结果可以是一组“记录”的集合。

数据库的结构定义不但能够表示信息实体内部的数据属性及其联系,而且能够表示实体集之间的对应联系,这样就从整体上表示了外存数据的结构。

数据库的结构也决定了对数据的存取方式。文件组织最基本的操作特征是每次操作仅涉及一个文件的一个逻辑记录,读/写时只是读出一个记录。在数据库的网状和层次模型中,可以沿记录型之间定义的连接路径在不同的记录集合间巡航访问;在关系模型中,可以对关系(记录集合)进行规定含义的操作,操作的结果仍然是一个关系。所以,在数据库中,对数据的操作方式和文件访问方式有显著差异。

在数据库中,数据以面向整体的结构形式组织,供各个应用系统共享,从而消除了数据的冗余存储和潜在的不一致性。为了减轻应用系统访问数据库的操作和管理负担,建立、使用和维护数据库的公共动作是由一个软件机构执行的,这个软件称为数据库管理系统(DBMS)。通常 DBMS 需要在文件系统的支持下工作。

6.1.2 记录式文件的基本属性

1. 组织形式

记录式文件是记录值的集合,记录值在文件物理存储空间上的存放模式称为文件组织形式。一方面组织形式涉及文件的物理结构;另一方面在用户的语言界面上文件的组织形式又作为一种逻辑属性来定义,用户按对外存数据的存取要求来选择文件的组织形式。常用的文件组织形式有:

(1) 顺序文件。顺序文件是指按记录进入文件的先后顺序存放、其逻辑顺序和物理顺序一致的文件。典型的存储结构是,按序把记录存放在邻接的存储空间中。一切存储在顺序存取存储器(如磁带)上的文件,都只能是顺序文件。记录按其主关键字有序的顺序文件称为有序文件;记录未按其主关键字有序排列的顺序文件为无序文件。为提高检索效率,常将顺序文件组织成有序文件。

(2) 索引文件。为建立索引文件,指定一个或多个数据项作为记录的标志,称为关键字。记录的关键字取值应唯一。将记录按某种模式存储,然后再建立一张索引表,索引表包含关键字值和对应记录存储地址的联系信息,对记录的访问必须通过索引进行,这样就构成一个索引文件。

(3) 相对文件。相对文件组织模式把文件空间划分为等长的块,编上顺序号码,每一个编号的存储块可存放一个记录值,指定这些相对记录号码即可存取相应的记录。

(4) 散列文件。在散列文件组织中,记录的关键字和记录的存储地址通过一个选定的函数关系来表示。

2. 存取方式

存取方式定义了对文件内记录值的访问模式,大体上可分两类:

(1) 顺序存取方式。沿某种含义的序列,从序列的指定位置开始依次地存取每一个后继记录,例如,磁带文件只能顺序存取。

(2) 随机存取方式。指定记录值的某种标志,按标志存取特定的一个记录。

存取方式的确切含义和文件的组织形式有关(表 6-1)。

表 6-1　文件的存取方式和组织形式

组织形式 / 存取方式	顺序文件	索引文件	相对文件	散 列 文 件
顺序存取	按记录存储的先后次序依次访问后继记录	按记录关键字的升序序列依次访问后继记录	按相对记录号的升序序列依次访问后继记录	
随机存取		按指定的记录关键字值访问一个记录	按指定的相对记录号访问一个记录	按指定的记录关键字值访问一个记录

3. 驻留介质

常见的文件驻留介质有硬磁盘、软磁盘、磁带、光盘、打印纸、穿孔卡片等。在有些语言界面上,键盘和显示器上输入输出的字符流也视为文件。

文件的组织形式和驻留介质有制约关系,如磁带文件、打印机文件、卡片文件只能是顺序文件。磁盘文件可以使用各种组织形式。

对于文件的属性,在各种语言界面上,这些属性会以不同的形式被定义。文件属性之间不但有对应的制约关系,而且它们和访问文件的操作之间也有制约关系。

6.2 常用文件的组织

6.2.1 顺序文件

1. 构造和使用特点

顺序文件记录一般是按照输入的先后次序存储,这个存储的顺序也就是用户访问文件记录的逻辑顺序。顺序文件的记录没有标志(关键字),可以不等长,访问第 i 个记录之前必须先完成对第 $(i-1)$ 个记录的访问。就是说,顺序文件不支持随机访问方式,不能指定要访问的记录,也不能指定顺序访问的起点。

对于文件中的记录只能通过复制整个文件的方法实现插入、删除和修改等更新操作。还可以用批量处理方式实现顺序文件的更新,批量处理方式工作原理是:

(1) 把所有对顺序文件(以下称主文件)的更新请求,都放入一个较小的事务文件中。

(2) 当事务文件变得足够大时,将事务文件按主关键字排序。

(3) 按事务文件对主文件进行一次全面的更新,产生一个新的主文件。

通常采用批处理的方式来改善对顺序文件的处理性能。处理算法要求按某些记录数据项的取值顺序来排列顺序文件记录的存储顺序,满足要求的顺序文件称为逻辑有序顺序文件。逻辑有序的顺序文件的关键字是用户认定的,而不是顺序文件组织所要求的。生成有序文件通常的方法是:按认定关键字取值的升/降序依次把记录写入顺序文件或者对顺序文件进行外排序,重新按关键字值安排记录在文件中的存储顺序。在数据库中则称为顺排文档(Linear File),它是数据库的存储主体,是检索的基础。

顺排文档按某一关键字顺序存入了数据库的全部记录,故又称为主文档。通常,对顺排文档进行处理是按照关键字的顺序来进行的,所以当记录的逻辑顺序与物理存储顺序一致时,可以提高处理的效率。

顺排文档的特点是适用于成批处理和定期处理业务,例如,数据备份和定期的财务报表等。另外,一些数据量较小的文件也常采用顺排文档的形式,因为这种文件结构最为简单,对于数据处理的程序设计较为方便。表 6-2 所列的是某数据库的顺排文档结构。

表 6-2 顺排文档

文献号	主题词	详细信息
500	计算机、硬件、系统软件	……
501	计算机、应用软件、用户	……
502	硬件、用户	……
503	系统软件、计算机、用户	……
504	应用软件、硬件	……

2. 顺排文档检索

对顺排文档进行检索,只要将用户检索表达式与顺排文档中的文献记录依次比较,就可以判断是否有匹配的文献记录。查找可以是顺序查找,也可以分块查找和二分查找。查找的方法不同,则查找次数相差很是悬殊。

1) 顺序查找法

顺序查找法即顺序扫描文件,按记录的主关键字逐个查找。要检索第 i 个记录,必须检索前 $(i-1)$ 个记录。这种查找法对于少量的检索是不经济的,但适合于批量检索。顺序存取存储器上的文件只能用顺序查找法存取。

2) 分块查找法

具体方法是:设文件按主关键字的递增次序存放,每100个记录为一块,各块的最后一个记录的主关键字为 $K_{100}, K_{200}, \ldots, K_{100\times i}, \ldots$:查找时,将所要查找的记录的主关键字K,依次和各块的最后一个记录的主关键字比较,当K大于 $K_{100\times(i-1)}$ 且小于或等于 $K_{100\times i}$ 时,则在第 i 块内进行扫描。分块查找法在查找时不必扫描整个文件中的记录。

3) 二分查找法

二分查找(Binary Search)又称折半查找,它是一种效率较高的查找方法。二分查找要求文件是有序的,即按关键字有序,并且要用向量作为其存储结构。

二分查找的基本思想是:(设R[low..high]是当前的查找区间)首先确定该区间的中点位置;然后将待查的K值与R[mid].key比较,若相等,则查找成功并返回此位置,否则须确定新的查找区间,继续二分查找。具体方法如下:

(1) 若R[mid].key>K,则由表的有序性可知R[mid..n].keys均大于K,因此若表中存在关键字等于K的节点,则该节点必定是在位置mid左边的子表R[1..mid-1]中,故新的查找区间是左子表R[1..mid-1]。

(2) 若R[mid].key<K,则要查找的K必在mid的右子表R[mid+1..n]中,即新的查找区间是右子表R[mid+1..n]。下一次查找是针对新的查找区间进行的。

因此,从初始的查找区间R[1..n]开始,每经过一次与当前查找区间的中点位置上的节点关键字的比较,就可确定查找是否成功,不成功则当前的查找区间就缩小1/2。这一过程重复直至找到关键字为K的节点,或者直至当前的查找区间为空(即查找失败)时为止。

二分查找法只适合对较小的文件或一个文件的索引进行查找。当文件很大,在磁盘上占有多个柱面时,二分查找将引起磁头来回移动,增加寻查时间。

对磁盘等直接存取设备,还可以对顺序文件进行插值查找和跳步查找。

下面以某个文件为例,分析查找次数的具体情况。

设有一顺排文档,总记录数为 $N=10000$ 条,则顺序扫描查找次数 M 为

$$M = \sum_{i=1}^{N} i \times 1/N = (N+1)/2 \approx \frac{N}{2}$$

因为 $N=10000$ 条,所以平均查找次数 $M=5000$ 次。若采用二分查找,则查找的次数为 $M=\log_2 N$,将 $N=10000$ 代入得:$M=4\times\log_2 10 \approx 13.23$。所以,本例中对半查找的次数,最少1次,最多14次,平均7.5次。

若采用分块查找,并假设以10个记录为一块,10000个记录分块存储于1000个块中。分块查找时,最少1次,最多为10次,平均5.5次。当找到记录的所在块时,则将它读入内存,再在该块内读出所需要的记录。

6.2.2 索引文件与倒排文件

1. 索引文件及其使用

文件的索引是指记录关键字与相应记录的存储地址的对照表,带索引的文件称为被索引文件。索引文件的存储结构分为:索引区和数据区。索引区上的每个索引项是按记录关键字的升序排列的;而数据区上的记录存储可以参照关键字顺序,也可以无序。有时把记录存储有序的索引文件称为索引顺序文件。

因为索引文件记录包含关键字数据项,其取值要求能够唯一标志一个记录,所以索引文件支持随机访问方式。任何一种访问索引文件的动作,都必须通过查找索引实现访问记录定位。由于索引项按关键字值升序排列,所以索引文件又支持顺序访问方式。但顺序的序列是记录关键字顺序,和记录写入索引文件的先后次序无关。

索引文件由主文件和索引表构成。主文件是文件本身;索引表是在文件本身外建立的一张表,它指明逻辑记录和物理记录之间的一一对应关系。

索引表由若干索引项组成。一般索引项由主关键字和该关键字所在记录的物理地址组成。索引表必须按主关键字有序;而主文件本身则可以按主关键字有序或无序组织。

1) 索引顺序文件和索引非顺序文件

主文件按主关键字有序的文件称索引顺序文件(Indexed Sequential File),在索引顺序文件中,可对一组记录建立一个索引项,这种索引表称为稀疏索引;主文件按主关键字无序的文件称索引非顺序文件(Indexed Non Sequential File)。ISAM 文件和 VSAM 文件是常用的索引顺序文件。

在索引非顺序文件中,必须为每个记录建立一个索引项,这样建立的索引表称为稠密索引。注意如下几点:

(1) 通常将索引非顺序文件简称为索引文件。

(2) 索引非顺序文件的主文件无序,顺序存取将会频繁地引起磁头移动,适合于随机存取,不适合于顺序存取。

(3) 索引顺序文件的主文件是有序的,适合于随机存取和顺序存取。

(4) 索引顺序文件的索引是稀疏索引,索引占用空间较少,是最常用的一种文件组织。

最常用的索引顺序文件有 ISAM 文件和 VSAM 文件。

索引顺序存取方法(Indexed Sequential Access Method,ISAM)是一种专为磁盘存取文件设计的文件组织方式,采用静态索引结构。由于磁盘是以盘组、柱面和磁道三级地址存取的设备,则可对磁盘上的数据文件建立盘组、柱面和磁道多级索引。

虚拟存储存取方法(Virtual Storage Access Method,VSAM)也是一种索引顺序文件的组织方式,采用 B+树作为动态索引结构。VSAM 文件的结构由索引集、顺序集和数据集三部分组成。

2) 索引文件的存储

索引文件在存储器上分为两个区:索引区和数据区。索引区存放索引表;数据区存放主文件。建立索引文件的过程是:

(1) 按输入记录的先后次序建立数据区和索引表。其中索引表中关键字是无序的。

(2) 待全部记录输入完毕后对索引表进行排序,排序后的索引表和主文件一起就形成了索引文件。

例如:对于表 6 - 3 中的(a)为数据文件,主关键字是职工号;(b)为排序前的索引表;(c)为排序后的索引表。这三个表一起形成了一个索引文件。

索引文件的存取方式灵活,更新容易,是许多应用系统较为理想的文件组织形式。

表 6 - 3 主文件和索引文件例

(a) 数据文件

物理地址	职工号	姓名	其它
101	03	丁一	
102	10	王二	
103	07	张三	
104	05	李四	
105	06	陈平	
106	12	刘宁	
107	14	李丽	
108	09	赵明	

(b) 排序前的索引表

物理地址	关键字	物理地址
201	03	101
201	10	102
201	07	103
202	05	104
202	06	105
202	12	106
203	14	107
203	09	108

(c) 排序后的索引表

物理地址	关键字	物理地址
201	03	101
201	05	104
201	06	105
202	07	103
202	09	108
202	10	102
203	12	106
203	14	107

3) 索引文件的检索操作

检索分两步进行:

(1) 将外存上含有索引区的页块送入内存,查找所需记录的物理地址。

(2) 将含有该记录的页块送入内存。

索引表不大时,索引表可一次读入内存,在索引文件中检索只需两次访问外存:一次读索引,一次读记录。由于索引表有序,对索引表的查找可用顺序查找或二分查找等方法。当修改主关键字时,要同时修改索引表。

4) 利用查找表建立多级索引

(1) 查找表。对索引表再建立的索引,称为查找表。查找表的建立可以为占据多个页块的索引表的查阅减少外存访问次数。

例如:表 6 - 4 的索引表占用了三个页块(201,202,203)的外存,每个页块能容纳三个索引项,则可为之建立一个查找表,在查找表中,列出索引表的每一页块最后一个索引项中的关键字(该块中最大的关键字)及该块的地址。检索记录时,先查找查找表,再查索引表,然后读取记录,三次访问外存即可。

表 6 - 4 查找表示例

最大的关键字	物理页块号
06	201
10	202
14	203

(2) 多级索引。当查找表中项目仍很多,可建立更高一级的索引。通常最高可达四级索引:数据文件→索引表→查找表→第二查找表→第三查找表。检索过程从最高一级索引开始,到第三查找表开始,需要五次访问外存。多级索引是一种静态索引;多级索引的各级索引均为顺序表,结构简单,但修改很不方便,每次修改都要重组索引。

5) 动态索引

当数据文件在使用过程中记录变动较多时,利用二叉排序树、B - 树等树表结构建立的索引，称为动态索引。树表特点是：插入、删除方便；本身是层次结构，无须建立多级索引；建立索引表的过程即为排序过程。

当数据文件的记录数不很多，内存容量足以容纳整个索引表时，可采用二叉排序树作索引；当文件很大时，索引表（树表）本身也在外存，查找索引时访问外存的次数恰为查找路径上的节点数，采用 m 阶 B－树（或其变型）作为索引表为宜。

由于访问外存的时间比内存中查找的时间大得多，所以外存的索引表的查找性能主要着眼于访问外存的次数，即索引表的深度。

2. 倒排索引文档

在定义索引文件时，必须先指定一个或多个记录数据项组成记录关键字，再据此构造索引。以关键字为查找依据时可以迅速对记录定位，而以非关键字数据项来查找文件时，则仍然要对整个文件的记录顺序扫描。为了提高效率，可以对选定的非关键字项也建立索引。通常把这样的数据项称为次关键字，在次关键字上面建立的索引称为次索引或倒排索引，以和记录关键字（主关键字）及主索引区别。表6－5为倒排索引文档示例。

表6－5　倒排索引文档示例

关 键 字	相关文献数	物 理 地 址
计算机	3	500,501,550
用户	3	501,502,540,...
系统软件	2	500,533
应用软件	2	501,509
硬件	2	500,502

倒排文档是将主文档中的可检字段（如主题词、著者）抽出，按某种顺序重新排列起来所形成的一种文档。不同的字段组织成不同的倒排文档（如主题词倒排文档、著者倒排文档等）。倒排文档可以按主题词的字顺排，也可以按分类号的大小排。按表达文献内容特征的主题词排列的文档称为基本索引文档；按表达文献外部特征排列的文档称为辅助索引文档。倒排文档只有文献的标志、文献篇数及文献存取号。因此，在实施检索时，必须和顺排文档配合使用，先在数据库的倒排文档中查得文献篇数及其记录存取号，再根据存取号从顺排文档中调出文献记录。倒排文档类似于检索工具中的辅助索引。倒排文档在计算机信息检索系统中是使用最多的一种文件，有了它才能支持快速的多途径检索，并能方便、快速地进行各种逻辑组配和限定检索。倒排文档只能存储在可直接存取的磁盘或光盘上。在大规模的联机检索系统中，必须利用倒排文档来进行信息的检索，以提高检索效率，保证响应的时间。因为通过倒排文档和逻辑运算可以预先知道检索结果的记录数，并能及时反馈给远程用户。用户可根据实际情况进行适当地修改或调整检索策略，保证存取、传输的数据均是有用的信息。

主索引和倒排索引的构造会有差异。因为主关键字的取值是唯一的，而次关键字的取值可以不唯一。对应一个次关键字值的记录往往有许多个。

1）倒排文档的组织方式和特点

倒排文档中，具有相同次关键字的记录之间不进行链接，而是列出具有该次关键字记录的物理地址。倒排文件中的次关键字索引称做倒排表。倒排表和主文件一起就构成倒排文档。

将表 6-6 所列的多重表文件去掉两个链接字段后作为主文件所建立的职务倒排表和工资级别倒排表,如表 6-7 所列。

表 6-6　多重表文件

物理地址	职工号	姓名	职务	工资级别	职务链	工资链
101	03	丁一	硬件人员	12	110	A
102	10	王二	硬件人员	11	107	106
103	07	张三	软件人员	13	108	107
104	05	李四	穿孔员	14	105	110
105	06	刘平	穿孔员	13	A	103
106	12	赵明	软件人员	11	A	A
107	14	陈刚	硬件人员	13	A	A
108	09	马丽	软件人员	10	106	A
109	01	郑华	穿孔员	14	104	104
110	08	林青	硬件人员	14	102	A

表 6-7　职务倒排表和工资级别倒排表

次关键字	物理地址
硬件人员	101,102,107,110
软件人员	103,106,108
穿孔员	104,105,109

次关键字	物理地址
10	108
11	102,106
12	101
13	103,105,107
14	104,109,110

2）倒排文件的查询

倒排表的主要优点是:在处理复杂的多关键字查询时,可在倒排表中先完成查询的交、并等逻辑运算,得到结果后再对记录进行存取。这样不必对每个记录随机存取,把对记录的查询转换为地址集合的运算,从而提高查找速度。在插入和删除记录时,还要修改倒排表。

在一般的文件组织中,是先找记录,然后再找到该记录所含的各次关键字;而倒排文件中,是先给定次关键字,然后查找含有该次关键字的各个记录,这种文件的查找次序正好与一般文件的查找次序相反,因此称之为“倒排”。

6.2.3　散列文件和相对文件

1. 散列文件

散列文件是利用散列存储方式组织的文件,也称直接存取文件。即根据文件中关键字的特点,设计一个散列函数和处理冲突的方法,将记录散列到存储设备上。

散列文件的存储单位叫桶(Bucket)。考虑到不是在任何语言界面上都可以直接操纵物理地址,通常把记录的存储空间逻辑地址称为桶,由相对桶号标志。桶内的最大存储记录数目称桶因子,桶内记录一般采用顺序存储方法。假如一个桶能存放 m 个记录,则当桶中已有 m 个同义词的记录时,存放第($m+1$)个同义词会发生“溢出”。需要将第($m+1$)个同义词存放到另一个桶中,通常称此桶为“溢出桶”。相对地,称前 m 个同义词存放的桶为“基桶”。所以必须预先构造一个溢出算法,规定如何存储溢出记录。当桶因子为1时,一发生碰撞就会溢出。

溢出桶和基桶大小相同,相互之间用指针相链接。当在基桶中没有找到待查记录时,就沿着指针到所指溢出桶中进行查找,因此,希望同一散列地址的溢出桶和基桶,在磁盘上的物理位置不要相距太远,最好在同一柱面上。

散列文件的记录由关键字标志,建立关键字到记录存储地址的一个映射函数,存储和访问记录均按选定的散列函数值寻址。记录首先由选定的散列函数决定应存放在哪个桶。

记录存储桶号 = HASH(记录的关键字值)

例如,某一文件有16个记录,其关键字分别为:23,05,26,01,18,02,27,12,07,09,04,19,06,16,33,24。桶的容量 $m=3$,桶数 $b=7$。用除余法做散列函数 H(key) = key%7。由此得到的散列文件如图6-1所示。

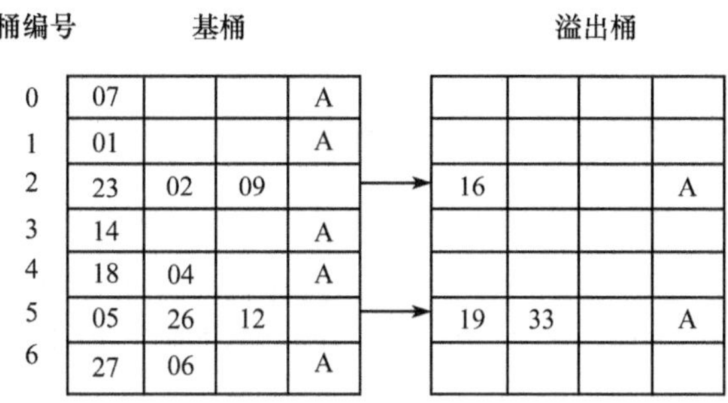

图6-1 散列文件示例

在散列文件中查找的过程是:

(1) 根据给定值求出散列桶地址。

(2) 将基桶的记录读入内存,进行顺序查找。

(3) 若找到关键字等于给定值的记录,则检索成功;否则,读入溢出桶的记录继续查找。

实现时,桶是语言界面上可操纵的外存存储单位,可以是一个记录、一个磁道、一个物理块等。桶号相应是相对的记录号、磁道号、块号等,最终可以转换为外存空间上的物理地址。构造散列文件的要求是,选定一个散列函数并选定一个处理溢出记录的算法。散列文件只支持随机访问方式,无法按记录的存储先后次序或者是关键字的升降序来顺序访问记录。

在关键字值空间远大于桶号空间的情况下,散列函数是个多对一的映射,不可能构造保证不发生碰撞的散列函数。而且已经验证了,没有哪一个散列函数可以在不同的关键字空间上都保持最优性能,即函数值(桶号)分布最均匀。最常使用的散列函数是除留余,即

$$\text{HASH}(\text{KEY}) = \text{KEY} \bmod P$$

以关键字或和关键字对应的一个整数除以桶数 P,以余数为桶号,显然桶号为 0 ~ $(P-1)$之间。实际中一般把 P 取为质数,或者不包含小于 20 的质数因子。

散列文件的优点有:文件可随机存放,记录不需进行排序;插入、删除方便;存取速度快,不需要索引区,节省存储空间。

散列文件的缺点是:不能进行顺序存取,只能按关键字随机存取;询问方式限于简单询问;在经过多次插入、删除后,可能造成文件结构不合理,需要重新组织文件。

2. 相对文件

相对文件要求记录等长,文件空间按逻辑记录长度划分为一个等长的位置,把位置编号,文件内的记录存储位置就可以用相对记录号(RRN)来标志和定位。指定了 RRN,就指定储在那个位置上的记录。RRN 是相对文件记录的标志,在有些语言中称为相对记录键。但是,RRN 不是被标志记录的必然组成项,这一点和索引文件及散列文件记录的关键字有根本区别。相对文件既支持对记录的随机访问也支持对记录的顺序访问。相对文件的顺序访问是指按 RRN 的升序依次存取,执行时会跳过那些并未存储记录的空位置。可见相对文件顺序访问的含义不同于顺序文件和索引文件。

相对文件依据 RRN 存取记录,但是 RRN 并不是记录逻辑意义上的标志。原则上,一个记录可以存储到任一个记录存储位置中。当应用要求按照记录的逻辑标志(一个由应用认定的关键字)来访问记录时,就必须解决数据记录和其存储位置的 RRN 的对应关系,即记录中认定的记录关键字和它在相对文件中的相对记录号(键)的对应关系。这种对应关系必须在应用程序中自行管理。

因此,相对文件可以充当一种具有高效率的初级文件结构,用户在应用程序级上利用相对文件构造各种更灵活更适合自己需要的文件结构。应用管理的核心是记录逻辑标志和 RRN 的对应问题,指定了记录的 RRN 文件系统可以非常快速地计算出记录的物理存储地址。

尽管在相对文件里并不定义记录关键字,但从逻辑意义上说需要约定充当“记录键”的数据项作为记录标志,才能指定应用要随机访问的记录。从约定的记录键求取对应的 RRN 的方法可以有几种,例如,生成相对文件时,用户应用程序同时维护一张存入记录键值和记录存储位置 RRN 的对照索引表。以后访问记录,均要先访问索引得到相应的 RRN,再对文件存取。就是说,利用相对文件在用户程序级上构造索引文件。

如果约定的键值是数字性的,如学生的学号、商品的代码、单据流水号等,则可用键值直接充当 RRN。但两者取值空间完全一致的场合并不太多。

可以用相对文件来构造散列文件结构。将每一个相对文件记录充当散列文件的一个存储桶。定义时每一个相对文件记录可存储若干个逻辑记录。散列函数值就是相对文件记录的 RRN。那么就可以在用户程序级利用相对文件来构造散列文件。这样就可以更灵活地利用相对文件来构造用户需要的复杂文件结构,例如,人事档案文件中,个人经历的数据量差异很大,因此是典型的不等长记录格式。语言界面上,不等长记录格式文件的定义总是受限制。采用等长格式的主记录和明细记录结合是一种典型的解决方法。

可将格式固定的数据项,如姓名、性别、出生年月之类组成主记录格式,主记录存储在一个索引文件中。重复出现次数不等的数据项,如个人经历、社会关系之类各自定义为明细记录格式,存放在相对文件之中。为了表示明细记录对主记录的从属关系,在主记录中设置两个辅助数据项登记明细记录的起始 RRN 和终结 RRN。在访问某人档案记录时，先读出索引文件中的主记录，由辅助数据项得到明细记录的起始 RRN，转而访问相对文件，顺序读出相对文件中的明细记录直到其 RRN 等于主记录中记录的终结 RRN 时为止。

为了对明细记录分配 RRN，必须在相对文件中设立一个管理记录。例如，用 RRN 为 1 的记录充当管理记录，上面至少要登录相对文件上的当前空记录区的起始 RRN，初值取为 2，每分配一个明细记录后其值加 1。

当对明细记录有频繁增删动作时，上述方案对相对文件的空间利用率会降低。可以考虑的另一个方法是，链接一个主记录的所属明细记录，并把第一个记录的 RRN 登录在主记录中。每个明细记录的链指针值就是后继记录的 RRN。管理记录中可以分别登记成片空间的起始位置，和分配使用后因删除记录而归还的空记录链的首 RRN。

6.3 超文本与流媒体

6.3.1 超文本方式

1. 超文本的概念

1）超文本的历史

基于印刷术发展起来的传统文本，以线性文本为其主流。多数出版物通过章节设置、页码标注等方式规定了阅读顺序，读者的任务似乎就是逐章、逐节、逐页、逐段、逐行以至逐字往下读。当然，这不是说传统文本就没有非线性因素，百科全书从总体上说便不是为线性阅读而设计的，人们通常只是根据自己的需要查阅它。有人因此将百科全书视为超文本（Hypertext）的雏形。尽管如此，超文本真正成熟是电子时代的事情。

信息界公认的超文本的鼻祖是美国科学家范尼瓦·布什（Vannevar Bush，生于 1890 年 3 月 11 日，美国麻省波士顿邻近的 Everett 镇）。他于 1945 年发表的文章 *As We May Think*（诚如所思）呼唤在有思维的人和所有的知识之间建立一种新的关系。由于条件所限，布什的思想在当时并没有变成现实，但是他的思想在此后的 50 多年中产生了巨大影响。人们普遍认为超文本的概念源于布什。

“超文本”英文原名为 hypertext，是美国学者纳尔逊 1965 年自造的英语新词。后来，超文本一词得到世界的公认，成了这种非线性信息管理技术的专用词汇。“hyper”在古希腊语中意为“超”、“上”、“外”、“旁”等。纳乐逊对“超文本”的解释是：“非相续性著述（non - sequential writing），即分叉的、允许读者作出选择、最好在交互屏幕上阅读的文本。”“大量的书写材料或图像材料，以复杂的方式相互联系，以至于不能方便地呈现在纸上。它可能包含其内容或相互关系的概要或地图，也可能包含自已经审阅过它的学者所加的评注、补充或脚注。”另据牛津英语词典 1993 年版对“超文本”的解释是：一种并不形成单一系列、可按不同顺序来阅读的文本，特别是那些依赖这些材料（显示在计算机终端）的读者可以在特定点中断对一个文件的阅读，以便参考相关内容的方式相互连接的文本与图像。

从以上的解释可以看出，现代意义上的超文本是计算机出现后的产物，电子文本固然也有线性因素，但其实是以非线性为特征的超文本。它以计算机所储存的大量数据为基础,使得原先的线性文本变成非线性文本,读者可以在任何一个节点上停下来,进入另一重文本;然后再点击,进入又一重文本,理论上,这个过程是无穷无尽的。这样,原先单一的文本变成了无限延伸、扩展的超级文本、立体文本。

美国斯坦福研究院的道格·英格尔伯特将布什的思想付诸实施,他开发的联机系统已具备了若干超文本的特性。此外,英格尔伯特还发明了鼠标、多窗口、图文组合文件等,甚至可以说发明了超文本。1999 年国际超文本大会设立的最佳论文奖即以英格尔伯特的名字命名。

世界上第一个实用的超文本系统,是美国布朗大学在 1967 年为研究及教学开发的"超文本编辑系统"(Hypertext Editing System)。之后,布朗大学于 1968 年又开发了第二个超文本系统——"文件检索编辑系统 PRESS"。这两个早期的系统已经具备了基本的超文本特性:链接、跳转等,不过用户界面都是文字式的。

Microcosm 是英国南罕普敦大学计算机系开发的,是开放超文本系统的一个实例。Microcosm 运行在 MS Windows 3.1 上,并在 Apple Macintosh 上开发,它也有 X - Window 版。Microcosm 不在信息上强加任何标志,所有的数据都可以自由访问、编辑。所有与链有关的信息被存在 Microcosm 指定的链库中。

1990 年,位于日内瓦的欧洲量子物理实验室 CERN 开发的运行于因特网的基于超文本的 WWW 系统,对人类社会产生了深远的影响。

国际超文本大会是该研究领域最高级别的学术会议,由美国计算机学会 ACM 主办。第一次国际超文本技术研讨会于 1987 年 11 月 13 日至 15 日在美国北卡罗来纳州召开。这个会议的召开标志着超文本已经受到广泛的关注,正在形成一个新的领域。继'1987 年国际超文本大会之后,自 1989 年起,基本上是每年一次国际交流会,交替在美国和欧洲举行。

2) 超文本的特征

传统的文本是一种线性的结构,一般只能顺序地对其进行存取和阅读。文件和文件夹之间也不能随意跳转。即便是树状的层次结构文件系统,文件与文件之间的关系也是具有从属关系,它有一个主干,从主干往下一级一级分支,但不是所有的文件之间都可以相互跳转。

由于现实世界中的事物之间的关系是十分复杂,相互交错的,人的思维方式也是跳跃式的,具有联想的功能。超文本正是模拟人的这种联想式的思维方式来组织文件。这样,文件与文件之间、同一文件中的不同部分之间均可以进行跳跃转移。超文本即可非线性阅读和书写的一种文件组织方法,也可以认为是一种依赖计算机的思维和交流的工具。这种结构实际上就是一种网状的结构,跳转点就是一个"链接"点,通常称为超文本链。

超文本是由信息节点和表示信息节点间相关性的链构成的,具有一定逻辑结构和语义的网络。节点为基本单位;信息块是某一字符文本集合,也可是屏幕中某一大小的显示区。

3) 超文本抽象机模型

1988 年,Campbell 和 Goodman 提出 HAM 超文本。HAM 模型把超文本系统划分为三个层次:用户界面层、超文本抽象机 HAM 层和数据库层(见图 6 - 2)。

(1) 数据库层的功能是存储、共享数据和网络访问,处于三层模型的最低层。数据库层要保证信息的存取操作对于高层的超文本抽象机来说是透明的。数据库层还要处理数据库管理问题。

（2）超文本抽象机层 HAM 决定超文本系统节点和链的基本特点，记录了节点之间链的关系，并保存有关节点和链的结构信息。HAM 层是实现超文本输入/输出格式标准化转换的层次。因数据库层存储格式过分依赖机器，用户界面层的风格差别很大，很难统一。HAM 层可理解为超文本概念模式，它提供了对数据库下层的透明性和对上层用户界面层的标准性。

（3）用户界面层又称为表现层。用户界面层涉及超文本抽象机层中信息的表现，包括用户可以使用的命令，HAM 层信息如何展示，是否要包括总体概貌图来表示信息的组织（以便及时告知用户当前所处的位置）等。目前流行的界面风格有命令语言、菜单选项、表格填充、直接操作和自然语言几类。

4）超文本参考模型

1988 年 10 月，在美国新罕布尔州发起组织了一个研究超文本模型小组，致力于超文本标准化的研究，以后逐渐形成了一个超文本参考模型，简称为 Dexter 模型（见图 6－3）。

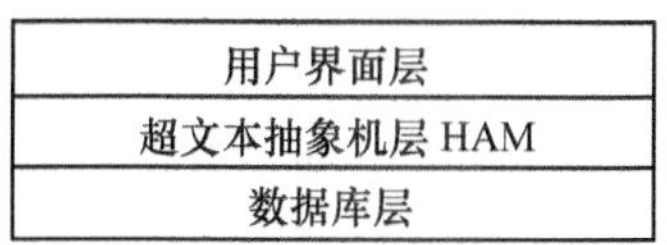

图 6－2　超文本抽象机模型

图 6－3　超文本参考模型

（1）存储层描述成员之间的网状关系。成员描述系统的基本对象，包括节点和链等。原子成员是最小成员单位，也即超文本中的节点，其内容可为不同媒体的信息。复合成员是具有嵌套层次的成员，由原子成员和链复合而成。链是表示元素与元素之间关系的一种实体。

（2）成员内部层描述超文本中成员的内容和结构。存储层和成员内部层之间的接口称为定位机制，其基本成分是锚，锚由两部分组成：锚号和锚值。锚号是每个锚的标志符；锚值用来指定元素内部的位置和子结构。锚接口是 Dexter 模型的主要贡献。

（3）运行层描述支持用户和超文本交互作用的机制，它可直接访问和操作在存储层和成员内部层定义的网状数据模型。介于存储层和运行层之间的接口（播放规范），提供确定各个成员在运行时表现的视图和操作权限等内容。

5）超文本的主要成分

（1）节点。节点是超文本表达信息的一个基本单位，其大小可变，节点的内容可以是文本、图形、图像、音频、视频等，也可以是一段程序。节点分为不同类型，不同类型的节点表示不同的信息。常见的节点的基本类型有媒体节点、动作与操作节点、组织节点和推理节点。

（2）链。链也是组成超文本的基本单位，形式上是从一个节点指向另一个节点的指针，本质上表示不同节点上存在着信息的联系。链的类型包括基本结构链（基本索引、交叉索引、节点内注释、缩放、全景、视图）、组织链（索引、IS－A、HAS－A、执行）和推理链。

（3）宏节点。宏节点是链接在一起的节点群，也就是超文本网络的一部分（即子网）。

（4）宏文本和微文本。宏文本和微文本表示不同层次的超文本。微文本又称小型超文本,它支持对节点信息的浏览;而宏文本又称大型超文本,支持对宏节点的查找与索引。宏节点的引入虽然简化了网络结构,却增加了管理与检索的层次。

6) 超文本的文献模型

超文本的文献模型有 ODA 模型和 HyTime 模型。

文献是文章或文本的组合,它比一般文章和文本带有更多的存储、保留的意味,一旦定形后静态性较强。超文本的文献模型侧重于超文本的基本特征和一般的层次性结构的描述。

(1) ODA 模型。ODA(The Office Document Architecture)是 ECMA、CCITT 和 ISO 共同研发的,ISO 在 1988 年公布的一个标准化文献模型(ISO 8613:1988)。ODA 是为了辅助办公文献,如公文、信函及报告等的表示和交互而设计的。它提供了文献的静态描述,并可以用 ODIF(办公文献交互格式)或 ODL(办公文献语言)与其它文献进行"交流"。不仅如此,ODA 还提供了可编辑文献的交互以及文献的基本结构及其处理模型。

ODA 模型包括逻辑结构和布局结构。文献的内容层次用逻辑结构描述,它首先按文献内容划分成逻辑目标,逻辑目标可以是一个一般项,如书中的一节、标题、段落等。文献的版面安排用布局结构描述,它按内容划分为页集、页和页中方框区域,其中定义有嵌套区域的方框区域称为框架,最低层的区域称为块,块是唯一有内容与之相联的区域。

(2) HyTime 模型。HyTime(时基超媒体结构化语言)是一个标准的中性标记语言,表示超文本和文献的逻辑结构。HyTime 由 ANSI 的一个工作组开发,后被 ISO 采纳,其标准号为 ISO/IEC 10744:1992。HyTime 基于 SGML,用 HyTime 表示的文献与 ISO SGML 完全一致,HyTime 扩展了 SGML,使 SGML 更具抽象性和中立性,且增加了许多关于多媒体应用方面的考虑。

SGML 元素是一个可标记的逻辑体,一个元素的标记实例是

<元素名>　　数据　　</元素名>

起始标签　　　　　　　结束标签

SGML 标志符有两种特殊的属性值:ID 和 IDREF。

如果一个元素有一个 ID 类型的属性,那么其值必须是该元素的唯一名字。如果元素 A 要引用有唯一名字的元素 B,那么 A 的属性 IDREF 的值就是 B 的唯一名字。基于 SGML 的超媒体系统就是用这种机制来表示文献内部的超链。SGML 中实体是任意数据资源。

HyTime 利用称为"SGML 结构形式",提高了 SGML 的抽象性和中立性,可以用来更好地表示多媒体文献系统的特性。

(3) WWW 系统的超文本标记语言。目前最成功和最流行的超文本系统是运行于因特网上的 WWW,它实现了在广域网上多媒体信息动态查询,它建立在 HTML 基础之上。

HTML 语言编写的网页超文本信息按多级标题结构进行组织,其结构如下:

```
<HTML>
  <HEAD><TITLE>标题名</TITLE></HEAD>
    <BODY>
    <H1>一级标题名</H1>
      ...... WWW 页主体
```

</BODY>

</HTML>

(4) 其它。XML 是 1998 年 2 月正式公布的超文本的元标记语言,由 W3C 的 XML 工作小组所定义。XML 保留了 SGML 80% 的功能,并使复杂程度降低了 20%。XML 兼取 HTML 和 SGML 之长,既通用、全面又简明清晰,并具有很强的可伸缩性和灵活性。XML 是自描述的,显示样式可以从数据文档中分离出来,放在样式单文件中。XML 还具有遵循严格的语法要求,便于不同系统之间信息的传输,有较好的保值性等优点。

目前最常用的动态网页生成技术主要有 ASP、PHP 和 JSP。它们都是应用于服务器端的技术,以便快速开发基于 WWW 的应用程序。

超文本方式与多媒体技术的结合,称为超媒体方式(Hypemedia)。它将文字、表格、声音、图形、图像等多媒体信息以超文本格式组织在一起,使人们可以通过高速联结的网络结构在各种信息库中自由航行,找到任何媒体所承载的各种各样的信息。目前,超文本与超媒体很难区别,所以往往不加区分地使用。

2. 超文本与万维网

Windows 软件系统中的"帮助"文件一般都是采用超文本技术构建的,而超文本最成功的应用则是在互联网上。超文本文件应用于互联网,极大地促进了互联网的发展。因为互联网本来就不是由某个中央控制的,各个网络之间没有从属的关系。而且,互联网是一个开放的网络,超文本文件格式最适合于互联网。在超文本背后的观念是任何一个文件不管在任何操作系统、任何浏览器上读起来都基本是一样的。基于超文本文件及其传输协议的万维网的最大贡献在于使互联网真正成了交互式的网络。

超文本标记语言(Hypertext Markup Language,HTML)是人们用来创建和编制超文本文件的。HTML 是 SGML(Standard Generalized Markup Language)的一个分支,而 SGML 又源于 IBM 公司在 20 世纪 80 年代早期为自己开发的一种计算机语言,一种将纯文本和格式化命令混合在一起的计算机语言。这种语言被称为标记语言,IBM 把自己开发的标记语言称做通用标记语言(GML)。1986 年,国际标准化组织(ISO)认为 IBM 所提出的观念很好,于是发布了生成标准化文档而定义的标记语言标准(ISO8879)。SGML 及其子语言 HTML 对数以百万计的 PC 和工作站用户浏览万维网是非常重要的,目前在万维网上所看到的每一份资料几乎都是基于 HTML 的。

万维网的新颖之处在于用字符串和图形来代替(指向)需要的信息,于是就有可能对其进行检索。这些字符串一般称为统一资源定位码(Uniform Resource Locator,URL)。它是一种寻找全球万维网系统服务器资源的标准寻址定位编码,用于确定资源相应的位置及所需要检索的文档。URL 由三部分组成:一是它所使用的互联网文档传送协议(如超文本传送协议 HTTP、文件传送协议 FTP、远程登录 TELNET 等);二是标志要检索的主机代号(域名);三是检索文档所在主机的路径及文件名。

万维网最早由欧洲核物理实验室 CERN(http://www.cern.ch/)开发,其目的是为了更方便地在实验室研究人员之间共享研究成果。1989 年 3 月 CERN 的软件工程师伯纳斯-李(Tim Berners-Lee)提出一套协议,用于各个高能物理研究组间利用互联网系统进行通信并把这些信息"链接"在一起。当一个人需要了解另一个人的工作时,他甚至不必把对方的文件复制到自己的计算机上,而只要链接到对方的计算机上就行,这种链接与传统的计算机文件系统的最大区别在于，在传统的文件系统中，参考不同的文件是通过完整地复制这些文件到自己的计算机上来实现的，而万维网的这种链接方式却不需要复制。这就是万维网上使用超文本的方式。

当 ARPAnet 发展成为互联网后，网络上用户和信息资源的数量激增。超文本文件的管理方式使互联网的信息一下子就活了。1991 年夏天，伯纳斯－李把它为 CERN 编写的系统放到互联网上，马上就为众多网络用户把互联网的信息串联起来。现在在万维网服务器上蕴藏的数据、信息和知识量已无法计算。万维网服务器及其浏览器间的相互通信使用超文本传输协议，这种协议使用户软件能正确解释、再现收到的数据。

6.3.2 流媒体技术

人类的信息交流已从单一的媒体发展到多媒体及多媒体的实时传输。在音频、视频、图形和文本等四种多媒体形式中，音频和视频媒体与时间有关，称为连续媒体；图形、图像和文本媒体与时间无关，称为静止媒体。连续媒体具有隐含的时间相关性，其播放速度将影响所含信息的再现，必须在一段特定的时间里按特定的速度播放；否则将会影响媒体信息的演示质量。流媒体技术主要研究和解决在网络环境下多媒体信息的实时传输问题。

1. 流媒体基本概念

在网上传输视频、音频主要有下载（Download）和流式传输（Streaming）两种方式。流式传输是连续传送视/音频信号，当流媒体在客户机播放时其余部分在后台继续下载。流式传输有顺序流式传输（Progressive Streaming）和实时流式传输（Real time Streaming）两种方式。实时流式传输是实时传送，特别适合现场事件，实时流式传输必须有匹配的带宽，否则图像质量会因网络速度降低而变差。“实时”的概念是指在一个应用中数据的交付必须与数据的产生保持精确的时间同步关系。

在因特网中使用流式传输技术的连续媒体就称为流媒体，通常也将视频与音频称为视频流和音频流。而流媒体技术则是在 IP 网络上发布多媒体数据流的技术。流媒体技术有别于传统播放技术由客户端从服务器下载完整的文件后进行播放，而是将整个多媒体文件压缩解析成多个压缩包，向客户端实时地顺序传送，用户可以一边解压播放前面传送过来的压缩包，一边下载后续的压缩包。与单纯的下载方式相比，这种对多媒体文件边下载边播放的流式传输方式不仅使启动延时大幅度地缩短，节省了时间，而且对系统缓存容量的需求也大大降低。

实现流式传输一般都需要专用服务器和播放器。流媒体服务器的服务方式有：

（1）单播。在客户端与媒体服务器之间建立一个单独的数据通道，从 1 台服务器送出的每个数据包只能传送给 1 个客户机。

（2）组播。在以组播技术构建的网络上，允许路由器一次将数据包复制到多个通道上。

（3）点播与广播。点播连接是客户端与服务器之间的主动的连接，在点播连接中，用户通过选择内容项目来初始化客户端连接，用户可以开始、停止、后退、快进或暂停流。广播指的是用户被动地接收流，在广播过程中，数据包的单独一个复制将发送给网络上的所有用户，客户端接收流，但不能控制流。

由于目前的网络带宽还不能完全满足巨大的 A/V、3D 等多媒体数据流量的要求，所以在流媒体技术中，应首先对 A/V、3D 等多媒体文件数据进行预处理后才能进行流式传输。流式传输主要采用降低质量和先进高效的压缩算法两种技术。尽管流式传输对于系统缓存容量的要求大大降低,但它的实现仍需要缓存。这是因为因特网是以包传输为基础进行断续的异步传输。数据在传输中要被分解为许多包,但网络又是动态变化的,各个包选择的路由可能不尽相同,故到达用户计算机的时间延迟也就不同。所以,使用缓存系统是用来弥补延迟和抖动的影响,并保证数据包传输顺序的正确,使数据能连续输出,不会因网络暂时拥塞而使播放出现停顿。流式传输的实现还需要合适的传输协议。

根据媒体形式的不同,流媒体可分为流式音频、流式视频、流式动画、流式图像和流式文本。其关键技术是信息压缩技术。

2. 流媒体传输协议

流式传输的实现需要合适的传输协议。在流式传输的实现方案中,一般采用 HTTP/TCP 来传输控制信息,而用 RTP/UDP 来传输实时多媒体数据。

1) RTP 与 RTCP

实时传输协议(Real time Transport Protocol,RTP)是用于多媒体数据流的一种传输协议。RTP 被定义为在一对一或一对多传输的情况下工作,其目的是提供时间信息和实现流同步。RTP 的典型应用建立在 UDP 上,但也可以在 TCP 或 ATM 等其它协议之上工作。RTP 本身只保证实时数据的传输,并不能为按顺序传送数据包提供可靠的传送机制,也不提供流量控制或拥塞控制,它依靠 RTCP 提供这些服务。当应用程序开始一个 RTP 会话时将使用两个端口:一个给 RTP,一个给 RTCP。RTP 本身并不能为按顺序传送数据包提供可靠的传送机制,也不提供流量控制或拥塞控制,它依靠 RTCP 提供这些服务。RTCP 和 RTP 一起提供流量控制和拥塞控制服务。RTP 和 RTCP 配合使用,它们能以有效的反馈和最小的开销使传输效率最佳化,因而特别适合传送网上的实时数据。

实时传输控制协议(Realtime Transport Control Protocol,RTCP)负责管理传输质量。在 RTP 会话期间,各参与者周期性地传送 RTCP 包,包中含有已发送的数据包的数量、丢失的数据包的数量等统计资料,因此,服务器可以利用这些信息动态地改变传输速率,甚至改变有效载荷类型。RTP 和 RTCP 配合使用,能以有效的反馈和最小的开销使传输效率最佳化,故特别适合传送网上的实时数据。RTCP 的一个关键作用就是能让接收方同步多个 RTP 流,例如,当音频与视频一起传输的时候,由于编码的不同,RTP 使用两个流分别进行传输。

2) RTSP

实时流协议 RTSP,定义了一对多应用程序如何有效地通过 IP 网络传送多媒体数据。RTSP 在体系结构上位于 RTP 和 RTCP 之上,它使用 TCP 或 RTP 完成数据传输。HTTP 与 RTSP 相比,HTTP 传送 HTML,而 RTP 传送的是多媒体数据。HTTP 请求由客户机发出,服务器做出响应;使用 RTSP 时,客户机和服务器都可以发出请求。

RTSP 是应用层协议,与 RTP、RSVP 一起设计来完成流式服务。RTSP 有很大的灵活性,可被用在多种操作系统上,它允许客户端和不同厂商的服务平台交互;它将流式媒体数据可控制地通过网络传输到客户端;RTSP 可以保持用户计算机与传输流业务服务器之间的固定连接,用于用户与单播服务器通信并且还允许双向通信。

3) RSVP

资源预留协议(Resource reSerVation Protocol,RSVP)是一种用于互联网上质量整合服务的协议。由于音频和视频数据流比传统数据对网络的延时更敏感，使用 RSVP 预留一部分网络资源（即带宽），能在一定程度上为流媒体的传输提供 QoS。正如路由选择和管理类协议的实施一样，RSVP 的运行也是在后台执行，而并非在数据转发路径上。

3. 常见流媒体文件格式

目前，因特网上使用较多的流媒体格式主要有 Real Networks 公司的 Real Media、Microsoft 公司的 Windows Media 和 Apple 公司的 QuickTime。

1）Real Networks 的 Real Media 格式

Real Networks 公司的 Real Media 包括 RealAudio、Real Video 和 Real Flash 三类文件，其中 RealAudio 用来传输接近 CD 音质的音频数据；Real Video 用来传输不间断的视频数据，Real Flash 则是 Real Networks 公司与 Macromedia 公司联合推出的一种高压缩比的动画格式 Real Media。Real Media 文件格式的引入了，使得 Real System 可以通过各种网络传送高质量的多媒体内容。第三方开发者可以通过 Real Networks 公司提供的 SDK 将它们的媒体格式转换成 Real Media 文件格式。

2）微软高级流格式 ASF

Microsoft 公司的 Windows Media 的核心是 ASF（Advanced Stream Format）。Microsoft 公司将 ASF 定义为同步媒体的统一容器文件格式。ASF 是一种数据格式，音频、视频、图像以及控制命令脚本等多媒体信息通过这种格式，以网络数据包的形式传输，实现流式多媒体内容发布。ASF 最大优点就是体积小，因此适合网络传输，使用微软公司的媒体播放器（Microsoft Windows Media Player）可以直接播放该格式的文件。用户可以将图形、声音和动画数据组合成一个 ASF 格式的文件，当然也可以将其它格式的视频和音频转换为 ASF 格式，而且用户还可以通过声卡和视频捕获卡将诸如麦克风、录像机等外设的数据保存为 ASF 格式。另外，ASF 格式的视频中可以带有命令代码，用户指定在到达视频或音频的某个时间后触发某个事件或操作。ASF 支持任意的压缩/解压缩编码方式，并可以使用任何一种底层网络传输协议，具有很大的灵活性。

3）QuickTime 电影（Movie）文件格式

Apple 公司的 QuickTime 电影文件现已成为是数字媒体领域的工业标准。QuickTime 电影文件格式定义了存储数字媒体内容的标准方法，使用这种文件格式不仅可以存储单个的媒体内容（如视频帧或音频采样），而且能保存对该媒体作品的完整描述；QuickTime 文件格式被设计用来适应为与数字化媒体一同工作需要存储的各种数据。因为这种文件格式能用来描述几乎所有的媒体结构，所以它是应用程序间（不管运行平台如何）交换数据的理想格式。QuickTime 文件格式中媒体描述和媒体数据是分开存储的，媒体描述或元数据（meta - data）叫做电影（Movie），包含轨道数目、视频压缩格式和时间信息。同时 Movie 包含媒体数据存储区域的索引。媒体数据是所有的采样数据，如视频帧和音频采样，媒体数据可以与 Quick Time Movie 存储在同一个文件中，也可以在一个单独的文件或者在几个文件中。

QuickTime 是面向专业视频编辑、WWW 网站创建和 CD - ROM 内容制作领域开发的多媒体技术平台，QuickTime 支持几乎所有主流的个人计算机平台，是数字媒体领域事实上的工业标准，是创建 3D 动画、实时效果、虚拟现实、A/V 和其它数字流媒体的重要基础。它由 QuickTime 电影文件格式、QuickTime 内置媒体服务系统和 QuickTime 媒体抽象层组成。

4. 流媒体播放器

1) Real Player 播放器

Real Player 是 Real Networks 公司的在线播放器。Real Player 利用流媒体技术,能以比较快的速度从网上检索声音、视频、文本、动画及其它媒体文件,除了支持 Real Networks 自己的流文件(.ram、.rmm、ra、rm.、.rp、.rt)播放外,还支持众多的媒体格式,如 GIF 文件格式、Shockwave Flash 格式、QuickTime 文件、MP3 文件等。

2) Quick Time Player 播放器

这是 Apple 公司的媒体播放器,有 Windows 版和 Mac 版。特点是和因特网紧密结合,安装是在网上进行的。能够直接播放的格式有 QuickTime 电影、AVI、AIFF 音频、SGI 图像、Macromedia Flash 等,能够输入多种格式的音频、视频和图像媒体文件,并可转换输出为其它格式。Quick Time Player 还支持基于 HTTP、RTP、RTSP、FTP 流媒体格式的在线音频和视频。

3) Windows Media Player 播放器

这是 Microsoft 公司推出的通用媒体播放器,可以接收音频、视频和目前较流行的多种混合格式媒体文件,支持流媒体、在线聆听、观看实时新闻等。

5. 流媒体技术的主要应用

近年来,相继出现了许多流媒体技术的软件平台,以及多媒体实时会议系统、视频点播系统、远程教育系统、远程医疗系统、虚拟现实系统等实时的多媒体播放和应用系统。

1) 视频会议

视频会议是流媒体技术的一个用途,采用流媒体格式传送音视频文件,使用者不必等待整个影片传送完毕就可以实时、连续地观看,虽然在画面质量上有一些损失,但就一般的视频会议来讲,并不需要很高的图像质量。通过流媒体进行点对点的通信,最常见的就是可视电话。只要两端都有一台接入因特网的计算机和一个摄像头,在世界任何地点都可以进行音视频通信。并可以利用基于流媒体的视频会议系统来组织跨地区的会议和讨论。

2) 视频点播(VOD)

随着计算机技术的发展,流媒体技术越来越广泛地应用于视频点播系统。现在,很多大型的新闻娱乐媒体,都在互联网上提供基于流媒体技术的节目。VOD 技术广泛应用于局域网及有线电视网。流媒体的视频直播应用突破了网络带宽的限制,实现了在低带宽的环境下的高质量影音传输,其中的智能流技术保证不同连接速率下的用户,可以得到不同质量的影音效果。使用流媒体的 VOD 技术还可以进行交互式教学,达到因材施教的目的。

3) 远程教育

计算机的普及、多媒体技术的发展以及因特网的迅速崛起,给远程教育带来了新的机遇。越来越多的远程教育网站开始采用流媒体作为主要的网络教学方式。在远程教学过程中,最基本的要求就是将信息从教师端传到远程的学生端,需要传送的信息可能是多元的,如视频、音频、文本、图片等。在当前网络带宽的限制下,流式传输是最佳选择。

4) 因特网直播

随着宽带网的不断普及和流媒体技术的不断发展。冲浪者能够在因特网直接收看体育赛事、商贸展览等,厂商可以借助网上直播形式将自己的产品和活动传遍全世界。流媒体技术的发展,实现了在低带宽环境下提供高质量的音视频信息;保证不同连接速率下的用户能够得到不同质量的音视频效果;减少服务器端的负荷,同时最大限度地节省带宽。

6.4 图形文件与其它文件格式

6.4.1 图形文件格式

1. 颜色的基本概念

彩色可用亮度、色调和饱和度来描述,人眼看到任意彩色光都是这三个特性的综合效果。

亮度是光作用于人眼时所引起的明亮程度的感觉,它与被观察物体的发光强度有关。

色调是当人眼所产生的彩色感觉,它反映颜色的种类,是决定颜色的基本特性。某一物体的色调,是指该物体在日光照射下,所反射的各光谱成分作用于人眼的综合效果,对于透射物体则是透过该物体的光谱综合作用的结果。红色、棕色等都是指色调。

饱和度是指颜色的纯度,即掺入白光的程度,或者说是指颜色的深浅程度。对于同一色调的彩色光,饱和度越深颜色越鲜明或说越纯。若在某色调的彩色光中,掺入别的色光,则会引起色调的变化,只有掺入白光时仅引起饱和度的变化。通常把色调和饱和度通称为色度。

1) 色频与空间

计算机上所显示的图像是一些彩色点的组合。每个与视觉相关联的软硬件都使用了某种特定的色彩空间——一种以数量来表现色彩的方式,计算机就可以识别不同的色彩。

最常见的色彩空间表示法就是 RGB。自然界常见的各种彩色光,都可由红(R)、绿(G)、蓝(B)三种颜色光按不同比例相配而成。同样,绝大多数颜色也可以分解成红、绿、蓝三种色光,这就是色度学中最基本的三基色原理。

因为显示器也是采用这种色彩表示法。显示器在屏幕上投射出不同强度的红、绿、蓝光,因此 RGB 可展现完整的色调与明暗。RGB 将各种色彩以三个数目来表示,称之为色频。这些色频定义了从 0(黑色) ~255(最饱和)不同程度的红、绿、蓝三色。

把三种基色光按不同比例相加,称之为相加混色。显示彩色图像用 RGB 三基色,称为相加混色模型;打印彩色图像时,用 CMYK 相减混色模型。在相减混色中,当三种基本颜色等量相减时得到黑色;等量黄色(Y)和品红(M)相减而青色(C)为 0 时,得到红色(R);等量青色(C)和品红(M)相减而黄色(Y)为 0 时,得到蓝色(B);等量黄色(Y)和青色(C)相减而品红(M)为 0 时,得到绿色(G)。彩色打印机采用的就是这种原理,印刷彩色图片也是采用这种原理。彩色空间表示有 RGB 彩色空间、YUV 和 YIQ 彩色空间、HSI 彩色空间、其它彩色空间。

在多媒体计算机技术中,用的最多的是 RGB 彩色空间表示,因为计算机彩色显视器的输入需要 RGB 三个彩色分量,通过三个分量的不同比例,在显示屏幕上合成所需要的颜色。不管在多媒体系统中采用何种彩色空间表示,最后的输出都要转换成 RGB 彩色空间表示。

在 HSI 彩色空间中,人们常用 H、S、I 三参数描述颜色特性,其中 H 表示色调(Hue),

S 表示颜色的饱和度(Saturation),I 表示光的强度(Intensity)。采用 HSI 彩色空间能够减少彩色图像处理的复杂性,增加快速性,它更接近人对彩色的认识和解释。色调指的是在一个 360°的色轮上红色坐标为 0°,绿色坐标为 120°,蓝色坐标为 240°的位置。饱和度描述纯颜色用白色冲淡的程度,高饱和度的颜色含有较少的白色。亮度是非彩色属性,它描述亮还是暗,彩色图像中的亮度对应于黑白图像中的灰度。饱和度和亮度以百分比来表示。

彩色空间表示还有很多种,如 CIE(国际照明委员会)制定的 CIE XYZ、CIE LAB 彩色空间,CCIR(Consultative Committee International Radio)制定的 CCIR601 - 2YCbCr 彩色空间。

2) 色彩深度

RGB 将每个色频分成 0 个 ~255 个不同的色阶,因为这是 8 位所能获得的极限,而 8 个位元就可以构成 1 个组。用来表示色彩的量成为色彩深度(Color Depth)。在处理网页上所使用到的图片时,色彩深度对以下这两项来说尤其重要:一是显示器的色彩深度,二是储存图像文件的色彩深度。显示器的色彩深度依照硬件显示设备所支持的能力以及软件驱动程序的结构而有所差异。操作系统通常会在控制面板的显示器设置项目中让使用者设置需要的色彩深度。文件的色彩深度则根据图像储存时文件格式的不同而有差异。

3) 全彩

虽然一般典型的 RGB 使用的是 3 个 8 位的色频,但是也可以将它改成 24 位的色彩深度。这个时候将 24 位元的彩色称为全彩。全彩的显示器能将每个像素的色彩准确地显示出来。通常可以在显示器的设置项目中找到全彩的设定值。虽然全彩可以扩充到高达 16777216 色,但是它通常是以“百万色”来表示。同样,全彩的图像可以忠实的将所有的色彩记录下来。

4) 高彩

全彩所包含的色调远多于人的肉眼所能分辨的数量,因此大多数的操作系统都提供 16 位高彩的选项。当计算机的显示系统设定为高彩时并不会影响到图像的质量。大多数的绘图程序,例如 Photoshop 或是浏览器仍然使用 24 位的数值。这些色彩资料只有在显示器上浏览时才被砍掉。这也是高彩的图像一直无法普及的原因。

5) 点阵图像与向量图像

在一台计算机的屏幕上,图像不过只是各种颜色像素(pixel)的集合而已。有些类型的图像文件就是以一个个的像素来记录。这种类型的图像就叫做点阵图像,只能通过点阵图像的编辑软件来修改图像像素。向量图像是通过叙述的方式来记录图像的,也就是说一张图像是由许多不同形状的几何图形所拼成的。这些几何图形可以被转换成点阵图像然后显示在屏幕上。向量图像比较容易被修改,因为它的每一个物体都可以独立移动、放大缩小、旋转或者删除。Macromedia 的 Flash 所做的文件是在网络上最接近标准的向量格式。SVG(Scalable Vector Graphics)也是向量格式。

2. 图形文件格式

多媒体计算机最常用的图像有下述三种:图形、静态图像和动态图像(也称视频)。获得这三种图像可用下述方法:

(1) 计算机产生彩色图形、静态图像和动态图像。

(2) 用彩色扫描仪扫描输入彩色图形和静态图像。

(3) 用视频信号数字化仪将彩色全电视信号数字化后,输入到多媒体计算机中,可获得静态和动态图像。

多媒体计算机通过彩色扫描仪能够把各种印刷图像及彩色照片数字化;通过视频信号数字化能够把摄像录像保存到计算机中;可以将彩色全电视信号数字化并保存到计算机中;计算机本身可以通过计算机图形学的方法编程,生成二维、三维彩色几何图形及三维动画。各种图形、图像及视频信息都以文件的形式存储,目前流行的大多数是工业或企业的格式标准。比较流行的静态图像文件格式有 GIF、TIFF、TGA、BMP、PCX 及 MMP;常见的动态视频图像文件格式有 MPG、AVI 等。

1) GIF(Graphics Interchange Format)图像文件格式

GIF 文件格式是由 Compu—Serve 公司在 1987 年 6 月为了制定彩色图像传输协议而开发的,它支持 64000 像素的图像、256 到 16M 颜色的调色板、单个文件中的多重图像、按行扫描的迅速解码、有效地压缩以及与硬件无关的特性。

GIF 文件格式利用一些标志段,标志段(标志块)也叫做扩展块,当前它支持两个扩展块。一个扩展块是关于图像的注释块,它包括图像的创造者、所使用的软件、扫描设备等。另一个扩展块是图像的控制命令,它规定了相对各种类型图像显示的附加的控制功能。

图 6-4 给出了 GIF 文件格式的结构。扩展块可能放在图像数据的前边和后边。能够显示 2 种 ~256 种颜色或 256 级灰度(1b/pixel ~ 8b/pixel)。图像数据用彩色编码形式存储,彩色编码可在彩色码表中找到相应的颜色。对于每种调色板(红、绿、蓝)彩色码表项用一个字节表示,它能够使调色板有 16M 输出。最后必须把彩色码表项转换成所用计算机可用的最接近的彩色值。GIF 格式还可以和小系统中的图像变换联系起来,并且支持隔行扫描特性。

署名/版本
GIF 署名
版本 87a

GIF 文件格式
署名/版本
逻辑荧幕描述块
全局彩色映射(任选)
扩展块(任选)
图像描述块
局部色彩映射
扫描资料块
扩展块(全选)
结束符

扫描资料块	图像描述块					
图元尺寸	图像描述符 ASCII 21 h“.”					
资料块位元组计数	图像左边坐标					
资料位元组	图像顶点坐标					
扫描资料块	图像宽					
结束符	图像高					
	Map	1↑1	SRT	R1	R2	Pixcl size
扩展块						
扩展块创建 ASCII 21h“!”	屏幕宽					
功能码	屏幕高					
资料块位元组计数	全局映射	彩色解析度	0	图元尺寸		
资料位元组	背景彩色					
结束符 - Coh	全局映射分类	图元长宽比				

图 6-4　GIF 文件结构

2）TIFF（Tag Image File Format）图像文件格式

TIFF 文件格式是基于标志域的。Alaus 和 Microsoft 公司为扫描仪和桌上出版系统研制开发了 TIFF 较为通用的图像文件格式，TIFF 文件格式如图 6－5 所示。关于图像的所有信息都存储在标志域中，例如，它规定图像尺寸大小，规定所用计算机型号，制造商、图像的作者、说明、软件及数据。TIFF 文件是一种极其灵活易变的格式，它支持多种压缩方法，特殊的图像控制函数以及许多其它的特性。

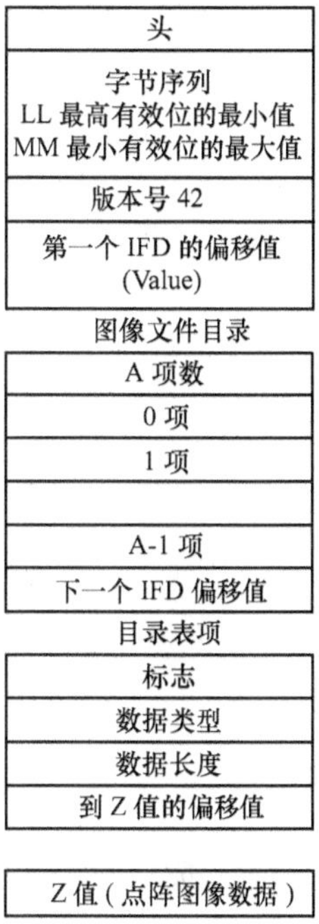

TIFF 文件比较大，它需要扩展码。TIFF 文件定义了四类不同的 TIFF 文件格式：TIFF－B 适用于二值图像；TIFF－G 适用于黑白灰度图像；TIFF－P 适用于带调色板的彩色图像以及 TIFF－R 适用于 RGB 的彩色图像。TIFF－X 是一种通用型，通过编程可以适用于上述所有四种类型。为了保证它们的兼容性，每类都有一个最小的域，编程时不需要使用其它的域。

头
字节序列 LL 最高有效位的最小值 MM 最小有效位的最大值
版本号 42
第一个 IFD 的偏移值 (Value)

图像文件目录

A 项数
0 项
1 项
A-1 项
下一个 IFD 偏移值

目录表项

标志
数据类型
数据长度
到 Z 值的偏移值

Z 值（点阵图像数据）

图 6－5　TIFF 图像文件格式结构

TIFF 文件由四部分组成：分别为文件头、文件目录、目录表项和点阵图像数据。文件头有 8B，头 2B 定义了存储数据是由小到大，还是由大到小的顺序（Intel 的格式，还是 Motorola 的格式）；下面 2B 定义 TIFF 文件版本号，图上给出的是 42 版本；最后 4B 是图像文件目录的指针，它指向图像文件目录（Image File Director，IFD）的首地址。图像文件目录（IFD）主要内容是当前文件的项目表。有用的图像数据以“条状”形式存储，可以通过图像文件目录中的登记项找到需要的图像数据。为了简化缓存，文件格式推荐的“条状”缓存区的尺寸是 8KB。由于 TIFF 是基于指针的图像文件格式，所以它比 GIF 复杂，它的好处是增加了灵活性，它的域数据可以任意顺序排列。

像 GIF 文件一样，TIFF 图像文件格式也支持多个图像，即在一个文件中包括多个图像（也称为子文件），不过在处理过程中不需要解码。IFD（图像文件目录）的最后一项可以是文件结束标志，也可以是指向下一个子文件的 IFD 的偏移量。

TIFF 有两种方法存储彩色图像数据：TIFF－P 和 GIF 文件格式相似，在一个域中定义一幅图像的彩色映射（Color Map），存储的是彩色图像色彩映射的编码值，但是存储的彩色图像的颜色只有 256 种；另一种方法是 TIFF－R，它能够定义 RGB 全彩色的图像，每个像素可用 3 个 8 位表示，它可以提供 16M 种颜色。

图像域数据即目录表项（Directory Entry）有 12B 长，具体结构如下：2B 的 Tag 说明这个域的特性；2B 的 Type（类型描述符）说明数据类型；4B 的数据长度，说明数据值的长度，数据类型值的长度；最后是 4B 域值的偏移量，它指向具体的图像数据值。

3）TGA（Targe Image Format）图像文件格式

TGA 图像文件格式是 Truevision 公司为 Targe 和 Vista 图像获取板设计的 TIPS 软件所使用的文件格式，Targa 和 Vista 图像获取板插在 PC 上得到了广泛的应用，因此，TGA 图像文件格式的应用也变得越来越广泛。TGA 图像文件格式结构比较简单，它由描述图像属性的文件头（Header）以及描述各点像素值的文件体（Body）组成，如图 6－6 所示。

头
图像 ID 尺寸
彩色映射类型
图像类型
压缩　是/否
全彩色/映射
彩色映射规定
坐标原点长,项尺寸
图像规定
坐标原点 x 和 y,宽,高
像素尺寸,描述符字节
体
图像 ID
彩色映射
图像

图 6－6　TGA 图像文件结构原理图

文件头共有 18B,第一个字节表示图像 ID 字段的尺寸。第一个字节是彩色映射类型字段(Color Map Type),它描述图像彩色映射类型,它的值对应如下的含义

0:文件中没有图像数据。

1:有调色板非压缩类型。

2:真彩色非压缩类型。

3:黑白图非压缩类型。

9:有调色板用 RLE 压缩编码。

10:真彩色用 RLE 压缩编码。

11:黑白图压缩编码。

彩色映射规定映射的坐标和长度各为 2B,同时还规定了每个映射项的比特数。在图像规定域中,坐标原点(x,y)、宽和高为 2B,其它均为 1B。

文件体是由图像文件的标志符 ID、图像文件的彩色映射(Color Map)关系以及图像像素数数据组成。

4) BMP(Bitmap)图像文件格式

BMP 是一种与设备无关的图像文件格式,它是 Windows 软件推荐使用的一种格式,BMP 是一种位映射的存储形式,其结构如图 6－7 所示。

HEADER	
BITMAPFILEHEADER	
0 bftype;	文件类型,一般以 BM 标志
2 bfsize;	实际图像数据长度
6 reserved1;	
8 reserved2;	
10 offset,	图像数据的起始位置
BITMAPINFOHEADER	
14 bisize;	本结构长度,为 40
18 biwidth;	图像宽度
22 biheight;	图像高度
26 biplanes;	分量数
28 bibitcount;	每像素所占位数
30 bicompression;	
34 bisizeimage;	
40 bixpelspermeter;	分辨率
44 biypelspermeter;	
48 bicrused;	调色板中用到的颜色数
52 biclrimportant;	
COLORMAP(如果图像为真彩色,则没有调色板)	
RGBOUAD(color entrys:[R,G,B,res])	
BODY	
Image data	

图 6-7　BMP 图像文件结构原理图

BMP 图像文件格式共分三个域:一是文件头,它又分成 BMP 文件头和信息头二部分,在文件头中主要说明文件类型,实际图像数据长度,图像数据的起始位置,图像分辨率,长、宽及调色板中用到的颜色数;域是彩色映射;第三个域是图像数据。BMP 文件存储数据时,图像的扫描方式是从左向右,从下而上。

5) PCX 图像文件格式

PCX 图像文件格式是 Zsoft 公司研制开发的。PCX 文件可以分成三类:单色 PCX 文件、超过 16 种颜色的 PCX 文件和具有 256 颜色的 PCX 图像文件。PCX 图像文件格式与特定图形显示硬件密切相关,其格式一般为256色和16色,不支持真彩色的图像存储,存储方式通常采用RLE压缩编码,读写PCX时需要一段RLE编码和解码程序。PCX图像文件格式结构如图6-8所示。

PCX图像文件结构分三个域:一是文件头;二是文件体;三是256彩色映射部分。PCX文件均携带128B的表头,用于定义图像的尺寸和彩色调色板及其它有关的图像数据。具体规定如下:PCX表头中的“Manufacture”字节始终保持为0x0a,这个值是PCX格式提供的唯一标志,使得读取PCX的软件可以识别它。“Version”字节说明PCX文件的版本。

“encoding”表示压缩编码方式,其值为1时表示采用RLE压缩编码的方法。“pixbits”即bits per pixel说明每个像素的位数。“Xmin, Ymin, Xmax及Ymax”四个值定义图像尺寸,图像的实际尺寸是“max”一值减去“min”值,在多数情况下“min”为零。“hres”和“vres”是文件中建立图像所用的水平和垂直分辨率。“rgb[16][3]”即palette是彩色调色板,它的长度是48B,只适用16个颜色。“linebytes”即byte per line代表每一行图像数据所需的字节数。

文件体中存放的是PCX图像文件中的图像数据,它采用了行程压缩编码技术,读取PCX文件时需要设计一段RLE解码程序。同样,将采集的一幅图像数据写成PCX文件格式时,需要设计一段RLE编码程序,将图像数据变成RLE码,写到PCX文件中。最后一个域是“256 Color entry”,一个256色的调色板要用3B描述一种颜色,因此,共需768B才能完整地描述256种颜色的调色板。

HEADER	
0 mfgr;	厂商品一般为OAH
1 version;	版本号
2 encoding	编码方式
3 pixbits	每像素所占位数
4 Xmin;	左上角
5 Ymin;	
8 Xmax;	右下角
10 Ymax;	
12 hres;	分辨率
14 vres;	
16 rgb[16][3]	16色调色板
64 reserved;	
65 nplanes;	分量数
66 linebytes;	每行字节数
68 paltype;	1:color/bw,2:gray
70 ylines;	
72 filer[56];	
BODY	
Image data(RLE)	
256 color map	
256 color entry(RGB)	

图6-8 PCX图像文件结构原理图

6) JPEG图像文件格式

JPEG是联合图像专家组(Joint Photographic Expert Group)的英文缩写,是国际标准化组织(ISO)和CCITT联合制定的静态图像的压缩编码标准。

JPEG的图片使用的是YCrCb颜色模型,而不是计算机上最常用的RGB。YCrCb颜色模型更适合图形压缩。因为人眼对图片上的亮度Y的变化远比色度C的变化敏感。

完全可以每个点保存一个 8 位的亮度值,每 2×2 个点保存一个 CrCb 值,而图像在肉眼中的感觉不会起太大的变化。所以,原来用 RGB 模型,4 个点需要 12B。而现在仅需要 6B,平均每个点占 12 位。当然 JPEG 格式里允许每个点的 C 值都记录下来,不过 MPEG 里都是按 12 位一个点来存放的,可简写为 YUV12。JPEG 的压缩比高,因而广泛在互联网上使用。JPEG 有几种模式,其中最常用的是基于 DCT 变换的顺序型模式,又称为基线系统(Baseline)。

JPEG 文件大体上可以分成以下两个部分:标记码(Tag)和压缩数据。标记码部分给出 JPEG 图像的所有信息,如图像的宽、高、Huffman 表、量化表等。

JPG 文件是由一个个段(segments)构成的,每个段长度≤65535,每个段从一个标记字开始。标记字都是 0xff 开头的,以非 0B 和 0xFF 结束。每个标记有它特定意义,这是由第二个字节指明的。

JPEG 图像格式可支持 24 位全彩。它精确地记录每一个像素的亮度,但取出平衡色调方式的方法来压缩图像,这样肉眼就无法明显的分辨出来。事实上,它是在记录一张图像的描述说明,而不是如其表面的对图像进行压缩。浏览者所使用的网络浏览器或图像编辑软件,将解释它所记录的描述说明成为一张点阵图像,让它看起来可以很类似其原始的影像。

JPEG 文件难编辑。若打开了一张 JPEG 图像并且要对它做一些修改,那么所修改的是解释后的点阵图像,而不是 JPEG 文件的本身。将图像另外再存成 JPEG 格式文件,则原先已经解释的点阵图像(包含缺陷等)都将再度被压缩一次,结果图像的品质将变得更差。

7) PNG 格式

便携式的网络图像格式(Portable Network Graphics,PNG)。是近年来随着因特网的发展而流行起来的图像文件格式。PNG 格式采用了一种压缩率很高的无损压缩技术,PNG 格式一开始便结合 GIF 格式及 JPEG 格式两家之长,有效地减小了图像文件的尺寸。它是 1996 年 10 月 1 日由 PNG 向国际网络联盟提出并得到推荐认可的标准,并且大部分绘图软件和浏览器已开始支持 PNG 图像浏览。

PNG 格式优点如下:

(1) PNG 格式是目前保证最不失真的格式,它汲取了 GIF 格式和 JPEG 格式的优点,存储形式丰富,兼有 GIF 格式和 JPG 格式的色彩模式。

(2) 能把图像文件压缩到极限以利于网络传输,但又能保留所有与图像品质有关的信息。PNG 格式采用无损压缩方式来减少文件的大小。

(3) 显示速度很快,PNG 格式采用交替显示方式保存图像,浏览时只需下载 1/64 的图像信息就可以显示出低分辨率的预览图像。

(4) PNG 格式支持灰度、RGB 彩色以及索引色图像。它用存储的 Alpha 通道定义文件中的透明区域,这样可让图像和网页背景很和谐地融合在一起。

PNG 格式的缺点是不支持动画应用效果。

Macromedia 公司的 Fireworks 软件的默认格式就是 PNG。现在,越来越多的软件开始支持这一格式,而且在网络上也越来越流行。

8) AVS 和 AVI 文件格式

AVS 和 AVI 是 Intel 公司和 IBM 公司共同研制的 DVI(Digital Video Interactive)系统

动态图像文件格式。

AVI文件格式是对视频文件采用的一种有损压缩方式,该方式的压缩率较高,并可将音频和视频混合到一起使用,因此尽管画面质量不是太好,但其应用范围仍然非常广泛。支持256色和RLE压缩。

AVS文件格式支持多个数据流同时操作。例如,一个AVS文件可以包括一个视频和两个立体声音频数据流,甚至一个AVS文件可以包括四个视频数据流和四个音频数据流,可以播放四个视频数据流中的一个,需要时立即切换到另一个。

根据视频和音频数据流的类型,AVS文件又提供了三种附加数据流的类型:底层数据,数据和图像。DVI系统能够把AVS文件中的视频、音频和图像流转换成声音和图像。DVI系统允许应用程序使用底层数据,并为其提供方便。

在DVI系统中,保存AVS和AVI文件的介质,通常是CD-ROM、硬盘和RAM,只能使用二进制代码的单数据流,将多数据流定义变成单数据流文件,这是AVS和AVI的最基本格式,正因为如此,有些人把AVS或AVI文件格式称为视频和音频交替存放文件(Audio/Video Inter leaved)。AVI文件目前主要应用在多媒体光盘上,用来保存电影、电视等各种影像信息,有时也出现在因特网上,供用户下载、欣赏新影片的精彩片断。Windows系统的媒体播放器可播放AVI文件。

9) JPEG2000格式

JPEG2000格式同样是由JPEG组织负责制定的,它的正式名称叫“ISO 15444”,与JPEG相比,它具备更高压缩率以及更多新功能,是新一代静态影像压缩技术。

JPEG2000格式作为JPEG格式的升级版,其压缩率比JPEG格式高约30%。与JPEG格式不同的是,JPEG2000格式同时支持有损和无损压缩,而JPEG格式只能支持有损压缩。无损压缩对保存一些重要图片是十分有用的。JPEG2000格式的一个极其重要的特征在于它能实现渐进传输,这一点与GIF格式的“渐显”有异曲同工之妙,即先传输图像的轮廓,然后逐步传输数据,不断提高图像质量,让图像由朦胧到清晰显示,而不必是像JPEG格式一样,由上到下慢慢显示。此外,JPEG2000格式还支持“感兴趣区域”特性,可以任意指定图像上感兴趣区域的压缩质量,还可以选择指定的部分先解压缩。JPEG2000格式和JPEG格式相比优势明显,且向下兼容。JPEG2000格式可应用于传统的JPEG格式市场,如扫描仪、数字照相机等,亦可应用于新兴领域,如网路传输、无线通信等。

10) SWF格式

利用Flash可以制作出后缀名为SWF(Shockwave Format)的动画,这种格式的动画图像能够用比较小的体积来表现丰富的多媒体形式。在图像的传输方面,不必等到文件全部下载才能观看,而是可以边下载边看,因此特别适合网络传输。SWF格式已被大量应用于WWW网页进行多媒体演示与交互性设计。此外,SWF动画是基于矢量技术制作的,因此不管将画面放大多少倍,画面不会因此而有任何损害。因此,SWF格式作品以其高清晰度的画质和小巧的体积,成为网页动画和网页图片设计制作的主流,目前已成为网上动画的事实标准。

11) SVG格式

可缩放的矢量图形(Scalable Vector Graphics, SVG)格式是基于XML(Extensible Markup Language),由World Wide Web Consortium(W3C)联盟进行开发的。严格来说应该是

一种开放标准的矢量图形语言,可设计出高分辨率的 WWW 图形页面。用户可以直接用代码来描绘图像,可以用任何文字处理工具打开 SVG 图像,通过改变部分代码来使图像具有互交功能,并可以随时插入到 HTML 中通过浏览器来观看。其特点是:

(1) 用户可以任意放大图形显示,但不会牺牲锐利度、清晰度、细节等。

(2) 文字在 SVG 图像中保留可编辑和可搜寻的状态。没有字体的限制,用户将会看到和制作时完全相同的画面。

(3) 平均来讲,SVG 文件比 JPEG 和 GIF 格式的文件要小很多,因而下载很快。

(4) SVG 图像在屏幕上总是边缘清晰,并且可以使用打印机的分辨率进行打印。

(5) SVG 提供一个 1600 万颜色的调板,支持 ICC 颜色描述文件、RGB、渐变和蒙版。

因为 SVG 是基于 XML 的,它提供高度的动态交互性。SVG 图像可对用户的动作通过高光显示、工具技巧、特殊效果、声音和动画进行反映和显示。

6.4.2 电子图书

1. 电子图书格式

电子图书是指以数字代码方式将图、文、声、像等信息存储在磁、光、电介质上,通过计算机或类似设备使用,并可复制发行的大众传播体。类型有电子图书、电子期刊、电子报纸和软件读物等。毫无疑问因特网将为电子图书带来美好的前景。

电子读物及电子图书存在的格式有很多种,下面介绍当前比较流行和比较常见的几种电子读物文件格式。

1) EXE 文件格式

EXE 文件格式最大的特点就是阅读方便,制作简单,制作出来的电子读物无需专门的阅读器支持就可以阅读。这种格式的电子读物对运行环境并无很高的要求。但是这种格式的电子图书也有一些不足之处,如多数相关制作软件制作出来的 EXE 文件都不支持 Flash 和 Java 及常见的音频视频文件,需要 IE 浏览器支持等。并且一般无法直接获取其中的文字图像资料。

2) CHM 文件格式

CHM 文件格式是微软公司 1998 年推出的基于 HTML 文件特性的帮助文件系统,在 Windows98 中把 CHM 类型文件称做“已编译的 HTML 帮助文件”。被 IE 浏览器支持的 JavaScript、VBScript、ActiveX、Java Applet、Flash、常见图形文件(GIF、JPEG、PNG)、音频视频文件(MID、WAV、AVI)等,CHM 同样支持,并可以通过 URL 与因特网联系在一起。这种格式的缺点是:要求使用者的操作系统必须是 Windows 98 或 NT 及以上版本。如果读者的操作系统还是 Windows 95,还需要安装一个 CHM 文件阅读升级包。

3) HLP 文件格式

HLP 文件格式是早期的操作系统所使用的帮助文件系统。这种格式对读者的操作系统没有太多要求,Windows 95 及以后的版本都可以运行。现在很多运行于 Windows 平台的软件,其帮助文件几乎都是 HLP 格式。

HLP 文件格式的不足之处是美观程度不够好。但是,这种格式的电子读物制作简单、获取方便、对阅读者无需特别的要求。目前很多软件的帮助系统还是使用这种格式。

4) PDF 文件格式

Adobe 便携文件格式(Portable Document Format,PDF)是全世界电子读物文档分发的公开实用标准,能够保存任何源文档的所有字体、格式、颜色和图形,而不管创建该文档所使用的应用程序和平台。Adobe PDF 文件为压缩文件。

PDF 文件格式的电子读物需要该公司的 PDF 文件阅读器 Adobe Acrobat Reader 来阅读。PDF 的优点在于这种格式的电子读物美观、便于浏览、安全性很高。但是这种格式不支持 CSS、Flash、Java、JavaScript 等基于 HTML 的各种技术,所以它只适合于浏览静态的电子图书。PDF 格式的电子图书可以使用 Adobe Acrobat 来制作和编辑。

2. 电子图书制作与阅读

1) 电子图书制作工具

(1) eBook Workshop。eBook Workshop 又名"e 书工厂"。这一款软件最大的特点就是步骤十分清晰,只要按照提示就可以马上制作出一款极专业的电子文档。eBook 提供了多达十几种的界面可供选择,十分具有个性,使用方便。

(2) Visual CHM。Visual CHM 与 eBook Workshop 不同之处是,它具有一个完全可视化界面,而这也是 Visual CHM 值得称道之处。在界面上方的一排工具按键实际上是在成功编译后所看到的电子书文档界面,真正实现了"所见即所得"。在保证足够专业的同时,整个过程也十分简易。

(3) 电子文档处理器。电子文档处理器的电子书制作软件也非常的不错。

(4) 友益文书。"友益文书"是一种电子图书制作小软件,只有 486KB。

常见的电子书制作软件比较如表 6-8 所列。

表 6-8 常见的电子书制作软件

软件名称	中文界面	软件体积/KB	易上手程度	精美程度	专业程度	综合推荐
e 书工厂	是	1800	★★★★☆	★★★★★	★★★★★	★★★★★
Visual CHM	是	1530	★★★★☆	★★★★☆	★★★★★	★★★★☆
友益文书	是	486	★★★☆☆	★★★☆☆	★★★☆☆	★★★☆☆
CHM 制作精灵	是	1610	★★★★☆	★★★☆☆	★★★★☆	★★★★☆
Microsoft HTML Help Workshop	否	3452	★★★☆☆	★★★☆☆	★★★★☆	★★★☆☆

2) 电子图书阅读器

(1) 电子图书阅读器(Adobe Acrobat Reader)。该阅读器使用 PDF 格式的文件。同时若作为浏览器的插件,可以很方便地浏览网上的 PDF 文件或内嵌了 PDF 页面的 HTML 网页。

(2) 电子小说阅读器(e-Book)。e-Book 在计算机屏幕上模拟传统印刷书籍的式样,提供了诸如自动翻阅、智能分段、GB/BIG5 码识别、播放音乐、更换外壳等方便功能,是在计算机上阅读电子小说的理想工具。目前此软件支持的文件格式有 TXT、HTML、WPS。可以识别各种中文内码,包括 GB 码(国标码)、BIG5 码(大五码)和 GBK 码(国标大字符集),而且可以自动把 BIG5 码转换为 GB 码。

(3) 超星图书阅览器。超星数字图书馆(www.ssreader.com)是由北京时代超星公司与广东中山图书馆合作制作。自2000年1月正式开通,于同年入选国家“863”计划中国数字图书馆示范工程,参与了国家数字图书馆战略。超星数字图书采用的是由时代超星公司自主开发的图文资料数字化技术PDG格式。针对PDG格式数字图书的阅览、下载、打印、版权保护和下载计费,北京时代超星公司专门设计了超星阅览器(SSReader)。

(4) 维普阅读器。用于阅读vip类型的文件。

6.4.3 其它文件格式

1) 多态文本格式

多态文本格式也称丰富文本格式,其本身是为含有演示信息(颜色、字体、属性等)的文本生成标准格式而设计的,并能在大多数字符集中支持图形字符,但它不是多媒体格式。然而,它对多媒体系统很重要,因为多数消息传递系统使用多态文本字段作为定位多媒体对象的手段。

早期的文本编辑器可以传送以ASCII形式存在的文本信息,但不传送任何格式化信息,这就限制了数据交换。多态文本格式扩展了从一个字处理器软件传送到另一个软件的信息范围。只要两个应用软件都含有合理的多态文本格式实现的交叉部分,就可以将格式化信息翻译为自己的格式控制信息。表6-9列出了在RTF文档文件中传送的主要格式信息。

表6-9 在RTF文档文件中传送的主要格式信息

字符集	确定支持的具体实现字符。字符集组合包括Windows ANSI、IBM PC、IBM 850和Macintosh。例如,用于画方框、边界的图形字符
字体表	列出文档中使用的全部字体,这些字体被映射在接收应用软件中可用的字体上
颜色表	颜色表用于加亮文本的颜色,也被接收软件映射到最接近它的可用颜色系上,用于显示
文档格式	提供文档页边,规定段落缩进与文档页边的关系。以确保所见即所得的效果
节格式	节中断和页中断用于分开的段落群,并规定了节上方和节下方的空白
段格式	定义控制字符用于具体规定段落调整、制表符位置和相对于文档页边的第一个段落缩进,以及段落间的空白。此外,也包括风格表
通用格式	包括脚注、注释、书签和图像等信息
字符格式	包括黑体、斜体、下画线、删除线、阴影文字、大纲文本和隐藏文本的控制信息。下标和上标也由嵌入的控制字符说明。字体表和颜色表中的信息都应用到字符格式中
特殊格式	包括连字符、非中断空格、反斜杠等

多态文本格式可用于附加、嵌入或连接其它文本文件甚至是二进制文件,如音频文件、视频文件。多态文本字段的处理与纯文本字段不同,纯文本字段可用于索引。多态文本字段通常不用于索引,尽管全文搜索引擎可以在其中搜索特定字符串。

2) CD格式

CD格式可算目前音质最好的音频格式,即CD音轨。标准CD格式也就是44.1kHz的采样频率,速率88KB/s,16位量化位数,因为CD音轨可以说是近似无损的,因此它的声音基本上是忠于原声的。CD 光盘可以在 CD 唱机中播放,也能用计算机里的各种播放软件来重放。一个 CD 音频文件是一个.cda 文件,这只是一个索引信息,并不是真正的包含声音信息,所以不论 CD 音乐的长短,在计算机上看到的.cda 文件都是 44B 长。不能直接复制 CD 格式的.cda 文件到硬盘上播放,需要使用抓音轨软件把 CD 格式的文件转换成 WAV 格式。

3) WAV 格式

WAV 格式是微软公司开发的一种声音文件格式,用于保存 Windows 平台的音频信息资源,被 Windows 平台及其应用程序所支持。*.WAV 格式支持 MSADPCM、CCITT A LAW 等多种压缩算法,支持多种音频位数、采样频率和声道。标准格式的 WAV 文件和 CD 格式一样,也是 44.1kHz 的采样频率,速率 88KB/s,16 位量化位数。WAV 的声音文件质量和 CD 相差无几,也是目前 PC 上广为流行的声音文件格式,几乎所有的音频编辑软件都支持 WAV 格式。

由苹果公司开发的 AIFF(Audio Interchange File Format)格式和为 UNIX 系统开发的 AU 格式,它们都和 WAV 非常相像,在大多数的音频编辑软件中也都支持它们这几种常见的音乐格式。

4) MP3 格式

MP3 指的是 MPEG 标准中的音频部分,也就是 MPEG 音频层。根据压缩质量和编码处理的不同分为三层,分别对应“.mp1”、“.mp2”、“.mp3”这三种声音文件。MPEG 音频文件的压缩是一种有损压缩,音频编码具有 10:1 ~ 12:1 的高压缩率,同时基本保持低音频部分不失真,但是牺牲了声音文件中 12kHz ~ 16kHz 高音频这部分的质量。相同长度的音乐文件,用 MP3 格式来储存,一般只有.wav 文件的 1/10,而音质要次于 CD 格式或 WAV 格式。由于其文件尺寸小,音质尚好,所以在它问世之初还没有什么别的音频格式可以与之匹敌,因而为.mp3 格式的发展提供了良好的条件。MP3 格式压缩音乐的采样频率有很多种,可以用 64Kb/s 或更低的采样频率节省空间,也可以用 320Kb/s 的标准达到极高的音质。

5) MIDI 格式

MIDI(Musical Instrument Digital Interface)格式允许数字合成器和其它设备交换数据。MIDI 格式继承 MID 文件格式而来。MID 文件并不是一段录制好的声音,而是记录声音的信息,然后再告诉声卡如何再现音乐的一组指令。这样一个 MIDI 文件每存 1min 的音乐只用大约 5KB ~ 10KB。MID 文件主要用于原始乐器作品,流行歌曲的业余表演,游戏音轨以及电子贺卡等。.mid 文件重放的效果完全依赖声卡的档次。.mid 格式的最大用处是计算机作曲。

6) WMA 格式

WMA(Windows Media Audio)格式是来自于微软公司,音质要强于 MP3 格式。它和日本 YAMAHA 公司开发的 VQF 格式一样,是以减少数据流量但保持音质的方法来达到比 MP3 压缩率更高的目的,WMA 的压缩率一般都可以达到 1:18 左右。WMA 的另一个优点是可以通过 DRM(Digital Rights Management)方案如 Windows Media Rights Manager7 加入防复制保护。它内置了版权保护技术可以限制播放时间和播放次数甚至于播放的机器等,另外 WMA 还支持音频流(Stream)技术,适合在网络上在线播放。

WMA 不像 MP3 那样需要安装额外的播放器，只要安装了 Windows 操作系统就可以直接播放 WMA 音乐。Windows Media Player7.0 增加了直接把 CD 光盘转换为 WMA 声音格式的功能。WMA 在录制时可以对音质进行调节。同一格式，音质好的可与 CD 媲美，压缩率较高的可用于网络广播。

7）WPS 格式

WPS 格式是由国产文字处理软件 WPS 生成的文档格式。WPS 97/2000 所生成的 .wps文件在文档中添加了图文混排的功能，大大扩展了文档的应用范围。WPS 向下的兼容性较好，即使是采用 WPS2000 编辑的文档，只要没有在其中插入图片，仍然可以在 DOS 下的老版本 WPS 中打开。

8）ZIP 格式

ZIP 格式是目前最流行的压缩文件格式。可利用 WinRAR、WinZip 等软件产生 ZIP 文件和对 ZIP 文件进行解压、释放等操作，从而大大地方便了用户的操作。

9）ARJ 格式

ARJ 格式是由压缩软件 ARJ 压缩而成的文件格式，它具有功能强大、压缩率高等优点。在 Windows 98 时代，尽管它已经没有了往日的辉煌，但应用范围仍然非常广泛，可使用 WinARJ、WinZip 等软件对其进行解压。.jar 是文件 ARJ 作者研制的另外一种超强压缩格式，其压缩率比 ARJ 更高，不过两者的压缩格式并不兼容，只能使用 JAR 或 WinJAR 释放.jar 压缩包；.rar 文件则是压缩软件 RAR 压缩而成的，其方便的图形化操作和极高的压缩率使得 RAR 一经推出就吸引了无数用户的青睐，不过与 ARJ 等压缩格式一样，它们始终没能战胜 ZIP 而成为 Windows 的主流。由于 WinZip 不支持该压缩格式，因此只能使用 RAR 或 WinRAR 对其进行解压。

10）CAB 格式

CAB 格式是 Windows 98 新增的一种特殊压缩文件格式，主要用于对有关软件安装盘中的文件进行压缩。其特点是压缩率非常高，但一经压缩就不能再进行任何增加、删除、替换等修改，也就是说它的压缩包具有“只读”属性。Windows 98 本身就支持直接释放 CAB 压缩包中的内容（Windows 95 不支持），也可使用 WinZip 对 CAB 压缩包进行操作。

11）TTF 格式

在 Windows 98 中，系统使用得最多的就是.ttf（True Type）轮廓字库文件，它既能显示也能打印，并且支持无极变倍，在任何情况下都不会出现锯齿问题。而.fot 则是与.ttf 文件对应的字体资源文件，它是 TTF 字体文件的资源指针，指明了系统所使用的 TTF 文件的具体位置，而不必指定到 FONTS 文件夹中。.fnt（矢量字库）和.fon（显示字库）的应用范围都比较广泛。

第 7 章　信息检索模型

信息检索的核心问题是检测哪些文献相关,哪些文献不相关,即判断一篇文献是否与用户的查询条件相关。为此,人们提出了一系列判定相关文档的方法,试图正确解释信息的检索过程。不同的判定方法形成了不同的信息检索模型,而信息检索系统所采用的信息检索模型又决定了系统的检索性能和检索效果。

7.1　信息检索模型概述

信息检索是一门研究从一定规模的文档库中找出满足用户需求的信息的学问,它指的是对非结构化或半结构化信息的检索,半结构化信息检索人们通常称为文本信息检索,而非结构化信息检索多指多媒体信息检索。本章主要讨论文本信息检索模型。

7.1.1　信息检索模型的发展

20 世纪 60 年代中期以来,人们提出了大量的信息检索模型。自最初为一些较小和较为结构化文档所设计的特殊模型(如文献记录,包括题目、作者和主题词等),发展到现在具有较强理论基础和能处理多种文档格式的模型。当前的信息检索模型能够处理具有复杂内部结构的文档,并且一般都具有学习和利用相关反馈进行查询优化等功能,使得系统性能大大提高。

20 世纪 70 年代,文本检索引入了布尔方法、向量空间模型、基于贝叶斯统计的布尔方法和简单概率获取模型;20 世纪 80 年代,在新的人工智能技术的发展同时,产生了一些以模拟专业文献搜集者和领域专家的专家系统,使用对用户建模以及自然语言处理等技术来辅助用户和文档的表示,并且产生一些研究用的原型系统(如潜在语义索引模型)。20 世纪 90 年代,当研究者们认识到了创建领域知识库的困难之后,研究者们试图采用新的机器学习技术用于信息分析,如神经网络、遗传算法、Bayes 推理网络等。

20 世纪 90 年代中期之后,随着搜索引擎的普及以及网络 Spider、索引、超链分析等技术的发展,文本检索系统已经成为更新的、并且更强大用于网络内容的搜索工具。

7.1.2　信息检索模型的类型

传统的文本信息检索模型主要有三种:布尔模型、向量空间模型和概率模型,也称为经典信息检索模型。在布尔模型中,文献和查询用标引词集合来表示,因此人们称该模型是集合论模型;在向量空间模型中,文献和查询用 t 维空间的向量来表示,称为代数模型;在概率模型中,把检索看做是文献表示和查询之间匹配程度的概率估计问题,称为概率模型。后两种模型的许多性能优于布尔模型,但应用到商业产品上只是近几年的事情。随着信息检索技术的发展,从这三类经典模型中派生了许多扩展模型,图 7-1 概括了这些模型的分类方法。

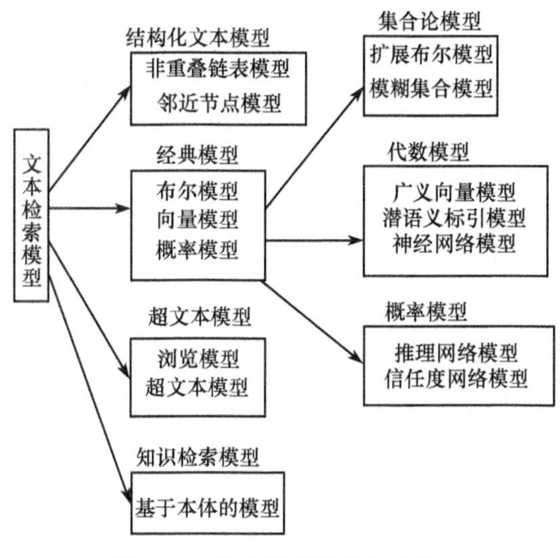

图 7-1 信息检索模型的分类

7.1.3 信息检索模型的基本概念

根据信息检索基本原理:用户通过一系列关键词来阐明自己的信息需求,信息检索系统则检索与用户查询最为匹配(接近)的文献,同时借助某种相关性指标对检索出的文献进行排序,可以看出信息检索模型由以下几部分组成:

(1) 用户的需求表示。包括用户查询信息的获取与表示。

(2) 文档的表示。即文档内容的识别和表示,包括语义内容和上下文属性。

(3) 匹配机制。包括用户的需求表示和文档的表示之间的查询机制、文档和用户需求之间的相关性排序的准则和函数表示,其中相关性排序的准则是决定信息检索模型的重要因素,它决定了信息检索系统的基本性能。

(4) 反馈修正。根据检索结果对查询表示进行扩充与参数优化,以提高系统性能。

7.2 经典的信息检索模型

7.2.1 定义及假设

经典的信息检索模型用称为标引词的关键词来表示一篇文档,标引词是文献中的字、词或词组,其语义可以帮助理解文献的主题。将一篇文档表示成了一批标引词的集合后,就会发现不同的标引词对描述这篇文档所起的作用是不一样的。通常认为如果一个词在每篇文档都出现,那么它对描述文档起不到任何作用;如果一个词只在很少的文档中出现,那么这个词就能显著缩小需要检索的空间,即它对描述这篇文档能起到很大作用。这就引出了权重的概念。

令 K_i 表示一个标引词,D_j 表示一个文档,$W_{ij} > 0$ 表示标引词 K_i 在文档 D_j 中的权重。

权重 W_{ij} 量化了标引词 K_i 对描述文档 D_j 所起到的作用。

定义:令 t 表示文档集里所有不同标引词的数目,K_i 表示一个标引词,$K = \{K_1, K_2, K_3, ..., K_t\}$ 表示所有标引词的集合,对于文档 D_j 中存在的标引词 K_i,其权重 $W_{ij} > 0$;对于文档 D_j 中没有的标引词 K_i,其权重 $W_{ij} = 0$。这样就可以将文档 D_j 表示成一个向量 $\boldsymbol{D}_j = (W_{1j}, W_{2j}, W_{3j}, ..., W_{tj})$,向量 $\boldsymbol{D}_j$ 的第 i 维就对应项 K_i 在文档 D_j 中的权重。

在经典的信息检索模型中,还存在以下一些普遍性假设:

(1) 被检索对象主要为文档对象。

(2) 标引词是相互独立的、彼此无关的,即任意两个不同的标引词的权重不会受到其它标引词的权重的影响。这个假设把问题简单化了,因为文献中出现的标引词并不是不相关的,如用"信息"和"检索"给涉及信息检索和存储领域的给定文献进行标引时,通常一个词的出现会引起另一个词的出现,这两个词是相互关联的,它们的权值应该反映出这种关联,这样就可以极大地降低处理的复杂度。在经典的信息检索模型中通过该假设来简化计算标引词权值的工作,并允许进行快速的排序计算。在现代的基于语义关系的信息检索中,就针对于此问题进行研究,利用标引词之间的相关性进行最终文献的排序。

(3) 用户检索是根据文档内容的表示及所需信息的表示进行的。

(4) 所有文档的内容和所需信息的表示都是非精确的。

7.2.2 布尔检索模型

布尔检索模型是基于集合理论和布尔代数的一种最简单的检索模型。由于集合的概念非常直观,所以布尔检索模型为信息检索系统的使用用户提供了一种易于掌握的框架。

在布尔检索模型中标引词在文献中要么出现、要么不出现,因此标引词 K_i 在文档 D_j 中的权重全部被设为二值数据,即 $W_{ij} \in (0,1)$。如果标引词 K_i 出现在文档 D_j 内中,则 $W_{ij} = 1$;如果 K_i 未出现在文档中,则 $W_{ij} = 0$。

用户提交的查询条件由若干个关键词用与、或、非等逻辑符号相连接,在布尔检索模型中查询被表示成了布尔表达式 $Q(K_i, K_j, ...)$,其本质上可以表示为多个标引词权值的合取向量的析取 $\boldsymbol{Q}_i$($\boldsymbol{Q}_i$ 为 Q 表达式的任意合取向量),则文献 D_j 和查询 Q 的相关度表示为

$$\mathrm{Sim}(D_j, Q) = \begin{cases} 1, \text{此时 } \boldsymbol{Q}_\mathrm{i} \in Q, \text{表示文献 } D_j \text{ 和查询 } Q \text{ 相关} \\ 0, \text{此时 } \boldsymbol{Q}_\mathrm{i} \notin Q, \text{表示文献 } D_j \text{ 和查询 } Q \text{ 不相关} \end{cases}$$

这种结果具有严格的二值性,即文档要么是相关的,要么是无关的,将文档划分为两个集合:匹配集和非匹配集。在匹配的文档子集中因为检出的文档相关度都是 1,所以无法对查询的结果文档进行相关性排序,文档一般不在匹配程度上进行排序,而是根据文档日期、字母顺序或其它属性来排序,可能导致最先显示的文档往往并不是用户最希望看到的情况。

如用户要检索"布尔检索或概率检索但不包括向量检索"方面的文档,其相应的查询布尔表达式就表示为 Q = 检索 and(布尔 OR 概率 not 向量),其相应的在(检索,布尔,概率,向量)标引词向量上的任意合取向量 $\boldsymbol{Q}_i = (1,1,0,0)$ OR$(1,0,1,0)$OR $(1,1,1,0)$,即

当某文档 D 中含有(检索,布尔)不含有(向量)特征词时,sim$(D,Q)=1$,该文档相关;当某文档 D 中含有(检索,概率)不含有(向量)特征词时,sim$(D,Q)=1$,该文档相关;当某文档 D 中含有(检索,布尔,概率)不含有(向量)特征词时,sim$(D,Q)=1$,该文档相关。

20 世纪 60 年代~70 年代,布尔检索模型由于其结构简单、容易实现、检索速度快,且易于表达一定程度的结构化信息的优点,在 DIALOG、STAIRS、MEDLARS 等商业检索系统得到了极大的应用和发展。但是布尔检索模型存在一些致命的缺点:

(1) 文档表示能力差,无法区分文档特征项对文档内容贡献的重要程度,它对相关性判断太单一:要么是 0,要么是 1,而没有介于 0 和 1 之间的值,会漏掉大量相关的文档。

(2) 虽然布尔表达式具有精确的语义,但常常很难将用户的信息需求转换为布尔表达式,实际上大多数检索用户发现在把他们所需的查询信息转换为布尔表达式时并不是那么容易。针对这些缺点,向量空间检索模型与概率检索模型及其它多种检索模型应运而生,引起了一场检索模型的开发热潮。

7.2.3 向量空间模型

经典的向量空间模型(Vector Space Model,VSM)由 Salton 等人于 20 世纪 60 年代提出,并成功地应用于著名的 SMART 文本检索系统。

在布尔检索模型中,标引词在文档中的权重以及标引词和文档的相关度都只能是 0 或 1。而向量空间检索模型则突破了这一点,它的权重和相似度是在某个范围中的一个实数,这样就可以将检出的文档按相似度的大小进行排序,让更相关的文档排在前面。

将文档库中的每一篇文档进行标引词的处理,就得到了一个个表示文档的标引词集合,将标引词集合定义为一个“文档空间”,其中每条独立的标引词就是该空间的一个维度。

定义:对于向量空间检索模型而言,标引词 K_i 在文档 D_j 中的权重 $W_{ij}\in$ 是一个大于 0 的非二值的实数,以体现标引词 K_i 在文档 D_j 中的重要程度,同一标引词在不同的文档中的权重不尽相同,如果标引词 K_i 不存在于文档 D_j,那么该标引词 K_i 在该文档 D_j 中的权重为零。对给定文档 D_j 中的标引词 K_i 指定的权重 W_{ij} 可理解为文档空间中 D_j 的坐标,也可将文档 D_j 看做文档空间中由原点指向 D_j 坐标的向量。这样文档 D_j 可以看成是一个向量 $\boldsymbol{D}_j=(W_{1j},W_{2j},...,W_{tj})$,其中 t 是文档集中的全部不同标引词的个数,如表 7-1 所列。

此外用户查询中的标引词也有权重,用 W_{iq} 表示,也是一个大于 0 的非二值的实数。查询 Q 表示为 $Q=(W_{1q},W_{2q},...,W_{tq})$,其中 t 是文档集中的全部不同标引词的个数。

这样,查询和文档都被表示成了 t 维向量。衡量文档和查询的相关度就被转化成了计算文档向量和查询向量之间的相似度。

向量之间的相似度有很多种计算方法,在向量空间检索模型中,通常采用文档向量和查询向量夹角的余弦作为它们之间的相似度,如图 7-2 所示。余弦函数不考虑向量的绝对长度,而是关注它们方向上的关系。当两个向量的方向相近时,两者夹角越小,余弦值较大,说明两者相似度越高;反之则较小。

表 7-1 文档向量空间的表示

W_{ij}	K_1	K_2	...	K_n
D_1	0	1	...	0
D_2	1	0.8		0.5
...	...	...	...	...
D_n	0.2	0		1

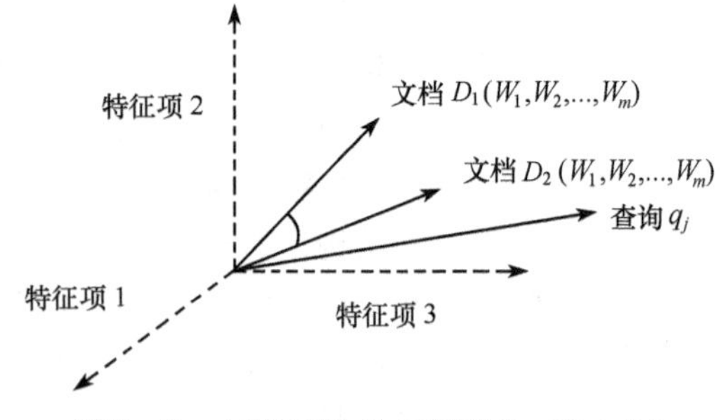

图 7-2 文档 VSM 及相似度 $\mathrm{Sim}(D_1,D_2)$

相似度度量值 $\mathrm{Sim}(D_j,Q)$ 用于度量文档 D_j 和查询 Q 之间的相似程度,即

$$\mathrm{Sim}(D_j,Q)=\sum_{i=1}^{t}\mathrm{W}_{ij}\times\mathrm{W}_{iq}$$

或

$$\mathrm{Sim}(D_j,Q)=\cos\theta=\frac{\sum_{i=1}^{t}\mathrm{W}_{ij}\times\mathrm{W}_{iq}}{\sqrt{\left(\left(\sum_{i=1}^{t}\mathrm{W}_{ij}^2\right)\left(\sum_{i=1}^{t}\mathrm{W}_{iq}^2\right)\right)}}$$

因为 $W_{ij}>0,W_{iq}>0$,所以 $\mathrm{Sim}(D_j,Q)$ 的取值在 0~1 之间。这样向量空间检索模型就不是去判定一个文档是否和查询相关,而是按文档与查询的相关度从大到小进行排序,然后按用户指定的数目返回相关度最大的若干篇文档。即使是一篇文档只是部分地与查询匹配,它依然有可能被检出。人们还可以为 $\mathrm{Sim}(D_j,Q)$ 设定一个阈值,当文档的相似度大于该阈值时,该文档才被检出;如果小于则不相关,过滤该文档,这样就可以控制查询结果的数量,加快查询速度。

两文档之间的相似度也可以用其对应的向量之间的夹角余弦来表示,即文档 D_i 和 D_j 的相似度可以表示为

$$\mathrm{Sim}(d_i,d_j)=\cos\theta=\frac{\sum_{k=1}^{n}\mathrm{W}_k(d_i)\times\omega_k(d_j)}{\sqrt{\left(\sum_{k=1}^{n}\omega_k^2(d_i)\right)\left(\sum_{k=1}^{n}\omega_k^2(d_j)\right)}}$$

根据文档之间的相似度,结合机器学习的一些算法,如神经网络算法,K-近邻算法和贝叶斯分类算法等,可以将文档集分类划分为一些小的文档子集。

文档和查询中的标引词的权重可以通过不同的加权方法来计算,目前用得最多的是常用的方法有布尔函数、开根号函数、对数函数、TFIDF 函数等,其中 TFIDF 函数应用最为广泛,其基本思路是使用频率因子 TF(Term Frequency)进行标引词的赋权,TF 表示该标引词在该文档中出现的频数,它提供了用来衡量一个标引词在多大程度上描述了一篇文档的标准。同时还要考虑文档集因子 IDF(Inverse Document Frequency),体现出标引词与文档的相关度大小,一般采用其出现频率的倒数来计算, IDF 越大,则它区分文档的能力越强。

定义:N 为文档集合,n_i 为包含标引词 K_i 的文档篇数,TF_{ij}表示标引词 K_i 在文档 D_j 中的出现的频数,则文档 D_j 中标引词 K_i 的标准化频率 F_{ij}为

$$F_{ij} = \frac{TF_{ij}}{\max_j TF_{ij}}$$

最大值是通过计算文档 D_j 中出现的所有标引词来获得的。如果标引词 K_i 没有出现在文档 D_j 中,则 $F_{ij}=0$。

标引词 K_i 的 IDF 为 $\mathrm{IDF}_i = \log(N/n_i)$,则标引词 K_i 在文档 D_j 中的权重 $W_{ij} = F_{ij} \times \mathrm{IDF}_i$。

根据 TF - IDF 公式,一方面文档集中包含某一标引词的文档越多,说明它区分文档类别属性的能力越低,其权值越小;另一方面,某一文档中某一标引词出现的频率越高,说明它区分文档内容属性的能力越强,其权值越大。

向量空间检索模型的主要优点在于:

(1) 对标引词的权重进行了改进,其权重的计算可以通过统计的办法自动完成,使问题的繁杂性大为降低,从而改进了检索效率。

(2) 把文档和查询本身简化为标引词及其权重集合的向量表示,把对文档内容和查询要求的处理简化为向量空间中向量的运算。

(3) 根据文档和查询之间的相似度对文献进行排序,有效地提高了检索效率。

(4) 可以实现文档的自动分类。

但其仍然存在着不足:

(1) 标引词仍然被认为是相互独立,会丢掉大量的文本结构信息(如文本句子中词序的信息),降低语义的准确性。

(2) 相似度的计算量大,当有新文档加入时,则必须重新计算词的权值。

7.2.4 概率模型

布尔模型和向量空间模型都将文档表示词条——标引词看做相互独立的项,忽略了表示标引词间的关联性;而概率模型则考虑到了标引词和文档之间的内在联系,利用标引词间和标引词与文档间的概率相关性进行信息检索。概率检索模型是由英国城市大学信息科学系的 Steve Robertson 和 Karen Sparck Jones 于 1976 年提出来的,后来被称为二值独立检索模型。

概率检索模型是在布尔逻辑模型的基础上为解决检索中存在的一些不确定性而引入的,试图在概率的框架下解决信息检索问题,其基本思想是:用户提出了查询,就有一个由相关文档构成的集合(当然不知道这个集合由哪些文档构成),通常把这个集合称为理想结果集合,记为 R。如果知道 R 的特征,就可以找到所有的相关文档,排除所有的无关文档。因此,可以把查询看成是一个寻找 R 的特征的过程。问题在于在第一次查询时并不知道 R 的特征,只能去估计 R 的特征来进行查询。第一次查询完成后,可以让用户判断一下检索到的文档哪些是相关文档(通常只要求用户判断排在最前面的若干篇,如前 10 篇),根据用户的判断,可以更精确地估计 R 的特征。通过图 7 - 3 所示的迭代过程,对 R 的估计会越来越准确,检索性能也会越来越好。

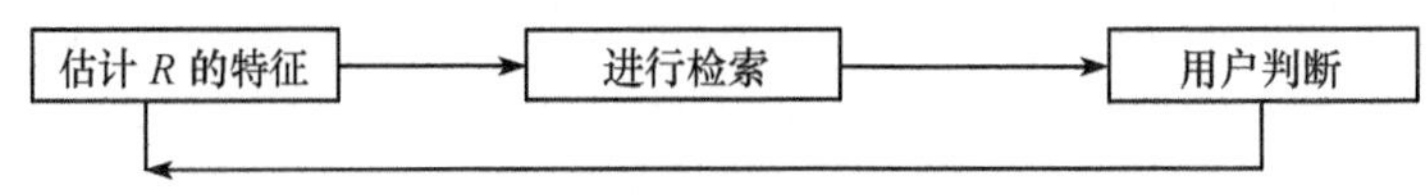

图 7－3　估计 R 特征的迭代过程

定义：对于概率检索模型而言，标引词 K_i 在文档 D_j 中的权重 $W_{ij} \in \{0,1\}$，同时用户查询中的标引词 $W_{iq} \in \{0,1\}$，查询 Q 是标引词空间的一个子集，用 R 表示已知的相关文献集（或是最初的猜测集），用 $\overline{\boldsymbol{R}}$ 表示 R 的补集（即不相关文档集），条件概率 $P(R|D_j)$ 表示文档 D_j 与查询 Q 相关的概率，条件概率 $P(\overline{\boldsymbol{R}}|D_j)$ 表示文档 D_j 与查询 Q 不相关的概率。文献 D_j 与查询 Q 的相似度 $\mathrm{Sim}(D_j,Q)$ 可以定义为两者的比值，即

$$\mathrm{Sim}(D_j,Q) = \frac{P(R \mid D_j)}{P(\overline{R} \mid D_j)} = \frac{P(D_j \mid R) \times P(R)}{P(D_j \mid \overline{R}) \times P(\overline{R})}$$

式中：$P(D_j|R)$ 为从相关文献集合 R 中随机选择文献 D_j 的概率；$P(R)$ 为从整个集合中随机选择的文献是相关的概率；$P(D_j|\overline{R})$ 为从 R 的补集中随机选择文献 D_j 的概率；$P(\overline{R})$ 为从整个集合中随机选择的文献是不相关的概率。

因为对于文献集中的所有文献来说，$P(R)$ 和 $P(\overline{R})$ 都是一样的，所以 $\mathrm{Sim}(D_j,Q)$ 可以近似表示为

$$\mathrm{Sim}(D_j,Q) \approx \frac{P(D_j \mid R)}{P(D_j \mid \overline{R})}$$

因为经典的信息检索模型中假设标引词之间无相关关系，是独立的，则 $\mathrm{Sim}(D_j,Q)$ 可以表示为

$$\mathrm{Sim}(D_j,Q) \approx \frac{(\Pi_{g_i(D_j)=1} P(K_i \mid R)) \times (\Pi_{g_i(D_j)=1} P(\overline{K}_i \mid R))}{(\Pi_{g_i(D_j)=1} P(K_i \mid \overline{R})) \times (\Pi_{g_i(D_j)=1} P(\overline{K}_i \mid \overline{R}))}$$

式中：$P(K_i|R)$ 为标引词 K_i 在集合 R 的某篇文献中随机出现的概率；$P(\overline{K}_i|R)$ 为标引词 K_i 不在集合 R 的某篇文献中随机出现的概率。对于集合 R 的补集 $\overline{R}$，相应的概率具有相似的含义。

采用对数的方法，$P(K_i|R) + P(\overline{K}_i|R) = 1$，在相同的查询背景下，忽略对所有文献保持恒定不变的因子，则 $\mathrm{Sim}(D_j,Q)$ 可以表示为

$$\mathrm{Sim}(D_j,Q) \approx \sum_{i=1}^{t} \mathrm{W}_{ig} \times \mathrm{W}_{ij} \times \left(\log \frac{P(K_i \mid R)}{1 - P(K_i \mid R)} + \log \frac{1 - P(K_i \mid \overline{R})}{P(K_i \mid \overline{R})} \right)$$

这是概率模型中排序计算中主要使用的表达式。

由于一开始并不知道集合集 R，需要初步计算 $P(K_i|R)$ 和 $P(K_i|\overline{R})$，可以用如下方法来实现：

（1）假定 $P(K_i|R)$ 对于所有标引词 K_i 是恒定不变的，通常假设其等于 0.5。

（2）假定不相关文献中标引词的分布可以通过集合的所有文献中标引词的分布来估计，则

$$P(K_i \mid R) = 0.5 ,\ P(K_i \mid \overline{R}) = \frac{n_{\mathrm{i}}}{N}$$

式中：n_i 为包含标引词 K_i 的文献数目；N 为集合中的文献总数。

根据该假设，能够检索出包含查询语句的文献，并为这些文献做一个初步的概率排序，之后还可以对这种初步的排序进行改进。

V 表示用概率模型初步检索出，并经过排序的文献的一个子集（可以是排列在某个事先定义好的阈值之上的文献），V_i 表示 V 的一个子集，它由 V 中包含标引词 K_i 的文献所组成。同时用 V_i 和 V 表示这些集合中的文献的数目。

为了改善概率排序，需要根据 V_i 和 V 中包含标引词 K_i 的文献数目来改进 $P(K_i|R)$ 和 $P(K_i|\overline{R})$ 的初始推测值，可以通过如下假设来完成：

（1）通过已检索出的文献中标引词 K_i 的分布来估计 $P(K_i|R)$ 的值。

（2）通过假定未检索出的文献都是不相关的来估计 $P(K_i|\overline{R})$ 的值，则

$$P(K_i \mid R) = V_i/V, P(K_i \mid \overline{R}) = \frac{n_i - V_i}{N - V}$$

这一过程可以递归重复，这样，即使没有人们主观性的帮助，也能改进对 $P(K_i|R)$ 和 $P(K_i|\overline{R})$ 的初始估计。

概率检索模型有严格的数学理论基础，采用了相关反馈原理克服不确定性推理的缺点，将文档按照相关的概率降序排列。但其参数估计的难度比较大，最初估计项在相关文档出现的概率是没有任何先验知识的，很可能与实际情况出入很大；标引词 K_i 在文档中的权重是二值的，没有考虑标引词 K_i 在文档中出现的频率；文件和查询的表达也比较困难。

7.3 集合论检索模型

传统的布尔检索模型简单，检索式结构化（用布尔算符明确的揭示了词间的关系），但其不能对结果按相似度进行排序，不能控制输出文献的数量，不能进行相关性反馈。因此从20世纪60年代起，人们对传统的布尔检索模型进行了修正研究，由此提出集合理论模型的两个改进模型：模糊集合检索模型和扩展布尔检索模型。

7.3.1 模糊集合检索模型

Tahani 于 1976 年首先提出并给出了模糊检索模型，接着 Radecki 等人进行了更深入的研究。模糊集合检索模型是基于美国自动控制专家扎得（L. A. Zadeh）的模糊集合理论，该理论研究的是边界不明确的集合的表示，其中心思想是把隶属函数和集合中的元素集合在一起，该函数的取值在区间[0,1]上，0 对应于不隶属于该集合，1 表示完全隶属于该集合，隶属值在 0 和 1 之间表示集合中的边际元素。

模糊检索模型是将文献看成是与检索提问在一定程度上相关，对于每一个标引词，都存在一个模糊的文献集合与之相关。对于某一给定的标引词，用隶属函数表示每一文献与该词相关的程度，即隶属度，其取值在[0,1]上，则标引词 K_i 在文献 D_j 中的权值可以定义为：$W_{ij} \in [0,1]$，该隶属度函数的取值越大，则代表 D_j 和标引词 K_i 的相关性越高，当词权值为 0 或 1 时，模糊检索模型与传统的布尔模型是完全兼容的。

标引词的模糊集合是在标引过程中建立的，标引人员不是简单地把标引词赋予文献，还要指出标引词与文献的相关程度。在标引词集合中，由于概念相关的模糊性，两个标引词在不同程度上总是存在着语义上的关联，因此，文献对标引词的隶属度可以采用叙词表来建立，叙词表可以通过定义一个词——词关联矩阵来建立，这个矩阵的行和列分别对应于文献集合中的标引词。

模糊集合检索模型保留了传统布尔检索模型的结构化特点，同时还能够对检索结果按相似度进行降序排列，也能够控制输出结果的数量；其缺点是不对提问式中的检索词赋予权值。模糊集合检索模型讨论的主要是模糊理论中使用的文献，这种模型在信息检索领域并不怎么流行。此外，许多主流的利用模糊集合模型进行检索的实验考虑的仅仅是小的集合。

7.3.2 扩展布尔模型

Salton 于 1983 年提出了一种扩展布尔检索模型，它是传统布尔检索模型完全匹配的严格性和向量模型提问的无结构性的折中，在保持布尔检索的结构式提问的同时，也吸取了模糊模型和向量空间模型的长处。

假定文献集合中的文献 D_j 仅用两个标引词 K_x 和 K_y 标引，并且 K_x、K_y 允许被赋予一定的权值，其权值分别为 W_{xj}、W_{yj}，权值的取值范围为[0,1]，权值越接近于 1，说明该词越能反映文本的内容。可以用 x ,y 分别表示权值 W_{xj}、W_{yj}，这样就可以采用二维图来表示文献的提问，用距离的概念表示文献与提问的相似度（见图 7－4）。其中点 $D(x,y)$ 表示文献向量 $\boldsymbol{D}_j=(W_{xj},W_{yj})$，其中 $A(0,1)$ 表示词 K_y 权值为 0，词 K_x 权值为 1 的文本；$B(1,0)$ 表示词 K_y 权值为 1，词 K_x 权值为 0 的文本；$C(1,1)$ 表示词 K_x、K_y 的权值均为 1 的文本。

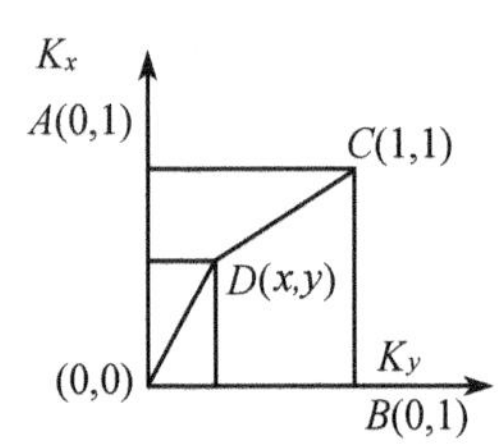

图 7－4 扩展布尔逻辑的向量表示

（1）对于析取提问 Qor＝ $K_x \vee K_y$，(0,0) 点是无效的点，只有 A、B、C 三点所代表的文献才是最理想的，这样到(0,0)点的距离就可以用来度量与查询 Qor 的相似度，即

$$\mathrm{Sim}(\mathrm{Qor},D_j) = \sqrt{(x^2+y^2)/2}$$

（2）对于合取提问 Qand＝$K_x \wedge K_y$，只有 C 点才是最理想的文献，这样到(1,1)点的距离就可以用来度量与查询 Qand 的相似度，即

$$\mathrm{Sim}(\mathrm{Qand},D_j) = 1-\sqrt{[(1-x)^2+(1-y)^2]/2}$$

以上讨论的是两个标引词的情况，当文献集合中的标引词的数目为 t 时，模型可以推广到 t 维空间的欧几里得距离，更广泛一点的可以采用向量范数理论。

7.4 代数检索模型

自 Gerard Salton 在 20 世纪 60 年代提出向量空间模型成功应用于 SMART 文本检索系统后，这一系统理论框架到现在仍然是信息检索技术研究的基础。但随着信息量的增大、信息格式的多样化,这种方法查询的结果往往会与用户真实的需求相差甚远,而且产生的无用信息量会非常大,许多用户希望的个性化查询无法实现,为此人们从许多方面对此技术进行了优化和改进,提出了广义向量空间模型、潜语义标引模型、神经网络模型等,以期获得更高的查询精度和效率。

7.4.1 广义向量空间模型

在向量空间模型中,文献向量和提问向量的表示中都假定标引词是相互独立的,在某种意义上可以解释为标引词向量两两正交,即 $K_iK_j=0$。然而在实际情况中,标引词之间总存在着一定的相互关系,即不是两两正交的,一个词的出现可能会引起另外一个相关词的出现。于是 Wong、Ziarko 在 1985 年提出:标引词向量是线性独立而不是两两正交的,这就是广义向量空间模型的基本思想。

在广义向量空间模型中,标引词向量由一组更小分量所组成的正交基向量来表示,词与词之间的关系可直接由基向量表示给出较为精确的计算。

假定:集合中的标引词集合为 $\{K_1, K_2, ..., K_t\}$,标引词 K_i 在文献 D_j 中的权值为 W_{ij},如果所有的权值 W_{ij} 都是二值的,t 个标引词生成 2^t 个互不相同的最小项,在每个最小项中只能出现一个标引词 K_i,则标引词在文献内部同时出现的所有可能模式可以用 2^t 最小项集合来表示,其中 $m_1=(0,0,...,0)$, $m_2=(1,0,...,0)$, ..., $m_2{}^t=(1,1,...,1)$,函数 $g_i(m_j)$ 返回最小项 m_j 中标引词 K_i 的权值 $\{0,1\}$。因此最小项 $m_2(i=1,\ g_1(m_2)=1;I>1, g_i(m_2)=0)$ 指出了包含唯一标引词 K_i 的文献,此外,最小项 $m_2{}^t$ 指出了包含所有标引词的文献。

广义向量空间模型中将所有的向量 m_i 的集合作为目标子空间的基:其中 $\boldsymbol{m}_1=(1,0,...,0)$, $\boldsymbol{m}_2=(0,1,...,0)$, ..., $\boldsymbol{m}_2{}^t=(0,0,...,1)$,对于所有的 $i\neq j$,有 $\boldsymbol{m}_i\cdot\boldsymbol{m}_j=0$,它们是两两正交的,但这并不意味着标引词之间是相互独立的,相反,标引词通过 $\boldsymbol{m}_i$ 相关联。在广义向量空间模型中,标引词 K_i 的标引词向量是通过把所有最小项 $\boldsymbol{m}_i$ 的向量相加求和得出的,然后利用标准余弦函数来计算文献向量和提问向量之间的相似度,并将文献按相似度的大小以递减顺序排列输出。

7.4.2 潜语义标引模型

向量空间模型和广义向量空间模型都是用标引词来概括文献和提问文本的内容,由于受到同义词、多义词的影响,语义的准确表达不仅取决于对词汇的恰当选择,而且也取决于上下文对语义概念的限定。如果没有上下文的语境而孤立地依赖于标引词的简单组配,可能导致检索效果低下,其准确性、完整性也不够理想:许多不相关的文献也有可能包括在结果集合中,没有用任何关键词进行标引的文献有可能被遗漏掉。因此,词句虽然与标引词有关联,但相比之下,它与其中的概念关系更为密切,基于概念匹配而不是标引词匹配的潜语义标引模型较好地解决了这些问题。

潜语义标引模型(Latent Semantic Analysis, LSA)由 S. Derewester 和 S. T. Durnais 提出,其将标引词之间、文献之间的相关关系以及标引词与文献之间的语义关联都考虑在内,将文献向量和提问向量映射到与语义概念相关联的较低维度的空间中,从而把文献的标引词向量空间转化为语义概念空间;然后再在降维了的语义概念空间中,计算文献向量和提问向量的相似度,然后根据所得的相似度把排列结果返回给用户。其主要思想是用数学方法把关键词——文献矩阵进行奇异值分解,奇异值分解是一种与特征值分解、因子分析紧密相关的矩阵方法。

潜语义标引模型,将文献和提问向量从 t 维关键词向量空间转化为 x 维语义概念空间,降低了空间的维度,消除了基于标引词表示的描述的噪声,克服了多义词和同义词对检索的影响,提高了检索的精度。人们已经研究出了现成的软件,现在被广泛应用。

7.4.3 神经网络模型

在代数检索模型中,通过文献向量与查询向量的比较来计算文献的相关度,进行排序,由于神经网络是一种很好的匹配模式,人们就提出了利用神经网络来实现信息检索。

用于信息检索的神经网络模型的主要思想是:首先从文本空间中抽取文档及文档相关的标引词 K_i,并且对这些标引词进行概念关联分析;然后计算出任意两个标引词之间的关联权值,建立概念的词义关联权矩阵,以概念作为节点,关联权值作为节点的连接权,这样就构成了神经网络,如图 7-5 所示。当用户输入检索关键词后,查询语词节点通过向文献语词节点发出信号来做联想回忆进行推理,而且文献语词节点自身也可以向文献节点发出信号。这样不断地反复这一联想回忆推理过程,一直到信号衰减到无法激活联想回忆。

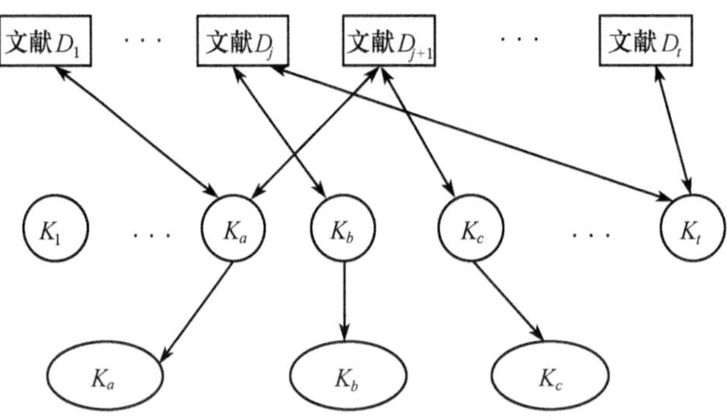

图 7-5 用于信息检索的神经网络模型

这种联想检索方法的缺点是神经网络的联想算法不具有可扩展性,即使增加一个节点,整个计算结果都要重新计算,原来的计算结果将不再有用;而且神经网络中的节点表示的概念间的语义关联权值是不对称的,所以联想的结果也不对称。

目前神经网络检索模型还没有明确的在大型检索系统中加以应用、检测,人们只是对其作了初步的理论探讨,没有进入实用化。

7.5 概率检索模型

传统的概率模型相关度排序函数定义虽然比较直观,但是相关性是一个抽象的概念,模型定义本身没有具体给出相关文档集的定义,实际很难操作,所以在理论上存在很大的模糊性。于是人们将统计学中的认识论引入到概率模型中,形成了各种基于贝叶斯网络的信息检索模型,如推理网络模型、信任度网络模型等,从实际应用效果来看,基于贝叶斯网络的检索模型的信息检索的效果比较理想,在规模越大的数据集上检索的效果越好,这是因为概率统计理论只有在大规模的数据分析下才能充分发挥效果。

7.5.1 推理网络检索模型

推理网络检索模型是近年被提出并得到广泛重视的一种新型的检索模型,该模型模拟人脑的推理思维模式,将文档与用户查询匹配的过程转化为一个从文档到查询的推理过程。基本的文档检索推理网络包含文档网络和用户查询网络两部分,通过随机变量将标引词、文献以及用户查询联系在一起。与文献 D_j 相关的随机变量表示对该文献观测的事件,对文献 D_j 的观测可以为标引词的随机变量给出一个信任度,因而对文献的观测是标引词变量不断增加信任度的原因所在。

标引词变量和文献变量用网络中的节点来表示,节点之间的边是从文献节点指向它的语词节点,以此来表示文献观测会不断提高标引词节点的信任度。

与用户查询相关的随机变量也要对满足由查询指定的信息需求的事件模型化,这个随机变量用网络中的节点来表示。该查询节点的信任度是与查询语词相关的节点的信任度的函数,图 7-6 描述了一个用于信息检索的推理网络。其中文献 D_j 的标引词为 K_2、K_i、K_t,通过从节点 D_j 的连线到节点 K_2、K_i、K_t 而构成模型。查询节点 Q 由标引词 K_1、K_2、K_i 构成,从节点 K_1、K_2、K_i 连线到节点 Q 而构成模型。节点 Q_2 和 Q_1 用于将查询 Q 的布尔表达式($Q = (K_1$ and $K_2)$ OR K_i)模型化,节点 $Q_2 = K_1$ and K_2,$Q_1 = (K_1$ and $K_2)$ OR K_i。这样用户的信息需求 I 就可以用节点 Q 和 Q_1 来表达。

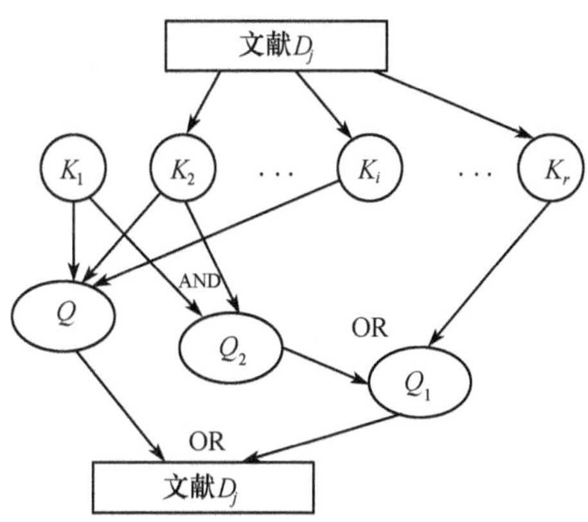

图 7-6 用于信息检索的推理网络模型

推理网络同其它概率模型相比有很多优点,推理网络能够将其它许多概率模型映射到网络中,并能够采用多种检索形式和由其它知识源得到的统计数据或经验数据,进行综合检索,如用于布尔模型的推理网络,用于 TF-IDF 排序策略的推理网络等,详细算法可参见 Ricardo Baeza-Yates 等著的《现代信息检索》。

7.5.2 信任度网络检索模型

1996 年,Riberio-Neto 提出了信任度网络检索模型,该模型与推理网络模型不同的是，概念空间是明确定义的。

在信任度网络检索模型中，用户查询 Q 也被模型化为一个与二值随机变量 Q 相关的网络节点，只要 Q 完全包含概念空间 K，则这个随机变量的值就为1。文献 D_j 也被模型化为一个与二值随机变量 D_j 相关的网络节点，只要 D_j 完全包含概念空间 K，则这个随机变量的值就为1。

通过上述形式，集合中的用户查询和文献都被模型化为标引词的子集，每个子集为概念空间 K 中的一个概念，如图7－7所示。图中查询 Q 被模型化为一个二值随机变量，构成查询概念的标引词节点 K_1、K_i、K_t 指向该二值随机变量 Q。文献也同样处理，只是与推理网络检索模型相反，构成文献的标引词节点指向文献节点。这是这两个模型的区别。

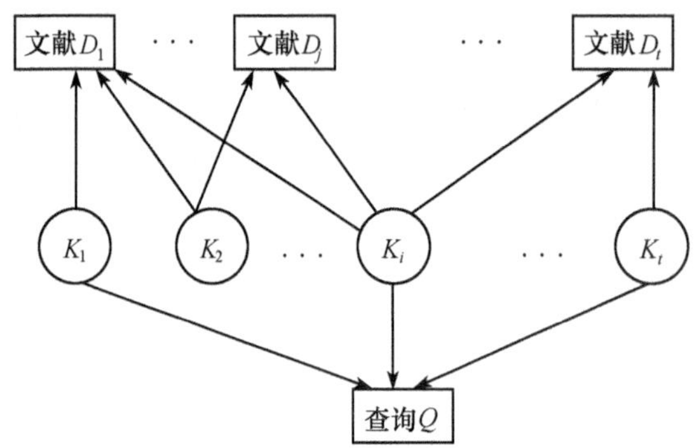

图7－7　用于信息检索的信任度网络模型

从理论角度而言，信任度网络检索模型更为广义化，它将网络中的文献与查询分开，这样文献空间和查询空间就相互独立，从而简化了建模任务，向实用化迈出了有力的一步，这样就可以将推理网络检索模型无法包含的向量模型包括在内。

在实际应用中，基于贝叶斯的概率检索模型不仅有很好的理论基础，而且不需要其它检索方法或批处理方法就能产生初始的文献排序。此外，还能够提供自学习机制，从相关反馈中得到的数据更新模型中参数的先验分布；能组合其它检索式的相关信息，能够更好地利用检索式中的信息。

7.6　结构化文本检索模型

结构化文本是指和表达的思想内容相对应，在物理形式上有明显的组织结构和层次关系的文本，一般在文本信息中按照元素的包含关系加入文本的结构信息（如作者、标题、摘要、章的标题等）。前面几节介绍的文本检索模型广泛适用于各种不同类型的非结构化文本的检索，但其不能将对语句或模式化的描述和对文献结构组成的描述结合起来，因此人们提出了结构化文本检索。将文本中的内容信息与文献结构信息相结合的检索模型称之为结构化文本检索模型。

文本本身种类多样，结构复杂，是一种非结构化的数据。如何将文本进行结构化分解，形成适应于用户需求的结构化数据，是解决这种问题的关键所在，也是当前研究从文本中提取用户需求的知识的热点和难点。当前分解文本的主要方法有计算机软件领域中的标记语言方法和按照文本本身结构分解的非重叠链表方法与基于邻接节点的方法。

7.6.1 标记语言结构化文本方法

该方法的主要思想是用语言来定义和说明文本的结构,这些语言对文本结构化的基本手段就是设置标记,使用一些附加的具有文本语法的标记将文本格式化,描述文本的格式、结构、语义和属性,相继出现了 SGML,HTML 和 XML 等一些格式化文本的标记语言,这些标记语言可以结构化各种复杂的文本,甚至非文本的一些文档,它们的原理是使用一些具体的有意义的标记定义文本各个部分的属性。例如,使用 <title> </title>表示标题,<head> </head>表示文档头部,<table> </table>表示表格等。这种方法可以有效地按照文本格式分解文本本身,是面向文本格式的,对于文本的内容难于表达,不能有效地查询到用户需求的知识,因此,并不是面向问题的。为了解决对文本内容理解问题,人工智能领域提出了一些辅助信息和知识检索方法。其主要原理是先将用户提问语句进行分词处理,然后通过倒排文档索引在文本中搜索,查找到包含用户需要的信息和知识的文本。目前的搜索引擎都使用这种方法。这种方法是面向互联网上的信息检索,针对的数据量大,检索结果也很多,而且需要对各种语言进行处理,每种语言都需要相应的词库,结构复杂,处理过程涉及多方面的算法。

7.6.2 非重叠链表结构化文本方法

基于非重叠链表的模型是把文档中的整个文本划分为无重叠的文本区域,并用链表连接起来。因为有多种方法将文本分为无重叠区域,所以对于同一个文档,会产生很多链表。例如,可以先构建一个文本所有章的链表,然后构建文本所有节的链表,最后构建文本所有段落的链表等,这样,这些链表就清晰地描述了文本的数据结构,如图 7-8 所示。

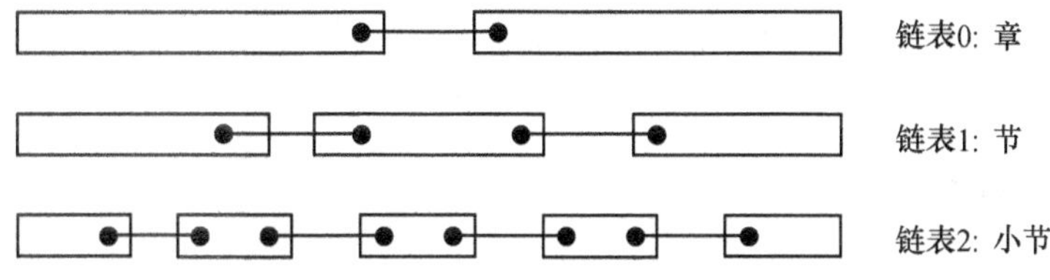

图 7-8 通过三个独立的索引链表来表示文本中的结构

为允许对索引项和文本区域进行搜索,要为每一个预定义的链表建立一个独立的倒排文件。在倒排文件中,每个结构组元作为索引中的一项,与每一项相关的是一个文本区域的链表,表示了文本区域在哪些文档中出现。非重叠链表结构化文本方法从文本的自身结构将文本格式结构化,但是对于一些非文字文本就没有严格的描述方式,链表的结构也比较复杂,难于理解。

7.6.3 基于邻接节点的方法

基于邻接节点的方法是一种允许在相同文本中定义独立的分层索引结构的方法。每个索引结构是一个严格的层次结构,由章、节、小节、段和行组成,其中每个结构组元(章、节、小节、段和行)称为节点,如图 7-9 所示。每个这样的节点都与一个文本区域相关。

两个不同层次结构可能涉及到两个重叠的文本区域。这种方法将文本层次化结构分解，查询速度快，但文本区域出现重复，查询结果是嵌套的文本区域。

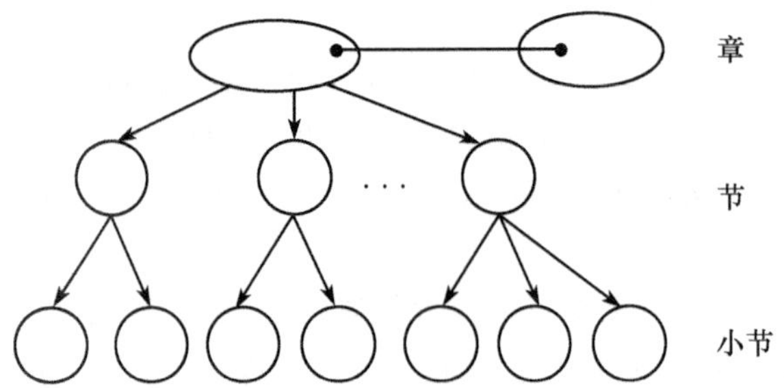

图 7-9 结构化单元的层次索引图

标记语言方法是按照文本格式进行结构化处理的，适用于文本搜索；非重叠基于结构化文本的方法和基于邻接节点的方法是根据文本的内容进行结构化处理的，适用于知识领域查询。总之，文本结构化方法是近年来一种新兴的方法，还没有成熟的理论指导，而且需要根据实际应用领域进行文本结构化分析。

7.7 超文本检索模型

随着互联网的不断发展，WWW 已经成为信息制造、发布、加工和处理的主要平台，万维网上的"海量"数据使万维网成了一个巨大的信息宝库。但信息太多反而使用户很难找到所需要的信息，WWW 检索已成为目前实际上最普及、最受关注、最常涉及的信息检索领域。

从信息组织角度来看，WWW 信息检索模型大致可分为三种：一是基于超文本/超媒体的浏览模型；二是基于搜索引擎的关键词检索模型，其使用各类文本检索模型；三是基于超链接的链接结构分析模型。下面讨论其中的三种模型。

7.7.1 浏览模型

超文本是一种非线性的网状结构的有向图，它把文本按其内容固有的独立性和相关性划分为不同的信息块（称为节点），每个节点都有若干指向其它节点和其它节点指向该节点的链。此外超文本的信息表达形式可以多种多样，可以是文本、图形、图像、音频、视频等，于是有人称之为"超媒体"（超媒体 = 超文本 + 多媒体）。其检索模式是从"哪里"到"什么"，而传统文本检索是从"什么"到"哪里"。

超文本浏览模型强调的是对信息资源空间的浏览而不是检索，用户可以以一种非顺序的思想根据节点、链、导航进行文献的浏览，以查找相关信息。

但这种检索模型存在以下的问题：

(1) 偶然发现。即在检索过程中含有极大的盲目性、不可预见性和偶然性，在很大程度上只是碰运气，缺乏明确的目标。

(2) 失控。信息是以超文本方式链接，用户从一个检索点入口，整个检索过程几乎由网络的超链接控制，处于一种失控，无方向的状态。

(3) 迷航。这种方式可在很短时间内获得大量相关信息,但可能在“顺链而行”中偏离检索目标。

7.7.2 超链接分析模型

最早的 WWW 检索只考虑 WWW 上的超文本文档的文字内容,而忽视了其中的链接信息。随着人们对 WWW 检索研究的不断深入,人们发现合理地利用链接信息对提高 WWW 检索的查全率和查准率起着重要的作用。近几年出现了基于超链接的信息检索模型,该模型主要是依据一般的推理知识,即链接信息与被链接的对象之间存在着某种可信的映射关系, 一个页面被其它站点引用的次数基本上反映了该页面的受欢迎程度(即重要性)。其中 Sergey Brin 和 Lawrence Page 提出的 PageRank 算法,Kleinberg 等人提出的 HITS 算法,Ron Weiss 等人提出的超链接相似度函数以及 R. Lempel 等人提出的 SALSA 算法是其中有代表性的几种算法。这些算法大体可以分为三类:基于随机漫游模型的,如 PageRank、Repution 算法;基于 Hub 和 Authority 相互加强模型的,如 HITS 及其变种;基于概率模型的,如 SALSA、PHITS、贝叶斯算法及其简化版本。所有的算法在实际应用中都结合传统的内容分析技术进行了优化。一些实际的系统实现了某些算法,并且获得了很好的效果,Google 实现了 PageRank 算法,IBM Almaden Research Center 的 Clever Project 实现了 ARC 算法,多伦多大学计算机系实现了一个原型系统 TOPIC,来计算指定网页有声望的主题。

1. PageRank 算法

万维网上的文档非常多,这些文档的重要性也是相差非常大的。对于描述同一个主题的文档,人们总是喜欢先看重要(权威)的文档,再看次要(不权威)的文档。万维网上的超文本文档相互之间的链接可以看成是引用,这种引用关系体现出的文档的重要性能够较好地符合人们主观意识中的文档的重要性。

PageRank 算法就是基于以上思想提出的:将链接看成是引用,这样通过论文之间的引用关系来计算论文的重要性,就能够很容易被应用到计算万维网上文档的重要性上。PageRank 并不是等同地看待所有文档中的链接,而使用一个文档的出链数来进行归一化。

PageRank 权重的计算方法如下

$$PR(A) = (1 - d)/M + d(PR(T_1)/C(T_1) + \cdots + PR(T_n)/C(T_n))$$

式中:$T_1,...,T_n$ 为指向文档 A 的所有文档;$PR(A)$ 为文档 A 的 PageRank 权重;d 为一个介于 0~1 的限制因子,一般设 d 为 0.85;M 表示文档集里文档的个数;$C(T_1)$ 为文档 T_1 里链接的个数。

所有文档的 PageRank 权重构成概率分布,所有文档的 PageRank 权重之和为 1, PageRank 权重可以用简单的递归算法计算。

可以这样来理解 PageRank 权重:

(1) 假设一个用户从一个随机给出的网页开始浏览,如果不感到厌烦,就点击网页的链接,但从不回退到以前浏览过的网页。如果感到厌烦了,就又从一个随机给出的网页重新开始点击。如此周而复始,这个人看到某个网页的概率就是这个网页的 PageRank 权重。(1 - d(限制因子))就是用户感到厌烦,要求一个随机给出的网页的概率。

（2）另一个直观的解释是如果一个网页有很多网页指向它，或者指向它的网页中有一些 PageRank 权重很高，那么这个网页的 PageRank 权重就会很高。

2．HITS 算法

HITS 超链接主题查找（Hyperlink2Induced Top ic Search）算法通过对网络中链接的分析，利用页面的被引用次数及其链接数目来决定不同网页的价值，其基本思想是：一个好的 Hub 网页指向很多 Authority 网页，一个好的 Authority 网页有很多好的 Hub 网页指向它。Authority 网页是相对某主题来说权威的网页，Hub 网页是指向很多相对某主题来说权威网页的网页。

HITS 算法的实现思路可以用以下几步来表示：

（1）利用一个已有的文本搜索引擎检索出与输入主题最相关的若干篇（一般取 200 篇）文档作为根集。

（2）将指向根集里文档的文档与被根集里文档指向的文档加入到根集，得到扩展集。为了避免指向根集里某个文档的文档数太多，需要进行限制。例如，如果指向根集里某个文档的文档数超过 50 篇，则只将其中的 50 篇添加进去。

（3）对扩展集里的文档进行如下运算：

① 初始化两个 n 维向量 $\boldsymbol{H}$ 和 $\boldsymbol{A}$ 为全 1。其中 $\boldsymbol{n}$ 为扩展集里文档的个数。$\boldsymbol{H}[i]$ 对应文档 i 的 Hub 权重，$\boldsymbol{A}[i]$ 对应文档 i 的 Authority 权重。

② 对向量 $\boldsymbol{A}$ 进行归一化，重复 k 遍（k 一般取 20）进行运算

$$\boldsymbol{A}[i] = \sum_{j=1 \text{文档}j\text{指向文档}i}^{n} \boldsymbol{H}[j]$$

③ 对向量 $\boldsymbol{H}$ 进行归一化，重复 k 遍（k 一般取 20）进行运算

$$\boldsymbol{H}[i] = \sum_{j=1 \text{文档}i\text{指向文档}j}^{n} \boldsymbol{A}[j]$$

（4）按照指定的阈值提交 Authority 权重最大的若干篇文档。

HITS 算法利用页面的被引用次数及其链接数目来决定不同网页的价值，这种方法可以获得比较高的查全率，但是忽略了文本内容，存在一些缺点：第一，单从链接数目判断网页相关性造成了非相关顶点的大量产生；第二，WWW 页面越来越复杂，链接数目越来越多，其中有些链接是为其它目的而创建的，如广告标语、导航等。因此，单凭链接数目来判断页面相关与否的假设是不太合理的。针对这些问题，人们又提出一些新的改进算法，如阈值（Threshhold—Kleinberg）算法、Hub 平均（Hub—Averaging—Kleinberg）算法、IBM Almaden 研究中心的 ARC（Automatic Resource Compilation）算法等。

3．SALSA 算法

PageRank 算法是基于用户随机的向前浏览网页的直觉知识，HITS 算法考虑的是 Authoritive 网页和 Hub 网页之间的加强关系。实际应用中，用户大多数情况下是向前浏览网页，但是很多时候也会回退浏览网页。基于上述直觉知识，R. Lempel 和 S. Moran 提出了 SALSA（Stochastic Approach for Link - Structure Analysis）算法，考虑了用户回退浏览网页的情况，保留了 PageRank 的随机漫游和 HITS 中把网页分为 Authoritive 和 Hub 的思想，取消了 Authoritive 和 Hub 之间的相互加强关系。在 SALSA 算法中将网页分为出链网页和入链网页，其中如果网页 A 指向网页 B，则称网页 A 为出链网页，网页 B 为入链网页。

出链网页和入链网页是相对的，一个网页可以既是出链网页又是入链网页。

SALSA 算法根据的是马尔科夫理论：假设在描述链接情况的图中存在两种漫游，一种是从出链网页到出链网页的漫游；一种是从入链网页到入链网页的漫游。

从出链网页到出链网页的漫游中的一步是：从一个出链网页顺着它的一个出链前进到一个节点（假设这个节点是 a）；从 a 沿着指向它的一个入链倒退到一个出链网页。

从入链网页到入链网页的漫游中的一步是：从一个入链网页沿着指向它的一个入链倒退到一个节点（假设这个节点是 a）；从 a 顺着它的一个出链前进到一个入链网页。

SALSA 算法就是算出出链网页漫游中到达某个出链网页的概率和入链网页漫游中到达某个入链网页的概率，再按概率从大到小次序输出概率大的若干个 Hub 网页和 Authority 网页。

SALSA 算法没有 HITS 中相互加强的迭代过程，计算量远小于 HITS。SALSA 算法只考虑直接相邻的网页对自身 A/H 的影响，而 HITS 是计算整个网页集合 T 对自身 A/H 的影响。

试验结果表明，对于单主题查询 SALSA 有比 HITS 更精确的结果，对于多主题查询，HITS 的结果集中于主题的某个方面，而 SALSA 算法的结果覆盖了多个方面。

4. PHITS 算法

D. Cohn and H. Chang 提出了计算 Hub 和 Authority 的统计算法 PHITS（Probabilistic analogue of the HITS）。他们提出了一个概率模型，在这个模型里面一个潜在的因子或者主题 z 影响了文档 d 到文档 c 的一个链接，他们进一步假定，给定因子 z，文档 c 的条件分布 $P(c|z)$ 存在，并且给定文档 d，因子 z 的条件分布 $P(z|d)$ 也存在。

于是有

$$P(d,c) = P(d) \times P(c \mid d)$$

式中

$$P(c \mid d) = \sum_{x} P(c \mid z) \times P(z \mid d)$$

根据这些条件分布，提出了一个可能性函数 L，$L = \Pi p(d,c)$。PHITS 算法使用 Dempster 等提出的 EM 算法分配未知的条件概率使得 L 最大化，最好地解释了网页之间的链接关系。算法要求因子 z 的数目事先给定。

5. 贝叶斯算法

Allan Borodin 等提出了完全的贝叶斯统计方法来确定 Hub 和 Authoritive 网页。假定有 M 个 Hub 网页和 N 个 Authority 网页，可以是相同的集合。每个 Hub 网页有一个未知的实数参数 e_i，表示拥有超链的一般趋势，一个未知的非负参数 h_j，表示拥有指向 Authority 网页的链接的趋势。每个 Authority 网页 j，有一个未知的非负参数 a_j，表示 j 的 Authority 的级别。

Hub 网页 i 到 Authority 网页 j 的链接的先验概率如下

$$P(i,j) = \exp(a_j h_j + e_i)/(1 + \exp(a_j h_j + e_i))$$

Hub 网页 i 到 Authority 网页 j 没有链接时，有

$$P(i,j) = 1/(1 + \exp(a_j h_j + e_i))$$

从以上公式可以看出，如果 e_i 很大（表示 Hub 网页 i 有很高的趋势指向任何一个网页），或者 a_j 和 h_j 都很大（表示 i 是个高质量 Hub，j 是个高质量的 Authority 网页），那么 $i \to j$的链接的概率就比较大。

为了符合贝叶斯统计模型的规范，要给 $2M+N$ 个未知参数（e_i, a_j, h_j）指定先验分布，这些分布应该是一般化、不提供信息、不依赖于被观察数据、对结果只能产生很小影响的。Allan Borodin 等人指定 e_i 满足正态分布 $N(u,\delta^2)$，均值 $u=0$，标准方差 $\delta=10$，指定 h_j 和 a_j 满足 exp(1)分布，即 $x \geqslant 0, P(h_j \geqslant x) = P(a_j \geqslant x) = \exp(-x)$。

接下来就是用标准的贝叶斯方法处理和 HITS 中求矩阵特征根的运算。

Allan Borodin 同时还提出了简化的贝叶斯算法，完全除去了参数 e_i，也就不再需要正态分布的参数 u 和 δ 了。计算公式变为

$$P(i,j) = a_j h_j / (1 + a_j h_j)$$

Hub 网页 i 到 Authority 网页 j 没有链接时，有

$$P(i,j) = 1/(1 + a_j h_j)$$

可见，该简化的贝叶斯产生的效果与 SALSA 算法的结果非常类似。

6. Reputation 算法

上面的所有算法，都是从查询项或者主题出发，经过算法处理，得到结果网页。多伦多大学计算机系 Alberto Mendelzon，Davood Rafiei 提出了一种反向的算法，输入为某个网页的 URL 地址，输出为一组主题，网页在这些主题上有声望（reputation）。

给定一个网页 P，计算在主题 t 上的声望，首先定义两个参数，渗透率 $p_p(t)$ 和聚焦率 $F_i(p)$，网页 P 包含主题项 t，就认为 P 在主题 t 上，简单起见，此时

$$P_p(t) = I(p,t) + N(t) \qquad F_t(p) = I(p,t)/\ln(p)$$

式中：$I(p,t)$为指向 P 而且包含 t 的网页数目；$\ln(p)$为指向 P 的网页数目；$N(t)$为包含 t 的网页数目。

结合非条件概率，引入

$$L(p) = \ln(p)/Nw, M(t) = N(t)/Nw$$

式中：Nw 为 WWW 上网页的数目。

P 在 t 上的 Reputation 计算为

$$RM(p,t) = [Pp(t) - L(P)]/L(p) = [Ft(p) - M(t)]/M(t)$$

指定 $LM(p,t)$是既指向 p 又包含 t 的概率，即

$$LM(p,t) = I(P,t)/Nw$$

显然有

$$RM(p,t) = LM[T,Pp(t) - L(P)]/L(p) = [Ft(p) - M(t)]/M(t)$$

可以从搜索引擎的结果得到 $I(p,t)$、$N(t)$、$\ln(p)$、Nw，这些数据某些组织会经常公布，在计算中是个常量，不影响 RM 的排序，RM 为

$$RM(p,t) = [Nw \times L(t,p)]/[\ln(\mathrm{p}) \times N(t)] - 1$$

给定网页 P 和主题 t，RM 可以如上计算，但是多数的情况只给定网页 P，需要提取主

题后计算。算法的目标是找到一组 t,使得 $RM(p,t)$ 有较大的值。

Reputation 算法也是基于随机漫游模型(random walk)的,可以说是 PageRank 和 SALSA 算法的结合体。

在上几节主要介绍的检索模型中,从目前的学术研究状况来看向量空间模型技术已经比较成熟,在商业运作中使用范围也是最广的。统计语言模型是新发展起来的检索方式,在概率统计理论基础上产生,面向大规模数据检索时统计语言模型具有更广阔的发展前景。

第8章　信息检索技术

计算机信息检索产生于20世纪50年代,发展于80年代中期,90年代后随着网络技术的发展,进入一个崭新的新时期。计算机检索的发展历程大致可以概括为批量处理、联机检索与网络检索三个阶段,每一阶段检索技术都随着各种相关技术与环境因素的变化,不断地进行着功能与效率两方面的改进。特别是在当今计算机及通信技术迅猛发展、资讯数量飞速膨胀、媒体形式日渐多样、信息存取异构分布、网络环境千变万化的内外环境条件下,无限延伸的信息空间,必须配以强有力的信息获取手段方能发挥应有的效力,一直以提高人们的信息获取能力为目标的信息检索技术,近些年来研究工作极为活跃,研究成果层出不穷。在现代信息社会条件下,本章根据检索环境(如网络、多媒体等环境)和检索要求(可视化、智能化等要求)的不同,介绍与之有关的信息检索技术。

8.1　信息检索的基本策略

虽然信息检索技术的发展不断提升着检索过程的便捷性,但在目前的条件下,若想取得准确而高效的检索效果,还必须掌握一些通用的检索策略,综合、灵活地运用这些检索策略,可以使检索事半功倍。

8.1.1　布尔检索

布尔检索就是采用布尔表达式来表示用户提问,通过对文本标志与用户给出的检索式进行逻辑比较来检索文档。

1. 布尔检索的运算符

在开始任何一个检索任务之前,首先要选定若干个检索词。检索时,每一个检索词都可能命中若干篇文献,甚至多达数万篇文献,用户要求获得的最后检索结果,并不是各词命中文献的简单求和,而是它们逻辑运算的结果。布尔检索的基础是逻辑运算。逻辑运算符有布尔代数的"与"、"或"、"非"。

(1) 逻辑或。也称为逻辑加,用"OR"(或"+")表示,用来表示不同检索词间的并列关系的。若两个检索词以OR(或+)相连,表示要检索含有两词之一或同时包含两词的文献。

(2) 逻辑与。也称为逻辑乘,用"AND"(或"*")表示,用来表示不同检索词间的限定关系。若两个检索词以AND(或*)相连,表示要检索同时包含两词的文献。

(3) 逻辑非。"非"用"NOT"(或"-")来表示,用来表示不同检索词间的包含关系。若两个检索词以NOT(或-)相连,表示要从原检索范围中排除包含后一检索词的文献。

2. 布尔检索的特点

目前,几乎所有的商用检索系统都采用布尔检索作为主要的检索方式或提供布尔检索,这是由于布尔检索有着很多特点。

1）优点

(1) 与人们的思维习惯一致。布尔逻辑式可以表达与用户思维习惯相一致的检索要求。用户的检索要求通常用普通的语言叙述,因此,可以通过布尔逻辑运算符“AND”、“OR”、“NOT”将用户的提问“翻译”成系统可接受的形式。

(2) 表达直观清晰。布尔逻辑式表达直观清晰、结构化强、语义表达好。

(3) 方便用户进行扩检和缩检。用户可通过检索系统给予的一个有结构的字典来缩小或扩大检索。有结构的字典是指对任何一个给定的标引词都存储了与之相关的更一般的(上位)或更精确(下位)的关键词的词典。布尔检索很容易利用这些相关项来改进检索,布尔检索也可以很方便地通过增加逻辑与进行缩检,增加逻辑或进行扩检。

(4) 易于计算机实现。由于布尔检索是以比较方式在集合中进行检索的,易于实现,这也是现在的各种检索系统中都提供布尔检索的重要原因。

2）缺点

虽然布尔检索有着许多优点,但它的缺陷是明显的:

(1) 布尔检索只能判定一个检索词或者与文献内容(或信息需求)完全吻合相关,或者全然不相关,这是与实际情况有一定距离的。没有反映各个检索词的相对重要性。

(2) 没有反映概念之间内在的语义联系。它把概念与文献之间的关系简单化,忽略了概念与文献内容、形式和结构的关系,所有的语义关系被简单的匹配代替,因而既不能准确地描述文献,又不能检索到与用户信息需求确实相关,但又不是用检索式中概念直接标引的文献。

(3) 匹配检索存在某些不合理的地方。

(4) 检索结果不能按照用户定义的重要性排序输出。系统检索输出的文档中,排在第一位的文档不一定是文献集中最适合用户需要的文档,用户只能按照检索结果的顺序浏览才能知道文档中哪些更适合自己的需要。

8.1.2 加权检索

布尔检索反映了检索词之间的逻辑关系,是一种定性检索,无法分辨出检索结果的重要程度,缺乏量的比较。加权检索的提出,则弥补了布尔逻辑检索在定量上的不足。

加权检索,就是在检索时赋予每个检索词一个表示其重要程度的数值,即“权”,对含有这些检索词的文献进行加权计算,将在规定的数值(称为阈值)之上者作为检索结果输出。权值的大小可以表示被检出文献的切题程度,据此可对检索出的文献进行相关性排序输出,也可根据检准率的要求进行灵活的分等输出,输出时按权值大小排列,只输出权值超过特定阈值的相关文献。这种检索的重点不在于判定检索词是否在文献中出现以及与其它检索词的关系,而在于判定检索词在满足检索逻辑后对文献命中与否的影响程度。

加权检索是一种缩小检索范围提高检准率的有效方法。但并不是所有系统都能提供加权检索,而能提供加权检索的系统,对权的定义、加权方式、权值计算和检索结果的判定等方面,又有不同的技术规范。目前存在两种基本的加权检索方法:词加权检索和词频加权检索。

1. 词加权检索

词加权检索是最常见的加权检索方法。在检索提问式的构造过程中,检索者根据对检索需求的理解,为选定的每一个检索词(概念)给定一个数值(权重),表示其在本次检索中的重要程度。检索时先判断检索词在文献记录中是否存在,对存在检索词的记录计算其所包含检索词的权值总和,通过与预先给定的阈值比较,权值之和达到或超过阈值的记录视为命中记录,命中结果的输出按权值总和从大到小排列。这种用给检索词加权来表达信息需求的方式,称为词加权。检索词的权值是根据提问者的需要给的。

采用词加权检索的过程中,逻辑运算表达式的最后权值的计算有多种方法,例如,若检索项用逻辑乘运算,则取大的权数作为命中文献的权;若用逻辑和运算,则取命中文献中含有的检索项的权之和为命中文献权数;若用逻辑非运算,则取前一个检索项的权作为命中文献的权数。

2. 词频加权检索

词频加权检索是根据检索词在数据库具体记录中出现的频次,来计算该检索词的权值,而不是由检索者指定检索词的权值。该法消除了人为因素,但它必须建立在全文(或)文摘型数据库基础之上;否则词频加权将没有意义。

词频加权主要是根据词出现的频率来确定词的权值,在检索时通常采用的是绝对词频加权,而标引时一般采用相对词频加权。

(1) 绝对词频加权。检索时累计检索词在记录中出现的次数(权值),检索的记录权值之和由记录包含的所有检索词在记录中出现的次数总和决定。这种方法的缺陷是长记录与短记录采取了统一的频次标准,导致了短记录不容易被检出。

(2) 词频与平均词频相结合确定权值。某检索词在检索集合中的频率与含该检索词的文献数量之比,即检索集合中该检索词在每篇文献中的平均出现次数,称为该检索词的平均词频。以此为系数来完善对绝对词频的计算,即绝对词频与平均词频乘积的总和作为该词的权值。

(3) 逆文献频率确定权值。仅仅依赖词频或对词频增加一个系数,不能对在每一篇文献内都出现的词和只在一些特定文献中出现的词作出区别。经验表明,一个词表达内容的重要程度,随着该词在特定文献中出现的增长而提高;随含有该词文献数量的增长而下降,因此可以将平均词频的总和作为权值。

实际检索过程中到底采用哪种加权方法,应根据用户的检索要求以及检索系统所能提供的检索功能而定。

8.1.3 截词检索

截词检索又称为检索词局部匹配检索,就是把检索词加上某种截断符号,让计算机按照检索词的局部片断同索引词进行对比。按截断的位置分:右截断(前方一致)、左截断(后方一致)、左右同时截断(中间一致)、完全一致和指定位数一致五种类型,其中前方一致、后方一致和中间一致用得较多。

此外,不同的系统所用的截词符也不同,常用的有“*”、“?”等。按截词符的功能还可分为有限截词(即一个截词符只代表一个字符)和无限截词(一个截词符可代表多个字

符)。下面以无限截词举例说明:

(1) 前方一致。即将检索词的词尾部分截断,要求比较被检项的前面部分。右截断在计算机检索中广泛应用,这种方法可以省去键入各种词尾有变化的检索词的麻烦,有助于提高检全率。例如,键入检索词 computer * (" * "为截断符号)可以检索出任何含有 computer 开头的检索词的文献,如 computers、computerise、computerize 等。

(2) 后方一致。即将检索词的词头部分截断,要求比较被检项的后面部分。左截断在计算机检索中广泛应用,这种方法可以省去键入各种词头有变化的检索词的麻烦,有助于提高检全率。例如,键入检索词 * computer(" * "为截断符号),那么计算机在进行匹配时,索引词 minicomputer、microcomputer 等均算命中。

(3) 中间一致。将字根左右词头、词尾部分同时截断,例如, * computer * ,可以命中包含该字根的所有索引词,如 minicomputer、microcomputer、computers、minicomputers 等。这种左右同时截断的方法,在检索较广泛课题的资料时比较有用,可获得较高的查全率。

截词检索可以减少检索词的输入量,简化检索步骤,扩大查找范围,提高查全率。因而在检索系统中得到了广泛的应用。

8.1.4 限定性检索

限定性检索是指对给定检索词附加一定的限定性条件而实施的检索,目前常用的限定性检索分为两种:限定位置检索和限定字段检索。

1. 限定位置检索

限定位置检索是全文检索系统中常用的一种检索技术,是对两个检索词在原始文献中出现的相对位置(如出现的位置、间隔的距离或出现的顺序)进行限定的检索,它是调整检索策略的一种重要手段。根据对位置范围的不同限定,主要有四种级别:

(1) 记录级。指将两个检索词限定在数据库的同一记录中出现。

(2) 字段级。指将两个检索词限定在同一记录的同一字段中出现。

(3) 子字段或自然句级。指将两个检索词限定在同一子字段或同一自然句中出现。

(4) 词位置检索。它采用位置算符,对两个检索词之间的相互位置规定某些限定条件,位置算符可以说是特殊的"AND",只不过布尔检索中"AND"算符在功能上不限制两个词出现的位置和顺序,而位置算符弥补了"AND"的这种不足。

2. 限定字段检索

限定字段检索是指将检索词限制在某一特定的字段范围内的检索,如 SU = 环境保护,在这里,是用主题字段进行限定的,这里的"SU"是主题(Subject)的字段代码,意指对检索词只在主题字段中进行检索。此外,还可用题名(TI)、作者(AU)、文摘(AB)、出版年(PY)等进行限定。需要注意的是,不同的检索系统的字段代码及字段检索式的构造方式也各不相同,在使用前应先了解清楚。在具体应用中,可以将两种限定性检索结合起来使用,以精确地描述检索要求。

8.1.5 词表辅助检索

词表辅助检索主要是针对自然语言在语义描述上不规范而出现的,即多词一义,如

“微机”、“微型电脑”和“微型计算机”;或多义一词,如“Apple”,是指水果中的“苹果”还是指“苹果机”。一般的文献数据库,大都有自己的词表,它不仅用于标引文献,也用于辅助检索,它为标引人员和检索者之间交流思想,取得共同理解提供了可能。一些检索系统,将词表存入计算机,帮助用户进行检索词的选择。

计算机检索系统的词表一般分为两类:一类是按英文字母或汉语拼音顺序排列的主题词表,包括规范词和参照词,在具体检索时,它不仅能将用户送入的非标准提问词,自动转换为规范词,还可以自动扩检,如用户以“脚踏车”为检索词进行检索时,词表提示用户可以将“自行车”、“二轮车”也一并作为检索词进行检索,这样的检出结果才会更加全面;另一类是分层排列的分类词表,包括上位词、下位词、族首词和参照词,在具体检索时,它能帮助用户将检索限定在准确的类目下或选择更适合的专指检索词进行检索。

8.2 WWW 信息检索技术

搜索引擎是 WWW 信息检索的主要技术,系统的设计围绕检索效率和检索效果这两个指标展开。对一个成功的搜索引擎来说,首先必须具有相当高的检索效率。由于通用搜索引擎是面向大众的,其信息需求的重要性参差不齐,绝大多数可以说是“随心所欲”的,因此一个响应迟缓的系统只能意味着较少的用户。一般而言,搜索引擎对用户查询的响应时间应该不超过秒级,这相对于搜索引擎需要处理的海量网页数据而言是一个挑战。而如何提高搜索引擎检索效果,更是人们不断研究的课题,但它是要在保证检索效率的前提下才有意义。由于搜索引擎面临的效率压力,使得在实现上往往需要在效率和效果之间折中,而不一定采用效果最好的技术。有统计表明,在 WWW 搜索环境下,用户普遍使用短查询、不做查询优化,这些特点也是搜索引擎提高检索效果面临的主要困难(因为用户向系统提供的信息太少)。但在另一方面,传统信息检索只从文本内容上计算文本和查询的相关程度,而 WWW 环境下,除了网页文本数据,还有大量其它信息可以为这一相关性的计算提供辅助支持,如何有效利用这些信息是搜索引擎提高检索效果的一个重要途径。

8.2.1 WWW 信息概述

1994 年左右,万维网(WorldWideWeb,WWW 或 Web)出现。它的开放性(openness)和其上信息广泛的可访问性(accessibility)极大地鼓励了人们创作的积极性;作为一个信息源,WWW 和上述全文检索系统的工作对象相比,具有许多不同的特征,它们给信息检索领域带来了新的发展机遇和技术挑战。

1. WWW 信息特征

1) 规模大

在短短的 10 年左右时间,人类至少生产了 5500 亿网页(Google 约 80 亿),而人类有文字以来上万年里产生了大约 1 亿本书;中国网上到 2004 年初大致有了约 3 亿网页,而中华民族有史以来出版的书籍大约不过 275 万种。尽管书籍的容量和质量是一般网页不可比的,但在对应的时间背景上考察其文字的总体数量仍是难以想象的。

2）内容不稳定

除了不断有新的网页出现外,旧的网页也可能会因为各种原因被删除或无法链接。有研究指出:50% 网页的平均生命周期大约为 50 天。

3）格式繁杂

网页除了从浏览器中能够正常看到的文字等内容外,还有大量的 HTML 标记。根据统计,网页文档源文件的大小(字节量)通常大约是其中内容大小的 4 倍。另外,由于 HTML 文档产生来源的多样性,许多网页在内容上比较随意,不仅文字不讲究规范、完整,而且还可能包含许多和主要内容无关的信息(如广告、导航条、版权说明等)。此外,还有大量的各种格式的文档和多媒体信息。这些给有效的信息查询带来了极大的挑战。

4）大量重复或转载信息

与生俱来的数字化和网络化给网页的复制以及转载和修改再发表带来了便利,因此 WWW 上的信息存在大量的重复现象。统计分析表明,网页的重复率平均大约为 4。也就是说,当通过一个 URL 在网上看到一篇网页的时候,平均还有另外 3 个不同的 URL 也给出相同或者基本相似的内容。这种现象对于广大的网民来说是有正面意义的,因为有了更多的信息访问机会。但对于搜索引擎来说,则主要是负面的,它不仅在搜集网页时要消耗机器时间和网络带宽资源,而且如果在查询结果中出现,无意义地消耗了计算机资源,也会引来用户的抱怨。因此,消除内容重复或主题重复的网页成为预处理阶段的一个重要任务。

5）网页重要度的特征多

根据搜集经验,体现网页重要度的特征有:网页的入度大,表明被其它网页引用的次数多;某网页的父网页入度大,网页的镜像度高,说明网页内容比较热门,从而显得重要;网页的目录深度小,易于用户浏览到。其中,网页的入度表示网页 URL 被引用的次数。目录深度是:网页 URL 中除去域名部分的目录层次,即 URL = schema://host/localpath 中的 localpath 部分。如 URL 为 http://www. njust. edu. cn,则目录深度为 0;如果是 http://www. njust. edu. cn /cs,则目录深度为 1。

从用户行为日志中可以得出一般性规律:重要的学术论文网页,因为经常被引用,就表现为入度大;如果被重要的网页引用或多次被其它站点镜像,也可被认为很有价值、很重要;网页 URL 短,说明位于网站“浅层”,通常是被编辑网页的人认为重要而放在易于访问到的地方,网站的主页或各板块的首页一般被经常浏览而显得重要。当然,URL 目录深度小的网页并非总是重要的,目录深度大的网页也并非全不重要,有些学术论文的网页 URL 就有很长的目录深度。多数重要度高的网页会同时具有上述四个特征,即上述表示重要度特征的因素并非线性无关的。

网页的权重可以形式化表示为

$$weight(p) = (indegree(p), indegree(father\_p), mirror(p), directorydepth(p))$$

式中:weight(p)为网页 p 的权重;indegree(p)为网页 p 的入度函数;indegree(fatherp)为网页 p 的父网页的入度函数;mirror(p)为网页 p 的镜像度函数;directorydepth(p)为网页 p 的目录深度函数。

从信息检索的角度讲,如果系统面对的主要是内容的文字,就可依据内容所包含的关键词集合,再加上词频(Term Frequency,TF)和词在文档集合中出现的文档频率(Document Frequency,DF)的统计量。而 TF 和 DF 这样的频率信息能在一定程度上指示词语在一篇文档中的相对重要性或者和某些内容的相关性,这是很有意义的。有了 HTML 标记后,还可能进一步改善,例如,在同一篇文档中,<Hl>和</H1>之间的信息很可能就比在<H4>和</H4>之间的信息更重要。

2. 网页类型与表示

1) 网页类型

网页类型是根据网页内容的表现形式进行划分的,通常可将网页分为三类:有主题网页(topic)、Hub 网页(hub)和图片网页(pic)。其中,有主题网页是指网页中通过文字描述了一件或多件事物,是有一定主题的;Hub 网页是指专门用来提供网页导向的网页,因而是超链聚集的网页,如门户网站的首页就是典型的 Hub 网页;图片网页是指网页的内容是通过图片的形式体现的,其中文字很少,仅仅是对图片的一个说明。

三类网页间的区别导致很多应用领域都会对它们作适当的区别。内容类别是从语义上对网页的内容进行分类,标题、关键词和摘要是概括描述 WWW 文档内容的重要的元数据,相关链接是指在本网页中指向与正文内容相关的网页的链接,而非广告等噪声链接。

网页模型的要素有网页标志、网页类型、内容类别、标题、关键词、摘要、正文、相关链接。其中正文和相关链接要素属于网页的内容数据,而其它六项则属于网页的元数据。

2) 网页的表示

网页的表示是网页内容分析的基础,在网页内容分析过程中通常需要两个层次的表示,即抽象表示和量化表示。抽象表示是以网页制作规范(如 HTML 规范)为依据和出发点,构造出能体现网页内容结构和内容重要性等信息的表示模型,以便于挖掘网页中隐含的信息,为后续量化表示提供更多可利用信息;量化表示则是从计算机处理的角度出发,利用信息检索领域的技术和从网页中挖掘的隐含信息,生成计算机可以直接用于计算的表示模型,如向量空间模型等。依据标签的作用可以将 HTML 的标签分为三类:

(1) 规划网页布局的标签。在视觉上,网页是由若干提供内容信息的区域组成的,而内容块是由特定的标签规划出的(称为容器标签),而且容器标签是允许嵌套的。常用的容器标签有<table>、<td>、<p>、<div>等。因此,依据容器标签可以将网页表示成树状结构,虽然该树状结构描述的是网页内容的布局结构,但布局信息中隐含着网页内部各部分内容的相关性信息。

(2) 描述显示特点的标签。在 HTML 标准中定义了一套标签来规范其包含的内容的显示方式(如字体变大、粗体、斜体),称为重要信息标签。常用的重要信息标签有<b>、<I>、<strong>、<h1>、<h2>等十几种。这类标签中的内容通常是网页作者希望引起读者注意的,因此隐含着一定的内容重要性信息。

(3) 超链相关的标签。超链是 HTML 网页区别于传统文本的最明显的特点之一,表示网页间的关系,因此整理出超链标签并作合理的分析可以挖掘出网页间的内容相关性信息。

目前,有很多构造标签树的工具,如 W3C HTML lexical analyzer(W3C1997)和 HTMLTidy(HTMLTidy 2004)。

8.2.2 搜索引擎的工作方式

现代搜索引擎的思路源于 Wanderer,1994 年 7 月,MichaelMauldin 将蜘蛛程序接入到其索引程序中,创建了大家熟知的 Lycos,成为第一个现代意义的搜索引擎。随着 WWW 上信息的爆炸性增长,搜索引擎的应用价值也越来越高,不断有更新、更强的搜索引擎系统推出。这其中,特别引人注目的是 Google(1998 年推出),由于其采用了独特的PageRank技术,使它很快成为当前全球最受欢迎的搜索引擎。

在中国,对搜索引擎的研究起源于“中国教育科研网”(CERNET)一期工程中的子项目,北京大学计算机系的项目组在陈葆珏教授的主持下于 1997 年 10 月在 CERNET 上推出了天网搜索(http://www.pku.edu.cn)。在这之后,李彦宏等于 2000 年推出“百度”搜索引擎(http://www.baidu.com),并一直处于国内搜索引擎的领先地位。慧聪公司也在中国推出了一个大规模搜索引擎(http://www.fzhongsou.com)。

现代搜索引擎一般采用三段式的工作流程,即网页搜集、预处理技术和查询服务。

1. 网页搜集

搜索引擎需要建立大规模的数据库,因此,如何在 WWW 上“爬取”信息就是搜索引擎要解决的一个基本问题。在这方面,1993 年 MatthewGray 开发了 WorldWideWeb Wanderer,它是世界上第一个利用 HTML 网页之间的链接关系来监测 WWW 发展规模的“机器人”(robot)程序。刚开始时它只用来统计互联网上的服务器数量,后来则发展为能够通过它检索网站域名。鉴于其在 WWW 上沿超链“爬行”的工作方式,这种程序有时也称为“蜘蛛(spider)”。因此,在文献中 crawler、spider、robot 一般都指的是相同的事物,即在 WWW 上依照网页之间的超链关系一个个抓取网页的程序,即网页搜集子系统。

网页搜集子系统抓取网页的大致过程是:从任务池中取一个任务的地址 URL,通过 DNS 得到其 IP 地址,用该 IP 地址与 WWW 服务器建立 TCP/IP 连接,发出 HTTP 请求,等待接收 HTTP 应答,关闭 TCP/IP 连接,分析收到的网页,将其中包含的新链接加入任务池中,将网页存放到数据库中。

1)基本搜索方式

(1)深度优先搜索策略。深度优先搜索是一种在开发 robot 的早期使用较多的方法。它的目的是要达到被搜索结构的叶节点(即那些不包含任何超链的 HTML 文件)。在一个 HTML 文件中,当一个超链被选择后,被链接的 HTML 文件将执行深度优先搜索,即在搜索其余的超链结果之前必须先完整地搜索单独的一条链。深度优先搜索沿着 HTML 文件上的超链走到不能再深入为止,然后返回到某一个 HTML 文件再继续选择该 HTML 文件中的其它超链。当不再有其它超链可选择时,说明搜索结束。其优点是能遍历一个 WWW 站点或深层嵌套的文档集合;缺点是因为 WWW 结构相当深,有可能造成一旦进去,再也出不来的情况发生。

(2)宽度优先搜索策略。在宽度优先搜索中,先搜索完一个 WWW 页面中所有的超级链接,然后再继续搜索下一层,直到底层为止。例如,一个 HTML 文件中有三个超链,选择其中之一并处理相应的 HTML 文件,然后不再选择第二个 HTML 文件中的任何超链,而是返回并选择第二个超链,处理相应的 HTML 文件,再返回,选择第三个超链并处理相应的 HTML 文件。一旦一层上的所有超链都已被选择过,就可以开始在刚才处理过的 HIML 文件中搜索其余的超链,这就保证了对浅层的首先处理。当遇到一个很深的深层分支时,不会导致陷进深层文档中出现出不来的情况发生。宽度优先搜索策略还有一个优点,即它能在两个 HTML 文件之间找到最短路径。宽度优先搜索策略通常是实现 robot的最佳策略,因为它容易实现,而且具备大多数期望的功能。但是如果要遍历一个指定的站点或者深层嵌套的 HTML 文件集,用宽度优先搜索策略则需要花费比较长的时间才能到达深层的 HTML 文件。

(3) IP 地址搜索策略。先赋予 robot 一个起始的 IP 地址,然后根据 IP 地址递增的方式搜索本 IP 地址段后的每一个 WWW 地址中的文档,它完全不考虑各文档中指向其它 WWW 站点的超级链接地址。其优点是搜索全面,能够发现那些没被其它文档引用的新文档的信息源;缺点是不适合大规模搜索。

综合考虑以上几种策略和国内信息导航系统搜索信息的特点,国内一般采用以宽度优先搜索策略为主、线性搜索策略为辅的搜索策略。对于某些不被引用的或很少被引用的 HTML 文件,宽度优先搜索策略可能会遗漏这些孤立的信息源,可以用线性搜索策略作为它的补充。

2) 定期搜集与增量搜集

(1) 定期搜集。每次搜集替换上一次的内容,称为“批量搜集”。由于每次都是重新来一次,对于大规模搜索引擎来说,每次搜集的时间通常会花几周。而由于这样做开销较大,通常两次搜集的间隔时间也不会很短(早期约 1 个 ~3 个月,现在约数天)。这样做的好处是系统实现比较简单;主要缺点是“时新性”不高,还有重复搜集所带来的额外带宽的消耗。

(2) 增量搜集。开始时搜集一批,往后只是:搜集新出现的网页;搜集那些在上次搜集后有过改变的网页;发现自从上次搜集后已经不再存在了的网页,并从库中删除。由于除新闻网站外,许多网页的内容变化并不是很经常的。有研究指出 50% 网页的平均生命周期大约为 50 天,这样做每次搜集的网页量不会很大,于是可以经常启动搜集过程(如每天)。这样的系统表现出来的信息时新性就会比较高;主要缺点是系统实现比较复杂。

3) 搜索优化策略

(1) 根据网页变化模型和系统所含内容时新性优化网页搜集策略。研究表明,在系统搜集能力一定的情况下,若有两类网页(如“商业”和“教育”),它们的更新周期差别很大(如“商业”类网页平均更新周期是“天”,而“教育”类网页平均更新周期是“月”),则系统应该将注意力放在更新慢的网页上,以便系统整体的时新性达到比较高的取值。

(2) 用分布式系统方式来爬取。当搜索的页面数量很大时,单机的内存难以存放和维护 URL 线性表,硬盘存放的网页内容文件太大将严重影响读写响应时间,单机所处的因特网网络传输环境发生种种意外情况而导致超时或死机时,robot 的稳定性和健壮性无法保证;另外,单机实现 robot 时,也不能充分利用网络带宽来提高效率。因此可采用分布式系统方式对因特网实现并行搜索,实现高效、稳定、可灵活配置、伸缩性好的网页收集。同时启动抓取进程的数量取决于硬件条件和搜集软件的设计,一般情况下进程数量可达上百个,做得好也可能达到上千个(即上千个进程也不会造成 CPU 成为瓶颈)。

(3) 单/多线程相结合。采用多线程处理技术,具有相同优先级的多个线程将被循环调度。考虑到网络响应时间和 I/O 等待时间,采用多线程技术将待查询的站点分配给每个线程,并行搜集信息资源,从而加快处理速度。从总体结构上讲,有一个主线程和若干个搜索线程,由主线程启动各个搜索线程。各个搜索线程在找到新的未搜索的超链时,首先判断新超链的 Host 是否与本线程正在搜索的 Host 相同,若相同则加入本线程的待搜索队列;否则,加入主线程的待搜索队列。robot 从某站点获取 HTML 文件时,由于受到网络流量的限制,速度不会很高,为提高 robot 的效率,从站点获取 HTML 文件时可以采取多线程机制,加快 HTML 文件的获取速度。

(4) 把地域相近的分配给同一个 robot 采集。这样每一个 robot 所需访问的 WWW 服务器的距离就不会太远。

(5) 友好地获取网页。首先,服从站点的管理,爬取前应该首先检查 robots. txt 文件,如果这个文件存在,应该按照这个文件中的规定范围进行访问,并将不可访问的链接信息进行登记。其次,要控制访问的频率,不要过多占用网络带宽,影响对方服务器的正常工作;否则,可能会被认为是黑客并列入黑名单。

(6) 逐渐形成不同更新时间间隔的 URL 列表。由于不同的 URL 一般都具有不同的更新时间间隔,在 robot 访问过程中,逐渐把 URL 根据其更新时间间隔归并到不同的 URL 列表中。robot 则依据时间间隔访问,提高搜集效率。

(7) 优先搜集重要网页。任何搜索引擎是不可能将 WWW 上的网页搜集完全的,通常都是在其它条件的限制下决定搜集过程的结束(如磁盘满或者搜集时间已经太长了)。因此就有一个尽量根据网页的权重,有选择地选取重要网页的问题,这对于那些并不追求很大的数量覆盖率的搜索引擎特别重要。研究表明,按照先宽搜索方式得到的网页集合要比先深搜索得到的集合重要(把 URL 按重要性排序)。这种方式的一个困难是要从每一篇网页中提取出所含的 URL(例如,现在还没有很好的简单办法从 JavaScript 脚本中提取 URL)。

(8) 只搜集变化的网页。为了只搜集变化的网页,在第一次全面网页搜集后,系统维护相应的 URL 集合 s,往后的搜集直接基于这个集合。每搜到一个网页,如果它发生变化并含有新的 URL,则将它们对应的网页抓回来,并将这些新 URL 也放到集合中;如果某个 URL 对应的网页不存在了,则将它从 s 中删除。这种方式也可以看成是一种极端的先宽搜索,即第一层是一个很大的集合,往下最多只延伸一层。

(9) 主动向搜索引擎提交网址。在获取服务器信任的基础上,让网站拥有者主动向搜索引擎提交网址(为了宣传自己,通常会有这种积极性),根据情况向搜索引擎服务器主动发送信息,或生成关于服务器文档变更情况的特殊文件,并把需要更新的文档在本地进行预处理。系统在一定时间内定向向那些网站派出"蜘蛛"程序将有关信息存入数据库中。

(10) 网页去重。网页搜集过程中的一个基本的问题是要尽量保证每个网页不被重复抓取。由于一篇网页可能被多篇网页链接,在爬取过程中就可能多次得到该网页的 URL。于是如果不加检查和控制,网页就会被多次抓取。遇到循环链接的情况,还会使爬取器陷死。解决这个问题的有效方法是使用两个表:unvisited—table 和 visited—table。前者包含尚未访问的 URL;后者记录已访问的 URL。系统首先将要搜集的种子 URL 放入 unvisited—table,然后 spider 从其中获取要搜集网页的 URL,搜集过的网页 URL 放入 visited—table 中,新解析出的并且不在 visited—table 中的 URL 加入 unvisited—table。此方法比较适合在单个节点上实现。

通常,为加快搜集过程,如果遇到 URL 对应的网页内容超过 5MB 时,放弃该页面。这一过程在获取了网页头信息后,根据其中指示的网页大小属性值,可以达到目的。

2. 预处理技术

信息预处理的主要功能是过滤文件系统信息,为文件系统的表达提供一种满意的索引输出。其基本目的是为了获取最优的索引记录,使用户能很容易地检索到所需信息。预处理工作有进行词法分析、自动标引、产生摘要、建立索引和网页快照等工作。

1) 信息过滤

信息预处理应该能够过滤不同格式的文档以及图片、声音、视频等信息。这使得搜索引擎不仅能够检索文字,而且能够检索原始格式文件的所有信息。

2) 网页净化和消重

网页净化和消重是大规模搜索引擎系统预处理环节的重要组成部分。网页净化就是识别和清除网页内的噪声内容(如广告、版权信息等),并提取网页的主题以及和主题相关的内容;消重是指去除所搜集网页集合中主题内容重复的网页,建索引一般是在消重后的网页集上进行的,这样就可以保证用户在查询时不会出现大量内容重复的网页。

在从网页中获取所需信息的同时,还会常常看见大量和内容无关的导航条、广告信息、版权信息以及调查问卷等,称为噪声内容。虽然,可能从这些噪声内容中得到一些意外的信息;但大多数情况下,这些东西冲击了人们的眼球,消耗了人类宝贵的注意力资源。

噪声内容会导致相互链接的网页常常并无内容相关,这样,网页内容的混乱不仅给 WWW 上基于网页内容的研究工作带来困难,也给基于网页超链指向的研究工作带来困难。另外,随着 WWW 上各种研究与应用的深入,仅仅是原始网页内容已经不能满足需求,还要求能够提供便于计算机处理的元数据信息,如关键词、摘要、网页内容类别等。然而,现在 WWW 上大部分仍然是普通 HTML 网页,并不包含必要的元数据;鉴于此,一方面要能够自动从网页中提取相关的元数据;另一方面要去除和网页主题内容无关的噪声内容,进而在原始 WWW 上搭建一个噪声小、描述清晰、更易于处理和利用的网页信息平台。

在 WWW 信息检索领域,检索结果的相关性和检索的速度是评价一个 WWW 检索系统的两个指标。如果不去除原始网页中的噪声内容,检索系统必然对噪声内容也建立索引,从而导致仅仅因为查询词在某个网页的噪声内容中出现,而把该网页作为结果返回,而网页的主题内容可能和这个查询词完全无关。可以看出,噪声内容不仅使索引结构的规模变大,而且还导致了检索准确性的下降。一个去除网页中噪声内容的方法是:首先依据 <table> 标签构造网页的标签树,从而依据 <table> 标签将一张网页规划为相互嵌套的内容块;其次,对于使用同一个模板作出的网页集,找出在该网页集中多次出现的内容,作为冗余内容,而在该网页集中出现较少的内容块就是有效信息块。但该方法必须局限在基于同一个模板的网页集。

在网页信息提取领域,自动识别模式的方法必须要从整个网页中提取模式,而不是只针对主题内容提取。因此,在净化后的网页上作信息提取不仅可以排除噪声信息对信息提取的干扰,提高信息提取的准确性,而且可以使得网页中的结构简单化,提高信息提取的效率。将正文和相关超链重新组合就得到了净化后的网页。

3) 语词切分和词法分析

这是预处理的重要功能,常用的语词切分方法有按词典进行最大词组匹配、逆向最大词组匹配、最佳匹配法，联想/回溯法、全自动词典切词等。近年来，又出现了基于神经元网络的和专家系统的分词方法和基于统计和频度分析的分词方法。

汉语语词切分中存在切分歧异，因此需要利用各种上下文知识解决语词切分歧异。此外，还需要对语词进行词法分析，识别出各个语词的词干，以便根据词干建立信息索引。

4）自动标引

从网页文档中提取出一组能最大程度上概括其内容特征，可作为用户检索入口的关键性信息，用该组信息对文件进行标引，使用户可以通过输入关键信息检索到该文文件的简要信息，进一步点击可查询到该文档。

5）自动分类

建立并维护一套完整的分类目录体系，根据文件的信息特征，计算出与其相关程度最大的一个或多个分类，将文档划归到这些分类中，使用户可以通过浏览分类体系直接查询到该文档。

6）生成摘要

搜索引擎给出的结果是一个有序的条目列表，每一个条目有三个基本的元素：标题、网址和摘要。其中的摘要是从网页正文中生成的。但相关的自动文摘技术用到网络搜索引擎来有两个基本困难：一是网页的写作通常不规范，文字比较随意，因此从语言理解的角度难以做好；二是复杂的语言理解算法耗时太多，不适应搜索引擎要高效处理海量网页信息的需求。据统计，即使是分词这一项工作，在高档计算机上每秒钟也只能完成10篇左右网页的处理。因此，搜索引擎在生成摘要时要简便许多，基本上可以归纳为两种方式：

（1）静态方式。即独立于查询，按照某种规则，事先在预处理阶段从网页内容提取出一些文字，如截取网页正文的开头512B（256个汉字），或者将每一个段落的第一个句子拼起来等。这样形成的摘要存放在查询子系统中，一旦相关文档被选中与查询项匹配，就读出返回给用户。

（2）动态摘要方式。即在响应查询的时候，根据查询词在文档中的位置，提取出周围的文字来，在显示时将查询词标亮。这是目前大多数搜索引擎采用的方式。为了保证查询的效率，需要在预处理阶段分词的时候记住每个关键词在文档中出现的位置。

7）建立索引

分析网页包括提取正文信息（过滤网页标签与噪声后）和把正文信息切分为索引词两个阶段。形成的结果是文档号到索引词的对应关系表。每条记录中包括文档编号、索引词编号、索引词在文档中的位置信息、索引词载体信息等。

由于搜索引擎的责任是索引不断变化着的海量网络信息，倒排文件的组织还需要在检索效率和更新效率上进行折中。一般倒排索引的索引项数据用链表方式分块存放有利于提高更新效率，但这会降低检索效率；反之，索引项数据连续存放有利于检索，而不利于更新。在搜索引擎应用中，检索效率是主要优化目标，索引更新采用部分索引重建的方式。

建立索引时，根据当时运行系统所在的计算机的内存大小，可将索引分为 n 组，使得每组运算所需内存都小于系统能够提供的最大使用内存。按照倒排索引的生成算法，生成 n 组倒排索引。然后将这 n 组索引归并，即将相同索引词对应的数据合并到一起，就得到了以索引词为主键的最终的倒排文件索引，即反向索引。实际的搜索引擎，倒排文件很大，无法直接调入内存。

倒排索引压缩可以减小倒排项数据长度。在检索过程中可减少内存和I/O带宽的占用，但同时要对压缩数据解码，增加了CPU时间耗用。实际系统中，I/O是系统的瓶颈，而且CPU和I/O之间性能差距还在不断扩大，所以索引压缩技术作为一种有效提高检索效率的技术被普遍采用。倒排索引压缩的方法基于"游程编码"，增量整数序列被变换为差分序列。组织倒排索引文件，可以把倒排项中的文档号和出现位置编号，都按递增序排列，这样可以通过"游程编码"变换，把大整数序列变换成较小的整数序列，再选取一种整数编码方案实现高效的倒排项数据压缩。

对重要索引词单独索引，这样可以产生一个小的倒排索引文件，控制其大小能保存在内存中，如果有相当的查询在这个小索引文件中获得足够的返回结果，则查询结束；当检索得到的结果不足时，才去访问磁盘上的整个倒排文件。通过这一方式，系统可以节省大量磁盘的访问开销，大大提高效率。

8）网页快照

搜索引擎索引的网页不是当前互联网上最新的网页，因此存在已经消失的可能性。为保证用户能够继续访问相应信息，搜索引擎都提供网页快照功能。网页快照实际上是存储在搜索引擎数据库中的只保留某网页纯文字内容的文档。

3. 查询服务

搜索引擎系统建立的目的是为了提供信息检索和查询服务。因此，还必须提供检索界面、设计查询方式、输出查询结果。为了满足用户的需求，除了做好预处理、设计好索引外，还需要考虑很多其它因素。

1）查询方式和匹配

查询方式指的是系统允许用户提交查询的形式。考虑到各种用户的不同背景和不同的信息需求，不可能有一种普遍适用的方式。一般认为，对于普通网络用户来说，最自然的方式就是"要什么就输入什么"。

搜索引擎大都设计了高级检索方式，但通常用户输入的查询为自然语言词语或者短语，并不是一个布尔表达式。一般情况下，搜索引擎默认用户的输入查询词之间为与(AND)关系。为了提高检索效果，有些搜索引擎也采取查询词扩展(query expansion)和相近(proximity)计算技术，并用这些计算的结果来驱动后台的结果提取过程。Google成功的使用了链接分析技术，为每个网页赋予一个全局的权值(PageRank值)来表示网页的重要程度。除了PageRank，还可以包括根据权威的网站目录数据、用户反馈或人工编辑等方式得到的网站权值；元数据查询可以包括时间、文档格式，站点名称、分类类别等各种网页元数据。

对应一个查询往往会有成千上万的结果，返回给用户的内容通常都是按页组织的，一般每页显示10个结果。统计表明，网络用户一般没有耐心一页页看下去，平均翻页数小于2页。这说明，将第一页的内容组织好非常重要。如果希望用户多用搜索引擎，就要让第一页的内容尽量有吸引力。

为了形成一个合适的顺序，在搜索引擎出现的早期，人们采用了传统信息检索领域很成熟的基于词汇出现频度的方法。大致上讲就是一篇文档中包含的查询(Q)中的那些词越多，则该文档就应该排在越前面；再精细一些的考虑则是若一个词在越多的文档中有出现，则该词用于区分文档相关性的作用就越小。然而，由于网页编写的自发性、随意性较强,仅仅针对词的出现来决定文档的顺序,在 WWW 上做信息检索表现出明显的缺点,需要有其它技术的补充。这方面最重要的成果就是前面提到过的 PageRank。通过在预处理阶段为每篇网页形成一个独立于查询词(也就和网页内容无关)的重要性指标,将它和查询过程中形成的相关性指标结合形成一个最终的排序,是目前搜索引擎给出查询结果排序的主要方法。

检索系统的相关性排序由多种因素综合决定,这其中,最基础的排序建立在信息检索的布尔模型和 *f* 向量空间模型基础上,把全局属性里的 PageRank 值与文档的相似度权值通过线性组合方式相加得到最后的排序权值。排序采用一种分级算法,分为三个级别:查询词的邻近关系运算结果;查询词出现的位置,包括 Title、AnchorText;相似度权值与其它的权值,如全局属性的 PageRank 权值。各种权值通过线性方式组合起来。

2) 影响结果排序三定律

通过各方面的实践,人们归纳出结果输出排序的三个定律:

(1) 内容相关性。原则上,相关性都是基于词频统计的,也就是说,当用户输入检索词时,搜索引擎去找那些检索词在文章(网页)中出现频率较高的、位置较重要的、再加上一些对检索词本身常用程度的加权,最后排出一个结果来(检索结果页面)。词频统计其实没有利用任何跟网络有关的特性,是前网络时代的技术。

(2) 人气质量定律。谁的论文被引用次数多,谁就被认为是权威,论文就是好论文。这个思路移植到网上就是谁的网页被链接次数多,那个网页就被认为是质量高、人气旺、能见度高。再加上相应的链接文字分析,就可以用在搜索结果的排序上。据此,搜索结果的相关性排序,并不完全依赖于词频统计,而是更多地依赖于超链分析。由于链接是网络内容的一个根本特性,这时候的搜索引擎才开始真正利用网络时代的检索技术。

(3) 自信心定律。搜索引擎的技术服务中,向那些网站的拥有者们拍卖他们网站在检索结果中的排名,谁付的钱多,谁的网站就排在前面,而且付费是根据网民点击该网站的情况来计算的,仅仅在搜索结果中出现并不需要付费。根据这一定律,搜索结果的相关性排序,除了词频统计和超链分析之外,更注重的是竞价排名。谁对自己的网站有信心,谁就排在前面。有信心的表现就是愿意为这个排名付钱。

一个搜索引擎要覆盖所有的网上信息查找需求已出现困难,因此各种主题搜索引擎、个性化搜索引擎、问答式搜索引擎等纷纷兴起。这些搜索引擎虽然还没有实现如通用搜索引擎那样的大规模应用,但随着互联网的发展,相信它们的生命力会越来越旺盛。另外,即使通用搜索引擎的运行现在也开始出现分工协作,有了专业的搜索引擎技术和搜索数据库服务提供商,如 Inktomi,它本身并不直接面向用户,但向包括 Overture、LookSmart、MSN、HotBot 等在内的其它搜索引擎提供全文网页搜集服务。从这个意义上说,它是搜索引擎数据的来源。

8.2.3 Web 挖掘技术

Web 挖掘技术是实现 Web 个性化服务的核心技术之一。Web 挖掘的一般过程可以分成三个阶段:对收集的数据进行必要的预处理,如清除“脏”数据;应用不同的 Web 挖掘算法发现用户访问模式;模式分析,从发现的模式集合中选择有意义的模式。

Web 挖掘通常可以分成 Web 内容挖掘、Web 使用挖掘和 Web 结构挖掘三大类。

(1) Web 内容挖掘是从 Web 资源中发现信息或知识的过程。在创建个性化服务系统时,人们通常应用 Web 内容挖掘对网页内容进行分析,其中网页的自动分类技术在搜索引擎、数字化图书馆等领域得到了广泛的应用。根据实现方法的不同可以分成基于代理的方法和数据库方法。Web 内容挖掘由于直接处理数据对象的内容,因此得到的结果一般比较精确,在个性化系统中得到较广泛的应用。

(2) Web 使用挖掘通常可以应用到两个领域:用来分析 Web 服务器的访问日志,可以利用挖掘得到的服务模型来设计适应性 Web 站点;应用到单个用户时,通过分析用户的访问历史来发现有用的用户访问模式。Web 使用挖掘由于处理数据对象通常为用户的访问历史或服务器的访问日志,无法得知数据对象代表的内容,得到的结果一般比较粗糙,但是由于该方法比较成熟而且实现起来也较内容挖掘简单,在个性化系统中也得到了较广泛的应用。Web 使用挖掘的基本方法包括聚类、关联规则、序列模式、分类,依赖性建模、统计分析等。

(3) Web 结构挖掘包括页面内部的结构以及页面之间的结构。挖掘 Web 结构信息对于导航用户浏览行为、改进站点设计、评价页面的重要性等都非常重要。PageRank 算法和 HITS 算法利用 Web 页面间的超链接信息计算“权威型”(Au fthorities)网页和“目录型”(Hubs)网页的权值。Web 结构挖掘通常需要整个 Web 的全局数据,因此在个性化搜索引擎或主题搜索引擎研究领域得到了广泛的应用。

基于 Web 挖掘的个性化技术发展有如下趋势:

(1) 与人工智能技术的结合。个性化系统领域的许多问题最终都可归结到机器学习、知识发现等问题上。用户建模过程通常都应用到代理和多代理技术。因此人工智能技术与 Web 挖掘技术的结合将会促进 Web 个性化系统的飞速发展。

(2) 与交互式多媒体 Web 技术的结合。随着下一代因特网技术的飞速发展与应用,未来的 Web 将是多媒体的世界。Web 个性化技术和 Web 多媒体系统结合出现了交互式个性化多媒体 Web 系统。支持海量多媒体数据流的内容挖掘将成为 Web 挖掘技术的基本功能之一。由于这种基于内容的交互式个性化多媒体 Web 系统更能满足用户需要,因此也将成为 Web 个性化系统的发展方向之一。

(3) 与数据库等技术的结合。Web 挖掘技术的基础是数据挖掘,尽管 Web 数据由于自身的特性(如海量、半结构化、超链信息等)使得 Web 挖掘面临着新的挑战,但是随着数据库技术,特别是数据挖掘技术的发展,Web 挖掘技术也将得到快速的发展。当然,为解决诸如质量评价、性能以及隐私问题,基于 Web 挖掘的个性化技术在这些方面也将得到长足的发展。

8.3 多媒体信息检索技术

8.3.1 多媒体信息检索概念

在数字化与网络化时代,多媒体已成为互联网信息高速公路上所传送数据的主要部分。例如,图像、音频和视频等多媒体内容目前在 WWW 中占据 15%,且该数字还在不断增长。同时,以网络、通信和多媒体数据处理为中心的多媒体应用也发展迅速,如视频点播、数字化图书馆、多媒体检索和虚拟现实等。

多媒体数据具有复杂性、时序性、冗余性和分布性等特点。复杂性是指多媒体数据可以是格式化数据(如数值、文本等),也可以是非格式化数据(如图形、图像、声音等),它们具有不同的形式和格式,种类繁多且数据容量大;时序性是指多媒体信息的展示大多与时间因素密切相关,必须考虑媒体间以及媒体内部在时间上的同步关系,且需解决由于存储、通信和计算所引起的系统延误;冗余性是指某些动态类型的多媒体对象在一段时间内仅发生微小的变化或仅在某局部发生变化(如影视胶片的各连续帧),大部分数据是冗余的;分布性是指在网络环境下,各种多媒体数据分散在不同的站点,必须通过高速、宽带的多媒体网络进行实时多媒体传输服务。

多媒体数据的以上特点对数据模型提出了新的要求,主要表现在以下五点:

(1) 聚集抽象。即在处理多媒体信息时,需分解与重组多媒体对象

(2) 概括对象。即需定义多媒体数据一定的层次关系。

(3) 支持自定义数据类型,并将其视为不可分割的存储管理单位,实现组合信息存储与查询。

(4) 强有力的对象访问手段,即除常规的对象访问外,还需通过层次结构、特征等进行访问以及浏览等。

(5) 具有高度的数据独立性,提供描述性的查词语言和良好的图形用户界面,提供严格而简明的数据视图。

多媒体信息检索可以分为两大类,即基于内容和基于文本的检索。基于内容的技术是对多媒体的内容本身(二进制数据流)进行分析和检索;而基于文本的技术利用与多媒体相关的文字信息作为分析对象,并提供类似于传统文本检索的工作方式。

基于内容的检索(Content - based Retrieval,CBR)不需要进行文字标引,而是从多媒体数据中直接提取出对象的语义、特征(如图像的颜色、纹理、形状,视频中的镜头、场景、镜头的运动,声音的音色、音调、响度等)信息,然后根据这些线索从数据库中检索出具有相似特征的多媒体数据。

8.3.2 多媒体信息特征的提取

不同于文本信息,多媒体语义内容是通过多种媒质(如视频图像、音频和文字等)共同表达与补充。因此,对多媒体信息分析就要对蕴涵在多媒体数据流内的所有媒质特征进行分析,这些媒质包括:视频流中的图像帧,音频信号流,从视频图像中提取的字幕,由音频信号转录得到的话音和三维虚拟物体等信息。在对这些媒质提取特征后,就可以使用这些提取的特征来表征原有媒质,进而将连续的多媒体数据流分割成有语义信息的单位(如镜头和场景、话音与音乐等),最后将这些语义单位识别分类成先前定义的模板类型,为它们建立索引,以便检索与浏览。

特征提取是指寻找原始信号表达形式,提取出能代表原始信号的数据形式。与文本分析中的特征是关键字不同,多媒体数据中的特征可以是从图像与视频中提取的视觉特征(如色彩、纹理和运动等);也可以是从音频中提取的听觉特征(如音调、音质和音高等);还可以是从三维虚拟物体中提取的力矩和傅里叶因子等特征。所有这些提取出来的特征被用来表征多媒体数据流,在后续处理时被用到。

媒体数据流分割基本上是根据所提取的多媒体低层物理特征完成的，所分割出来的多媒体数据只是些物理单元，如把多媒体视频流分割成镜头单元，使每个镜头单元的视频、音频特征基本保持一致；把音频流分割成静音、音乐和话音等不同片段。在文本信息处理中，当文章从一个主题域转换到另外一个主题域时，属于前一个主题域的关键字会慢慢减少，而属于后一个主题域的关键字会慢慢增多，因此可以根据这个现象将很长的文章切分成不同主题域子段。

如果把文本中的关键字看成听觉、视觉和三维等特征，在多媒体数据分割中，也可以根据特征突变对多媒体数据流进行切分，例如，前一个拍摄屋内场景的镜头变化为拍摄屋外场景镜头时，在两组镜头间，由于图像视频帧之间光照条件发生变化，会使这些视频图像帧的颜色特征发生突变，根据这个突变，就可以把这两组镜头切分开；对音频也是如此，当从静音转变成话音时，音频能量会发生很大变化，根据这个变化，也可以将连续音频数据流切分成静音和话音两部分。

在早期多媒体检索中，所提取的多媒体特征多是从视频（图像）中得到的视觉特征。近来，在多媒体分析与检索中发现音频也蕴涵了丰富语义，例如，在不看电视（视频图像流），甚至不听电视中的话音信号的前提下，只听它的非话音信号，大多数人就可以清楚区分电视节目中的新闻报道和广告等场景，从而区分“鼓掌”、“广告节目”和“观众欢呼”等不同语义内容，因为这些节目中的非话音信号特征区域较大。因此，提取音频特征去识别不同多媒体场景也受到了与视频特征同样的重视。并且，由于很多视频分析是基于图像像素点处理的，计算量很大，而音频信号处理可以节约复杂的计算工作。当音频特征独自可以完全区分多媒体数据流时，额外复杂的计算工作就被节省下来。

从音频帧中提取的特征反映的是音频信号短时物理特性变化。由于每种特殊的音频信号从开始到结束，是持续了一段时间的，如几秒长的掌声和爆炸等。为了更好反映这些音频信号所持续的语义，需要在长时间刻度上（一般是几秒）考察音频特征的变化，这就是基于音频例子的特征提取。实际操作中，是把一个音频例子分成若干个音频帧，然后从每个音频帧中提取如短时能量、过零率等特征，最后把这些特征的统计特征（如均值和方差等）计算出来作为音频例子的特征向量。

视频多媒体中视频数据流是由图像序列（图像帧）构成的，一般而言，如果 1s 播放 25 张 ~ 30 张图片，就可以形成动画效果，而这 25 张 ~ 30 张图片就构成了 1s 的视频流（把 25 张/s ~ 30 张/s 称为视频采样率）。

因此，多媒体视频特征是通过图像或连续图像视觉分析得到的，主要图像视觉特征有颜色、纹理、形状和运动等。

一般用颜色直方图来表示颜色特征，颜色直方图指一幅图像中不同色彩的分布，如整张图片的所有像素点，属于红色的像素点有多少。

纹理是由大量可见基元均匀地紧密地排列在一起所组成的一种视觉模式，纹理通常定义为图像的某种局部性质或是对局部区域中像素之间关系的一种度量。纹理特征可用来对图像中的空间信息进行一定程度的定量描述。

形状是描述物体轮廓和它们的物理结构的重要特征，形状特征可以通过运动矩（Moment Invariant）、傅里叶描述算子（Fourier Descriptors）、自相关模型（Autoregressive Model）和几何特征（Geometry Attributes）来表达。形状特征可以分为全局特征和局部特征。全局特征从整个图像形状提取,如圆润性(Circularity)和中心力矩(Central Moments)等。局部特征是对一个形状进行空间处理而得到,不依赖于整个图像形状外观,如曲线点(Points of Curvature)和转移角度(Turning Angle)等。

运动特征则从图像帧序列中通过块匹配(Block Matching)和光流场(Optical Flow)计算获得。多媒体检索中,常用的运动特征有运动场力矩、运动直方图、全局运动参数(仿射变换与双线性变换)和相位相关(Phase Correlation)等。更进一步,可以从这些运动获得反映高层运动的特性,如镜头摇摆和伸缩等。

字幕是多媒体中另外一个可以利用的媒质,它是内嵌在视频流中一种特殊信息。字幕一般出现在多媒体视频流中,可以把视频中出现的字幕分为两种:场景字幕和人工字幕。场景字幕指场景拍摄时拍入镜头的文字,如视频镜头中的路标、广告或商标图像中的产品信息和汽车图像中的牌照等。人工字幕指视频后期制作时加入的文字信息,如体育比赛分数、新闻报告解说和人物对白等。场景字幕由于其出现的随机性和不规范性,一般不作考虑,但是视频流中所包含的人工字幕表达了丰富语义,如果被定位、提取和识别出来,可以在原始视频流的分析理解过程中发挥有效作用。

多媒体数据流中,还有一种特殊数据是通过话音识别技术转录(Transcribe)生成文字,如新闻解说和场景对话等。对转录得到的文字,可以采用传统文本分析技术识别出其中的关键字,实现多媒体信息索引与检索,如 CMU 的 Informedia 项目就采用了话音识别技术首先生成转录的文字,然后对这些文字进行分析,达到多媒体内容理解目的。

多媒体信息检索系统一般由图像处理系统、视频处理系统、音频处理系统、文本处理系统、领域知识专家系统等组成,其功能是自动或半自动地提取媒体特征,提取用户感兴趣的、适合检索要求的特征。这些特征可以是全局性的,如整幅图像和视频镜头,也可以是针对某个目标的,如图像中的子区域、视频中的运动对象等。

(1) 图像处理系统主要是针对静态图像,经对象识别,提取出图像的颜色、纹理、轮廓、形状、位置、空间等特征。

(2) 视频处理系统通过镜头抽取器产生出代表帧,基于运动的目标、镜头等。代表帧是一种静态图像,它可送入图像处理系统,提取颜色、轮廓等媒体特征;基于运动目标和镜头则由该系统抽取运动目标、运动摄像视频特征。

(3) 文本处理系统是由于图像、视频等媒体中包含大量文本信息,所以要通过该系统抽取出可作为检索标志的字、词、短语以及基于上下文的检索入口等。

(4) 音频处理系统用于提取音频媒体特征。

(5) 领域专家(知识)系统是针对某一具体领域的应用(如医学图像、卫星图像等)提供领域知识辅助提取媒体特征的子系统。

8.3.3 多媒体信息的检索

基于内容的多媒体分析检索是指对多媒体数据(如视频、音频流等)所蕴涵的物理的和语义的内容进行计算机分析理解,以方便用户查询,其本质是对无序的多媒体数据流结构化,提取语义信息,保证多媒体内容能被快速检索。

1. 基于内容检索的特征

CBR(基于内容的检索)与传统的检索技术相比,具有以下几方面的特征:

(1) 以综合性学科为基础。CBR 是多媒体的综合集成技术,它利用图像处理、模式识别、计算机视觉、图像理解等学科中的一些方法作为部分基础技术,从认知科学、用户模型、图像处理、模式识别、知识库系统、计算机图形学、数据库管理系统以及信息检索等领域中获得启发,引入新的数据类型和数据模型,产生出有效、可靠的查询处理算法和可视化查询接口,以及与领域无关的检索技术和系统结构。

(2) 客观性。CBR 突破了传统的基于表达式检索的局限,直接对各种媒体数据进行分析,提取语义特征,利用这些特征建立索引,并进行检索。由于突破了传统的基于文字表达符的局限和不同的人对多媒体理解的差异,从而大大提高了检索过程的效率和适应性。

(3) 相似性比较。CBR 采用相似性匹配的方法逐步求精,以得到查询结果,即不断减小查询结果的范围,直到满足要求为止。这一点与常规数据库检索的精确匹配方法有明显不同。

(4) 交互性查询。CBR 系统充分发挥人和计算机各自的长处,利用人对物体的内容特征比较敏感,而计算机善于从大量数据中标志对象和从事重复性的工作,把交互操作引入到查询过程中。

(5) 直观的查询方式。基于内容的检索是一种近似匹配。用户可以直接对检索的结果进行调整,即指明检索对象的相似程度,反馈给计算机后再次进行检索,直到得到符合要求的结果为止。

基于内容的检索从认知科学、用户模型、图像处理、模式识别、知识库系统、计算机图形学、数据库管理系统以及信息检索等领域中获得启发,导致了新的媒体数据的表示和数据模型、有效和可靠的查询处理算法、智能查询接口以及与领域无关的检索技术和系统结构的产生。CBR 要能够从大型分布数据库中以用户可以接受的响应时间查询到要求的信息,它不需要去理解或识别媒体中的目标,关注的是基于内容快速发现信息。

2. 基于内容的图像检索方法

(1) 基于颜色特征的方法。颜色特征和图像的大小、方向无关,而且对图像的背景颜色不敏感,因此颜色特征被广泛应用于图像检索。通常颜色特征的提取是通过计算颜色直方图,即每一种颜色在整个图像中所占的比例,根据直方图的差异来判断两幅图像的相似程度,为了降低运算复杂度,可以对颜色空间进行量化,使用直方图的主要部分,使用低分辨率的直方图等。颜色直方图的优点是计算简单;缺点是无法表述颜色分布的空间信息。

(2) 基于纹理的方法。纹理在图像中通常表示不同材质的区域,它包含了物体表面的组织结构以及与周围环境之间的关系。常用的方法有相关矩阵法,粗糙度、对比度等纹理表示方法以及小波变换等。使用纹理特征首先需要将图像进行纹理分割,而这是一项相当困难且计算量很大的工作。

(3) 基于边缘/草图的方法。基于草图的查询是用户提交一幅想要查询的物体的大致轮廓,由系统找出与此轮廓相匹配的图像。草图的查询可以通过计算图像的边缘图来实现:首先将彩色图转换为单波段的灰度图,再用 Canny 边界算法计算二值化边界图,并将边界图大小降到 64×64;然后将库中的边界图与草图进行模版匹配,检索相似的图像。这种方法的缺点是没有方向和尺度的不变性,类似的图像可能因为方向和尺度的不同而被遗漏,这种问题需要有复杂的边缘表示和匹配算法来消除。

(4) 基于形状的方法。形状是描述物体轮廓和它们的物理结构的重要特征,形状特征可以分为全局和局部特征两类。全局特征是从整个形状得出了特性，如圆度、中心矩和偏心度。局部特征是从形状的部分处理而导出的特性，包括连续边界段的方向、弯曲点、角点和转角度，形状特性对于像颜色和纹理都类似的医学图像来说相当重要。然而，基于形状的检索仍然是一个困难的问题，因为缺乏严格的数学定义来描述人类感知的形状的相似性。

(5) 基于空间关系的方法。对于包含多目标的图像，目标之间的空间关系是又一种描述图像内容的特征。描述物体间的空间关系首先需要对图像进行目标分割和识别；然后可将图像转化成采用二维串编码的符号图像，二维串描述物体间的关系是通过一系列算子（上、下、左、右等），图像的检索问题变成了一个二维串匹配的问题。二维串的匹配是基于一个简单的分级方案，然而用于生成二维串的算法需要对象分割和识别，计算量相当大。

(6) 基于图像的语义特征。在关系型数据库中，系统中图像的属性包括图像来源、拍摄时间和地点、媒介类型、分辨率、输入设备、压缩方式以及与图片相关的注释信息，注释信息对于用户来说是非常自然的描述，这些特征都属于图像的语义特征。

用户在检索图像时，可以用关键字查询，也可以提交一张感兴趣的图像，系统将根据提交的查询，在图像数据库中找到一些最相似的图像返回给用户。提交的查询将首先转换成为一个由低层特征和高层特征结合的向量，然后分别与数据库中图像的向量计算相似度。相似度的计算分两步完成：一是计算低层特征的相似度；二是计算高层语义特征的相似度，然后采用线性组合的方法得到最后的相似度。相似度高的图像成为检索的结果。

3. 基于内容检索的体系结构

CBR 系统一般由两个子系统构成：数据库生成子系统和数据库查询子系统。每个子系统由相应的功能模块和部件组成，如图 8 - 1 所示。

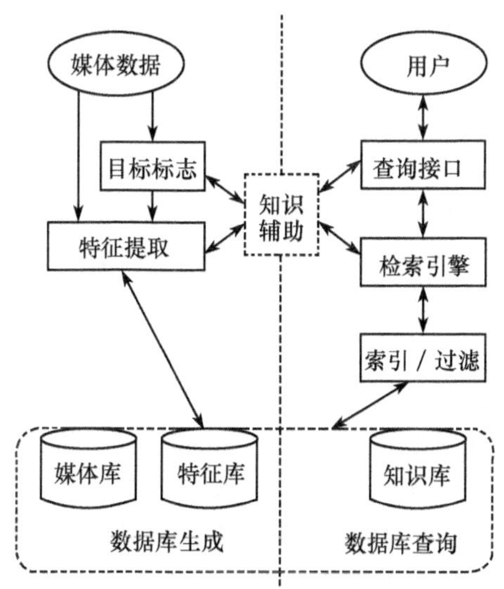

图 8 - 1　基于内容检索的框架

图 8 - 1 中各模块的主要功能如下：

(1) 目标标志。用于标志在静态图像、视频镜头的代表帧等媒体中用户感兴趣的区域（静态目标），以及视频序列中的动态目标。进行整体内容的检索是利用全局特征。

(2) 特征提取。提取用户感兴趣的、适合检索要求的特征。特征提取可以是全局性的,如整幅图像和视频镜头,也可能是针对某个目标的,如图像中的子区域、视频的运动对象等。

(3) 数据库。生成的数据库由媒体库、特征库和知识库组成。媒体库包含多媒体数据;特征库包含用户输入的特征和预处理自动提取的内容特征;知识库包含领域知识和通用知识,知识库中知识表达可以更换以适应各种不同的领域应用。

(4) 查询接口。主要以示例查询(Query By Example,QBE)和模糊描述等可视查询向用户提供查询接口。查询返回的结果需要浏览,因此需要浏览功能。

(5) 检索(匹配)引擎。检索是利用特征之间的距离函数来进行相似性检索。模仿人类的认知过程,近似得到数据库的认知排序,对于不同的媒体数据类型,具有各自不同的相似性测度算法,检索(匹配)引擎中包括一个较为有效可靠的相似性测度函数集。

(6) 索引/过滤器。检索引擎通过索引/过滤模块来达到快速搜索的目的,从而可以应用到数据库中的大型多媒体数据集中。过滤器作用于全部数据,过滤出的数据集合再用高维特征匹配来检索。索引用于低维特征,可以利用 R^* 树来索引加快检索。

8.4 异构数据库的跨库检索

8.4.1 异构数据库

1. 异构数据库的特征

异构数据库指内容和结构等不同的数据库,例如,图书馆中的书目数据库(OPAC)、题录/文摘数据库、全文数据库、电子期刊和电子图书、相关的 WWW 网站等。这些数据库分布在不同的服务器,由不同的信息服务单位提供,成为各具不同特性的异构数据库。形式各异的数据库在给使用者提供丰富信息的同时也带来了信息检索的不便,读者若要全面查询某一信息往往需要依次进入各个电子资源的搜索界面进行搜索,并且要对各个数据库的搜索规则有足够的认识,方可获得所需的信息。解决这些异构数据库的统一检索问题已经成为当务之急。异构数据库的异构特征表现为以下几个方面:

(1) 数据模型的异构。它分为层次、网状、关系和面向对象。

(2) 数据结构不同。如 ORACLE 与 Sybase 数据库物理模型异构、数据结构不同,半结构或非结构的数据。

(3) 系统控制方式不同。如集中式与分布式。

(4) 计算机平台的异构。从巨、大、中、小型机到工作站、PC。

(5) 通信协议的不同。有 Z39.50、HTTP 及非标准协议等。

(6) 通信结构模式的不同。有主从结构、客户机/服务器模式、浏览器/服务器模式。

(7) 操作系统的不同。有 UNIX、NT、OS/2、Apache、Sun Solaris、Linux 等。

(8) 网络的异构。有 LAN、WAN、以太总线结构与令牌环结构等。

2. 跨库检索系统应具备的功能

跨库检索技术不等同于元搜索引擎,它应为用户呈现系统的整体信息资源,帮助用户定位相关的资源并直接融合这些资源,在各类信息资源中通过知识元的搜索实现知识发现。具体应具有以下功能:

(1) 浏览与检索。系统应提供索引系统,帮助用户以浏览的方式选取合适的检索词进行查询。检索应包括简单和高级检索的同时,系统还应提供检索策略的保存及定题跟踪服务,以方便用户再次检索。

(2) 用户定制功能。系统应提供特定的学科入口,把同一学科相关的数据库整合在一起。同时应提供可供跨库检索的数据库列表,并允许用户自由选择和组合,一次检索到相关数据库的各种信息。

(3) 统计功能。跨库检索系统应提供完善的统计功能,包括用户利用跨库检索系统访问各数据库的各种使用数据,如访问各数据库的登录数、检索次数、下载题录文摘数、下载全文数等。并提供各时间段、各用户 IP 或账户的使用统计。

(4) 数据间的连接。系统应兼容各种数据库无缝链接技术或标准,使不同数据库之间的各种记录能互相链接。

(5) 数据的显示与保存。系统应对来源于不同数据库的结果进行融合,检索结果输出应具备多种排序功能,如按日期、篇名、作者、相关性排序。检索记录应可以打印、下载、E - mail 发送。最好能兼容各种管理软件。

8.4.2 异构数据库统一检索的相关技术

面对当前信息资源和网络环境的复杂性,要实现异构数据库的跨库检索,传统的数据库管理系统(DBMS)已经很难解决。近几年许多新的相关技术相继推出,CGI(Common Gateway Interface)、ODBC(Open Database Connector)、JDBC(Java Database Connector)、XML 中间件技术、ASP 技术和 JSP 等技术,综合应用这些技术可进行异构数据库之间的连接和数据转换,接受用户对这些数据库的并行交叉访问和查询,对查询结果进行融合处理并反馈给用户端。在解决异构数据库统一检索方面,现有以下几种方法。

1) 通过数据库接口软件与不同的数据库直接连接

如利用 ODBC 和 JDBC 等数据库接口软件与不同的数据库直接连接。在同时检索的数据库数量较少时,使用此技术可在一定程度上解决异构检索问题,但数据库达到一定数量时,处理速度很难保证。这种方式仅适用于对属于本单位的少量异构数据库进行统一检索。

2) 不同数据库间的格式转换

这主要是利用 DBMS 本身提供访问异构数据库的功能,利用一些程序将各种异构数据库的部分数据导入一个数据库系统中,以方便读者访问,但是收录的数据库数量不能太多,此外还涉及版权问题。

3) 运用元搜索引擎的基本原理

元搜索引擎主要运用在网页信息的搜索方面,但现有各种电子资源数据库都提供相应的客户端接口,因此可利用元搜索引擎的原理和数据库的 WWW 客户端对各个异构数据库进行统一检索。这种方法的缺点在于需要对各个数据库的 WWW 处理接口进行详尽分析,各个数据库的 WWW 处理接口如发生改变则需重新设计,接口的稳定性较差。

4) 基于 Webservice 的跨库检索系统

Webservice 是 COM/CORBA(Common Object Model/Common Object Request Broker Architecture)等分布式计算体系的发展,其使用基于 XML 的 SOAP 协议(Simple Object Access Protocal)作为平台无关的通信机制,通过统一描述、发现和集成(Universal Description,Discovery and Integration,UDDI)进行定位。使用 Webservice 实现跨库检索有以下几个优点:

(1) 通用性更强。SOAP 协议是 Webservice 的基础。SOAP 协议建立在 XML 的基础上,它本身并没有定义任何应用语义,例如,编程模型或特定语义实现,只是通过一个模块化的包装模型和对模块中特定格式编码的数据的重编码机制来表示应用语义。SOAP 协议与 Open URL 等链接协议相比具有更多的灵活性和通用性。

(2) 结果信息处理能力更强。异构数据库的数据处理需要在语义层次上进行,异构数据库的信息融合问题解决需要人工智能、语义识别等技术,目前这些技术很多都是以 XML 作为数据处理的基本格式。Webservice 的输入/输出则均是标准 XML 格式的数据,这就为异构数据库检索结果的处理提供了方便。

(3) 完善的信息源标志功能。由于数据源很多,跨库检索系统一次只能向有限个数据源提交检索请求,在数据库较多的情况下,不能全由使用者自行选择数据库,这样就涉及数据库检索服务的自动选择问题。解决此问题需对各个搜索服务进行必要的描述,以方便检索程序对其进行选择操作。当前 Webservice 主要通过 UDDI 进行标志。UDDI 提供标准化的、透明的、专门描述 WWW 服务的机制,具有发布各种 WWW 服务描述信息的能力。利用 UDDI 为标志检索服务提供了一种行之有效的方法,检索系统可以根据 UDDI 信息有效地选择数据源。

Webservice 提供了解决跨库检索问题的基本框架,但只有各个数据库提供者提供符合统一标准的信息检索服务,才能实现跨库检索功能。为此,需要一个标准的检索服务框架,使各个数据库均可据此框架发布标准的 Webservice 检索服务。

8.5 并行与分布式信息检索

8.5.1 并行与分布式信息检索的背景

随着计算机的普及和网络的日益发展,数字化信息爆炸式增长。以 WWW 为例,据可靠估计,WWW 网页的增长速度可以达到每 6 个月翻一番。到 2004 年年底,最大的搜索引擎可以索引到的 WWW 网页的数目大概为 80 亿个~100 亿个。而这个数字只占到整个 WWW 网页数目的很小一部分。搜索引擎能够搜索到的大部分网页都称为表层页面(surface Web)。据研究,WWW 网页中的深层页面(也称为 deep Web,例如,需要权限才能进入的网页,对网络数据库的查询和调用的返回页面,网络上的图像、音频、视频等多媒体文档和各种格式的文档、软件等)的大小大概是可见 WWW 页面大小的 400 倍~500 倍。另外,很多大公司的内部 Intranet 甚至个人都拥有大量的电子文档。所有这些数字都说明,WWW 上的数字化信息实在是大得惊人。一方面,这些地理位置分散的异构数字化信息中包含了大量宝贵的资源,用户迫切地需要从这些信息中找到所需信息;另一方面,虽然单台计算机的处理能力不断提高,但是在如此大规模的条件下,要对这样海量的信息进行检索,单台计算机的处理能力毕竟有限,特别需要多台计算机进行“团队作战”。而并行计算和分布式计算能够利用多台计算机或者多个处理器的计算或存储资源来解决大规模检索问题。因此,很自然地会想到将并行处理或者分布式处理技术引入到信息检索当中,产生了分布式并行信息检索技术。

8.5.2 并行与分布式信息检索方式

1. 并行信息检索

并行检索主要基于多指令流多数据流(MIMD)体系结构,该 MIMD 并行体系结构主要由多个具有自己的控制单元、处理单元和局部内存的多个处理器组成,多个处理器之间通过共享内存或者通信网络相连接。MIMD 可以处理互相独立的多个任务或者协同执行同一个任务。

在并行处理的机器上进行检索要考虑到搜索算法对并行处理能力的影响。一些主要的并行技术包括任务分配、负载平衡、树排序。任务分配技术通过均衡任务的分工,保证并行系统在降低处理器的闲置时间和减少系统不必要的开销之间达到平衡。在并行系统中,如果一个处理器在其它处理器之前完成了工作,那它就会闲置下来,负载均衡技术就是用来激活闲置的处理器。在搜索模型为树的搜索空间上搜索,采用的是从左到右访问子节点的深度优先的搜索法,但如果要找的信息处于树的右边,则需要搜索大量的节点。树排序技术就是采用一种算法来对搜索空间进行重新排序,从而加快查找速度。

并行信息检索能够改变传统的利用顺序实现计算机信息检索的状况,在顺排检索和倒排检索中引入并行技术能够大大加快检索及其它处理速度。

2. 分布式信息检索

分布式信息检索(Distributed Information Retrieval,DIR)主要是指在分布式的环境中,从大量、异构的信息资源中检索出用户所需要信息资源的过程。分布式信息检索是由多台计算机连成网络以解决一个单一的问题。它允许检索请求在分布于不同地点、不同结构的系统平台上运作。在网络信息检索领域,当一些采用集中式的网络信息检索系统负载增大时,用户的查询请求往往难以得到及时响应,为此构建分布式信息检索系统可以在一定程度上解决所面临的问题。同时分布式检索系统可以提供一种整合不同资源、提供集成信息服务的功能。分布式信息检索一般研究如下几个问题:

(1) 如何取得一个文本数据库的内容描述符(Site description)。描述符一般是文本数据库中的词列表及它们的词频信息。

(2) 如何根据数据库内容描述符和查询的比较,对数据库进行排名(Resource ranking),决定最可能包含所需信息的数据库。对每一个查询都要执行这个操作。

(3) 如何选择进行检索的源数据库(Resource selection)。

(4) 如何对目标数据库进行检索(Searching)。

(5) 如何把来自不同数据库的文档列表合并。

分布式检索主要特征就是访问不同的站点来查找想要的信息,因此分布式检索系统的一个主要瓶颈是网络的流量和迟滞,需要运用一些技术使分布式检索的信息流量得到有效控制,例如,以复制和分片为基础的半连接技术,能够减少信息的传输。分布式系统还应当有分布式操作系统和分布式数据库系统的支持。

8.5.3 并行检索技术

根据对象的不同,并行检索总体上可通过以下两种方式实现并行。

1. 多条查询之间的并行处理。

一个最自然的想法就是利用 MIMD 结构对多条查询的处理并行化,即每个处理器处理不同的查询,每个查询的处理之间相互独立,最多只对共享内存内的部分代码或者公有数据实行共享。这种方法也称为任务级的并行检索,它可以同时处理多个查询请求,从而提高检索的吞吐量。图 8-2 显示了三条不同查询在三个处理器上的并行处理过程。每条查询通过代理(可同时运行多个代理程序,每个代理分别处理一条查询)发送到不同搜索程序(每个处理器上运行一个搜索程序)上去执行,每个搜索程序的结果通过代理返回到不同查询的发起者。

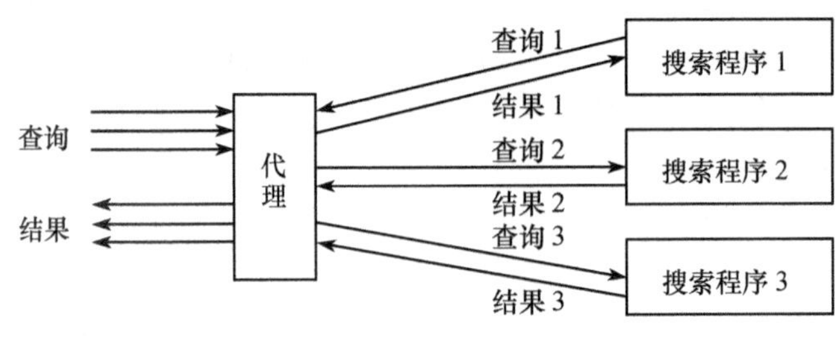

图 8-2 任务级并行检索

如果 MIMD 由多台具有自身处理器和磁盘的计算机组成,每台机器执行自己的搜索程序,并且只访问本地的磁盘,则没有硬件资源访问冲突问题。但如果多个搜索程序访问的是相同的磁盘资源,则可能存在磁盘存取冲突问题。这时可以通过增加磁盘或采用类似磁盘阵列的方法来减少冲突。也可以采用复制访问频繁的数据到不同磁盘以降低访问冲突或将数据分割到多个磁盘等方法。

查询间并行化策略是从一般检索升级到并行检索的最简单方法。简单地说,就是将检索系统复制多份(数据可以复制也可以不复制),每份分别处理不同的查询请求。但是,必须考虑硬件资源的访问冲突,设计合理的软件结构和访问策略,才能提高信息检索的总体性能。

2. 单条查询内部的并行处理。

单条查询内部的并行处理即对单条查询的计算量进行分割,分成多个子任务,并分配到多个处理器上的搜索进程上去执行。这种检索也称为进程级并行检索。将单条查询分成多个子任务的方法通常有两种:一是数据集分割,它事先将数据集分割成多个子集合,对同一条查询分别查询多个子集合数据,然后将每个子集合上的结果合并成最终结果;二是查询项分割,它将查询分解成多个子查询(如将一个多关键词查询分成多个单关键词查询),对每个子查询分别查询数据集,得到部分结果,并将部分结果合并成最终结果。图 8-3 给出了一个单条查询内部并行处理的示意图:查询发送给代理程序,代理程序将一条查询划分成多条子查询,每条子查询分别发送给一个搜索进程进行处理,各进程返回的子结果在代理上进行综合,得到最后的总结果返回给用户。

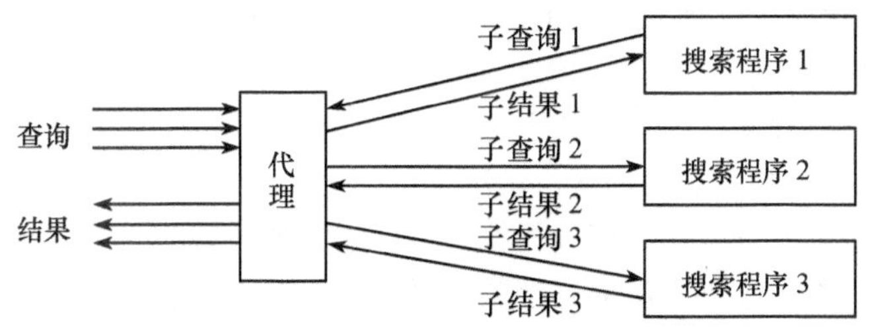

图 8-3　单条查询内部并行处理

在进行查询之间的并行处理时,信息检索系统中的数据结构通常不需要改变。而对于单条查询内部的并行处理,则需要对原有串行信息检索的数据结构做相应的改变。

8.5.4　分布式检索

利用分布式计算进行信息检索称为分布式检索。与并行检索比较,分布式检索的主要特点在于:其一,分布式检索通常处理的是地理位置分散的异构数据,不同地理位置计算机系统间通信的开销比较大,因此,分布式检索中应该尽量避免不同地理位置计算机系统之间的通信操作。就通信本身而言,由于不同系统的异构性,分布式检索系统中通常采用 TCP/IP 协议来实现通信,而并行检索中处理器之间的通信可以通过共享内存来实现。其二,分布式检索的数据规模相对较大,每个节点的处理能力又不尽相同,因此,分布式检索通常只选择某些数据子集进行检索,而不是像并行检索那样,需要返回每个数据子集的结果。其三,分布式检索的对象的异构性使得统一描述和访问成为必须要考虑的问题。

基于第一个特点,分布式检索通常采用数据集分割而不是查询项分割来划分数据。因为,采用查询项分割后进行信息查询需要更多的通信操作。

基于第二个特点,需要研究分布式检索中数据集合的划分和子集合的选择方法。数据集合划分的方法很多。一个最简单的方法就是将数据集合按照语义类别划分成子集合,在进行查询时,选择相应的语义类别对对应的子集合进行查询。在进行数据集划分时采用分类或者自动聚类方法。在进行查询时,首先根据查询和每个子集合的相似度来将所有数据子集合进行排序,选择部分子集合进行查询;然后将每个子集合上返回的结果进行合并而得到最后结果。计算查询和数据子集合的相似度采取的方法是:将整个数据子集看成一个大文件直接和查询进行相似度计算,选择相似度高的子集合进行查询;将整个数据子集看成由多个块组成的集合,分别计算查询和每个块的相似度来得到查询和整个数据子集的相似程度;通过训练,得到每个数据子集对应的一个查询内容模型,直接将查询和这些查询内容模型相匹配得到相似度。在每个数据子集上得到的结果必须合并才能得到最终的结果。

基于第三个特点,分布式检索中要研究异构文档描述、访问和结果返回的标准化问题。这包括两个方面:一方面是异构数据的描述、查询请求和查询结果的表达问题,这可以通过标准(元数据和文档描述标准)的建立来支持异构数据的互通;另一方面是检索中的互操作问题,可以通过定义统一的分布式检索的互操作协议来共同支持查询语义和语法。目前,最著名的标准是美国国家标准化组织/国家信息标准化组织(ANSI/NISO)颁布的 Z39.50 协议,它定义了两台计算机在信息检索过程中互相通信的标准方式。

近年来,人们提出了一种新的查询方法——基于 XML 的分布式信息检索,用户通过浏览器 IE 即可进行检索。其基本做法是:每个信息部门的网站都提供一个检索代理程序并以网页的形式存放在各网站服务器上,当人们点击某个网站时,将代理程序临时下载到客户端运行,然后输入检索点并提交检索请求后,作为客户端的此代理程序能在本网站内通过各网站的服务器端的检索程序查找符合条件的文献,并在同一个结果页中显示,而不仅仅在本网站内查找。这种方法的好处是:人们只需进入一个网站即可检索若干个网站的信息,这将大大节省人们的时间,提高查找效率。

8.6 P2P 信息检索

8.6.1 P2P 检索概念

P2P 是 Peer - to - Peer 的缩写。P2P 也就可以理解为“伙伴对伙伴”的意思,或称为对等联网。P2P 使得网络上的沟通变得更容易、用户可以直接共享和交互,不用像过去那样必须连接到服务器才能浏览与下载。P2P 另一个重要特点是改变了互联网以大网站为中心的格局、重返“非中心化”,并把权力交还给用户。

以 Google、Yahoo!、Inktomi、新浪、天网为典型代表的集中式搜索引擎技术为人们提供了一种方便快捷的网上冲浪形式。人们越来越依赖搜索引擎去定位所需要的资源。但这种集中式的搜索引擎远远无法涵盖所有互联网内的共享内容,而 P2P 的信息检索正好是这种集中式检索的一种良性互补。发展 P2P 信息检索的动机有以下几个方面:

(1) 充分利用以大规模分布形式存在的信息。互联网络内除了那些可以被搜索引擎检索到的页面外,还有分布在边缘网络内的海量信息值得去采集和挖掘。在 P2P 网络中,每个参与网络的主机既是内容的消费者,又是内容的提供者。所有的主机自组织地构成一个 P2P 网络。在网络中,可以很便捷地检索到所有主机中所存储的相关信息。

(2) 弥补传统搜索引擎无力深度挖掘网站信息的弱点。据估计(2004 年),互联网上共享的文档数总量超过 5500 亿,目前 Google 所能检索到的 80 亿只是其中很小的一部分。还有相当大部分的信息是存储在网站的数据库中以动态网页的形式来提供的,这些信息无法用传统搜索引擎通过对静态网页上的链接进行爬行采集来获取,唯一可行的方法是通过网站主动提供信息索引以备检索之用。P2P 检索提供了一条可行之径。

(3) 挖掘移动终端的信息。随着 3G 的到来,智能手机、智能终端的功能不断加强。这些移动的终端存储的数据具有分布面广、地域性强、存储信息和用户终端密切相关的特点,利用 P2P 共享网络挖掘这些信息是一个自然的延伸。

(4) 构建人性化的信息终端。在 P2P 网络中分布于各个终端的数据非常直接而深刻地反映了用户的兴趣。在对这些兴趣进行挖掘的基础上,可以很方便地对产品和业务进行个性化推送,组织协作,研究和开发更加富有人性化的信息终端。

P2P 环境下的全文检索任务实际上可以利用 DIR 的某些成果,但检索质量是无法与单数据库时的性能相比的。而且,大多数 DIR 方法本质上还是集中式算法,没有 P2P 环境下要求的可伸缩性与稳定性。因此,需要考虑新的途径。P2P 应用目前绝大部分集中在文件共享上。但是,几乎所有的共享服务都不能提供基于内容的查询;用户只能根据文件名、描述性关键字以及其它一些属性来进行检索,检索结果的质量很难保证。而且,检索结果的稳定性也很难保证,可能在某次查询得到一个结果,下一次相同的查询又得到基本不同的另一个结果。P2P 环境下的全文检索问题是一个新的研究领域,目前的研究成果较少,尚未成熟。

8.6.2 P2P 信息检索原理

1. 问题描述和一般的体系框架

正如前面所说的,在 P2P 网络中,每个参与的节点既是服务器又是客户端,既是信息的提供者又是信息的消费者。P2P 信息检索的目的就是网络中的任意节点都可以提交检索的请求,然后这些检索通过某种路由机制被路由到和检索相关的节点上去,存储有和该检索相关信息的节点将会回应请求,把本地相关的内容以对等的形式直接传送到请求节点上,检索过程分为以下几个阶段:

(1) 每个节点在加入网络的时候,会对存储在本节点上的内容进行索引,以满足本地内容检索的目的;然后按某种预定的规则选择一些节点作为自己的邻居,加入到 P2P 网络当中。

(2) 发起者 P 提出检索请求 Q,并将 Q 发送给自己的邻居。

(3) P 的邻居收到 Q 后,再按照某种策略转发给它在网络中的其它邻居节点。这样,Q 就在整个网络中传播开来。

(4) 收到请求 Q 的节点如果存储有相应内容信息,则将对应的内容返回。

2. P2P 信息检索的难点

要实施 P2P 环境下的信息检索,面临以下难题:

(1) 文档分布和节点的分布不一致。文档随机分布在网络的节点中,在传统 P2P 网络中,相邻的节点存储的内容并不相似。为了保障检索的效果,就必须遍历比较多的节点以获得较高的检索召回率,对于稀疏的资源就更加难以定位了,不仅网络承受的带宽压力较大,而且网络节点由于需要频繁处理检索而负担较重。

(2) 如何均衡负载。在网络中存储热点内容的节点将会被频繁访问而消耗较多的主机资源和带宽资源。如何能够调动网络更多的节点来均摊这些负载,使得 P2P 服务更加公平就成为一个关键的问题。比特流(BitTorrent,BT)在这方面提供了一个很好的思路。BT 的下载过程是个协作的过程,所有同时下载同一个文档的节点能够互相分担负载,从而降低热点内容提供者的负担。

(3) 如何实现较好的可扩展性和鲁棒性。由于 P2P 网络中的节点都是处于边缘网络的节点,这些节点动态变化性较强,这自然要求 P2P 网络要有高可扩展性和容错的性质,以使得局部的节点的变化不会影响整体网络的运行。

3. P2P 搜索

在 P2P 的环境下进行资源定位是 P2P 相关研究中的热点也是核心的问题,P2P 信息检索是这个问题里面的一个子问题,主要偏重于对全文信息的检索。

1) 非结构化 P2P 网络中的搜索技术

非结构化的网络指的是这样一类网络,即节点采用随机的方法或采用启发策略加入网络,网络拓扑随着节点的变迁和网络通信的进行而发生演变。

常采用不利用任何文档分布信息的盲搜索(blind search)。这类搜索可以抽象为如何从一个随机图中的任一个节点出发定位目标点,使得整个过程遍历的点的个数最少。如每次只搜索一定比例的邻居;动态地调整搜索的宽度,并随搜索深度而增加;采用一种随机发起 n 个同样的查询的方法,每个收到查询的节点从自己的邻居中随机挑选一个作为下一跳;引入超级节点的混合结构来降低整个网络的通信量等。上述方法都是对原有的在非结构化网络上检索的改进,对现有的基于文件名检索的 P2P 文件共享网络比较适用,但无法胜任全文信息检索,为了保证较高的文本的召回率(recall - rate),需要覆盖较多的节点,牺牲较大的通信代价和主机计算代价。

2) 结构化 P2P 网络中的搜索技术

在结构化网络中,每个节点都有固定的编址,整个网络具有相对稳定而规则的拓扑结构。依赖拓扑结构,可以给网络的每个节点指定一个逻辑的地址,并把地址和节点的位置对应起来。给定某个地址,拓扑结构保证只需要通过 $O(\log n$, n 是网络中的节点数)跳就能路由到具有相应地址的节点上去。结构化网络可以用来有效地存储分布的信息。

3) 基于兴趣局部性优化的 P2P 搜索

这类方法基于的原则是:每个节点都表现出某些可以捕捉到的兴趣,相近兴趣的节点保存的内容和提交的查询也相近。通过挖掘每个节点的兴趣,把节点按照兴趣关系组成网络,使得兴趣相近的节点在网络中比较近。目前主要是按照用户提交的检索的行为来划分用户的兴趣,这些特性用于提高检索效率证明是有效的。

8.6.3 P2P 信息检索发展趋势

P2P 信息检索是近年的研究热点,这方面的研究具有以下发展趋势:

(1) 发展兴趣关系网络。按照用户的兴趣组建网络,使得具有相近兴趣的节点在网络上相距得比较近。研究表明,按共享兴趣组建成的共享网络也反映了人类社会中的一些"小世界"现象——良好的聚团性质和短路径性质(任意两点间的最小路径都在某个较小的范围之内),这些性质可以被利用来提高共享的效率。

(2) 在 P2P 检索中引入更多的信息检索技术。信息检索是一个相对成熟的领域,可以提高 P2P 检索的效率。

(3) 采用融合的技术,将非结构化的一些改进技术和结构化的一些改进技术相互融合成新的技术,兼二者之长处,两者的界限会越来越模糊。

(4) P2P 系统本质上也是一个分布式系统,同时它也具备着一些区别于传统分布式系统的特色,即更强调自组织、对等、动态的特性。因此,在研究 P2P 信息检索技术的同时,可以借鉴传统分布式信息检索的研究成果,并结合 P2P 自身的特点进行设计。

(5) 研究人类社会网络与 P2P 网络的结合,下一代的 P2P 共享网络将会结合人类社会的特点进行发展。更加明确的身份认证,更加安全高效的组内协作,更加严格的内容监控都将会是以后的发展方向。

(6) P2P 技术发展势头强劲,并且正促使互连网的运营方式发生静悄悄的演变,新的格局正在形成。正如以 Google 为首的 WWW 信息搜索引擎对人们冲浪方式带来深刻变化一样,P2P 信息检索带给未来的互联网也将会是一场革命。

8.7 跨语言信息检索

随着互联网的普及,网上信息资源也越来越丰富。由此给信息检索(IR)带来两个问题:一是如何在因特网这样一个开放式的数据库中准确的找到相关信息;二是如何克服语言障碍问题,即实现跨语言的信息检索(Cross language information retrieval,CLIR)。

8.7.1 跨语言信息检索概述

跨语言信息检索,是指用户用某种语言从另一种或多种语言表达的文献信息集中检索出所需文献信息的方式或技术。随着互联网的蓬勃发展,互联网所提供的信息资源不再集中于英语等少数几种语言上,而其它非英语语种也有不同程度的增长。例如,Google支持66种语言接口、16种文件格式。对于大多数不精通外语的用户而言,利用网络进行信息检索时,语言成为人们对信息获取和理解的障碍。也就是说,一个人所能理解和利用的信息只是整个信息资源中极少的一部分,很多信息是用人们所不能理解的语言来表达的,因而不能被人们所利用。人们使用母语提出查询条件,检索出相关的外语信息,再借助于辅助翻译工具浏览相关的信息则相对较为容易。因此自动将用户的母语查询条件翻译为相应的其它语种查询条件,再使用相关信息检索系统检索出所需的信息,是方便用户获取网上资源的有效途径。由此,跨语言信息检索应运而生。

跨语言信息检索研究起于1973年,当时主要是针对国际联机检索进行的。20世纪90年代后期,因特网迅猛发展起来,使跨语言信息检索研究真正活跃起来并取得成果。目前,由于系统功能和设备还跟不上该技术的要求,因此还没有一个大的商业性的网络搜索引擎采用这些技术来真正地提供此类服务。

跨语言信息检索的类型主要有:

(1)双语言信息检索。它指使用某种语言从另外一种语言表达的文献信息集中检索出所需文献信息的方式。

(2)多语言信息检索。它指使用某种语言从另外多种语言表达的文献信息集中检索出所需文献信息的方式。

(3)特定领域的跨语言信息检索。它指检索对象设定为某一学科或某一主题领域的跨语言信息检索。

(4)跨语言的多媒体信息检索。它包括文献信息检索技术、跨语言翻译技术及话音识别技术等。

8.7.2 跨语言信息检索的优化技术

1)查询扩展技术

查询扩展是在用户输入检索提问后,采取一定策略,对用户的检索要求进行扩充,前提是添加的词汇必须是受控且与原检索词相关。通常利用同义词典来进行查询扩展。首先,使用用户的检索式检索出排列好的文档;然后,在前面几篇文档中抽取 m 个出现频率最多的词进行查询扩展。从时间上看,查询扩展可分为翻译前进行、翻译后进行、二者兼有三种方式。跨语言关键词扩展技术,实际上整合了机器翻译、词义消歧和语义扩展等多项功能。

2）检索反馈技术(Retrieval Feedback Technique)

跨语言信息检索中,通过一次检索往往得不到想要的结果(目的文献),这时就需要通过检索结果中反馈的信息对提问式或翻译方法进行改进。特别是当用户和信息系统进行交互式检索时,适当的用户反馈相当重要,大量的实验也表明使用检索反馈技术可以极大地改善 CLIR 系统的检索性能。

3）消除检索词的多义性

无论什么语种,一词多义现象都普遍存在。对提问式来说,确定提问式中检索词的确切含义是查询扩展的基础。对于被检索信息来说,明确信息中出现的检索词的含义,是提高检索准确率、确定信息相关性的关键。这可利用词的共现技术(Co－occurrence),来消除词的多义性,以明确其含义。词的共现技术,就是若两个有一定关联的词共同出现在某一篇文献中,就可以非常容易确定其含义的技术。

8.7.3 跨语言信息检索的算法简介

1. 基于词典的方法

这种方法直接用词典进行全文翻译,类似于机器翻译的技术。这种方法代价太大,对于大文本集合是不可行的。并且,对于信息检索任务来说,对文本的完全翻译既是不必要的,也由于缺少上下文约束而使排歧很困难。

2. 基于中间语言的方法

中间语言方法的一个主要优点是涉及到了双语之间的语义对应。这种方法实际上是基于中间语言的方法。中间语言方法的一个主要优点是涉及到了双语之间的语义对应。这种方法实际上是把关键词替换为一种抽象的概念空间。但是,双语之间往往这种概念并不是匹配得很好,尤其是对于两种不同风格的语言(如中文和英文)而言更是效果欠佳。

3. 基于多语言对齐语料库的 LSI 方法

LSI 是“隐含语义标引”的简称,LSI 不再将词和文本之间的关系看成是孤立的,而是用一个相似度值来衡量。

跨语言文本检索的核心问题是关键词向量和文本的相似度计算。

8.7.4 跨语言搜索引擎

跨语言综合搜索引擎是在一般的搜索引擎基础上加了两个功能,即不同语言提问之间的翻译和不同搜索引擎检索结果的集成。跨语言搜索引擎有两种情况:一种是架构在单一搜索引擎的基础上;另一种是架构在多搜索引擎的基础上。

目前研究最多的是跨语言文本检索和跨语言话音检索。跨语言检索主要涉及信息检索和机器翻译两个领域的知识,但又不是这两种技术的简单融合。跨语言检索系统的检索功能,可以利用现有的检索系统来实现,也可以重新构造新的检索系统或检索功能模块来实现。

跨语言搜索引擎的工作过程是:用户向系统提交检索词,形成一个源语言的搜索提问式,系统对搜索提问式进行语言识别,识别出语种后,就对提问式进行词法分析和结构分析;然后把这个分析过的搜索式翻译成各种语言的搜索式;最后把这一系列的搜索式提交给系统进行检索。

检索结果是含有多个语种的页面。如果使用多搜索引擎,转换成不同语言搜索式时还需要注意各种搜索引擎搜索式表达方法的不同。例如,新浪网搜索中文信息的结果比较好,那么就把提问词是中文的搜索式转换成新浪网的搜索式;雅虎对英文信息的搜索结果比较好,那么就向雅虎提交的提问词是英文的搜索式。

关于多语种搜索的情况是:第一种情况检索词为不同语种,检索结果也不同,这种情况是不经过翻译的,对搜索引擎来讲是不区分的,例如,在 Google 里输入"知识发现 knowledge",选择所有语种,那么只要网页里既有"知识发现"又有"knowledge"就可以检索出来,不管该页面是中文的,还是英文或者是日文的,搜索引擎并不识别检索词的语种,这不是真正的跨语言搜索引擎;第二种情况是,检索词为同一语种,检索结果为不同语种。

8.8 智能信息检索

8.8.1 智能信息检索概念

传统的全文检索技术都是基于关键词匹配的方法,这种方法具有直观、简单的优点,但同时也存在查不全、查不准、检索质量不高的缺点,较难满足人们检索的真正需求;而且网站分类技术成本较高,对网站的描述也十分简略,其描述能力不能深入网站的内部细节,因此用户查询不到网站内部的重要信息,造成了信息丢失;此外,全文检索时返回的信息太多,难以忠实表达问题,同时还存在表达差异的问题。由此,人们提出了智能检索的概念。目前的智能检索就是利用分词词典、同义词典,同音词典等来改善用户的输入,从而达到比较理想的检索效果。例如,用户查询"计算机",则通过联想,可以认为与"计算机"相关的信息也可能满足用户的需求,应该出现在最后的检索结果中;更高级的做法还可在知识层面或者说概念层面上辅助查询,通过主题词典、上下文词典、相关同级词典,形成一个知识体系或概念网络,给予用户智能知识提示,最终帮助用户获得最佳的检索效果,比如可以将上述的用户例子进一步缩小查询范围至"微机"、"服务器"或扩大查询范围至"信息技术"甚至是扩展到相关的"电子技术"、"软件"、"计算机应用"等范畴。另外,智能检索还包括歧义信息的检索处理,将通过歧义知识描述库、全文索引、用户检索上下文分析以及用户相关性反馈等技术结合处理,从而将信息高效、准确地反馈给用户。

8.8.2 对智能检索的理解

1) 智能的三个层次

(1) 操作层。智能特征表现为本能,对人类来说便是呼吸心跳、血液循环、咽食排泄等,但若"智能"仅限于此,那便只能是植物人。

(2) 感知层。智能特征表现为感觉和知觉,对人类来说便是视、听、嗅、味、触、记忆力和简单地传递信息的能力。

(3) 认知层。智能特征表现为复杂的思维与行动能力,对人类来说便是通过语言相互交流,通过观察作出判断、推理,设定目标并设法完成它们。

2) 智能检索理解

对智能检索而言,信息至少有语法、语义、语用三个层次。智能检索可以分为的几个阶段是:初级阶段(利用同义词、反义词、等同词、替代词、缩略词等的扩检、缩检)、中级阶段(采用文本挖掘、内容管理、知识挖掘、知识管理等技术)和理想阶段。

3) 现阶段智能检索系统应具备的功能

现阶段智能检索系统应具备的功能应是:有大规模实例描述的汉语分词排歧知识库;具有主题词典、广义同义词检索、拼音检索、同音检索等功能;具有基于内容的相似性检索功能,具有自动分类(自动聚类)和自动摘要功能;具有知识压缩和去重功能;具有文本挖掘功能,如对数字的理解、新词学习等;具有智能代理、自动和自助式检索等功能。

4) 智能检索的主要技术

智能检索的主要技术包括:自然语言处理技术;统计方法与语料库技术,如自动分类、自动聚类、自动摘要、自动索引等;计算语言学,如数据挖掘和机器学习技术、基于内容的多媒体查询技术、多通道用户界面(话音、自然语言、多媒体);本体论(Ontology),如语义Web、语义信息模型;Agent 技术,如自适应性、主动性、协作性、移动性等。

8.8.3 基于自然语言理解的智能检索

1. 自然语言理解

自然语言理解就是研究如何能让计算机理解并生成人们日常所使用的语言,目的在于建立起一种人与机器之间的密切而友好的关系,使之能进行高度的信息传递与认知活动。迄今为止的自然语言理解模型大都以直接应用为目标,即都是针对某一具体的应用领域,充分利用具体领域的各种可理解因素,将其形式化,然后建立模型。这种具体领域不仅规定了可用于推理的背景知识,也规定了可能运用的语汇子集和短语、句型子集。这样的自然语言理解策略的优点是:完全不必对理解所涉及的各个层面(词汇的、句法的、语义的、语用的、语境的)作全面的刻画;围绕具体领域,可将各个层面的知识作直接的综合。

更为理想的自动识别模型并不针对某一具体的应用领域,而是面向人工智能所期望解决的一般的自然语言理解问题。一般的自然语言理解问题,就是让计算机具备理解人的一般话语的能力,也就是说要在计算机上建立起一个分析或生成一般话语所必备的知识库。这种策略首先把语言理解的各种因素分解开来,逐一加以研究。例如,在各种理解因素中先划出语言因素;语言因素中又先划出句法因素;在句法因素的研究中,又先分别研究各种句法结构的构成法则等。这种策略的优点是:它有可能导致最终建成一个可供一切可能的言语分析或生成所需的自然语言理解知识库。智能检索和信息获取就应采用这一策略,因为它们所处理的信息是广泛的、普遍的,这要求智能检索和信息获取必须是智能的。

智能检索由抽词检索与全文检索综合发展而成,它是对检索词有较高的判断能力、理解能力和处理能力的人工智能型的多媒体检索系统,也就是类似于基于计算语言学的全文检索。建立这种检索最理想的情况是系统能对文本资料进行语言学意义上的理解，当用户查询时，对查询语句也进行理解，然后再对文本进行语义上的概念匹配。

根据汉语的特点，中文智能检索需要使用的自然语言处理技术是：词切分和词性标注；句法及语义分析，这包括句法成分的识别与标注、关键词提取、搜索特征集的提取等，其中句法分析可采用自顶向下分析法、自底向上分析法、富田算法、CYK(Cocke Younger Kasami)算法等；概念标注与分析；语义知识表示；词典与知识库。

2. 概念标注

标注是为了产生文本的描述，搜索的真正对象是标注的结果。从效率上考虑，智能搜索必须采用自由词自动标注。这里的自由词是概念自由词，即概念标注。语言的理解过程就是把语句映射到概念基的过程。单词只是概念的符号，代表着一组可能知道的、用于该单词所表述的概念的所有特征。理解一个句子的关键在于提取句子的概念和概念结构，所以要从概念的角度进行标注。语言理解系统的核心部分是语言分析器，主要用于概念分析，故称其为概念分析器。概念分析器由两部分组成，即词典和监视程序。词典存放着很多概念词，成为分析工作的知识源，监视程序完成分析工作。概念分析的基本机制是预期，预期是一种即将实现的情景的描述，以请求的形式存放在词典里。

3. 语义知识表示

对自然语言进行自动处理时，应该理解其含义，即其包含的语义知识。为了分析句子包含的语义知识，需要在语义层次上表示知识。"理性主义"的手段虽然基本上掌握了单个句子的分析技术，但是还很难覆盖全面的语言现象，特别是对于整个段落或篇章的理解还无从下手。与"理性主义"相对的是"经验主义"研究思路，主要是指针对大规模语料库的研究。其加工的方式就是在语料中标注各种记号，标注的内容包括每个词的词性、语义项、短语结构、句型和句间关系等。随着标注程度的加深和语料库逐渐熟化，成为一个分布的、统计意义上的知识源。利用这个知识源可以进行许多语言分析工作，从已标注语料中总结出的频度规律可以给新文本逐词标注词性，划分句子成分等。

制作表示语义知识的语义词典是智能检索中很关键的工作，语义词典的直接目标是为汉语语法分析提供语义知识的支持。从工程实用的目的出发，选择配价理论作为语义分析的理论框架，采用语义分类与属性描述相结合的语义信息表述方式，具有良好的可移植性，既面向通用领域的现代汉语，又可向具体系统倾斜。词典的语义分类体系是为了辅助语法分析而设计的，因此，语义分类的标准及分类深度均应从为语法分析服务的角度来确定。应用语义知识应着重于解决那些仅靠语法规则难以解决的问题。一般首先，准备专业领域语料和语义知识库，结合本体论的思想创建领域本体库，在专业领域语料中提取和本体有关的例句组成例句库；其次，用适合中文的一种新的框架语义描述方法对例句库进行框架语义描述，其成果为例句语义描述库；最后，结合其它语义知识库和例句语义描述库定义领域本体，其成果为本体语义描述定义库。这样就组成一个完整的语义描述模式。

词典作为重要的知识库，它的规模及其词汇知识的描述质量从根本上决定了智能检索效果的好坏。智能检索的对象是以表达某个事物的概念为基本单位的，而词是表达概念的基本单位，因而也是智能搜索语言处理的最小单位。必须认真搞清楚词之间的同义、近义、反义、从属、隐含、关联等关系，这也就是用概念及其语义关系的集合来组成一个概念语义词典。

4. 智能搜索的实现

通常用户发出的自然语言搜索要求是零散的语句,可以适当限制使用的句式,以提高分析的正确率。当这样的搜索要求输入系统后,一个自然语言理解前端负责分析其内容。这个前端实际就是一个句法—语义分析器。句法分析部分负责生成句法树,可以采用功能合一语法。语义分析是根据句法树建立以动词为核心的语义框架,框架的语义格由名词性短语填充。在分析过程中还要返回输入中可能出现的错误并通过人机交互纠正。接下来由智能搜索系统提取框架中的名词性短语,将这些短语作为关键词,在经过标注的文献库中搜索目标记录。在建立自然语言接口的智能搜索系统时,应充分利用现有的主题表、序词表、后控词表等,建立标准化的机读格式版,用以作为自然语言的知识库、文献库、语法库、规则库的基础。

智能搜索系统工作在这样一项假设之上:任意两个文档 F_1 和 F_2,若二者标注的结果($L(F_1)$和 $L(F_2)$) 完全一致,那么它们所表达的内容($M(F_1)$和 $M(F_2)$)也认为是相同的,即当且仅当 $L(F_1)=L(F_2)$时,$M(F_1)=M(F_2)$ 。匹配过程将文档的标注结果逐一比较,如果匹配算法采用布尔逻辑,则匹配的结果或是记录与搜索要求相符或是不符,前者作为检出记录输出,后者被过滤掉。当采用统计法标注时,每个标注出的关键词都对应于一个出现频度。根据概率理论可以定义一种相关测度,表示文档与搜索要求之间的相关性大小,标注结果与搜索要求相近且关键词使用频度高的文档相关性就大。根据预期的常识性知识和本体论层次知识对用户的搜索要求进行相关性联想,提供引导系统进行下一步搜索的线索。这样一步一步地在与预期的交互过程中实现对搜索的智能导航。这种逐步求精的策略解决了信息检索中"精确表达"的难题。它采取一种智能信息的先推后拉技术,即根据用户的具体情况将相应的信息推送给用户,用户想要得到更详尽的信息可以通过搜索系统进行进一步的查找。为此,必须尽早建立专业领域模型库,组织专门人员进行领域知识的研究。尤其是对有些精深的领域或典型用户,应建立用户档案,详细记录其检索需求和查询过程,必要时可进行一对一服务和跟踪服务。由于自然语言中存在不确定性,因此采用传统的精确推理来处理语言表达中的模糊性就会遇到困难。因此,可采用模糊逻辑的推理方法,使用模糊逻辑中的运算对概念间的关联性求值。智能搜索的过程是:搜索引擎收到用户的提问后,利用禁用词表从查询中剔除诸如副词、介词、代词等没有主题意义的词汇,然后将剩下的词进行概念标注与分析,再利用领域词典和知识库等进行概念理解基础上的搜索与匹配。

8.9 个性化信息检索技术

个性化的含义是使事物具有个性或使其个性凸显。个性化信息是反映人类个体特性的一切信息,个性化信息是由人类个体特性所决定的其对信息的需求的一种信息组合。基于个性化信息进行的检索,是指针对不同用户的特点提供不同的检索策略和反馈内容的检索模式。具体来讲,个性化信息检索首先应该是能够满足用户的个体信息需求的一种检索服务,即根据用户提出的要求或用户的习惯提供信息检索服务。与不区分用户特点的普通检索模式相比,个性化信息检索显然具有更高的服务质量。

8.9.1 个性化信息检索的研究现状

提供个性化的信息检索服务面临的主要问题是,如何在网络这样一个开放、巨大的信息空间中实现用户信息检索的高检索率和高检索精度,即尽量多地找到与用户感兴趣的主题相关的文档,同时又尽量少地包含与主题不相关的文档。针对这一问题,目前已提出了各种方法,如基于机器学习和人工智能的方法以及近年来发展起来的基于 Agent 的智能信息检索方法。

基于人工智能的信息检索是近年来出现的一种新型检索方式,它融合了专家系统、自然语言理解、用户模型、模式识别、数据库管理系统以及信息检索等领域的知识和先进技术。国外关于个性化信息检索主要从人工智能的角度出发,另外元搜索引擎在个性化搜索引擎中也取得了一定效果。例如,美国麻省理工学院媒体实验室开发的 Amalthaea 系统;Arthur Andersen 的内嵌特定领域知识和使用推断(证明式自然语言理解技术)的 FSA 和 Eloise 系统;IBM 的基于规则和知识,使用启发式的策略和简单自然语言的 Globenet 系统;芝加哥大学开发的基于"问题库"的具有问答功能的智能搜索引擎 FAQFinder;卡耐基·梅隆大学基于机器学习的智能系统 WebWatcher;基于用户查询行为和兴趣的寻找特定信息的专用智能软件 WeDoggie、News Weeder 、Firely、NewsFinder;国际著名科技出版集团 Springer 的网络版全文文献服务系统 SpringerLink 数据库等。

8.9.2 个性化信息检索的体系结构

个性化信息检索是一个比较前沿的研究领域,其内容涉及多种学科,所使用到的技术也相当广泛。通过考察国内外的个性化信息检索系统,可归纳出个性化信息检索系统的一般体系结构,如图 8-4 所示。

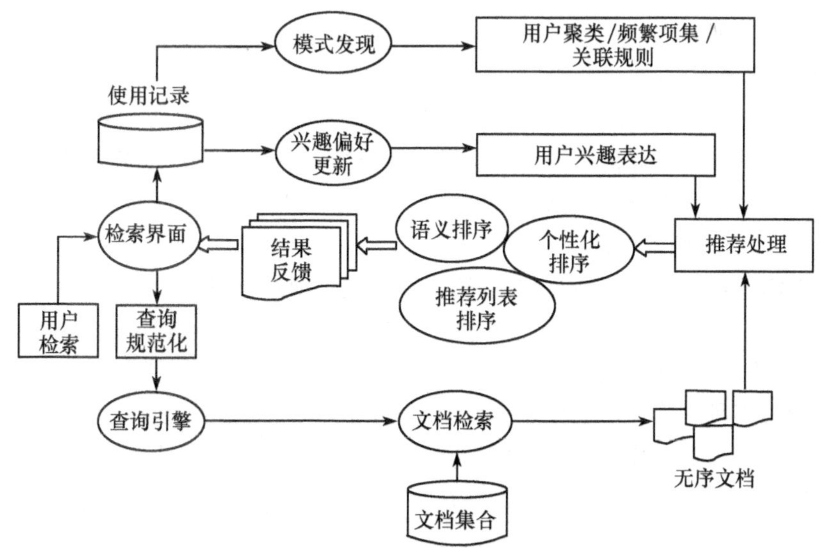

图 8-4 个性化信息检索的一般体系结构

通过图 8-4 可以看出,个性化信息检索可以从逻辑上分为以下两步:

(1) 首先,通过检索界面输入查询内容;其次,系统将用户的查询内容进行规范化处理,形成规范化的查询表达方式;然后,查询引擎根据查询表达式对文档集合进行检索,其检索的结果为一组无序文档。在用户使用系统的同时,系统会对用户的使用情况进行记录,通过对大量的用户使用记录的挖掘分析来发现用户的兴趣偏好,由此而产生如用户兴趣表达、用户聚类、产生频繁项集、生成关联规则等。

(2) 根据系统产生的规则,对(1)中查询引擎所产生的无序文档进行有序化的组织。这里的有序化组织主要有个性化(基于用户兴趣)排序、语义(基于语义概念的相关性)排序或基于推荐列表(基于关联规则)的排序,最终形成一个与用户自身特点相关的有组织的检索结果推荐给用户。

8.9.3 个性化信息检索中的推荐反馈

推荐反馈是个性化信息检索中的关键技术。为了根据用户的兴趣爱好推荐用户可能感兴趣或是满意的信息,首先需要跟踪和学习用户的兴趣和行为,并设计一种合适的表达方式。

根据推荐反馈时系统所采用的对用户特征描述和推荐依据的不同,目前可将推荐反馈技术大体分为两种:基于规则的推荐反馈和基于信息过滤的推荐反馈。其中,基于信息过滤的推荐反馈又可分为基于内容的推荐和协同过滤推荐。以下,从三个方面分别对推荐反馈的技术进行分析介绍。

1) 基于规则的推荐反馈

基于规则的推荐反馈是指根据已经生成的规则向用户推荐信息的方式。一旦规则生成之后,对活动用户就可以找出与其相关的规则,并将规则中关联的项目推荐给用户。这就是基于规则技术用在个性化中的一般思想。基于规则的推荐系统,允许系统管理员根据用户的静态特征和动态属性来制定规则,规则决定了在不同的情况下如何提供不同的服务。此类系统的优点是简单、直接;缺点是规则的质量很难保证且不能动态更新,随着规则数量的增多,系统将变得越来越难以管理。

目前基于规则的推荐系统的规则一般是由人工定制的,不过其研究热点和发展方向是通过学习用户的事务历史信息、挖掘用户事务规则从而建立综合的、准确的用户特征描述。该途径的基本思想有两步,即规则发现和规则校验。规则发现是指通过用户使用的历史性信息进行挖掘和分析来得出用户兴趣的表达,例如,可以使用分类和回归树发现分类规则。规则校验通常可以根据用户反馈信息相应地更新用户规则模型的不同部分。

2) 基于内容的推荐反馈

基于内容推荐的一般思想是:对于给定的一系列项目,使用一组内容维对其内容进行表示,即形成一个项目内容维矩阵。矩阵中的每一行表示某个项目的内容维向量,向量中的每个元素(维)为该项目对应维的评分。对于某个目标项目(也就是用户当前的兴趣表示),可以通过多种方式(例如欧几里得距离、向量余弦、相似度系数等)计算其它项目与该目标项目之间的临近性,从而找出与目标项目最临近的一组邻居,并将这组邻居推荐给对目标项目感兴趣的用户。基于内容推荐的优点是直接、简单同时用户反馈量丰富;缺点是缺乏精密性。

当对象易于通过计算机进行分析,同时用户不是主观地判断对象的适宜性时,基于内容推荐是最合适的。推荐在不考虑用户条件的情况下局限于与访问者曾试图访问的对象相关的对象。换句话说,基于内容的推荐只能分析一个用户曾经喜欢过的项目的内容并向其推荐具有相似内容的项目,而不能为用户发现新的项目兴趣。也就是说,基于内容的途径推荐的项目趋于集中,其仅仅推荐那些相对于用户特征信息或者历史行为具有较高得分的项目。

3）基于协同过滤的推荐

基于协同过滤的推荐,是指通过相同或相近兴趣的用户对资源的评价向用户推荐信息的方式。该方法是通过比较用户之间的相似性来推荐信息,即先对用户进行分类,具有相近兴趣的用户被视为一个用户类。当用户对某信息感兴趣时,该信息就可以推荐给同类的其它用户。它既适用于可计算的文本领域,又可应用于其它领域,如音乐、电影、书等。协同过滤也被称做群体过滤(Social Filtering)。

目前提供协同推荐服务的系统大多利用用户之间的相似性来过滤信息,都是基于用户浏览过的页面、新闻组中的新闻或用户保存的 Bookmark 分析用户之间的相似度,而后进行协同推荐。

较之于内容推荐,协同过滤可以很好地用于那些项目相关内容较少或项目内容难于分析的领域中。同时协同过滤的推荐范围更广泛,也就是说其可以提供发现性推荐(Serendiptions Recommendations),例如,可以发现用户可能感兴趣的新信息,而不局限于用户已经感兴趣的信息。协同过滤的推荐也存在着许多固有的缺陷,如一个项目在未被任何用户评价之前,是不可能被推荐给任何用户的。另外,大多数推荐系统都需要对大量的项目集合进行评价,而实际上大多数用户并没有对大多数的项目进行评价。

8.10 其它检索技术

8.10.1 异构信息整合检索和全息检索

在信息检索分布化和网络化的趋势下,信息检索系统的开放性和集成性要求越来越高,需要能够检索和整合不同来源和结构的信息,这是异构信息检索技术发展的基点,包括支持各种格式化文件,如 TEXT、HTML、XML、RTF、MSOffice、PDF、PS2/PS、MARC、ISO2709 等处理和检索;支持多语种信息的检索;支持结构化数据、半结构化数据及非结构化数据的统一处理;和关系数据库检索的无缝集成以及其它开放检索接口的集成等。"全息检索"的概念就是支持一切格式和方式的检索,从目前实践来讲,发展到异构信息整合检索的层面,基于自然语言理解的人机交互以及多媒体信息检索整合等方面尚有待取得进一步突破。

8.10.2 本体(Ontology)检索技术

随着网络用户数量的增多,非专业人员的网络检索行为的比例大幅度提高,而且检索范围不再局限于文档检索,知识检索和以问题求解为目的检索逐渐成为一种趋势。面对检索需求的这种转变,自然语言已经成为一种重要而方便的信息发布和信息查寻方式。

Ontology 的概念最初起源于哲学领域,它在哲学中的定义为"对世界上客观存在物的系统地描述,即存在论",是客观存在的一个系统的解释或说明,关心的是客观现实的抽象本质。近一二十年来,Ontology 的概念和方法被计算机学科采用,最早出现在人工智能领域，现在 Ontology 在计算机的许多领域得到了广泛的应用，如知识工程、软件复用、数字图书馆、WWW 上异构信息处理、语义 Web、信息检索等。

Ontology 的概念和方法常用于知识表示、知识共享和重用。与一般的词表相比 Ontology 能够表示复杂对象的语义结构和其间的语义关联，超出了简单词表的限制，不仅能够对资源进行语义描述和标注，还具有较强的推理功能，能够在资源与概念、概念与资源间建立联系。就形式而言，如果不需要具有太强的推理功能，Ontology 可以用自然语义、概念图表示并存储在一般的关系数据库中；如果需要具有较强的推理功能，一般需要用逻辑语言表示。

在信息检索领域中，原有的直接基于关键词和分类目录的信息检索技术已经不能满足用户在语义上和知识上的需求，而 Ontology 具有良好的概念层次结构和对逻辑推理的支持，因此在信息检索，特别是在基于知识的检索中得到了广泛的应用。

Ontology 为信息检索系统提供了资源描述和形成查询所必需的元语。以 Ontology 技术为核心建立领域语义模型，为信息源提供语义标注信息，使系统内所有的 Agent 在对领域内的概念、概念之间的联系及基本公理知识有统一认识的基础上进行信息检索，这更符合人类的思维习惯，可以克服传统检索方法造成的信息冗余或信息丢失的缺点，从而能够显著地提高系统的联想能力和精确性，快速、高效、精确地检索出用户所需的有价值的信息。

8.10.3 信息检索可视化技术

信息检索可视化是将信息资源、用户提问、信息检索模型、检索过程以及检索结果中各种语义关系转换成图形，显示在一个二维、三维或多维的可视化空间中，帮助用户理解检索结果、把握检索方向，以提高信息检索的效率与性能。

可视化信息检索研究的一个重要特点是将检索与浏览结合、将用户培训融合到检索过程之中。可视化检索认为，用户的需求不是一开始就明确、清晰的，检索过程中用户可能获得新的知识、非预期的检索方向，并随时调整检索需求与策略，经过反复检索最终获得所需求的文献。

可视化技术从功能上可分为以下四个层面：

(1) 信息空间。它是研究信息资源、大型数据库及文献集的可视化，包括信息内容、存放地点以及信息结构等属性。

(2) 工作空间。它是指可视化表现空间，分为两维、三维或多维空间，该层主要针对特定的信息对象和可视化需求，研究信息组织、存取以及空间显示方式。

(3) 认知工具。它是帮助用户理解信息的可视化工具，为用户提供静态图形和动态图形两种类型的可视化。

(4) 文献。它是信息检索可视化的最小单元，主要研究文献内容、结构、属性的可视化问题。

信息检索可视化技术包括：一般可视化技术，它可划分为关联更新、广角与聚焦、聚焦加上下文、滤镜技术、空间显示、动态查询与过滤等多种类型；面向特定信息类型的可视化技术，分为文献属性可视化、超链结构可视化、网站拓扑结构可视化、日志信息可视化技术等；面向大规模信息资源的可视化技术。这种技术在基于双曲线的圆形平面区域内显示层次结构信息，在相同的空间里，采用双曲线浏览技术显示的信息是普通 2D 技术的 10 倍。双曲线树枝技术被用于开发浏览器、网站地图以及其它针对大型层次结构信息的可视化工具。特别适合浏览图库、文件系统、数据仓库、WWW 信息资源及其空间链接结构所包含的数据。

第 9 章 信息检索系统及其应用

9.1 信息资源数据库

数据库是存储数据(信息)的技术,是信息管理系统的核心和基础,数据库技术是计算机技术的发展和信息管理现代化相结合的产物。使用数据库技术设计的计算机信息系统称为数据库系统,所有的信息存取系统都与数据库系统有密切的关系。在现代信息检索系统中,数据库系统同样是其中最基本的组成部分。

9.1.1 传统的信息资源数据库

数据库系统管理阶段是从 20 世纪 60 年代开始的。此时,计算机信息管理应用越来越广泛,数据量也急剧增加,数据共享的要求也越来越强。计算机软硬件技术的迅速发展,为数据库的开发提供了有力的支持。

第一代数据库系统是 20 世纪 70 年代广为流行的层次和网状数据库,它们以树和图的方式来表示模型的数据结构,采用过程化的数据操纵语言。第二代数据库系统是关系数据库,采用二维表的集合描述数据,数据结构简单,并以集合论、关系代数、关系演算等数学理论为基础,使用非过程化的数据操作语言(如 SQL 语言),具有较高的数据独立性;在关系数据库的设计中采用了规范化理论,结构优化,冗余度小,安全性较好,是一种广泛使用的数据库。

不同的数据库有不同的用途和不同的类型,数据库应用于信息资源的组织、管理和检索等方面,便形成了信息资源数据库。从数据库所包含的信息内容来看,可以将数据库划分为:文献型数据库、非文献型数据库和多媒体数据库。可把前两类数据库理解为传统的信息资源数据库,多媒体数据库是多媒体技术和数据库技术结合的产物,是数据库技术的新进展。

文献型数据库对以各类文献为载体的信息内容进行数据库方式的组织管理和检索服务,其基本特征是主要以文字形式存储各种信息。在信息管理领域,文献型数据库诞生和应用相对较早,数量较多,所含信息量也较为丰富。根据数据库收录的具体内容,又可把文献型数据库细分为书目型数据库、全文型数据库以及新闻报道型数据库等。

传统的非文献型数据库主要包括数值型数据库、指南型或事实型数据库、术语数据库等。

1. 书目数据库

1) 书目数据库的特征

书目数据库只存储相关主题领域各类文献资料的书目信息,为用户鉴别和获得有关的文献提供必要的属性信息和来源指示,起一种指引导向的作用。人们通常把它归入参考数据库的范畴。用户通过书目数据库,检索出的仅是文献的题目、出处、作者、编号、摘要或主题内容等,用户还需要进一步查找一次文献,才能满足信息需求。

书目数据库中的数据来源于期刊论文、会议论文、研究报告、专利文献、学位论文、图书、政府出版物、报纸等各种一次文献,时间连续性强,在使用上一般没有限制,但更新速度较慢。根据加工处理不同,书目数据库又可分为目录类数据库和文摘索引类数据库。书目数据库的数据结构比较简单,记录格式较为固定,生产费用相对较低。

书目数据库最重要的用途是用于联机信息检索服务,目前也可以通过因特网访问这些数据库(因涉及收费问题,需注册登记)。书目数据库的结构主要包括文献号、题名、作者、出版刊物、出版日期、语种、分类号、主题词及文摘等字段。

2) 书目数据库的评价标准

全面准确评价书目数据库,有助于选择数据来使用。主要评价标准如下:

(1) 内容范围。主要指学科范围及其重点、文献类型、出版时间、收录方针、收录完备程度与文献质量。

(2) 数据库规模。主要看记录数量、子文档数量及增长速度。

(3) 原始文献在本地可获得性。看是否有馆藏号。

(4) 新颖度。主要看数据库与原始文献之间的时差,数据库更新频度。

(5) 编目与标引质量。主要看受控词汇的利用、标引深度、检索语言的专指度、索引词加权方式、非主题词段的规范控制、标引的一致性、是否带有文摘或全文、数据的完整性、文摘和题名及全文的可检索性。

(6) 记录和文档结构。主要看主题字段的可检性、非主题字段的可检性、含有哪些索引文档、可供自由词检索的字段。

3) 常见的书目数据库

常见的国外书目数据库有美国国会图书馆机读目录 LCMARC、生物学文摘 BIOSIS PREVIEWS、教育文摘 ERIC、世界环境文摘 ENVIROLINE、美国科学文摘 INSPEC、英国机读目录 UKMARC、美国医学索引 MEDLINE、美国化学文摘 CASEARCH、世界专利索引 WPI、美国政府研究报告通告 NTIS、工程索引 COMPENDEX、科学引文索引 SCISEARCH、社会学文摘 SOCIOLOGICAL ABSTRACTS。我国的书目数据库有中国国家书目数据库、中国近现代期刊名目汇录、中文科技期刊篇名数据库、中国社科报刊篇名数据库、中国机械工程文摘、中国化学文摘、中国核科技文献库、中国药学文摘、中国大学学报论文文摘、中国科技资料目录、中国学术会议论文联合数据库、中国专利题录数据库等。

2. 全文数据库

全文数据库是一种存储文献全文或其主要部分并能提供全文检索的源数据库,是一种高密集度的数据库。支持全文型数据库的检索系统可向用户提供检索全文中的任何一个词、句、段、节、章等功能。

全文数据库出现较晚,20 世纪 60 年代美国俄亥俄律师协会 OBAR 系统是第一个实用化的全文数据库检索系统。70 年代末,全文数据库才进入 DIALOG 数据库。80 年代以来,特别是 90 年代全文数据库获得大发展,目前已占 DIALOG 数据库系统的 1/3 以上。1985 年—1989 年,全球全文数据库增长了 50%,在所有数据库中增长率最高。目前的网络数据库多属于全文型。

1）全文数据库的特点

与其它数据库相比，全文数据库有许多特点，主要表现在：

（1）包含信息的原始性。库中信息基本上是未加工的原始文献，因而具有客观性。

（2）信息检索的彻底性。任何词、句、字皆可检索，还有可能看到某些边缘性信息。

（3）检索语言的自然性。可使用自然语言检索，并可使用布尔检索和位置检索，因而要涉及自然语言的理解。

（4）数据结构基本上是非结构化的，除了某些可规范的数据外，大量文本属于非结构化的，不便于关系数据库的处理。

（5）专业的全文数据库系统一般都采用"自动切词"技术。

（6）好的全文数据库还备有知识库，可具有推理能力和联想式检索。

（7）基本上是封闭性的，数据不需更新，具有较大的稳定性。

（8）全文数据库占用的存储空间非常庞大，系统开销大，如何提高检索速度是一大难题。

2）全文数据库的类型

根据全文数据库中的信息内容呈现形式划分，全文数据库的类型主要有电子版图书、电子杂志、电子报纸以及因特网资源等。

（1）电子版图书一般与印刷版平行出版，并具有浏览、检索、排序、打印、套录等功能。电子图书可上网，提高了文献传输效率和文献的可获得性。电子图书的出现将改变人们的读书习惯。

（2）电子杂志可使文献的检索同原始文献的获得结合起来。包含多期刊的全文库，可进行跨学科、跨刊种的全文检索，扩大获取资料的来源范围。例如，中国学术期刊电子杂志社和清华同方光盘股份有限公司建设的中国学术期刊网（http:// www. cnki. net）数据库。

（3）电子报纸把报纸文章和新闻报道通过数据库存储和管理，并可进行网上检索查询。《纽约时报》全文库 Information Bank 是这类数据库的先驱，后来被收入 Mead 数据中心的 NEXIS 系统之中。我国《人民日报》社和北京金盘电子有限公司合作发行的《人民日报全文数据库》光盘版，《中国日报》社和中国科技资料进出口总公司合作发行的《中国日报全文数据库》光盘版，是我国第一批新闻报业的全文数据库。

3. 数值数据库

数值数据库是以数值形式表示数据为主的数据库。数值数据库中的数据是从文献资料中分析提取出来，或者是实验、观测、统计工作中得到的源数据。与文献数据库相比较，数值数据库是人们对信息进行深度加工的产物，它可直接提供解决问题所需的数据，是进行各种统计分析、定量研究、管理决策和预测的重要工具。

数值数据库产生于 20 世纪 70 年代前后，如美国的 DRI 公司（DARA RESOURCE INC）、加拿大的 I. P. SHARP 公司等。进入 80 年代，数值数据库的数量迅速增多，据统计，目前世界上 200 余个联机信息检索系统所使用的数据库中，以数值数据库为主的源数据库占 90%。

科技领域的数值数据库的特点是科学性和国际性，即每个库都涉及科学技术的专门领域并依赖于国际合作开发。社会科学领域的数值数据库主要应用于经济和商业领域。

目前世界上较有影响的数值数据库有德国的 GIDSFT(自然科学)、加拿大的 I. P. SHARP(经济,内容涉及经济、能源、金融和商务等)、法国的 THERMODATA(自然科学)、美国的 ADP(收录了有关财政、经济、人口统计、外汇率等信息)、美国的 ESIS(地球科学信息)、美国的 BAFFELLE(工程技术信息)、邓白氏集团(Dun &Bradstreet)等。我国有万方数据公司的 CSTPC(中国科技论文统计与引文分析数据库)、中国科学院的工程化学数据库和谱图数据库,中国农产品集市贸易价格行情数据库等。

1)数值数据库的内容

根据数值型数据库的内容形式,可将其分为两种:一是纯数值型,收录的内容全是事物的相关数值,如化学分子式的构成等;二是文字/数值型,收录的内容包含数值字段及文字字段,但以数值为主。

数值型数据库包括的内容很丰富。与自然科学有关的是科学研究中的试验、计算、分析及比较结果数据;与商业经营有关的是市场行情、供需关系、价格倾向、经济分析、税务、利润、投资等相关数据;与产业和公司有关的是财政信息、工程设计、材料性能、调查统计、产品销售、成本核算、产业产值、投资、股份等相关数据;与社会科学相关的是社会调查、人口统计、犯罪比例、收入水平、失业与就业、社会保障等;与人们生活紧密相关的是城建规划、食品供应、服装设计、交通运输、商品价格、失业率、纳税、公共建设、医疗设备、服务与旅游等相关数据。

2)数值数据库的特点

数值数据库的特点如下:

(1)重要工具。在信息经济和知识经济时代,数值型数据库已经成为科学研究、工程设计、定量分析、未来预测、经济概况、调查统计、管理决策的重要工具。

(2)类型多样化。可满足不同领域用户的需要。

(3)直观。数值型数据库内容一般是对有关信息进行核实、提炼、加工而成的,形式直观,有助于用户决策。

(4)便于运算。能够进行多种运算。

(5)依赖专业知识。建库时的采集整理以及检索服务均依赖不同领域的专业知识。

(6)稳定性小。更新速度较快,有些内容会不断更新修改。

(7)标准化困难。由于数值型数据库涉及面广,并且各个生产商建立的数值数据库格式不尽相同,造成了标准化工作的复杂性。

(8)安全问题突出。许多数值数据库的内容属于内部使用的保密范围,须设置安全措施。

(9)兼容问题明显。不同的数值数据库相互不兼容,一方面是由于数据格式和收录的内容不同;另一方面由于在数据处理方法上互不相同。

4. 指南型数据库

指南型数据库是存储实体(如机构、人物)的一般指示性描述的一种参考数据库。通常又称为事实数据库或名录字典数据库。例如,它能够提供商业或企业等机构的名称、地址、电话、产品、销售、人物等方面的数据信息。

1)指南型数据库的内容

指南型数据库主要存储能够提供用户参考、给予用户指南的各类非文献信息。指南型数据库信息来源十分广泛,按信息类型划分,有公司名录数据库、人物传记数据库、技术标准数据库、产品指南数据库、大学指南数据库等。

(1) 公司名录数据库存储的是各公司、企业的有关信息,如公司名称、地址、雇员数、生产与经营范围、公司企业基本状况、产品、资产等。例如,DIALOG 系统的《出版商与发行商名录》、《美国中小企业名录》、《美国大型企业名录》以及我国的机械行业企业数据库、中国制造企业黄页数据库等。

(2) 人物传记数据库存储的是各行各业知名人士的相关信息,如姓名、职业、工作成就、住址、受教育程度等个人基本情况。例如,DIALOG 系统的《名人录》、《北美科学家传记》、《世界公司负责人传记》等。

(3) 产品指南数据库存储的是各种产品的有关信息,如产品名称、规格、价格、原料、生产企业等。例如,DIALOG 系统的《世界医疗卫生设备用品指南》、《欧洲农业化学产品指南》以及我国万方数据公司的《中国企业、公司及产品数据库》等。

2) 指南型数据库的特点

指南型数据库的特点如下:

(1) 它提供给用户的不是文献,而是提示性信息。

(2) 记录长、字段多、通常还含有某些数值型字段。

(3) 以名称检索为主,主题检索为次。

(4) 信息类型多、来源广、内容更新快、服务对象众多。如人物传记数据库、公司名录数据库、基金指南数据库、技术标准库、产品指南库、大学指南库、软件指南库等。

指南型数据库通常也由主文挡、倒排文挡、索引文挡及数据字典等文件组成。主文挡可根据记录数量、数据来源决定是否加以划分。指南型数据库提供的并不是文献,而是各种类型的实体,因而记录较长,信息更新速度快,不仅包含文字信息,还可能包含数值性信息。

5. 术语数据库

术语数据库是一种计算机化的术语词典或词库,术语是指称概念的词或词组,它具有认知功能。术语一方面表达概念,使概念具体化;另一方面,人们在交流思想和传播知识时,也需要以术语作为媒介。一门学科的术语就是在该学科内有专门意义的词汇。在科学技术进步的同时,产生了许多新概念,必须对它们进行科学的命名和解释,创造准确的术语来表达。调查分析表明,在术语的创造和使用方面存在许多不完善的地方。有些术语不能准确反映概念的本质,有些概念不易理解或表达不一致,不同的国家地区对术语的选用差别较大等。又由于术语数量大、使用频繁、面广、术语层出不穷,传统的术语控制技术已不能适应需求,术语库也就应运而生。

术语库一般也由主文档及相应索引文档组成。字段结构应反映术语的各种属性,字段的划分详细程度决定了术语库的功能。例如,西门子公司的术语库 TERM 中每个记录有 99 个字段。在一般术语库中较常见的字段有术语名称、术语定义、分类代码、术语来源、学科领域标记、词频、语言、词性、上位词、下位词、同义词、准同义词、同音词、异义词、缩写词、外文对应词、音译词、层次编号、可靠性等级(国际标准或国家标准)等。对术语库的建立要求高,因为它必须具有权威性。

术语库有许多现实的和潜在的用途。现实的用途主要有:是翻译的辅助工具,包括人工翻译和机器翻译；是辞书编撰的工具，专业词典可从术语库中派生出来，并可成为更新版本的数据源；是信息检索的工具，可帮助用户克服检索语言方面的障碍，为编制全文词表提供源数据；是术语标准化的工具等。术语库的潜在用途主要表现在自然语言处理和知识工程方面。它可能成为一种有用的领域知识库的基础，并可为自动标引和自动分类提供环境基础。

9.1.2 新一代数据库

传统的数据库存储的是数值数据和文本数据，它们在面向事务处理和商业管理等方面广为应用。但在处理照片、手稿、声像等信息方面显得无能为力。随着计算机智能化研究的深入、计算机网络和数据通信的发展以及数据库应用的扩大，迫使人们研究新的数据库系统，以存储和处理超文本、图形、图像、声频和视频信息以及网络环境下的大容量、分散的乃至异构的数据信息存取和控制。于是一些新的数据库技术和思想便应运而生，如多媒体数据库、面向对象数据库、WWW 数据库、XML 数据库、分布式数据库、并行数据库、数据仓库、智能数据库、知识库以及主动数据库系统、演绎数据库、模糊数据库等新的概念和技术。

1. 多媒体数据库

随着信息社会的到来，信息处理的需求越来越高，许多复杂的应用涉及到大量的图形、图像、文字、声音、动画等多媒体数据类型。传统的数据库技术中的数据类型、操作语言、存储结构、存取方式与检索机制都不能适应复杂对象的应用需求。这种需求促进了新技术的产生，这就是多媒体数据库。多媒体数据库就是数据库技术与多媒体技术相结合的产物。

多媒体数据库的概念自 1983 年由 D. T. Sichhritzis、S. Christodoulakis 等人提出至今，已经历了 20 多年的发展。多媒体数据库与其它数据库相比，它强调的是信息载体的多样性、交互性以及集成性。对各种类型的信息进行管理、运用和共享的数据库就是多媒体数据库。

1）多媒体数据的特点及其对数据库设计的影响

多媒体数据具有复杂性、时序性、冗余性和分布性等特点。复杂性是指多媒体数据可以是格式化数据（如数值、文本等），也可以是非格式化数据（如图形、图像、声音等），它们具有不同的形式和格式，种类繁多且数据容量大；时序性是指多媒体信息的展示大多与时间因素密切相关，必须考虑媒体间以及媒体内部在时间上的同步关系，且需解决由于存储、通信和计算所引起的系统延误；冗余性是指某些动态类型的多媒体对象在一段时间内仅发生微小的变化或仅在某局部发生变化（如影视胶片的各连续帧），大部分数据是冗余的；分布性是指在网络环境下，各种多媒体数据分散在不同的站点，必须通过高速、宽带的多媒体网络进行实时多媒体传输服务。

多媒体数据的以上特点对数据模型提出了新的要求，主要表现在以下五点：

（1）聚集抽象，即在处理多媒体信息时，需分解与重组多媒体对象。

（2）概括对象，即需定义多媒体数据一定的层次关系。

（3）支持自定义数据类型，并将其视为不可分割的存储管理单位，实现组合信息存储与查询。

（4）强有力的对象访问手段，即除常规的对象访问外，还需通过层次结构、特征等进行访问以及浏览等。

（5）具有高度的数据独立性，提供描述性的查词语言和良好的图形用户界面，提供严格而简明的数据视图。

在数据库中引入多媒体数据和操作，是一个极大的挑战。这不只是把多媒体数据加入到数据库中就可以完成的问题。为了构造出符合应用需要的多媒体数据库，必须解决从体系结构到用户接口等一系列的问题，多媒体对数据库设计的影响主要表现在以下几个方面：

（1）数据库的组织和存储。多媒体数据的数据量大，而且媒体之间的差异也极大，从而影响数据库的组织和存储方法。只有组织好多媒体数据库中的数据，选择设计好合适的物理结构和逻辑结构，才能保证磁盘的充分利用和数据的快速存取。

（2）媒体种类的增加使数据处理更为困难。每一种多媒体数据类型都要有自己的一组最基本的操作和功能、适当的数据结构以及存取方式。虽然主要的多媒体类型只有几种，但事实上，在具体实现时往往根据系统定义、标准转换等能演变成几种媒体格式。不同媒体类型对应不同数据处理方法，这就要求多媒体数据库管理系统能够不断扩充新的媒体类型及其相应的操作方法。新增加的媒体类型对用户应该是透明的。

（3）数据库的多解查询问题。传统的数据库查询只处理精确的概念和查询。但在多媒体数据库中非精确匹配和相似性查询将占相当大的比例。因为即使是同一个对象若用不同的媒体进行表示，对计算机来说也肯定是不同的；若用同一种媒体表示，如果有误差，在计算机看来也是不同的。与之相类似的还有诸如颜色和形状等本身就不容易精确描述的概念，如果在对图像、视频进行查询时用到它们，很显然是一种模糊的非精确的匹配方式。媒体的复合、分散及其形象化的特点，注定要使数据库不再是只通过字符进行查询，而应该是通过媒体的语义进行查询。然而，却很难了解并且正确处理许多媒体的语义信息。

（4）用户接口的支持。多媒体数据库的用户接口肯定不能用一个表格来描述，对于媒体的公共性质和每一种媒体的特殊性质，都要在用户的接口上、在查询的过程中加以体现。例如，对媒体内容的描述，对空间的描述，以及对时间的描述。多媒体要求开发浏览、查找和表现多媒体数据库内容的新方法，使得用户很方便地描述他的查询需求，并得到相应的数据。在很多情况下，面对多媒体的数据，用户有时甚至不知道自己要查找什么，不知道如何描述自己的查询。所以，多媒体数据库对用户的接口要求不仅仅是接收用户的描述，而是要协助用户描述出他的想法，找到他所要的内容，并在接口上表现出来。

（5）多媒体信息的分布。分布性对多媒体数据库体系带来巨大的影响。这里所说的分布，主要是指以万维网（WWW）为基础的分布。因特网的迅速发展，网上的资源日益丰富，传统的固定模式的数据库形式已经显得力不从心。多媒体数据库系统将来肯定要考虑如何从分布的信息空间中寻找信息，查询所要的数据。

（6）服务质量的要求。许多应用对多媒体数据库的传输、表现和存储的质量要求是不一样的。这包括如何按所要求的形式及时地、逼真地表现数据；当系统不能满足全部的服务要求时，如何合理地降低服务质量以保证基本的需求；能否插入和预测一些数据；能否拒绝新的服务请求或撤销旧的请求等。

2）多媒体数据库关键技术

多媒体数据库是与传统数据库不同的数据库，其主要目标是要实现媒体的混合、媒体的扩充和媒体的变换，也即多媒体数据库要实现：对多种媒体的统一管理，媒体可以进行追加和变更，能实现媒体的相互转换。因此，能使用户在对数据库的操作中，可最大限度地忽略媒体间的差别，实现多媒体数据库的媒体独立性。多媒体数据库的关键技术主要包括：

（1）数据模型技术。建立数据库模型是实现多媒体数据库的关键。目前实现多媒体数据库管理的途径主要有基于关系的模型、基于面向对象的模型（在面向对象语言中嵌入数据库功能而形成多媒体数据库）、基于分布式超媒体的模型（用超文本模型或超媒体方法，构建分布式超媒体数据库）和新的数据模型（从底层实现多媒体数据库系统）。

（2）数据压缩和还原技术。多媒体数据要占据很大的存储空间，所以，必须在存储时进行数据压缩，重放时进行数据还原。目前常用的压缩编码标准有 JPEG、MPEG、H. 261、SC－29、CD－I、RTV 等。此外，还应考虑物理存储介质的存取速度和存储结构。

（3）用户界面技术。由于在多媒体计算机中增加了声音和图像接口，所以多媒体数据库应提供更友好的用户界面。多媒体数据库系统应提供多媒体宿主语言调用，即在宿主语言中嵌入声音和图像等多媒体信息来操纵多媒体数据库。

（4）分布式技术。传统的分布式系统在管理多媒体数据时已不能满足要求，除了在局部库中必须考虑上述的数据模型和数据压缩等问题外，在全局管理中还必须解决多媒体数据集成和异构以及全局多媒体数据语言查询等问题。同时，对多媒体数据带宽也有新的要求（与数据压缩密切相关），需要与之相适应的高速网络。

（5）多媒体信息的检索与查询技术。多媒体信息结构复杂、内容丰富、相互交织，如何抽取出特征进行索引和分类以及查询都与传统数据处理差别很大。例如，多媒体信息检索应提供基于内容的检索。

（6）多媒体数据的输入技术。常规数据可通过键盘、鼠标，方便地输入数据库，而多媒体数据则不然。虽然通过扫描仪、摄像机、录音机、数字照相机、数字化仪可将各种信息输入，但这仅仅实现了数字化，并没有将各种对象分开来。为此要运用图像识别、话音识别、文字识别、地图识别等人工智能技术对输入的数据进行各种处理。

3）多媒体数据库实现方法

多媒体数据库实现方法如下：

（1）从关系数据模型发展多媒体数据库。关系模型以其严密的关系理论和简明的用户界面在常规数据的信息管理中发挥了巨大作用。但是面对应用领域所涉及到的图形、图像、文字、声音、动画等多媒体数据，传统的数据库技术在数据模型、数据类型、定义语言、操纵语言、存储结构和存取路径等方面都无法适应。例如，关系模型的规范关系要求数据项具有原子性，而上述复杂的应用对象大多具有层次结构，要求一个数据项能存放一个递归的关系，即存入一个具有层次结构的对象，因此传统的关系模型是完全不能适应多媒体数据处理要求的，必须从概念和体系结构上做较大的扩展与修改，才能建立相应的多媒体数据库管理系统。为此，需对关系模型做以下扩展：需扩展基本关系类型，支持复杂对象；需对关系模型提供的操作加以扩充，如新的存取、复杂查询和完整性约束等，这样就可以很好地支持抽象数据类型的概念；需扩展面向对象的特征，多媒体数据库对关系模型作一定的扩充后，就能在可扩充的数据库管理系统中支持具有面向对象功能的许多新的应用，而且改造和开发的成本也相对较少。由于多媒体数据模型是对传统关系模型的扩展，这就意味着它不能丢掉传统关系数据模型所具有的数据操作功能，因此，多媒体数据库的数据操作分为两部分：一部分是传统SQL语言所支持的功能；另一部分操作功能是通过用户自定义的方式实现的，即用户采用一种高级语言（如C++）来定义某个类型所独具的数据操作功能。

（2）面向对象数据库。面向对象数据库模型中的对象、属性、方法、消息及对象类的层次结构和继承等特点，使其能较好地解决多媒体信息管理面临的问题。在面向对象的系统中将类似的对象组合在一起，形成一个对象类。属于同一类的对象具有相同的属性名和定义在这些属性上的方法，以响应同样的消息。系统中的对象除了具有聚合的联系外，还有一种概括的联系。采用面向对象数据库的处理模式，传统数据库所面对的许多难题可得到较好的解决，它可以方便灵活地处理图形、图像、声音、文字和动画等多媒体信息。

（3）分布式超媒体数据库。超文本技术提供了对多媒体对象的另一种管理方式。超媒体（Hypermedia）技术是超文本技术与多媒体技术的结合，即按超文本的思想来管理多媒体对象。超媒体数据库技术不同于传统的数据库技术。它对数据不要求有统一的定义、统一的结构。超媒体系统由节点和链组成。节点上存储有各种媒体形式的信息，通过链来建立媒体间的联系。超媒体技术能更真实地反映现实世界中信息的表现形式及其联系，也更接近人们的发散式思维。超媒体模型的主要功能特性有：超媒体数据库是由“声、文、图”类的节点组成的信息网络，它构成一个多媒体文档；用户可以方便地创建节点及链接新节点的链，还可以利用不同的编辑工具生成各种媒体文档，然后利用工具生成节点，将节点加入到数据库中；超媒体系统支持标准窗口操作，屏幕中的窗口与数据库节点一一对应；支持对数据库的浏览与检索，浏览与检索是超媒体信息系统最重要的功能；简单推理，超媒体网络也可以作为一种知识表示方法，类似于人工智能中的语义网络，如果将超文本与推理机制结合起来，就可以构造出简单的推理系统，设计出一些新颖的知识系统和专家系统。超媒体系统是多媒体信息管理中十分有效的工具。它具有丰富的媒体表现方式，灵活的浏览方式，友好的用户界面，强大的统计查询功能，信息易于更新、维护等多种优点。可以预测不久的将来，超媒体数据库将得到广泛的认识与迅速的发展。

4）基于内容检索的多媒体数据库系统

多媒体数据库系统不仅是处理声频、视频、图像，而且还有文本，是多种媒体的综合处理。它的检索机制是包括文本检索技术在内的多种检索技术的有效结合。

基于内容检索的多媒体数据库系统一般由一般媒体处理系统、面向对象（OO）多媒体数据库存储管理系统、媒体特征提取系统、检索引擎（匹配机）系统、用户查询接口系统等子系统组成。

（1）一般媒体处理系统。该系统对输入的原始多媒体数据做预处理，包括对多媒体数据的数字化、压缩，对视频序列的镜头分割，代表帧的选取等。

（2）面向对象多媒体数据库存储管理系统。该系统用于对原始的多媒体数据的存储管理，实现软件是使用软件工具开发面向对象的存储管理器，实现对视频、音频、图像文本等多种媒体的存储。数据库中存储的是经过处理的镜头、代表帧等。

(3) 媒体特征提取系统。该系统由图像处理系统、视频处理系统、音频处理系统、文本处理系统、领域知识专家系统等组成。其功能是自动或半自动地提取媒体特征,提取用户感兴趣的、适合检索要求的特征。这些特征可以是全局性的,也可以是针对某个目标的。图像处理系统主要是针对静态图像,经对象识别,提取出图像的颜色、纹理、轮廓、形状、位置、空间等特征;视频处理系统通过镜头抽取器产生出代表帧、基于运动的目标、镜头等;文本处理系统是由于图像、视频等媒体中包含大量文本信息,所以要通过该系统抽取出可作为检索标志的字、词、短语以及基于上下文的检索入口等;音频处理系统用于提取音频媒体特征;领域专家(知识)系统是针对某一具体领域的应用(如医学图像、卫星图像等)提供领域知识辅助提取媒体特征的子系统。

所有提取的媒体特征存入媒体特征数据库,并与媒体建立索引联系,以备特征匹配使用。

(4) 检索引擎系统。该系统可把从用户查询接口获得的用户检索要求与媒体特征库里存储的媒体特征进行相似性匹配,对匹配结果进行排序,选择出符合用户要求的媒体内容。

(5) 用户查询接口系统。用户查询接口的友好程度是整个系统成功与否的关键问题之一。用户接口必须设计得使用户易于选取内容特征,允许这些特征相互关联并与文本及参数化数据联系起来,使用户可以表述查询、一般性浏览数据库等。多媒体信息查询的方式主要有两类:一是直接查询(Direct Query);二是基于示例的查询(Query By Example, QBE)。所以,用户查询接口也有两种类型:字符型接口与示例型接口。

2. 面向对象数据库

面向对象数据库(Object Orient Data Base,OODB)是面向对象设计思想与数据库技术相结合的产物。它能较好地提供丰富的数据类型和支持对象、能适应 CAD、DAM、CASE 和 GIS 的需求,克服了关系数据库的局限性。

OODB 把现实世界中的所有概念抽象为对象、对象可以是任何实体,它由实体所包含的属性数据库及其定义在这些属性数据库之上的一组操作分装组成。

一个对象由一个唯一的标志、一组属性、一组方法和一组消息接口组成。方法即操作,消息接口是实体间通信的工具。组成对象的某个属性本身可能是一个对象,因而可方便地描述不同对象之间的“聚合”联系。例如,可将文件定义为一个对象,某篇文献附录中有一批参考文献,这样文献的属性又是一个对象并可视为同类对象。

面向对象技术应用于数据库,主要体现在数据库管理和数据库应用开发工具两个方面。OODB 支持面向对象的数据模型,支持复杂对象;对象具有识别符,对象独立于它的值而存在;具有封装性,既封装程序又封装数据,达到信息隐蔽,同时又是逻辑数据独立性的一种形式;支持类和类型的概念,类型概括具有相同特征的一组对象的共同特性;支持类和类型的层次结构,从而支持继承性这一有力的建模工具;可将同一名字用于不同类型的数据操作;可通过对现有程序设计语言的合理连接来达到计算的完备性。OODB 的应用不是取代关系数据库系统,而是与关系数据库相结合。可望成为继关系数据库技术之后的新一代数据库管理技术。尽管目前已有大量的研究开发工作及一些可运行的 OODBS,但面向对象数据库技术的成熟仍有赖于许多关键问题的解决。例如:

（1）标准化和形式化是 OODBS 研究和发展的一个重要方向。

（2）改善和加强 OODBS 的性能。

（3）面向对象数据库应具有很强的建模能力，即可在单一共同模型下支持多种数据模型，面向对象设计和编程则应提供可扩充性，以用来设计和实现能接纳新型数据库的异构数据库管理系统。

（4）加强面向对象数据库的应用开发工具的研制和推广。面向对象数据库模型丰富的建模能力，一方面能使用户建模容易；另一方面也使面向对象数据库模式复杂化。所以，对 OODBS 来说，仅有编程接口是不够的，还需要有更高级的数据库工具。

（5）视图、演绎能力、语义建模和长事务也是未来 OODBS 应该具备的数据库特征。

（6）加强面向对象数据库技术与关系数据库技术相结合的研究。

3. WWW 数据库

WWW 上有海量的数据信息，怎样对这些复杂数据开发应用成了现今数据库技术的研究热点。相对于 WWW 的数据而言，传统的数据库中的数据结构性很强，即其中的数据为完全结构化的数据，而 WWW 上的数据最大特点就是半结构化。半结构化是相对于完全结构化的传统数据库的数据而言。在数据类型上，万维网中的数据多种多样，为了更好地支持多种数据应用，数据库系统需要支持复杂数据类型（如图像、视频对象、声频对象、时间序列等）以及相应的数据操作语言。

关系数据库在基于因特网应用时由于结构模型等原因的限制，不能与因特网完全融合，需在因特网与数据库之间加入大量的中间件，从而在无形中加大了数据库基于网络应用的难度。同时，由于关系数据库从一开始就没有考虑网络时代的应用需求，因而对于网络环境下的因特网应用，如各种非结构化文档信息、多媒体信息以及全文检索需求显得力不从心。

在因特网环境下，从数据库技术发展的角度看，以前通过浏览器访问数据库的唯一渠道是 CGI，随后又出现 ISAPI、NSAPI 和 ODBC、JDBC、ASP、PHP、JSP 等技术方案。WWW 数据库具有以下特征。

1）异构数据库环境

从数据库研究的角度出发，WWW 网站上的信息也可以看做一个数据库，一个更大、更复杂的数据库。WWW 上的每一个站点就是一个数据源，每个数据源都可能是异构的，因而每一站点之间的信息和组织都不一样，这就构成了一个巨大的异构数据库环境。如果想要利用这些数据进行数据挖掘，首先，必须要研究站点之间异构数据的集成问题，只有将这些站点的数据都集成起来，提供给用户一个统一的视图，才有可能从巨大的数据资源中获取所需的东西；其次，还要解决 WWW 上的数据查询问题，因为如果所需的数据不能很有效地得到，对这些数据进行分析、集成、处理就无从谈起。

2）半结构化的数据结构

WWW 上的数据与传统的数据库中的数据不同，传统的数据库都有一定的数据模型，可以根据模型来具体描述特定的数据。而 WWW 上的数据非常复杂，没有特定的模型描述，每一站点的数据都各自独立设计，并且数据本身具有自述性和动态可变性。因而，WWW 上的数据具有一定的结构性，但因自述层次的存在，从而是一种非完全结构化的数据，这也被称之为半结构化数据。半结构化是 WWW 上数据的最大特点。

3）解决半结构化的数据源问题

Web 数据挖掘技术首要解决半结构化数据源模型和半结构化数据模型的查询与集成问题。解决 WWW 上的异构数据的集成与查询问题，就必须要有一个模型来清晰地描述 WWW 上的数据。针对 WWW 上的数据半结构化的特点，寻找一个半结构化的数据模型是解决问题的关键所在。除了要定义一个半结构化数据模型外，还需要一种半结构化模型抽取技术，即自动地从现有数据中抽取半结构化模型的技术。面向 WWW 的数据挖掘必须以半结构化模型和半结构化数据模型抽取技术为前提。

针对现有的搜索引擎拥有的知识量少，并且是面向最一般的用户模型，必须引入知识库技术，划分知识领域、对用户建立一定描述以及使用关键词匹配的交互方式，以提高搜索引擎的使用效率。知识库的引入是为了使系统能理解用户提出的查询，以实现搜索引擎的智能化。知识库设计是关键技术之一，这一点跟索引数据库设计不相同，它不仅要支持庞大的数据量和复杂的数据库操作，还要支持复杂的推理运算，于是采取适应检索算法的知识表达方式及维持知识库的动态更新等都是相应出现的新的难题；作为一个推理系统，要建立适当规模的推理机制，既要避免大的知识颗粒度，又要尽量减少规则体系。

以吴广印研究员为首的青年学者，在钻研关系数据库理论和索引技术的前提下，提出了非结构化数据库的原型，在兼顾相关国际标准 ISO2709、CCF、MARC 等的基础上，开发并研制成功了 iBASE 非结构化数据库。与现有流行的数据库管理系统相比，iBASE 采用非结构化数据库技术，具有许多独特的特征和功能，能够满足用户复杂多样的数据管理需求。iBASE 非结构化数据库综合了目前流行的几乎所有的检索方式，检索功能强大、灵活易用，系统检索速度几乎不受数据库记录多少的限制。iBASE 还支持各种关系数据库的数据导入和链接，对于 dBase、FoxBase、Foxpro 等单机的小型关系数据库，可以直接导入 iBASE 非结构化数据库或与 iBASE 非结构化数据库进行链接。对于 Oracle、Sybase、Informix、DB2 等大型关系数据库以及一些支持 ODBC 标准的小型数据库，如 ACCESS 等，则通过 ODBC 标准实现数据的导入或数据链接。iBASE 非结构化数据库是一个成功的 WWW 数据库。

4. XML 数据库

面向对象的数据库系统产品的市场发展的情况并不理想，其不很成功的主要原因在于，这种数据库产品的主要设计思想是企图用新型数据库系统来取代现有的数据库系统。这对许多已经运用数据库系统多年并积累了大量数据的客户，尤其是大客户来说，是无法承受新旧数据间的转换而带来的巨大工作量及巨额开支的。另外，面向对象的关系型数据库系统使查询语言变得极其复杂，从而使得无论是数据库的开发商家还是应用客户都视其复杂的应用技术为畏途。

因特网的异军突起以及 XML 语言的出现，给数据库系统的发展开辟了一片新的天地。在其基础技术上几乎已经统一了思想：解决方案必须在跨操作系统平台、跨软件系统的因特网平台上进行，其基础技术就是 XML。

在发展 XML 数据库上，存在着两种不同的方法：第一种方法是在不变动关系型数据库内核层的基础上，将 XML 的树型结构数据拆散、重组转换成关系型表格数据存入数据库，在提取 XML 数据时，利用 SQL 语言将库内的表格型数据取出并还原成 XML 结构型数据；第二种方法，就是发展“原生 XML 数据库系统（Native XML Database）”，这一概念由德国软件股份公司(Software AG)首次提出并实施于其新型数据库 Tamino 之中,在这一数据库系统中,从数据库核心层直至其查询语言都采用与 XML 直接配套的技术。

XML 提供了许多数据库中所需要的部分:存储(XML 文档)、结构(DTD、XML schema 语言)、查询语言(Xquery、Xpath、XQL、XML - QL、QUILT 等)、编程接口(SAX、DOM、JDOM)等。如果仅从数据库术语来看,XML 文件就是数据库,它是数据的集合。在许多方面看起来它和其它数据文件没什么区别。作为一种“数据库”格式,XML 有许多优势,例如,它是自描述的(所用的标记描述了数据的结构和类型,尽管缺乏语义)、可交换的、能够以树形或图形结构描述数据。

1) 原生 XML 数据库

原生 XML 数据库可定义为:

(1) 它为 XML 文档(而不是文档中的数据)定义了一个(逻辑)模型,并根据该模型存取文件。这个模型至少应包括元素、属性、文件顺序。这种模型的例子有 XPath 数据模型、XML Infoset 以及 DOM 所用的模型和 SAX 1.0 的事件。

(2) 它以 XML 文件作为其基本(逻辑)存储单位,正如关系数据库以表中的行作为基本(逻辑)存储单位。

(3) 它对底层的物理存储模型没有特殊要求。例如,它可以建在关系型、层次型或面向对象的数据库之上,或者使用专用的存储格式,如索引或压缩文件。

原生 XML 数据库是专用于存储 XML 文件的数据库。和其它数据库一样,它支持事务管理、安全、多用户访问、编程 API 和查询语言等。与其它数据库的唯一区别就是其内部模型是基于 XML 的,而不是其它的模型。

原生 XML 数据库最适于存储以文档为中心的文件,原生数据库支持 XML 查询语言。原生 XML 数据库还适用于存储那些“天然格式”为 XML 的文件,而不管这些文件包含什么内容。原生 XML 数据库保留了 XML 的特性,如 XML 查询语言,通常能更快地取出整条消息。

原生 XML 数据库的其它用途是存储半结构化数据,在某种特定情形下提高存取速度以及存储没有 DTD 的文件。

XML 提供了一种连接关系数据库和面向对象数据库以及其它数据库管理系统之间的纽带。XML 文档本身节点是一种由若干节点组成的属性结构,这种特点使得数据更适宜于用面向对象格式来存储,同时也有利于面向对象语言(C + + 、Java 等)调用 XML 编程接口访问 XML 节点。

开发一个访问数据库的 XML 应用系统需要同时借助 XML 编程接口和数据库编程接口,前者用于对 XML 文档的解析、定位和查询,所需技术包括 XML DOM 和 SAX;后者用于访问数据库,如数据库中数据的更新和检索等,需要利用的技术有 ODBC、JDBC、ADO 等。

2) XML 数据库核心技术

XML 数据库的核心技术主要包括:

(1) 查询语言。比较有代表性的如早期的 XML - QL、XQL、UnQL,后来的 Quilt、Xpath,以及由 Quilt 发展而来的 XQuery。在 W3C 的极力推动和学术界、工业界的大力支持下,XQuery 逐渐在这些查询语言中脱颖而出,成为事实上的工业标准。XQuery 的 FLWR 语句规范,有着与关系数据库的 SQL 完全类似的表达方式。

（2）XML 文档解析。数据解析器会依据一定的规则对 XML 数据进行解析后装入数据库。目前的数据解析器一般提供 SAX（Simple API for XML）和 DOM（Document Object Model）两种方式。SAX 和 DOM 是针对 XML 文档的两种不同的应用程序编程接口 API。SAX 更多地依赖语法制导（syntax driven），而 DOM 则提供一组功能程序来开发与 XML 数据相关的应用。SAX 解析器是边读入边解析，带有一定的实时性，特别适合于 XML 流数据的处理。而 DOM 解析器是待整个文档均导入内存后才开始解析，在一定程度上受到内存容量的限制。目前的 XML 数据库产品均支持这两种解析方式。

（3）查询处理。XML 数据库的查询处理一般是从解析查询语言（如 XQuery）的查询语句表达式开始的。XML 数据库的查询解析器将表达式解析为一棵查询模式树。

（4）代数系统和模式规范化。Timber 中实现的 TAX（Tree Algebra for XML）以整个文档树作为操作的基本单位，在逻辑层提供选择、投影、联结等类似关系库的九种基本操作和五种附加操作，以匹配模式树得到实例树（witness tree）为基本操作方法。在物理层提出七种基本操作实现上述逻辑运算。

（5）多数据源的集成。用 XML 技术来进行多数据源的集成是 XML 数据库的优势之一。Ipedo 等商用数据库系统将自己的数据库系统扩展为一个集成平台，它可以将关系数据库系统、MIS 系统、OA 系统、文件系统等集成在同一个平台上，给用户提供统一的界面。人们也从这一点上进一步看到了 XML 技术的力量。

3）XML 数据库技术发展方向

未来几年，XML 数据库技术有可能在下述方面取得进展：

（1）异构数据源的集成。XML 数据库对多数据源的集成，是对 XML 技术可扩展性这一长处的极好发挥。但是，就目前的集成程度和在应用层上所提供的功能来看还是远远不够的。如何从对数据的集成过渡到对系统的集成，从而在远景目标上实现类似于网格计算（grid computing）概念的系统，恐怕是 XML 数据库工作者的核心任务之一。

（2）底层索引结构。目前的商用 XML 数据库系统优于实验室原型系统的特点之一就是其底层的索引结构。但是，现有的商用 XML 数据库的底层索引结构一般都是 B + 树。虽然 B + 树索引是一种成熟的索引结构，但是，研究结果显示，在 XML 数据库中，它的性能表现并不是最好的。学术界已经开发出了若干种适用于 XML 数据的索引结构，如 XR 树、XB 树等，需要 XML 数据库工作者来进一步关注。

（3）并发加锁协议。在现有的 XML 数据库系统中，加锁的粒度是整个文档，事务并发的层次也在文档一级。随着应用级文档的日益增大，这个粒度在一定程度上将会成为系统效率的瓶颈。如何通过边锁（edge lock）机制来实现元素节点级粒度的加锁，这一工作现在吸引了不少研究者的目光，而且，上述的锁协议是在逻辑层；如何将它映射到底层的 B + 树索引（或者 XR 树索引）上，也是必须要做的一件事情。

（4）XML 模式规范化。这是一个值得关注的方向。一旦取得突破，将可以像在关系库中那样方便地设计 XML 数据库的结构，消除数据的冗余和不一致现象。目前，这一领域已经成为学术界关注的热点。

5. 分布式数据库系统

分布式数据库系统是在集中式数据库系统的基础上发展起来的，是数据库技术与计算机网络技术的产物。分布式数据库系统是具有管理分布数据库功能的计算机系统。一个分布式数据库是由分布于计算机网络上的多个逻辑相关的数据库组成的集合,网络中的每个节点(一般在系统中的每一台计算机称为节点)具有独立处理的能力(称为本地自治),可执行局部应用,同时每个节点通过网络通信系统也能执行全局应用。局部应用是指仅对本节点的数据库执行某些应用。全局应用(或分布应用)是指对两个以上节点的数据库执行某些应用。支持全局应用的系统才能称为分布式数据库系统。对用户来说,从一个分布式数据库系统逻辑上看如同集中式数据库系统一样,用户可在任何一个场地执行全局应用。分布式数据库系统是由分布式数据库管理系统和分布式数据库组成。分布式数据库管理系统(DDBMS)是建立、管理和维护分布式数据库的一组软件。

分布式数据库系统适合于单位分散的部门,系统的节点可反映公司的逻辑组织,允许各部门将其常用数据存储在本地,实施就地存放、就地使用,降低通信费用,并可提高响应速度。分布式数据库可将数据分布在多个节点上,增加适当的冗余,可提高系统的可靠性,只要一个数据库和网络可用,那么全局数据库可一部分可用,不会因一个数据库的故障而停止全部操作或引起性能瓶颈。故障恢复通常在单个节点上进行。节点可独立地升级软件。每个局部数据库存在一个数据字典。由于分布式数据库系统结构的特点,它和集中式数据库系统相比具有可扩展性,为扩展系统的处理能力提供了较好的途径。

分布式数据库,是将分散存储在计算机网络中的多个节点上的数据库在逻辑上统一管理。它是建立在数据库技术与网络技术发展的基础之上的。最初的数据库一般是集中管理的,随着网络的扩大,增加了网络的负荷,对数据库的管理也困难了。分布式数据库则可克服这些缺点。在分布式数据库管理系统下运行的分布式数据库,可供地理位置分散的用户共享彼此的数据资源。分布式数据库的目标是:

(1) 性能好,能更快地回答用户的询问。

(2) 成本低,减少通信时间。

(3) 可靠性好,某一站点故障不影响整个系统。

(4) 使用率高,可将数据分布存放在使用频率最高的节点上。

(5) 可扩充性好,便于增加新的节点。

(6) 数据共享性更好。

(7) 透明性好,数据逻辑分布和物理数据对用户均透明。即有"位置透明"、"数据重复透明",用户不需要知道数据存放在哪个节点,所有数据存储在全局数据目录中,各节点中的数据库可有其复制件或分片存储。

分布式数据库系统一般可分成同构同质型的分布式数据库系统、同构异质型的分布式数据库系统和异构型的分布式数据库系统。在同构同质型的分布式数据库系统中,不但各个场地的数据模型是同一类型的,而且数据库管理系统也是同种型号的;在同构异质型的分布式数据库系统中,各处的数据模型是同一类型的,但数据库管理系统不是同一型号的;在异构型的分布式数据库系统中,各个场地的数据模型和数据库管理系统都不是同一类型的。

6. 并行数据库系统

将数据库管理与并行技术结合,可以发挥多处理器结构的优势,从而提供比相应的大型机系统要高的多的性能价格比和可用性。通过将数据库在多个磁盘上分布存储,可以利用多个处理器对磁盘数据进行并行处理,从而解决了磁盘 I/O 瓶颈问题。同样,潜在的主存访问瓶颈也可以通过开发查询间并行性（即不同查询并行执行），查询内并行性（即同提查询内的操作并行执行）以及操作内并行性（即子操作并行执行），从而大大提高查询效率。

一个并行数据库系统可以作为服务器面向多个客户机进行服务。因此，并行数据库系统应该支持数据库功能，客户机/服务器结构功能以及某些通用功能（如运行 C 语言程序等）。此外，如果系统中有多个服务器，那么每个服务器还应包含额外的软件层来提供分布透明性。

对于客户机/服务器体系结构的并行数据库系统，它所支持的功能一般包括：

（1）会话管理子系统。提供对客户与服务器之间交互能力的支持。

（2）请求管理子系统。负责接收有关查询编译和执行的客户请求，触发相应操作并监管事务的执行与提交。

（3）数据管理子系统。提供并行编译后查询所需的所有底层功能，例如，并行事务支持，高速缓冲区管理等。

上述功能构成类似于一个典型的 RDBMS ，不同的是并行数据库必须具有处理并行性、数据划分、数据复制以及分布事务等的能力。依赖于不同的并行系统体系结构，一个处理器可以支持上述全部功能或其子集。

并行数据库系统是在并行机上运行的、具有并行处理能力的数据库系统。并行数据库系统既能发挥多处理器结构的优势，同时又能够采用先进的并行查询技术和并行数据管理技术。

并行数据库的出现有其硬件和软件两方面的原因：硬件方面，随着微处理器技术和磁盘阵列技术的进步，并行计算机得到了迅速发展，出现了一些商品化的并行计算机系统，如 Sequent、Tandem、Teradata 和曙光机等。并行计算机系统可以使用数个、数十个甚至几百个微处理器协同工作，性能价格比要比大中型计算机系统高。特别是，并行计算机系统广泛采用了磁盘阵列技术，能有效地增加 I/O 带宽，缓解了应用中的 I/O 瓶颈问题。软件方面，随着应用领域数据库规模的急剧扩大，数据库服务器对大型数据库各种复杂查询响应时间和联机事务处理吞吐量的要求顾此失彼。数据库应用的发展对数据库的性能和可用性提出了更高的要求。从理论上看，关系数据库模型本身具有极大的并行可能性。关系模型中，数据库是元组的集合，数据库操作实际是集合操作，许多情况下可分解为一系列对子集的操作，因而具有潜在的并行性。数据库技术和并行处理技术的结合，就产生了并行数据库系统。并行数据库系统具有以下特点：

（1）高性能。系统通过将数据库管理技术与并行处理技术有机结合，发挥多处理器结构的优势，从而可以获得比相应的大型机系统高得多的性能价格比和可用性。

（2）高可靠性。由于并行数据库系统采用多处理器，当一个处理器的磁盘损坏时，该盘在其它磁盘上的数据副本仍可供使用，从而大大提高了系统的可靠性。

（3）可扩充性。系统的性能可以通过增加处理和存储能力而平滑地扩展。

7. 主动数据库

随着计算机应用的扩大，在许多应用领域不仅希望数据库系统像传统数据库那样被动地接受请求而进行服务，而且希望数据库系统能主动地向用户提供服务。数据库技术和人工智能技术相结合产生了主动数据库（Active Database）。它是相对传统数据库的被动性而言的，能根据应用系统的当前状况，主动适时地做出反应，执行某些操作向用户提供相关信息。

主动数据库强调主动性、快速性和智能性，其主要目标是提供对紧急情况的及时反应能力，同时提高数据库管理系统的模块化程度。通常采用的方法是在数据库系统中嵌入ECA（事件、条件、动作）规则，设置触发器，在某一事件发生时引发数据库管理系统检测数据库当前状态，只要条件满足，就触发规定动作的执行。

8. 智能数据库

将数据库的思想方法应用于人工智能领域便产生了知识库，将人工智能技术应用于数据库便产生了智能数据库。知识库是人工智能的基础，它在专家系统、知识工程等人工智能领域具有极重要的地位。智能数据库在信息检索系统、辅助决策系统与办公自动化等应用系统中发挥了重要作用。

使数据库系统智能化，可采用联想处理技术来实现。联想方法有软件联想法和硬件联想法。软件联想法是以“散列技术”为主的模拟联想概念；硬件联想法是使用专门的器件或设备进行联想处理。如使用联想存储盘、联想处理机及某些专用器件。联想磁盘是：从磁盘上读出数据时，在数据上直接应用某种硬件查找逻辑，可以将常规磁盘扩充并为每个磁头配一个微处理器。联想式磁盘作为主存储器和常规磁盘之间的高速缓冲，这是实现智能检索的一种方法。

主动数据库是一种智能数据库，主动数据库因具有自动触发执行一些系统或用户预定义操作序列的功能而得名。相应地，传统的数据库系统可称为被动数据库系统。目前大多数工作是将产生式规则嵌入数据库系统，并加入自动根据情景触发执行动作的机制。主动数据库管理系统的特点是：

（1）规则是通过事件或数据触发执行，而不是识别一执行周期。

（2）采用规则作为完整性、存取控制、视图变换及触发等的统一机制。

（3）在数据模式中定义规则，由管理系统执行并采用查询优化技术。

（4）采用数据库管理系统中的并发控制和恢复机制。

9. 数据仓库

1）数据仓库的含义

数据仓库（Data Warehouse）的概念是 E. F. Codd 于 1993 年提出的。数据仓库的主要功能是提供企业决策支持系统（DSS）或行政信息系统（EIS）所需要的信息，它把企业日常营运中分散不一致的数据经归纳整理之后转换为集中统一的、可随时取用的深层信息，在数据仓库中的一条记录，有可能是基础数据中若干个表、若干条记录的归纳和汇总。因此，数据仓库是面向主题的、集成的、稳定的、不同时间的数据集合，用以支持经营管理中的决策制定过程。数据仓库是一个作为决策支持系统和联机分析应用数据源的结构化数据环境。数据仓库所要研究和解决的问题就是从数据库中获取信息的问题。

从体系结构上看，数据仓库系统由数据仓库、数据仓库管理系统和数据仓库工具三部分组成。整个决策支持系统中，数据仓库是进一步进行信息开采的基础。

2）数据仓库的基本特点

数据仓库是将历史数据、现有数据库中的数据、外部数据源的数据清理后，消除数据冗余和不一致性，进行统一管理。由于数据库的数据已与应用数据库中的数据分离，因此它具有更强的灵活性、开放性和主观性。可采用诸多可视化数据分析和处理工具对其进行处理,而不会影响应用数据库中的数据。其特点可概括如下:

(1) 通常是历史信息,且数量非常庞大。

(2) 通常只追加信息,且很少改动。

(3) 对源信息的提取和集成采用批处理脱机操作。

(4) 用户只访问数据仓库,而不访问源数据库。

(5) 不适合动态变化快的数据查询。

(6) 用于规范的可预测的那部分信息,查询效率高、质量好。

数据仓库保存了不同层次和粒度的数据,即详尽数据及高度汇总的数据。它不仅需要一般的查询工具,而且需要功能强大的分析工具。DW 主要用于决策支持系统(DSS),信息部门不再是单纯的信息收集,而是要充分利用内部和外部的信息进行分析、决策以提高竞争力。DW 的查询是在决策支持环境下进行的,一开始用户的查询目标并不十分明确,先取得总结性强的数据后,再不断沿具体化方向查询,引导用户尽快地获取最有价值的信息。数据仓库的查询一般有时间条件的约束,这也是查询要复杂得多的原因。

3) 数据仓库的关键技术

与关系数据库不同,数据仓库并没有严格的数学理论基础,它更偏向于工程。由于数据仓库的这种工程性,因而在技术上可以根据它的工作过程分为数据的抽取、存储和管理、数据的表现以及数据仓库设计的技术四个方面。

(1) 数据的抽取。数据的抽取是数据进入仓库的入口。由于数据仓库是一个独立的数据环境,它需要通过抽取过程将数据从联机事务处理系统、外部数据源、脱机数据存储介质中导入数据仓库。数据抽取在技术上主要涉及互连、复制、增量、转换、调度和监控等几个方面。数据仓库的数据并不要求与联机事务处理系统保持实时同步,因此数据抽取可以定时进行。

(2) 存储和管理。数据仓库的真正关键是数据的存储和管理。数据仓库的组织管理方式决定了它有别于传统数据库的特性,同时也决定了其对外部数据表现形式。要决定采用什么产品和技术来建立数据仓库核心,则需要从数据仓库的技术特点着手分析。数据仓库要解决的第一个问题是对大量数据的存储和管理。这里所涉及的数据量比传统事务处理大得多,且随时间的推移而累积。数据仓库要解决的第二个问题是并行处理。在数据仓库系统中,用户访问系统的特点是庞大而稀疏,每一个查询和统计都很复杂,但访问的频率并不是很高。此时系统需要有能力将所有的处理机调动起来为这一个复杂的查询请求服务,将该请求并行处理。因此,并行处理技术在数据仓库中比以往更加重要。数据仓库要解决的第三个问题是针对决策支持查询的优化。在技术上,针对决策支持的优化涉及数据库系统的索引机制、查询优化器、连接策略、数据排序和采样等诸多部分。数据仓库的查询常常只需要数据库中的部分记录,数据仓库的查询并不需要像事务处理系统那样精确,但在大容量数据环境中需要有足够短的系统响应时间。因此,一些数据库系统增加了采样数据的查询能力,在精确度允许的范围内,大幅度提高系统查询效率。数据仓库要解决第四个问题是支持多维分析的查询模式,这也是关系数据库在数据仓库领域遇到的最严峻的挑战之一。对于数据仓库的访问往往不是简单的表和记录的查询,而是基于用户业务的分析模式,即联机分析。它的特点是将数据想像成多维的立方体,用户的查询便相当于在其中的部分维上施加条件,对立方体进行切片、分割,得到的结果则是数值的矩阵或向量,并将其制成图表或进行数理统计的运算。

(3) 数据的表现。数据表现是数据仓库的门面。它们主要集中在多维分析、数理统计和数据挖掘方面。多维分析是数据仓库的重要表现形式;数理统计并不是真正寻找出数据的规律,而是验证尽可能多的假设,其中包括多种多样的组合,最后由人来判断其合理性。

(4) 数据仓库设计。在数据仓库的实施过程中,有一些基本的问题需要解答。它们包括:数据仓库提供给哪些部门使用;不同的部门怎样发挥数据仓库的决策效益;数据仓库需要存放哪些数据;这些数据以什么样的结构存放;数据从哪里装载,装载的频率多大才合适;需要购置哪些数据管理的产品和工具来建立数据仓库等。这些问题依赖于特定的数据仓库系统,属于技术咨询的范畴。在当前的数据仓库应用中,有效地利用数理统计就已经能够获得可观的效益。

总之,数据仓库是一个或多个数据库的复制。它将来自多个库的数据进行集成,供查询、决策和分析。DW 支持多种数据库源,如数据库、各种数据文件、文本文件、应用程序等;DW 中不仅有数据,还应该有规则、算法或过程等;DW 中是原始数据的增值和统一。因此,可以说 DW 是面向主题的、集成的、稳定的、不同时间的数据集合,并用于支持决策。

9.2 光盘信息检索系统

CD - ROM 自诞生以来,产生了大批 CD - ROM 光盘数据库。CD - ROM 支持了图书文献检索系统,其应用领域不断扩大,除了一些传统领域(如图书馆、信息检索、专利管理、教育、出版、图像存储)之外,还陆续扩展到了政府办公、商情研究、公司研究、档案存储、图片存取、公司产品、法律咨询、影视制作等众多领域。由于 CD - ROM 盘片可以通过金属模具注塑模压制作,即可以批量生产,因此成本低,可广为传播。

利用光盘数据库作为信息源建立起来的计算机信息检索系统称为光盘检索系统。

9.2.1 光盘检索与传统手工检索的比较

光盘检索与传统手工检索相比,使用方便,检索功能强,输出灵活。据统计,CD - ROM 光盘检索的过程平均约需 20min,而人工检阅工具书则要花费 1 天 ~2 天时间。

印刷型工具书提供的检索途径和索引是较为有限的,查找起来也很繁琐,而光盘检索系统一般都是有组配检索、截词检索、位置检索、词典扩检、字段限制检索、分步检索、保留检索、策略换盘片检索等功能。因此可检多字段、组配灵活、检索效果好。

光盘检索软件的设计面向最终用户,因此既适用于一般用户,也适用于专业检索人员。检索结果的输出,可以显示、打印或录入软磁盘。可以从光盘中套录出专题文献,建立起多种多样的专题文献数据库。

9.2.2 光盘检索与国际联机检索的比较

联机检索的主要特点是数据库容量大,数据更新及时,检索响应快,这对于综合性的大课题检索,回溯性检索,实时性检索是比较适宜的。但由于对主机和通信线路的依赖性及昂贵的费用常常限制了很多人的使用。光盘检索系统则随时可用,并可反复使用,不受时间限制,不受通信线路制约。

光盘检索的速度高于联机检索,而费用只有联机检索的1/5。用户可以从容不迫地利用多种检索功能、多种组配和重复进行检索,以便不断完善检索策略,准确找到所需要的信息,并可作为联机检索的预检。但比之联机情报检索,使用的数据库较少。

9.2.3 光盘检索与网络检索比较

1)检索途径

在检索途径方面,光盘检索可提供多种检索途径,如关键词、标题、作者、分类号、分类名和年份、期刊名称等。一些制作精良的光盘数据库,还能提供整刊、分类、篇名、机构、中英文摘要、引文、全文任意词等多个入口。网上检索的途径一般是利用关键词、自由词等进行检索,目前布尔检索、词语检索、截词检索、概念检索,甚至于智能检索,都已开始在网上的检索工具中使用。除此之外,还可以通过相关的网站,利用其中的相关链接进行查找或者利用检索工具中主题目录进行查找。

2)资源内容

在信息资源的内容方面,光盘数据库中的信息资源都是经过不同职业的专业学者筛选整理过的。因此,光盘数据库中的信息资源具有较好的可靠性和完整性。而因特网上信息资源的可靠性则无从保证。此外,网上信息资源分布极不均匀。

3)检索技术

光盘数据库的检索技术遵循着传统的检索技术,检索时概念模型是布尔逻辑;前期处理是赋词、自动抽词;文档结构是顺/倒排档;访问方式是单向检索;后期处理是文字编辑。网上检索技术在信息检索时,采用的概念模型是概率和向量空间模型;前期处理是利用超文本标记语言、标准通用标记语言处理;文档结构是超文本链接;访问方式是双向交互式检索。正是由于二者检索技术上的差异导致光盘检索只局限于单元范围内,区域依赖性较强,而网上检索以共享信息为目标,完全不受时间和空间的限制;光盘检索多为经验检索,采用线性方式的常规固定手段进行检索,而网上检索则是需要具有敏锐的捕捉信息的能力,采用超文本电子检索手段;光盘检索以结构化文本内容特征来组织索引工具,而网上检索除文本外,还包括图像、声音、动画等,因此更多采用以多媒体信息特征来表现和抽取的索引手段。

4)查询评价

在查全率、查准率方面光盘检索采用精确检索,相对较好,而网络检索的查全率则无法统计;在查新率方面光盘检索系统中的数据一般每半年更新一次,而网络检索系统中的某些数据随时更新,一般为每周更新一次;在响应时间方面,光盘检索系统系统响应用户的请求较快,而网络检索受网络出口和传输速度的影响,响应时快时慢;在检索费用方面光盘检索分计时和计次两种收费方式,其费用高于网络检索。

目前,我国CD-ROM光盘检索在信息服务和信息教育中发挥了重要的作用,其主要方面有:可应用于综合性和专业性的大课题定题检索,适于进行科研开题、成果申请查新和专利申请等;可进行数据库套录、用于建立小型专题数据库;普及计算机检索,机检用户的培训教学;联机检索前的预检和检索策略的修改与确定等。

9.2.4 光盘数据库检索

光盘数据库检索主要是指光盘文献检索,即查找含有所需信息的文献。光盘数据库检索系统包括信息存储和信息检索两大部分。

光盘数据库由记录以及为查得这些记录而编制的索引组成。因此,编制光盘数据库时,同时通过检索语言存入记录和索引两部分。索引文档有基本索引和辅助索引文档、登录倒排文档、文献记录顺排文档。基本索引是一种主题性质的限制索引,主要表达文献的内部特征。通常基本索引字段包括:以单词或词组作检索单位的规范化的叙词字段(DE);以单词或词组作检索单位的非规范化标引词字段(ID);以单词作检索单位的标题字段(TI);以单词作检索单位的文摘字段(AB)。在作基本索引文档时,先将索引词按其所在字段的位置编上顺序号,然后将这些词按字顺序倒排,每个词后标上字段地址及登录文献号,这样便构成了基本索引倒排文档。辅助索引是一种非主题性质的限制索引,主要表达文献的外部特征。数据库内容不同则其辅助索引也不同,通常光盘数据库的辅助索引有 AU 著者(Author)、AN 文摘号(Abstract Number)、CC 分类代码(Class Code)、CS 机构来源(Corporate Source)、JN 期刊名(Journal Name)。在编制辅助索引时,先将非主题性检索项抽出,按其字段代码排列,其后跟上登录文献号。

光盘检索就是按照一些既定的标志从文献的集合体中选取文献,因此检索途径是和文献的特征、检索标志密切相关的。光盘文献信息的检索途径是按文献的内外部特征进行的。以文献的外表特征来检索的途径有著者途径、书名途径、文献类型途径(如期刊、图书、科技报告、专利文献等)以及其它一些诸如出版年份等检索途径。按文献的内容特征来检索的途径有分类途径、主题途径、分类主题途径、关键词途径以及其它诸如文摘等的检索途径。

9.3 联机检索系统

联机检索是用户利用计算机终端,通过通信网络与联机检索中心的中央计算机联机,向联机信息中心发出请求,进行检索的一种检索方法。它一方面便于资源集中管理和资源共享;另一方面它为用户提供了交互式检索方式,允许用户访问和浏览信息库,打破了信息检索的地域和空间限制。

国际联机检索是在单机信息检索的基础上发展起来的。20 世纪 60 年代中后期,许多联机检索系统相继出现,给计算机信息检索的发展带来了无限的生机。

9.3.1 联机检索系统的服务方式

联机情报检索系统的主要服务方式有:

(1) 追溯检索。这种检索不仅能查找最新情报资料,而且可以追溯查找数据库存储年限范围内的有关文献。由于追溯检索一次就能掌握相当长时期以来所积累起来的某个专业的全部资料,因此,它特别适合于申请专利、撰写评论文章以及从事新课题研究等需要全面系统地掌握有关文献资料的用户要求。

（2）定题情报检索服务。国外称之为 Selective Dissemination of Information，简称 SDI 服务。它是针对相对固定的用户课题，对不断更新的数据库进行检索并定期向用户提供所需情报资料的服务。SDI 服务可使用户及时掌握某一学科最新水平和发展动向，而且费用也较低。

（3）联机订购原文。联机检索得到的情报信息，大多数是原始文献的索引、题录或文摘，用户如果需要原始文献而在本地馆藏或国内馆藏又查不到时，可以向联机服务系统订购文献原文的复制件。

（4）电子邮件。利用电子邮件便于用户与用户、用户与系统之间互相交流。

9.3.2 网络检索与联机检索的比较

网络检索与联机检索比较如下：

（1）信息检索的开放程度不同。每一个用户都可以共享网络上的信息资源，也可以将自己的信息发送到网络上去，既可从数据库中检索，也可以网页形式检索，许多信息检索点是免费的；国际联机检索是以数据库形式提供服务的，信息检索只对授权的用户开放且检索是收费的。

（2）检索范围和检索对象的不同。网络检索的范围是整个因特网上的信息资源，它可以同时对因特网上的多个主机甚至所有相关主机的某种资源进行检索，用户不必知道这些资源所处的具体位置；国际联机检索系统，其检索则局限于某一地方的某一主机上的特定的联机数据库上的信息。

（3）检索手段和服务方式的不同。网络检索既可通过浏览器浏览，也可通过检索工具如搜索引擎进行检索，操作简便；国际联机检索是通过联机检索系统进行检索，一般是通过联机检索终端登录到远程主机，才可使用联机检索主机上提供的各种服务。目前，一些国际联机检索系统也提供了因特网入口的检索方式。网络检索提供的服务有电子邮件服务、文件传递服务、远程登录、交互式服务等，能够查找分布在因特网上的各种信息资源；而国际联机检索提供的服务主要是联机检索数据库，名录服务，索引服务，文件检索服务等。

（4）信息组织与检索技术的不同。国际联机检索系统中的数据库专指性强，信息组织更具系统性且结构化程度高，检索迅速方便，检准率高，而网络检索的检索效率较低。网络检索对用户检索技能要求不高，绝大多数用户不需专门的培训就可进行检索，而联机检索对用户的检索技能要求较高，用户需经过专门的训练和学习才能掌握它的检索方法和技巧。

现在国际联机检索系统也在因特网上提供了接口，用户除了通过专用的通信网进入联机检索系统外，也可以在因特网上进入国际联机检索系统。同时，还不断增加新的数据库，调整收费结构以减轻用户信息检索的成本，改进检索软件功能和用户检索界面，增加检索字段等，从而使其本身的信息检索服务更加完善和便捷。而网络检索系统中所蕴藏的丰富资源是国际联机检索系统所无法比拟的，内容新而广泛，目前是一些非专业人士获取信息的补充手段，可利用它作为联机检索系统的补充，它与国际联机检索系统各具特点，相互影响和相互作用，取长补短，从而推动整个计算机信息检索业的不断向前发展。

9.3.3 联机检索的基本步骤

联机检索的基本步骤如下：

（1）分析课题或问题。进行联机检索时，首先应明确检索目的，即明确检索的主题内容，以确定检索概念。接着必须考虑选择联机检索系统。

（2）选择对题的数据库。一旦确定了合适的检索系统，就必须进一步了解系统中数据库的基本情况。选择对题的数据库是检索成功的关键之一。一个具有相当规模的检索系统，往往拥有上百个数据库，选择对题的数据库需要根据索引数据库或数据库说明书、数据库目录手册来决定。确定对题的数据库，还要考虑的因素有数据库的类型、数据库的收录范围和更新周期、数据库的文档划分以及相关数据库的基本情况，以备跨文档检索等。

（3）选择合适的检索词。选择合适的、能确切表达核心概念的、系统能识别的检索词是拟定检索表达式的关键。在联机检索中，要达到查准、查全，关键在于检索词是否选择得恰当，它直接影响到检索的结果。选择检索词常用的选择方法有选用同义词和相关词、优先选用词表中规范化的词等。

（4）选用检索运算符。确定了检索词之后，要考虑运用检索系统提供的检索运算符，如截词运算符和位置运算符等等。

（5）拟定检索表达式。利用逻辑运算符对检索词进行逻辑组配得到的就是检索表达式。一个完整的检索表达式一般包括检索指令、检索词和运算符。

（6）进入联机检索的检索程序进行检索操作。全球联机信息检索系统有 200 多个，较著名的有美国的 DIALOG 系统、ORBIT 系统、BRS 系统、MEDLINE 系统、欧洲空间组织 ESA – IRS 系统、英国的 INFOLINE 系统、日本的 JICST 系统以及美、日、德共同开发的 STN 系统、联机计算机图书馆中心（Online Computer Library Center，OCLC）等。随着光盘的诞生，许多联机检索系统纷纷把数据库光盘化。随着网络技术的迅速发展，许多公司又开始在互联网上建立网站，并把数据库联入互联网。

9.4 数字图书馆

9.4.1 数字图书馆的概念

1. 数字图书馆的内涵

数字图书馆是伴随着互联网发展而产生的一个正在成长中的新生事物，是为了从根本上改变目前互联网上信息分散、无序、不便使用的现状而提出来的，下一代互联网上信息资源的管理模式。它通过集成和利用最新的计算机技术、通信技术以及数字化的多媒体信息内容，建设超大规模、可扩展、可互操作的分布式海量知识库群，并提供在互联网上高速、跨库检索的电子存取服务。简单地说，数字图书馆就是运行在高速宽带网络上的、分布式超大规模的、可跨库检索的海量数字化信息资源库群，并对用户进行有效服务的系统环境和过程。数字图书馆便于远程访问，便于分布检索，便于馆藏保护。

2. 数字图书馆的主流模式

数字图书馆的三种主流模式是：特种馆藏型模式（本馆的珍藏资源数字化，提供网上共享)、服务主导型模式 SOA(用统一的界面向读者提供本馆的数字化特种馆藏,商用的网上联机电子出版物或数据库以及因特网上有用的文献信息资源)、商用文献型模式(商用文献型的数字图书馆)。

服务主导型数字图书馆的新特征有:

(1) 海量(TB/PB 级)数字化资源存储和管理,媒体多样化。

(2) 分布式数字化资源组织及服务,资源、系统、服务等整合及知识服务。

(3) 数字图书馆的管理,包括认证、授权、访问控制、知识管理等知识服务功能。

(4) 知识导航,如基于 Ontology 的知识组织。

(5) 知识关联,如基于语义的 Web 网。

(6) 知识发现,包括知识挖掘、抽取、推荐、过滤等知识检索。

(7) 知识服务,读者通过单一语义入口获取和管理全球分布的知识,全球分布的相关知识可以智能地聚合,读者能在一个单一的语义空间映射、重构和抽象的基础上共享知识和享用推理服务,所服务的知识能动态演化而保持常新。

9.4.2 数字图书馆的主要技术

数字图书馆的关键技术包括以系统为中心的核心技术,以内容为中心的核心技术,以用户为中心的核心技术。

1. 以系统为中心的核心技术

数字图书馆必须利用高端服务器、多类网络通信技术、智能存储系统,将面向对象的软件技术、人工智能技术与先进的知识组织和调度系统相结合,建立具有高可扩展性、易用性、可管理性和高可用性以及较强的可持续发展能力的数字图书馆系统和群体。以系统为中心的核心技术包括:

(1) 基于并行和集群技术的数字图书馆中心服务器。

(2) 通用数字对象命名体系的设计和实现技术。

(3) 数字图书馆的信息通信基础设施有无线网络、有线网络、宽带网络、P2P 网络等。

(4) 通用数字图书馆支撑平台的设计和开发技术。

(5) 信息安全机制和技术。

(6) 海量多媒体信息的采集、压缩、表现和数字化技术等。

(7) 基于大型分布、异构、海量环境下的数字图书馆体系结构的研究和设计。

(8) 基于多种主体(Agent)的人工智能技术在数字图书馆的应用。

(9) 中间件技术。

(10) 数字图书馆系统的运行与维护等技术。

2. 以内容为中心的核心技术

以内容和收藏为基础的数字图书馆研究,注重于更好理解并完善获取新的数字信息内容和收藏的途径,鼓励跨学科研究,鼓励所有学科领域的参与。建设数字图书馆的核心是内容建设,也就是用一套中性技术(如 XML)对数字知识内容资源加以组织与管理。具有超大规模、分布式的、可扩展的多媒体知识资源库,是发挥数字图书馆作用的基础。加工内容资源必须采用多种国际标准与工业规范去标引和组织,以达到一次加工、长期使用以及多种内容资源可互操作的目的。以内容为中心的核心技术主要包括:

(1) 元数据的标准和规范。

(2) 知识资源(含声、像、图、文)的通用型加工系统。

(3) 语法层次的大容量文献自动采集;自动篇名生成、自动标引、自动文摘等实用化技术。

(4) 知识概念(语义)体系的建立,实现语义层次的自动标引、自动文摘生成。

(5) 分布式藏品元数据的聚集与元数据库的构建。

(6) 超大规模多媒体数字资源的长久保存、归档和存储管理技术,包括档案系统等。

(7) 数字内容藏品的版权管理系统。

(8) 数字对象和媒体的新经济与商务模型研究。

(9) 与创建和使用数字收藏有关的社会经济法律问题的技术、方法、过程。

3. 以用户为中心的核心技术

数字图书馆的建设以不断改善用户服务为最终目标,必须为用户在知识发现与利用上提供高效方便的服务,使得用户可方便地透过数字图书馆的多个资源库无缝获取所需的知识。以人为中心的数字图书馆研究,试图进一步了解数字图书馆在增强人类在创造、探索、使用信息方面的活动中的影响和潜力,并促进相关技术的研究。以用户为中心的核心技术有:

(1) 先进的高效导航系统。

(2) 适用于 TB/PB 级数据的高效搜索引擎。

(3) 开发实用的多语言、多文字、多文化以及个性化用户界面。

(4) 个性化、智能的主动服务技术。

(5) 保证藏品的安全和完整性技术,包括信息过滤系统,隐私权保护技术。

(6) 实现数字图书馆群与科学数据库群内容的集成性服务。

(7) 对新型媒体知识产权处理,形成合乎法律框架的新的经济和商业模型。

(8) 用户工具软件,基于因特网的协同工作技术和工具。

(9) 用户和可使用性研究,包括人机交互、以人为中介的交流、有特殊需求的用户和机构。

4. 基于网格的数字图书馆

网格是把整个网络整合成一台虚拟的巨大超级计算机,实现计算资源、存储资源、数据资源、信息资源、文献资源、知识资源、专家资源等的全面共享。总之,网格可以实现分布在全球的硬件资源、软件资源和各种信息知识资源全面的连通,达到资源的最大共享。网格是 21 世纪的信息基础设施,网络实现硬件和网页连通,而网格还实现应用层面的全面连通。

在网格中,采用一种虚拟组织,将多个分布的个体和组织资源集合起来,以一种协同的方式共享,为用户提供多种多样的服务资源。网格技术不但是实现资源的一体化而且也是实现服务的一体化。

网格服务的特征和目标是:一次登录,访问全球分布式信息资源;基于自然语言的语义检索并进行资源整合;可提供学科的个性化服务;基于知识挖掘、过滤、推荐等提供最小化的知识子集。这些都与数字图书馆的建设目标完全一致。因此,构建计算机网格,对建设数字图书馆具有重要的意义。

9.5 检索效果评价

9.5.1 检索效果评价概述

检索效果是指利用检索系统(或工具)开展检索服务时所产生的有效结果。计算机检索效果如何,直接反映检索系统的性能,影响系统在信息市场上的竞争能力和用户的利益。

1. 检索效果评价的目的和范围

评价系统的检索效果,目的是为了准确地掌握系统的各种性能和水平,找出影响检索效果的各种因素,以便有的放矢,改进系统的性能,提高系统的服务质量,保持并加强系统在市场上的竞争力。

检索效果包括技术效果和社会经济效果两个方面。技术效果主要是指系统的性能和服务质量,系统在满足用户的信息需要时所达到的程度;社会经济效果是指系统如何经济有效地满足用户需要,使用户或系统本身获得一定的社会和经济效益。因此,技术效果评价又称为性能评价。社会经济效果评价则属于效益评价,而且要与费用成本联系起来,比较复杂。

2. 评价标准

根据 F. W. Lancaster 的阐述,判定一个检索系统的优劣,主要从质量、费用和时间三方面来衡量。因此,对计算机信息检索的效果评价也应该从这三个方面进行。质量标准主要通过查全率与查准率进行评价。费用标准即检索费用是指用户为检索课题时所投入的费用;时间标准是指花费的时间,包括检索准备时间、检索过程时间、获取文献时间等。查全率和查准率是判定检索效果的主要标准,而后两者相对来说要次要些。

1) 查全率和查准率

查全率(R,Recall ratio)及查准率(P,Pertinency ratio)最早由美国学者佩里(J. W. Perry)在 20 世纪 50 年代首次提出。查全率是指系统在进行某一检索时,检出的相关文献量与系统文献库中相关文献量的比率,它反映该系统文献中实有的相关文献量在多大程度上被检索出来;查准率是指系统在进行某一检索时,检出的相关文献量与检出文献总量的比率,它反映每次从该系统文献库中实际检出的全部文献中有多少是相关的。

当进行检索时,计算机只能检索出检索标志与数据库中文献特征标志匹配的文献记录,称为被检出文献;不匹配的就检不出来,称为未检出文献。因为这反映了检索系统对检索课题需求匹配的响应能力,故有的将此称为相关性预报(也称系统匹配性)。

另一方面,根据用户检索课题的具体情报需求,总可以把数据库中的文献记录分成两部分:一部分是符合用户具体情报需求的文献记录,称为相关文献;另一部分是不符合用户具体情报需求的文献记录,称为非相关文献。因为,这种区别反映了系统对用户具体情报需求相关性的响应能力,故可称为用户相关性。

在任何一个数据库中,对任何一个课题的检索都会产生上述两种相关性和四个相关的量。把这些量合在一起就组成著名的 2×2 表(表 9-1)。利用 2×2 表,就可以具体地理解查全率和查准率的含义和作用。

表 9-1 表示文献检索结果的 2×2 表

系统匹配性 \ 用户相关性	相关文献	非相关文献	总 计
被检出文献	a	b	$a+b$
未被检出文献	c	d	$c+d$
总 计	$a+c$	$b+d$	$a+b+c+d$

注：a 表示被检出的相关文献记录的篇数；
b 表示被检出的无关文献记录的篇数；
c 表示在数据库中未被检出的相关文献记录的篇数；
d 表示在数据库中未被检出的非相关文献记录的篇数；
$a+b$ 表示从数据库中被检出的全部文献记录的篇数；
$c+d$ 表示在数据库中未被检出的全部文献记录的篇数；
$a+c$ 表示在数据库中的符合被检课题情报需求的全部相关文献记录的篇数；
$b+d$ 表示在数据库中不符合被检课题情报需求的全部无关文献记录的篇数；
$a+b+c+d$ 表示数据库中存有的全部文献记录的篇数

因为查全率是指从数据库中检出的相关文献记录占被检数据库中相关文献总的篇数的相对百分数；而查准率则是指从数据库中检出的相关文献记录总的篇数的相对百分数；利用 2×2 表，就可以将查全率和查准率表示为

$$\text{查全率}(R)=\frac{\text{被检出的相关文献篇数}}{\text{数据库中的相关文献篇数}}\times 100\%=\frac{a}{a+c}\times 100\%$$

$$\text{查准率}(P)=\frac{\text{被检出的相关文献篇数}}{\text{被检出的文献的总篇数}}\times 100\%=\frac{a}{a+b}\times 100\%$$

显然，查准率是用来描述系统拒绝不相关文献的能力，有人也称查准率为“相关率”。查准率和查全率结合起来，描述了系统的检索成功率。

另外，在实际分析检索效率中，除上面两个常用指标外，还有下面四种指标：漏检率（Omission Factor）、误检率（Noise）、离散率和拒绝率。

$$\text{漏检率}(O)=\frac{\text{数据库中未被检出的相关文献数}}{\text{数据库中相关文献的篇数}}\times 100\%=\frac{a}{a+c}\times 100\%$$

$$\text{误检率}(N)=\frac{\text{被检出的非相关文献篇数}}{\text{被检出的总的文献篇数}}\times 100\%=\frac{b}{a+b}\times 100\%$$

$$\text{离散率}(F)=\frac{\text{被检出的非相关文献篇数}}{\text{数据库中相关文献篇数}}\times 100\%=\frac{b}{b+d}\times 100\%$$

$$\text{拒绝率}(R)=\frac{\text{数据库中未被检出的相关文献篇数}}{\text{数据库中非相关文献篇数}}\times 100\%=\frac{d}{b+d}\times 100\%$$

这六个指标，由于两两互补成对，即

$$\left(\frac{a}{a+c}+\frac{c}{a+c}\right)=1$$

$$\left(\frac{a}{a+b}+\frac{b}{a+b}\right)=1$$

$$\left(\frac{b}{b+d}+\frac{d}{b+d}\right)=1$$

因此,实际上常用的只有查全率、查准率和离散率三种指标。

2)查全率与查准率的关系

从查全率和查准率的定义和公式不难看出:查全率越高,表示从数据库中检出与用户相关的文献的相对量越大,因而,可作为衡量从系统中检索出与用户相关文献的能力;查准率越高,表示从数据库中检出的非相关文献的相对量越少,因此,可作为衡量系统拒绝非相关文献的能力。因为在检索时,检出非相关文献的量越少,所花费的时间和费用就相应越少,因此,查准率也可看做用户的一种耗费参数。

衡量一个系统的检索效果,不能单一的只考虑查全率或查准率,必须同时考虑这两个指标才能防止判断的片面性。一个理想的检索效率,应该在检索时同时获得100%的查全率和100%的查准率,但在实际检索中很难获得这种结果。

在实际检索中,查全率和查准率往往是一种互逆关系。当放宽检索以提高查全率时,往往使查准率下降;反之,当缩小检索范围以提高查准率时,往往又使查全率减小。但这也不是绝对的,有学者认为,随着检索语言的发展,计算机处理文献能力的提高,检索系统、检索功能的开发,查全率与查准率是可以同时提高的;也有学者认为,查全率与查准率不存在一个统一的最佳值,也没有量化的意义。他们认为查全率与查准率在很大成分上取决于用户,不同用户的需要和不同的检索能力,得到的结果也会不同。可以看到,随着检索系统的不断发展,查全率与查准率指标本身也会不断完善,对检索系统效果的评价将越来越符合实际。

3)影响查全率和查准率的主要因素

查全率和查准率与文献的存储与信息检索两个方面是直接相关的,也就是说,与系统的收录范围、标引工作和检索工作等有着非常密切的关系。

(1)影响查全率的因素从文献存储来看,主要有:文献库收录文献不全;索引词汇缺乏控制和专指性;词表结构不完整;词间关系模糊或不正确;标引不详;标引前后不一致;标引人员遗漏了原文的重要概念或用词不当等。此外,检索策略过于简单;选词和进行逻辑组配不当;检索途径和方法太少;检索人员业务不熟练和能力欠缺;检索系统不具备截词功能和反馈功能,检索时不能全面地描述检索要求等。

(2)影响查准率的因素主要有:索引词不能准确描述文献主题和检索要求;组配规则不严密;选词及词间关系不完整;标引过于详尽;组配错误;检索时所用检索词(或检索式)专指度不够,检索面宽于检索要求;检索系统不具备逻辑“非”功能和反馈功能;检索式中允许容纳的词数量有限;截词部位不当,检索式中使用逻辑“或”不当等。

实际上,影响检索效果的因素是非常复杂的。企图使查全率和查准率都同时提高,不是很容易。强调一方面,忽视另一方面,也是不妥当的。应当根据具体课题的要求,合理调节查全率和查准率,保证检索效果。

3. 提高检索效果的方法

用户在进行信息检索时,总是希望把与检索课题有关的文献信息迅速、准确、全面地检索出来,获得满意的检索效果。为了提高检索效果,需要采取提高检索人员素质,优选检索工具和数据库,优化检索策略与步骤,精选检索词,巧构检索提问式,熟悉检索代码与符号等措施与方法。

(1) 提高检索人员素质。检索的过程是一个人机互动的过程,人的因素占支配和主导地位,检索效果同人的知识认识水平、业务能力、经验丰富与否和工作的责任心密切相关,检索过程中虽然检索劳动由机器来操作,但复杂的思维劳动,如检索策略的制定、检索程序的设计、检索途径与检索方法的选择等仍需人的大脑进行不断思考、判断和抉择,因此,必须提高检索人员的检索素质。

(2) 优选检索工具和数据库。根据用户检索目的和具体要求,选择最恰当的检索工具与数据库,是保证检索效果的重要环节之一。由于检索工具类型多种多样,并各具特色,同时又存在着严重的重复交叉现象,如要查找有关"分析化学"方面的资源,可供选择的检索工具与数据库不下数十种,世界著名的五大化学文摘,都设有分析化学类目,反映专业强的有英国的《分析文摘》,这就要求检索人员必须全面地了解有关文献库的特点、系统的功能,才能根据用户课题检索的要求,选择专业对口强的检索工具。检索工具选定后,检索途径选择就基本限定,它取决于该检索工具的排检方式和辅助索引的种类。因此,为提高检索效果,必须进行检索工具与数据库的优选。

(3) 优化检索策略与步骤。正确的检索策略,可优化检索过程与检索步骤,有助于求得查全和查准的适当比例,节省检索时间与费用,取得最佳的检索效果。由于用户信息需求的多样性,决定了其检索目的、检索策略、检索方法与检索步骤的差异性。只有充分了解用户检索要求,才能有针对性地选择检索工具,只有了解用户的检索目的,才能有效地把握查全与查准的关系。如科研立项、专利查新检索,主要侧重于全,漏检则造成重复劳动、经济损失;面对一般性的检索,则贵在准,准则精,便于吸收利用,能节省用户大量时间。由于检索目的不同,其检索策略的制定也有所不同,对应的检索步骤也就有所差异。

(4) 精选检索词。使用检索工具进行信息检索时,关键词的精选也是一个重要问题。不存在可以满足任意要求的检索工具,每一类检索工具都有自己的强项和特点,因此,在精选检索词时应考虑:不使用太泛的词,避免用多义词,避免使用错别字,学会使用截词,使用大小写字母,尽量使用专指性强的词或短语。

(5) 巧用检索提问式。运用逻辑运算符、位置运算符、限定符、通配符及相关的检索技巧来巧构检索表达式,是提高检索效果的有效途径。

(6) 熟悉检索代码与符号。检索代码与符号又称检索标志,其选取是否恰当,将直接影响检索效果。检索代码与符号是进入检索工具的语言保证,是检索与系统相匹配的关键。因此,检索人员必须利用相应的分类表、词表,选取与检索工具相匹配的正确代码与符号。

9.5.2 因特网信息的查全与查准

因特网上存在着大量信息,面对如此海量的信息,网络检索工具的地位越来越重要,但在因特网上同样存在着信息的查全与查准问题。

因特网的信息资源通常是指通过因特网发布和利用的公众信息资源,它是储存于因特网的一个网址的主机上,且可被因特网上的任一用户免费或有偿利用的信息资源。因特网的全部信息资源目前存在三种概念:第一种概念是指通过因特网发布和利用的全部收费和不收费的公众信息资源,这是较广义的概念;第二种概念是指通过因特网发布和利用的全部不收费的公众信息资源，即查询时不要口令且不限定用户 IP 地址的信息资源；第三种概念仅包括因特网上发布的全部公开的网页、新闻组等信息资源，这是狭义的概念。

1. 因特网的查全问题

1）影响因特网查全率的因素

真实的查全率即检索出相关文献的数量和检索出的文献总量的比率，对整个因特网的文献空间来说是很难计算的，甚至连估算都困难。因为网上的信息是瞬息万变的，今天存在的信息明天就可能不在了，同时又会出现更多的新的信息。要计算或估算查全率，就意味着要检验检索工具返回的所有检索结果，这在数量上可能成千上万。并且，要知道整个文献空间的相关文献量也是不可能的。

（1）搜索引擎数据库的涵盖大小。据调查，即使功能最完善的搜索引擎，也只能找到 WWW 上少部分的网页。这是因为，人们在利用搜索引擎查询时，实际是根据其网络机器人或网络蜘蛛按一定算法事先在网上搜索后建立起来的数据库进行的。数据库是否能涵盖所有因特网的信息决定于搜索算法、搜索频度和因特网的通畅度。大多数搜索算法对非重要的信息、对短寿命网站的信息不予采集，很多搜索算法对重要信息也不能全部采集，而且对于重要性的衡量标准各个搜索引擎也不同。在搜索引擎的搜索能力一定的情况下，搜索频度和搜索算法单次搜索的量近似成反比，特别是搜索引擎外出搜索所占的时间片和众多用户访问搜索结果所占的时间应保持适当比例。从而其搜索的频度不可能很大，搜索结果数据库的更新不能和诸多网页的更新保持同步。因特网的通畅度受带宽限制并受路由和电路故障、主机故障等影响。因特网的存储技术和处理技术滞后，如果按照每个页面的平均大小为 20KB 计算（包含图片），100 亿网页的容量是 100 × 2000GB，即使能够存储，下载也存在问题（按照一台机器每秒下载 20KB 计算，需要 340 台机器不停地下载 1 年时间，才能把所有网页下载完毕）。因此，许多搜索引擎的网络蜘蛛只是抓取那些被认为是重要的网页。

（2）标引方式。搜索引擎无法对所有存储信息进行标引，导致部分网页信息的遗失。有些搜索引擎列出了一个禁用词词表（如冠词、连词或是一些高频词），对这些词不加标引。全部搜索引擎都标引具有较高价值的内容，例如，网页标题和 URL 常常不标引元标签。元标签的内容对信息检索的作用极为重要。熟悉 HTML 的人都知道，在成千上万的网站中都使用框架结构。有些搜索引擎不标引框架，因而检索人员又可能会损失一些相关的网站。

（3）看不见的网站。看不见的网站是指在万维网上可获得的资源，但由于技术限制，或是由于特定选择而不能或未被纳入通用搜索引擎网页索引中的文本网页、文件或其它高质量的权威性信息资源。看不见的网站主要有以下几类：

① 未被链接的网页。如果某一网页在网络上未与其它任何网页建立链接，搜索引擎的蜘蛛程序就不能找到它。

② 多媒体内容。由于基于语义的多媒体搜索技术还不成熟，例如，搜索图片时还只能通过周围相关的文字进行判断，而无法根据图片本身的信息提供检索。搜索引擎在标引主要由图像、声频和视频组成的网页方面能力有限。

③ 非文本资料。一般的公共搜索引擎只能查到 HTML 格式，对于 PDF、EXE、压缩文

件等等格式也存在很大缺陷。主要的原因是搜索引擎的自动排序软件蜘蛛程序,只能接受 HTML 格式的网页。从技术上讲,PDF、EXE、压缩文件大部分格式都能被索引,但由于商业原因,搜索引擎不对这些格式进行标引。一方面,是由于对这类文件的需求要比对 HTML 文本文件的需求大得多;另一方面,是由于这类格式需要更多的计算资源,所以更“难”标引。标引非 HTML 文本文件格式费用一般较高。

④ 数据库信息。搜索引擎所面临的最大的技术难题是检索存储在数据库中的信息。目前,搜索引擎的蜘蛛程序对找到数据库的接口和网关页面没有任何困难,因为这些网页很典型,均由输入栏及其它控制所组成。但是,对于数据库的实质内容,蜘蛛程序对此却不能理解。

⑤ 动态信息。绝大多数搜索引擎所依赖的技术通常识别的是静态页面,而不是数据库中储存的动态信息。现行的动态网页主要有两大类技术:网页的动态表现技术与网页的动态内容技术。前者是网页外观表现技术,后者是网页的内容更新技术。一些搜索引擎的蜘蛛无法识别帧格式和图像连接,这样它就无法顺着帧格式和图像连接爬得更深,从而会丢掉大量有用的网页。再者,蜘蛛不能访问采用 Cookie、VBScript、JavaScript 或 Java 技术制作的网页。WWW 空间上的许多文档是根据用户输入的表单动态生成的动态网页。绝大部分搜索引擎难以找到这样的链接。而且,即使能够找到这样的链接,也无法对该链接上存放的具体信息进行存取。因为动态网页的内容是 WWW 服务器在和用户交互操作的过程中生成的随时变化的、难以预测其具体内容的网页。表 9－2 列出了看不见的网站的类型和主要原因。

表 9－2　看不见的网站的类型和主要原因

看不见的网站的类型	看不见的原因
未被链接的网页	没有蜘蛛程序能找到该网页的链接
主要由图像、声频、视频组成的网页	不能让搜索引擎“理解”网页内容
主要由 PDF、EXE、压缩文件等组成的网页	主要由于商业或方针原因,被忽略
数据库内容	蜘蛛程序不能以交互作用的形式填满所需信息栏
动态信息	数据稍纵即逝、信息变化频繁
人为不加入标引的网页	机器人排除协议和密码保护

⑥ 人为不加入标引的网页。这包括使用机器人排除协议和密码保护的网页。按照机器人排除协议,网络管理员可以规定服务器的哪些部分允许搜索引擎 crawler 进入,哪些部分不可进入。管理员只需创建一个不能被搜索和标引的文件或目录表,并将该表以 robots. txt 命名的文件储存在服务器中。大多数主要搜索引擎都会遵从该协议,而且不会标引按 robots. txt 规定的文件。密码保护技术比上述通过协议排除在搜索引擎外的功能大得多,它采取的是一种技术屏障而非自愿标准。被密码保护的网页可以让少数知道密码的用户访问。

真实的查全率在网络环境下很难获得,为此,相对查全率是一种可以实际操作的指标,即

$$相对查全率(R) = \frac{专业人员检出的文献篇数}{全部实际检出文献集合并集的文献篇数} \times 100\%$$

2）查全措施

一般来说，提高查全率主要从扩检入手，扩大检索式表达概念的外延；而提高信息检索的查准率，是要在有一定查全率的基础上再进行缩检，增加检索式表达概念的内涵。

（1）降低检索词专指度。检索词专指度越低，其概念外延越广，反映信息的详尽程度和精确程度就越低。分析上位类概念与相关概念，使用上位类、同义词、参见词等专指度较低的词进行信息检索，查全率必然会提高。

（2）进行截词检索。截词检索也称模糊检索，利用截断词的一个局部进行前向一致、中间一致或后向一致匹配检索，凡满足截断词局部字符串的文献，都为命中的文献。

（3）忽视大小写检索。检索时，计算机对检索词与标引词进行逐一匹配。计算机编码中大小写字符是不同的，因此，是否区分大小写检索，对结果必然有较大的影响。忽视大小写检索，可以避免漏检，提高查全率。

（4）逻辑或组配检索。用逻辑或"OR"组配检索词，扩大检索式概念的外延，拓宽信息检索的范围，有利于提高查全率。

（5）检索词的关联检索。利用主题词的等级（分层）联系，进行族性检索、同位类检索、聚类检索及相关检索，把上位类词、近义词或相关词以及非主题词等用 OR 连接在检索式中，能够有效地提高查全率。

（6）降低检索式的网罗度。通过去掉用逻辑"与"（AND）联结的非主题限定词（文献类型、出版年代、文种等）、删除某个不重要的概念面（组面）以及去掉部分限制条件的方法，降低检索式的网罗度，达到提高查全率的目的。

（7）增加检索途径。数据库检索系统提供了主题、关键词、题名、分类号、著者、出处等多种检索途径。从不同的检索入口出发进行检索，扩大检索结果的输出，有助于查全率的提高。

（8）利用隐含主题检索。对信息用户提问进行主题分析时，既要注意显性主题概念的表达，又不能忽视隐性主题概念的提取，特别是当显性主题专指度过高和查全率不理想时，使用隐性主题检索往往能够获得良好的效果。

（9）信息跟踪检索。人类知识是生产力发展的体现和概括，它的产生有一个特定的历史背景，是人类利用已有知识创新的结果。因此，追根溯源，"打破砂锅问到底"，是提高查全率的有效办法。查找专著、论文中的"参考文献"和点击因特网 上的"超级链接"，往往有意想不到的收获。

（10）分级检索。首先进行网元（网上检索单元，涉及网页、网上新闻组、网上数据库等）的检索，找出有关网址，然后再在有关网址上进行该网址上的传统情报检索。

（11）选择合适的搜索引擎。当人们需要在狭义的因特网上查询信息时，首先应选择一个合适的搜索引擎开展工作。当检索的项目属日常生活类型的题材，可使用通用搜索引擎；当检索的题目属专业题材，应利用相应的专业搜索引擎，传统情报网站，数字图书馆和门户网站；查找内容冷僻的、不明的、难查找的信息，可使用集成搜索引擎和元搜索引擎等。选择检索工具主要看用户的要求，用户要检索信息的专业内容、文献类型、检索字段、数据库性质等；其次还应熟悉各类网络检索工具的特点、功能、数据收录的时间、地域范围、文献类型、支持的检索语言、数据库传输协议(WWW,FTP,Usenet)等。

(12) 运行多个搜索引擎。各搜索引擎数据库的重叠并不大,所以,要提高查全率人们必须查找多个搜索引擎。

2. 因特网的查准问题

1) 影响因特网查准率的因素

真实的查准率是检索出的相关文献量和文献空间中所有相关文献量的比率。但对大多数检索来说,检索结果的返回数都比较大,相关性判断的工作量非常之大, 这大大降低了实际可操作性。信息的查准取决于作者提交信息、网站发表信息、搜索引擎采集信息、用户查询信息的每一个环节,而且所有的环节是串联的,所有的畸变都要累计相乘。在这些环节中,只要有一个环节的信息失真, 用户所得的信息就失真了。

(1) 网站发表信息时给查准带来的障碍。某些网站提高排名位置,常常采取欺骗手段,在网页中安排一些虚假的关键词,而其真实内容与此无关。

(2) 搜索引擎采集信息时给查准带来的障碍。大多数搜索引擎采集的样本是题目和摘要,有的仅采集文章的前100 个字或词,有的采集全文。搜索引擎是通过某种算法来判断网页的重要性,并对网页分类和标引。大多搜索引擎主要采用机器标引。机器标引是依靠建立在若干简单规则之上的人工智能进行的。由于语言的无限复杂性、语言随时间、环境变化的经常性以及词语不断的标新立异,企图把依据有限语料建立的简单规则应用于无限的词语环境中是不可能 100% 正确的。大多数搜索引擎不能采集动态网页,不能读取某些免费数据库的信息。由于采集来的信息不全这就给信息的查准带来了障碍。搜索引擎不是每天都对现有网页进行更新,往往是一个网站上的内容已经更新搜索引擎上的信息没有相应变化。由于病毒破坏、网络通路不畅或者主机停机等硬件原因,在预定的采信周期内搜索引擎不能正常采信都会影响信息的查准。

(3) 用户查询信息时影响查准的因素。查询者用词不当,不少用户不知道规范词,有的用户用的词是不常见的歧义词,从而找不到本应找到的信息,或者找出的是不想要的信息垃圾。

(4) 作者提交信息时给查准带来的障碍。信息是通过语言文字、声音、图像等多种方式表达的。由于词语的复杂性,存在多词一义和一词多义现象。这就是说, 信息从一产生,其词语表达就具有某种复杂性,同一概念具有多种语言描述,同一词语具有多种概念的模糊性。

因此,对因特网信息检索来说,真实查准率也是很难计算的。在因特网中使用更多的是相对查准率。相对查准率可表示为

$$\text{相对查准率}(P) = \frac{\text{检索者确定为相关的文献篇数}}{\text{检索者在检索过程中看过的文献总篇数}} \times 100\%$$

这个公式与传统的定义有较大的差别,受人为因素影响太大,缺乏可重复性和客观性。另一个比较成功的计算查准率的替代方法是由美国研究人员 H. Vernon Leighton 和 Jaideep Srivastava 提出的“相关性范畴”概念和“前 X 命中记录查准率”。

相关性范畴是按照检索结果同检索课题的相关程度,把检索结果分别归入四个范畴:范畴 0 为重复链接、死链接和不相关链接;范畴 1 为技术上相关的链接;范畴 2 为潜在有用的链接;范畴 3 为十分有用的链接。

一旦相关性判断进行完毕，接下来就是要对检索工具的检索性能进行评价。“前 X 命中记录查准率”用来反映检索工具在前 X 个检索结果中向用户提供相关信息的能力。前 X 命中记录查准率可操作性较好，评价者可以根据实际情况来选择 X 的具体数值。一般来说，X 越大查准率就越接近真实值，但这也意味着评价成本的增加。评价结果的精度与成本有一种相互制约的关系。当然，在条件允许的情况下，X 应该尽可能大。

2）查准措施

（1）提高检索词专指度。检索词专指度越高，其概念内涵越广，反映信息的详尽程度和精确程度就越高。用下位类专指度较强的词进行信息检索，查准率必然会提高。

（2）逻辑非组配检索。利用逻辑非“NOT”剔除不符合要求的信息，限制与用户提问不相关信息的检出，进行概念的否定检索，使得到的检索结果更加准确。

（3）逻辑与组配检索。检索词用逻辑与“AND”连接，可以进一步限定主题概念，增加相互制约，缩小命中范围。

（4）进行加权检索。从定量角度控制检索输出，赋予检索式中检索词表示其重要程度的数值（即“权”），检索时，对符合检索式的信息进行加权计算，凡总权值达到预定的阈值的信息才算命中。

（5）外表特征限定检索。根据信息外表特征，利用限制符、前缀符等限制输出文献的外部特征，加强针对性，约束检索结果，达到预定的查准率要求。

（6）限定位置检索。限定检索词出现的可检字段（如主题词、题名、作者、年代等字段），避免虚假组配及无关组配，提高检索的准确度。

（7）区分大小写检索。外文检索式中，有些检索词是有大小写区别的，所表达的意义也会截然不同。

（8）规范化主题词检索。未经规范化处理的自然语言，不可避免地存在一词多义、多词一义和词义含糊的情况，信息的误检和漏检率高。提高查准率，必须尽量地使检索词和标引词相一致，把信息用户提问的自由词转化为规范的主题词，在检索式中避免使用非受控词。

（9）尽量利用相应的专业搜索引擎、传统情报网站、数字图书馆和门户网站进行检索。查找相应的专业搜索引擎、传统情报网站、数字图书馆和门户网站的方法是分级检索。

（10）多途径多因素综合检索。信息检索系统提供了多途径检索和二次检索。综合多途径和多因素进行二次检索，误检的情况能够得到有效的控制。

影响信息检索效率的因素很多。理想的检索效果是信息检索人员能够及时、方便、节省、全面而准确地得到信息检索结果。在实际操作过程中，查全率和查准率可以互顺上升，但是达到一定高度后，它们就必然会成一种互逆关系。应当追求在互顺关系与互逆关系这个临界点时的高查全率和高查准率。根据用户实际情况，在合理的范围内单方面提高查全率或查准率，也是一种实用的提高检索效率的途径。

参考文献

[1]吴基传,等.信息技术与信息产业[M].北京:新华出版社,2000.

[2]黄顺基,等.信息革命在中国[M].北京:中国人民大学出版社,1998.

[3]苗雪兰,等.数据库系统原理及应用教程[M].北京:机械工业出版社,2001.

[4]钟玉琢,等.多媒体技术(高级)[M].北京:清华大学出版社,1999.

[5]李洛.多媒体数据库的关键技术和特性分析.管理信息系统,2002(3).

[6]董春晓.万维网上的全文检索技术及其发展.情报理论与实践,2000(1).

[7]王兰成.全文数据库建库原理与应用技术.情报学报,1999(8).

[8]邓要武,等.科技信息检索[M].北京:北方交通大学出版社,2001.

[9]张奇,等.Z39.50在因特网上的应用[C].北京:第十三届全国计算机情报管理学术研讨会论文集,1999.9.

[10]张智雄,等.搜索引擎技术及STROBOT的设计与实现[C].甘肃:十四届全国计算机情报管理学术研讨会论文集,2000.

[11]徐学文,等.网络信息挖掘技术进展[C].海拉尔:十五届全国计算机情报管理学术研讨论文集,2001.

[12]陶洪久,等.在网络中的流媒体实时传输技术[C].海拉尔:十五届全国计算机情报管理学术研讨会论文集,2001.

[13]陈次白,等.计算机信息存储与检索[M].北京:国防工业出版社,2003.

[14]高星,等.计算机信息存储与检索[M].合肥:中国科学技术大学出版社,1995.

[15]赖茂生,等.计算机情报检索[M].北京:北京大学出版社,1993.

[16]陈佳.信息系统开发方法教程[M].北京:清华大学出版社,1998.

[17]崔俊杰,等.软件设计基础[M].北京:高等教育出版社,1995.

[18]高利明.传播媒体和信息技术[M].北京:北京大学出版社,1998.

[19]佚名.什么是PageRank? http://www.oamo.com/Article/Catalog7/15.html.

[20]刘素文,等.图书文献的CD-ROM检索系统[J].自动化技术与应用,2000,19(2):55-56.

[21]周海英.光盘检索与网络检索的比较研究[J].现代图书情报技术,2001(6):35-37.

[22]梅伯平.网络环境下光盘数据库发展的新趋势[J].珠海教育学院学报,2002,29(8).

[23]邱宏,付琼.联机检索与网络信息检索的比较研究[J].东北电力学院学报,2001,21(2):40-44.

[24]陈海龙.因特网信息检索与国际联机检索比较研究[J].现代情报,2002(2):78-90.

[25]贾芳华.网络搜索引擎与联机检索系统的比较分析[J].图书情报工作,2002(5).

[26]盛小平.数字图书馆的信息检索技术[J].图书馆理论与实践,2001(3):59-61.

[27]李广原,等.文本信息检索技术[J].广西科学院学报,2001,17(2):57-60.

[28]佚名.全文检索入佳境[OL].rising2005 (2005-3-18)[2006-1-10] http://www.shineblog.com/user1/1212/archives/2005/24052.shtml.

[29]陈金岭.JPEG2000:下一代Web图像标准[OL].http://www2.ccw.com.cn/01/0149/b/0149b03_1.asp.

[30]吴朝相.JPEG与JPEG2000[OL].http://www.3e6.com/jpeg2000/wcx/index.htm.

[31]多媒体之旅—从MPEG1到MPEG7[OL].http://www.cd-expert.com.cn/manu%20tech/compress/1.htm.

[32]刘挺,等.自动文摘综述[J].情报学报,1998(1):63-69.

[33]周剑平.静止图像压缩标准-JPEG2000展望[OL].http://tech.sina.com.cn/soft/2000-04-14/140.html

[34]吴达军,等.几种无损图像压缩方法的比较与研究[OL].(2001-09-27)[2006-5-10] http://www.videostar.com/bbs/dispbbs.asp? boardid=31&id=14908.

[35]佚名.颇有特色的几款压缩软件[OL].http://it.sohu.com/webcourse/webmonkey/1web1/compress/4.html

[36]清风. WinRAR 进阶用法两例[J]. 软件世界,2002(6):64-65.
[37]王启云. 数字图书馆与文件压缩[J]. 现代图书情报技术,2001(6):12-13.
[38]苏新宁,等. 文献信息自动标引研究[J]. 现代图书情报技术,2001(1):23-26
[39]仲云云,等. 网页自动标引方案的优选及标引性能的评测[J]. 情报科学,2002(10).
[40]李培. 现代标引方法研究[J]. 图书馆建设,1999(6):4-7.
[41]李爱红. 试论自动摘要技术[J]. 图书情报工作,2000(4):40-42.
[42]刘挺,等. 自动文摘的四种主要方法[J]. 情报学报,1999,2:10-20.
[43]周晓红. 网络信息检索系统中信息自动标引方法的设计与实现[J]. 情报杂志,2005(12).
[44]靳从,唐振民,杨静宇. 自动标引中自然主题词的切分[J]. 情报科学,2004(3).
[45]苏武华. 汉语自动分词和自动标引方法研究[J]. 农业图书情报学刊,2004(7).
[46]许剑颖. 统计分析法自动标引的改进研究[J]. 现代图书情报技术,2004(2).
[47]许玲,王清梅,李媛. 模糊检索在图书自动标引中的应用[J]. 情报探索,2004(1).
[48]杨波,阎素兰. 齐普夫定律的汉语适用性研究及其在自动标引中的应用[J]. 情报理论与实践,2004(3).
[49]李淑文. 试论文本自动分类. 现代计算机,2004(7).
[50]郑家恒,宋文中. WWW 中文信息自动分类方法研究[J]. 情报学报,2002(5).
[51]代六玲,黄河燕,陈肇雄. 中文文本分类中特征抽取方法的比较研究[J]. 中文信息学报,2004(1).
[52]王开铸,吴岩,刘挺. 基于理解的自动文摘系统设计[J]. 电脑学习,1996(2).
[53]郭燕慧,钟义信,马志勇,等. 自动文摘综述[J]. 情报学报,2002(5).
[54]王志琪,王永成,刘传汉. 论自动文摘及其分类[J]. 情报学报,2005(2).
[55]APPELT D E, ISRAEL D J. Introduction to Information Extraction Technology. A Tutorial Prepared for UCAI-9, 1999.
[56]保利,陈玉忠,俞士汉. 信息抽取研究综述[J]. 计算机工程与应用,2003,39(10).
[57]BASILI R, NANNI M D, PAZIENZA M T. Engineering of IE System: An Object-Oriented Approach, In Lecture notes in computer science, Lecture notes in artificial intelligence, 1997.
[58]GRISHMAN R, SUNDHEIM B. Message Understanding Conference-6: A Brief History, In Proceedings of the 16th International Conference on Computational Linguistics (COLING-96), 1996.
[59]CHINCHOR N, MARSH E. MUC-7 Information Extraction Task Definition (version 5.1), In Proceedings of the Seventh Message Understanding Conference, 1998.
[60]郑家恒,王兴义,李飞. 信息抽取模式自动生成方法的研究[J]. 中文信息学报,2004,18(1).
[61]陈少飞,郝亚南,李天柱,等. Web 信息抽取技术研究进展[J]. 河北大学学报:自然科学版,2003(3).
[62]王庆一,王继成,周源远,等. 多信息块 Web 页面的信息抽取[J]. 计算机应用研究,2002(10).
[63]欧建雄,张礼平. HTML 数据内容的抽取与集成[J]. 华东理工大学学报,2003(12).
[64]潘顺,金远平. 半结构化数据到结构化数据的模式抽取[J]. 计算机工程,2001(7).
[65]张成洪,肖军建,张诚. Web 内容抽取及其数据管理方法[J]. 复旦学报:自然科学版,2001(4).
[66]Fabrice Estievenart, Aurore Francois, Jean Henrard, Jean-Luc Hainaut. A tool-supported method to extract data and schema from websites. In Proceedings of the Fifth IEEE International Workshop on Web Site Evolution (WSE03), 2003.
[67]胡盈盈. 单汉字标引与检索技术综析[J]. 情报理论与实践,1999(2).
[68]张智雄,沈英. 中国科学院 Internet 学科信息资源门户网站系统的建设[C]. 基于内容的因特网中文信息资源开发与应用服务,1999:172-175
[69]Personal Portals[OL]. (2004-11-20). http://www.practicalportals.com/personal_portals.html.
[70]CATHERINE WEN. Personalization on the Web[OL]. Available at: http://www.public.asu.edu/~cwen1/presentatio n/samp.ppt.
[71]LIEBERMAN H, DYKE N. V., VIVACQUA A. Let's Browse: a Collaborative Browsing Agent. Knowledge-Based Systems, 1999, 12:427-431.
[72]TERVEEN L, HILL W, AMENTO B, et al. A System for Sharing Recommendations. Communications of the ACM,

1997,40:59 - 62.
[73]KAUTZ H,SELMAN B. ,SHAH M. Referral Web:Combining Social Networks and Collaborative Filtering. Communications of the ACM,March 1997,40(3)63 - 65.
[74]RUCKER J. ,POLANCO M J. Siteseer: Personalized Navigation for the Web. Communications of the ACM,1997,40(3):73 - 75.
[75]KONSTA J,A,MILLER B,N,MALTZ D,et al. GroupLens:Applying Collaborative Filtering to Usenet News,Communications of the ACM,MARCH 1997,40(3):77 - 87.
[76]赵亮,胡乃静,张守志. 个性化推荐算法设计[J]. 计算机研究与发展,2002(8):986 - 991.
[77]路海明,卢增祥,李衍达. 基于多 Agent 混合智能实现个性化网络信息推荐[J]. 计算机科学,2000(7): 32 - 34.
[78]林鸿飞,王剑锋. 基于合作模式的文本过滤模型[J]. 小型微型计算机系统,2001(11):1372 - 1374.
[79]Gediminas Adomavicius,Alexander Tuzhilin (New York University). User Profiling in Personalization Applications through Rule Discovery and Validation. Available at http:// maya. cs. depaul. edu/ ~ classes/ect584/ papers/adomavicius. pdf.
[80]Tim Berners - Less James Hendler,Ora Lassila. The Semantic Web. Scientific American,2001(5).
[81]Charu C. Aggarwal,Philip S. Yu (IBMT. J. WatsonResearchCenter) . Data Mining Techniques for Personalization [OL]. [2006 - 4 - 11]Available at. http://www. research. microsoft. com/ research/db/debull/ A00mar/ psyu. ps.
[82]Gudivada V,Raghavan V. Grosky W,etal. Informatio retrieval on the World Wide Web. IEEE Internet Computing, 1997,1(5):58 - 68.
[83]Ross Wilkinson,Philip Hingston. Using the cosine measure in a neural network for document retrieval. In A. Bookstein,Y. Chiaramella, G. Salton, and V. V. Raghavan, editors, Proceedings of the Fourteenth Annual International ACM/SIGIR Conference on Research and Development in Information Retrieval,1991:202 - 210.
[84]刘晖. 改写墨水的历史—Epson 颜料墨技术和应用剖析[OL]. [2006 - 6 - 9]http://www2. ccw. com. cn/ 03/0336/c /0336c05_2. asp.
[85]周晓英,崔娃娃,唐字萍,等. 情报学的起源与方向——从布什的《诚如所思》谈起[OL](2005 - 04 - 08)[2006 - 4 - 11]http://intelligence2law. bokee. com/1140350. html.
[86]Line Eikvil. 网上信息抽取技术纵览. 陈鸿标译[OL] (2003 - 3)[2006 - 2 - 22] http://www. byiit. com/in2in/www/hongbiao/IESurvey/toc. htm.
[87]佚名. 搜索引擎的第三定律[OL]. http://www. idccom. net/benner8 - 8d. asp.
[88]佚名. 搜索引擎直通车搜索引擎基本工作原理[OL]. [2006 - 03 - 22]http://www. sunst. net/InfoView/2005/2005_1_19/Article_282. html.
[89]李四福. 信息存储与检索[OL]. http://course. cug. edu. cn/cugFirst/info_storage/frame/mulu. htm.
[90]林哥. Page Rank 教程于[OL](2006 - 1 - 6)[2006 - 4 - 12]http://www. sqlet. com/blog/index. php? action = show&id = 107.
[91]佚名. 图形图像文件格式详解[OL]. (2005 - 07 - 25)[2006 - 3 - 15] http://bbs. resz. com/post/view? age = 0&bid = 2&ppg = 1&sty = 3&id = 8258&tpg = 5.
[92]王永成,刘功申,刘传汉,等. 论文本的自动摘要[OL]http://www. 360doc. com/showWeb/0/0/ 20420. aspx.

内容简介

本书在讨论信息技术与计算机信息系统概念的基础上，较为详细、全面地介绍了信息的获取与存储技术、信息编码（包括压缩编码）技术、文本信息处理的自动化技术、文件组织与文件格式、信息检索模型、信息检索技术和信息检索系统及其应用等问题。本书主要讨论信息存储与检索及其系统设计中的技术性问题，全书共分为9章，涉及的内容较广，对当前新的信息技术有较多的体现。通过阅读本书，可以对信息存储与检索的相关技术有较全面的了解和认识。

本书可作为大专院校信息管理与信息系统专业、电子商务专业及计算机信息处理等相关专业的教科书或参考书，也可供渴望对计算机信息存储与检索技术有较多认识的读者阅读和参考。